2022 China Life Sciences and Biotechnology Development Report

2022中国生命科学与生物技术发展报告

科学技术部 社会发展科技司 中国生物技术发展中心 编著

科学出版社

北京

内 容 简 介

本书总结了2021年我国生命科学研究、生物技术和生物产业发展的基本情况，重点介绍了我国在生命组学与细胞图谱、脑科学与神经科学、合成生物学、表观遗传学、结构生物学、免疫学、干细胞、新兴前沿与交叉技术等领域的研究进展，以及医药生物技术、工业生物技术、农业生物技术、环境生物技术和生物安全取得的年度进展、重大成果，分析了我国生物产业的市场表现和发展态势。本书分为总论、生命科学、生物技术、生物产业、投融资、文献专利6个章节，以翔实的数据、丰富的图表和充实的内容，全面展示了当前我国生命科学、生物技术和生物产业的基本情况与重要进展。

本书可供生命科学和生命技术领域的科学家、企业家、管理人员，以及关心和支持生命科学、生物技术与生物产业发展的各界人士参考。

图书在版编目（CIP）数据

2022中国生命科学与生物技术发展报告/科学技术部社会发展科技司，中国生物技术发展中心编著. —北京：科学出版社，2022.10
ISBN 978-7-03-073375-7

Ⅰ. ①2… Ⅱ. ①科… ②中… Ⅲ. ①生命科学－技术发展－研究报告－中国－2022 ②生物工程－技术发展－研究报告－中国－2022
Ⅳ. ①Q1-0 ②Q81

中国版本图书馆CIP数据核字（2022）第185569号

责任编辑：王玉时　周万灏　刘　畅／责任校对：严　娜
责任印制：张　伟／封面设计：蓝正设计

科学出版社 出版
北京东黄城根北街16号
邮政编码：100717
http://www.sciencep.com

北京建宏印刷有限公司 印刷
科学出版社发行　各地新华书店经销
*
2022年10月第 一 版　开本：787×1092　1/16
2022年10月第二次印刷　印张：21 3/4
字数：331 000

定价：249.00元

（如有印装质量问题，我社负责调换）

《2022中国生命科学与生物技术发展报告》编写人员名单

主　　编：祝学华　张新民

副 主 编：张　军　沈建忠　范　玲　郑玉果

参加人员（按姓氏汉语拼音排序）：

敖　翼　曹　芹　陈大明　陈洁君　陈　琪

陈　欣　程　通　代晓阳　董　华　范月蕾

耿红冉　郭　伟　韩　佳　何　蕊　黄　鑫

黄英明　江洪波　靳晨琦　李丹丹　李　荣

李苏宁　李　伟　李祯祺　梁慧刚　林拥军

刘　晓　卢　姗　罗会颖　马广鹏　马有志

毛开云　濮　润　阮梅花　桑晓冬　施慧琳

石旺鹏　苏　月　田金强　王德平　王凤忠

王坚成　王　静　王黎琦　王　玮　王鑫英

王秀杰　王　玥　魏　磊　魏　巍　吴坚平

武瑞君　武胜昔　夏宁邵　熊　燕　徐鹏辉

徐　萍　许　丽　杨　敏　杨若南　杨　阳

姚　斌　尹军祥　于建荣　于振行　袁天蔚

张博文　张大璐　张丽雯　张瑞福　张　鑫①

张　鑫②　张　鑫③　张学博　张　涌　张　昱

赵　鹏　赵若春　赵添羽　朱成姝　朱　敏

---

① 任职于中国农业大学。

② 任职于中国生物技术发展中心国际合作与基地平台处。

③ 任职于中国生物技术发展中心生命科学与前沿技术处。

前　言

2021年是“十四五”开局之年，也是全面建设社会主义现代化国家新征程的起步之年。全国科技界坚持习近平总书记“四个面向”的指导方针，坚决贯彻落实党中央、国务院重大战略部署，充分发挥科技在推动高质量发展、构建新发展格局、践行新发展理念中的重要关键作用，有力支撑北京冬奥、疫情防控等国家重大战略任务，实现“十四五”良好开局。2021年12月，国家发展和改革委员会印发《“十四五”生物经济发展规划》，制定了“十四五”时期发展目标：“生物经济总量规模迈上新台阶，经济增加值占国内生产总值的比重稳步提升，年营业收入百亿元以上企业数量显著增加；生物科技综合实力得到新提升，生物产业研发投入强度显著提高，区域性创新高地与产业集群的数量和影响力显著提升；生物产业融合发展实现新跨越，生物技术和生物产业更加广泛惠及人民健康、粮食安全、能源安全、乡村振兴、绿色发展；生物安全保障能力达到新水平，基本建成国家主导、防控兼备、多元立体、机制顺畅、基础扎实的生物安全风险防控和治理体系；生物领域政策环境开创新局面，体制机制和制度环境更加优越，生物技术市场交易更加活跃，审评审批、市场准入、产品定价、市场监管、产权保护等体制机制改革持续深入。”*

发展生命科学和生物技术是培育创新动能、建设健康中国的战略选择，我国高度重视，通过规划布局、政策引导、研发部署、人才培养与基地建设等措施，积极推进生命科学、生物技术与生物产业创新发展。2021年9月29日在中共中央政治局第三十三次集体学习时，习近平总书记强调：“要加快推进生物科技创新和产业化应用，推进生物安全领域科技自立自强，打造国家生物安全战略科技力量，健全生物安全科研攻关机制，严格生物技术研发应用监管，加强

---

* 引自 https://www.ndrc.gov.cn/xwdt/wszb/swjjfzgh/?code=&state=123。

生物实验室管理，严格科研项目伦理审查和科学家道德教育。要促进生物技术健康发展，在尊重科学、严格监管、依法依规、确保安全的前提下，有序推进生物育种、生物制药等领域产业化应用。要把优秀传统理念同现代生物技术结合起来，中西医结合、中西药并用，集成推广生物防治、绿色防控技术和模式，协同规范抗菌药物使用，促进人与自然和谐共生。”*

2021年，我国生命科学和生物技术研究稳步向前。生命组学技术的快速发展促进多组学分析成为基础研究新的范式；细胞图谱的陆续发布助力解开生命现象发生的机制与奥秘；脑科学与神经科学基础研究和疾病研究稳步推进；合成生物学与其他学科交叉会聚的深度和广度不断扩展；表观遗传学研究向更广泛的疾病和公共卫生领域扩展；病原微生物的结构生物学研究有力指导药物与候选疫苗设计；基础研究的不断深入促进免疫学临床应用快速推进；干细胞和类器官研究的持续深入为临床疾病治疗和药物研发带来新的可行性。我国生物制造产业进入产业生命周期中的快速成长阶段，也正成为全球再工业化进程的重要组成部分。

2021年中国发表论文195 499篇，相比2020年增长了6.68%，2012～2021年的10年复合年均增长率达到14.13%，显著高于国际水平。同时，中国生命科学论文数量占全球的比例也从2012年的8.89%提高到2021年的19.38%。2021年，国家药品监督管理局（NMPA）批准了45个由我国自主研发的新药上市，包括22个化学药、12个生物制品和11个中药。其中，有43个是我国自主研发的1类创新药。新型冠状病毒疫情的长期化和防控常态化促使疫苗与药物研发仍是2021年生物研究主线，2021年，NMPA附条件批准上市了北京科兴中维生物技术有限公司和国药集团武汉生物制品研究所有限责任公司合作研发的新型冠状病毒灭活疫苗（Vero细胞），康希诺生物和中国人民解放军军事医学科学院生物工程研究所合作研发的重组新型冠状病毒疫苗（5型腺病毒载体），以及清华大学和腾盛华创医药技术（北京）有限公司合作研发的新型冠状病毒中和抗体联合治疗药物安巴韦单抗注射液（BRII-196）/罗米司韦单抗注射液（BRII-198）。生物医药产品创新力

---

* 引自 http://news.cctv.com/2021/09/29/ARTIdSZll9432k9hp3RN4meW210929.shtml。

度不断加大，法律法规、监管体系不断完善，生物制品新药研发数量在2021年达到了历年新高，充分展现了我国生物医药创新研发力量不断增强的趋势。我国生物农业也迎来新一轮的政策红利，行业创新加速。政府推出多项种子行业政策；2021年我国种业市场继续保持稳步增长态势，市场规模达到1 368亿元；种子企业科研总投入持续增加，行业自主研发和创新能力大幅提升。国内生物肥料行业继续呈平缓增长态势，2021年我国有机肥产量达1 618万吨。生物农药市场总体份额尚较小，发展过程仍存在一些困难。我国陆续出台了针对兽用生物制品行业的政策法规，兽药行业壁垒逐渐提高，市场将逐步走向规范化；2021年全行业实现兽用生物制品销售额167.32亿元，市场规模明显增速；研发力度持续加大，国内兽药制品新注册数量保持平稳。

自2002年以来，科学技术部社会发展科技司和中国生物技术发展中心每年出版发行我国生命科学与生物技术领域的年度发展报告，已经成为本领域具有一定影响力的综合性年度报告。本书以总结2021年我国生命科学研究、生物技术和生物产业发展的基本情况为主线，重点介绍了我国生命组学与细胞图谱、脑科学与神经科学、合成生物学、表观遗传学、结构生物学、免疫学、干细胞、新兴前沿与交叉技术等领域的研究进展，以及医药生物技术、工业生物技术、农业生物技术、环境生物技术和生物安全取得的年度进展、重大成果和具有的重要意义。本书对我国生物产业热点领域进行产业前瞻分析，从国际和国内两个层面分析投融资发展态势，以反映生物技术领域科技计划的财政支持情况，生物技术领域风险投资、上市融资等情况及投融资的热点方向，生物产业的市场表现和发展态势。本书以文字、数据、图表相结合的方式，全面展示了2021年我国生命科学、生物技术与产业领域的研究成果、论文发表、专利申请、行业发展和投融资情况，以及我国在生物医药、生物农业、生物制造、生物服务等产业取得的重要进展。

本书可供生命科学和生命技术领域的科学家、企业家、管理人员，以及关心和支持生命科学、生物技术与生物产业发展的各界人士参考。

编　者

2022年7月

目　　录

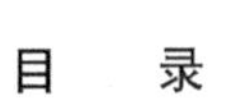

第一章　总　　论

一、国际生命科学与生物技术发展态势

生命和健康领域的科技创新与人类发展息息相关，也是全球科技竞争的焦点之一，尤其是在新型冠状病毒肺炎（新冠肺炎）疫情暴发后，该领域受到了空前的重视，科技竞争进一步加剧。技术的突飞猛进、学科的深度融合会聚，推动生命与健康科技加速发展，研究尺度和深度进一步拓宽，全生命周期、全系统研究愈加深入，数字化、系统化、工程化趋势明显。多组学、跨组学、单细胞等技术的大发展，以及由此进行的图谱绘制研究等，推动了分子、细胞、器官等多层次的基础研究向纵深推进，更加全面深入地认识和解析了生物体这一复杂系统。基因编辑、合成生物学等技术的发展，提高了人类改造、合成、仿生、再生的能力，为人类发展提供了更多“生物方案”。与此同时，生物体处在复杂的环境中，生物体之间、生物体与环境、个体到群体的研究在新技术的推动下全面开展，全健康（one-health）、精准医学（precision medicine）、群医学（population medicine）等新理念、新路径的提出推动了人们对健康与疾病的全面认识，并研发出更加有效的干预与治疗方案。

（一）重大研究进展

1. 脑科学、类脑智能及脑机接口领域迅速取得突破

脑科学是生命科学研究的热点领域，各国脑科学计划稳步推进实施，推动

了脑科学、类脑智能及脑机接口领域迅速取得突破。美国脑计划（BRAIN 计划）资助的“大脑细胞普查网络”（BICCN）项目，在分子水平上对哺乳动物初级运动皮层细胞类型进行了全面分析，完成了单细胞分辨率下小鼠脑 DNA 甲基化图谱。脑机接口技术也逐步成熟，美国斯坦福大学等[1]开发的皮质内脑机接口新技术实现了从“意念”到文字的高性能转化；美国 Blackrock Neurotech 公司开发的意念控制鼠标、假肢等的脑机接口产品 MoveAgain 已获美国食品药品监督管理局（FDA）突破性设备认证。

2. 干细胞与再生医学领域转化研究进入高速发展阶段

干细胞与再生医学转化研究加速，多个研究方向进入高速发展阶段，不断拓宽应用范围。干细胞移植疗法作为再生医学的核心发展方向，持续推进，全球批准及上市的干细胞产品已增至 20 种。类器官迎来快速发展期，仿生性和功能性均快速提升。例如，德国杜塞尔多夫大学在大脑类器官中培育出能够感知光线的视杯结构[2]，美国得克萨斯大学西南医学中心利用干细胞培养出人类早期胚胎样结构[3]等。体内重编程治疗疾病的可行性获得更多验证。例如，德国马克斯－普朗克心肺研究所成功实现了对小鼠心肌细胞的体内重编程，改善了心肌功能[4]。此外，干细胞与免疫细胞疗法及基因编辑技术等深度融合，促进了疾病新疗法的开发，2021 年，利用基因编辑技术开发的 CAR iPS-T 细胞，展现出了良好的抗癌效果[5]。最后，异种器官移植作为再生医学中发展时间最长的领域，掀起了新一轮研究热潮，2021 年美国纽约大学在全球首次开展了两例猪肾脏的

---

1 Willett F R, Avansino D T, Hochberg L R, et al. High-performance brain-to-text communication via handwriting[J]. Nature, 2021, 593(7858):249-254.

2 Gabriel E, Albanna W, Pasquini G, et al. Human brain organoids assemble functionally integrated bilateral optic vesicles[J]. Cell Stem Cell, 2021, 28(10): 1740-1757.

3 Yu L, Wei Y, Duan J, et al. Blastocyst-like structures generated from human pluripotent stem cells[J]. Nature, 2021, 591: 620-626.

4 Chen Y, Luttmann F F, Schoger E, et al. Reversible reprogramming of cardiomyocytes to a fetal state drives heart regeneration in mice[J]. Science, 2021, 373(6562): 1537-1540.

5 Wang B, Iriguchi S, Waseda M, et al. Generation of hypoimmunogenic T cells from genetically engineered allogeneic human induced pluripotent stem cells[J]. Nature Biomedical Engineering, 2021, 5: 429-440.

人体移植，实现了在短期内发挥功能，且无排异反应[6,7]；2022年，美国马里兰大学又开展了一项猪心脏人体移植临床试验[8]。

3. 疾病研究的精准医学体系逐渐形成，药物研发快速取得突破

疾病研究的精准医学体系逐渐形成，基于组学特征谱的疾病精准分型研究不断取得突破，推动更多的疾病精准预防诊治方案的研发和推广。疾病研究方面，肿瘤内异质性图谱[9]、肺鳞状细胞癌分子图谱[10]为疾病分子分型奠定了基础，通过对表皮生长因子受体（EGFR）突变来分类预测非小细胞肺癌的药物反应[11]，以进行精准用药。精准诊断方面，多款叶绿体DNA（ctDNA）液体活检产品的灵敏度、可靠性被评估[12]，并提出了最佳实践指南，将有望改善液体活检技术的特异性、灵敏性。

药物研发与疾病精准治疗方面，靶向药物开发成为精准治疗的主要方向。单克隆抗体作为当前主流靶向疗法之一，从自身免疫性疾病、癌症治疗逐渐扩展到传染病领域，针对新型冠状病毒（新冠病毒）、流感病毒、寨卡病毒和巨细胞病毒等所致疾病开发的单克隆抗体将可能成为对抗传染病的标准武器。多种新技术靶向药物的开发为疾病提供了更加多样化的治疗方案，免疫细胞治疗、抗体偶联药物（ADC）、双抗及靶向蛋白降解嵌合体（PROTAC）等疗法为癌症治疗带来了新希望，基因治疗、RNA疗法则主要在罕见病、传染性疾病等

---

6 Johnson C K. Pig-to-human transplants come a step closer with new test [R/OL]. https://apnews.com/article/animal-human-organ-transplants-d85675ea17379e93201fc16b18577c35 [2021-10-27] [2022-07-20].

7 Montgomery R. NYU langone health performs second successful xenotransplantation surgery [R/OL]. https://nyulangone.org/news/nyu-langone-health-performs-second-successful-xenotransplantation-surgery [2021-12-13] [2022-07-20].

8 Wetzel C. In a first, man receives a heart from a gene-edited pig [R/OL]. https://www.smithsonianmag.com/smart-news/in-a-first-man-receives-a-heart-from-a-gene-edited-pig-180979380/ [2022-01-11] [2022-07-20].

9 Dentro S C, Leshchiner I, Haase K, et al. PCAWG evolution and heterogeneity working group and the PCAWG consortium. Characterizing genetic intra-tumor heterogeneity across 2,658 human cancer genomes[J]. Cell, 2021, 184(8):2239-2254.

10 Satpathy S, Krug K, Beltran P M J, et al. A proteogenomic portrait of lung squamous cell carcinoma[J]. Cell, 2021, 184 (16): 4348-4371.

11 Robichaux J P, Le X N, Vijayan R S K, et al. Structure-based classification predicts drug response in EGFR-mutant NSCLC[J]. Nature, 2021, 597: 732-737.

12 Deveson I W, Gong B, Lai K, et al. Evaluating the analytical validity of circulating tumor DNA sequencing assays for precision oncology[J]. Nature Biotechnology, 2021, 39: 1115-1128.

领域持续取得突破。在新冠肺炎疫情的推动下，mRNA 疫苗研发成为生物医药领域最大热点，除了用于传染性疾病预防，癌症治疗性 mRNA 疫苗等也正快速开展临床研究。2021 年，全球共有 4 款免疫细胞治疗药物、2 款基因治疗药物、3 款 ADC、1 款双抗及 1 款 RNA 药物获批上市。此外，粪菌移植等微生物组重构手段可改善受试对象对抗 PD-1 药物的应答，外泌体也因其独特的形态和功能成为液体活检、药物载体和新型药物研发中的前沿热点。

（二）技术进步

1. 生命组学技术大大提高了生命认识和解析能力

生命组学技术是生命科学发展的重要技术驱动力，大大提高了人们认识生命和解析生命的能力。2022 年度，空间组学技术取得突破，原位基因组测序（IGS）技术[13]实现了对单个细胞 DNA 序列及空间结构的同步解析，促进了对基因组信息的全面精确认识。单细胞多组学分析技术也取得了长足进步，整合单细胞多组学数据建立了人体循环免疫系统单细胞多组学参考图谱，为更好地理解免疫系统响应机制并开发靶向疗法铺平了道路[14]。

2. 生物大分子三维结构智能预测为生命科学发展带来变革

人工智能（AI）对生物大分子三维结构的准确预测，不仅为认识生命过程、了解疾病发生机制提供了更高效的手段，甚至有望为整个生命科学的发展带来变革。2021 年，该领域的重大突破是利用人工智能对生物大分子三维结构进行了准确预测，相关成果连续两年入选 *Science* 杂志“十大科学突破”。以英国 DeepMind 公司的 AlphaFold2 和美国华盛顿大学的 RoseTTAFold 为代表的蛋白质结构预测模型以极高的准确率预测出几乎全部人类蛋白质组，美国斯坦福

13 Payne A C, Chiang Z D, Reginato P L, et al. *In situ* genome sequencing resolves DNA sequence and structure in intact biological samples[J]. Science, 2021, 371(6532): eaay3446.

14 Hao Y, Hao S, Andersen-Nissen E, et al. Integrated analysis of multimodal single-cell data[J]. Cell, 2021, 184(13):3573-3587.

大学开发的ARES可准确预测复杂RNA的三维空间结构。这不仅为认识生命过程、了解疾病发生机理、揭示潜在的新药物靶点提供了更高效的手段，甚至有望为整个生命科学的发展带来变革。

3. 合成生物学提高和推动了生物技术的工程化水平

合成生物学的发展，以及与信息、材料、纳米技术融合，进一步提高和推动了生物技术的工程化水平，并为DNA存储、新型生物纳米材料的应用带来了希望。2021年，科研人员从头设计模块化蛋白生物传感器[15]、细胞表面蛋白阵列[16]、具备复杂结构特征的功能蛋白[17]等元件，为工程生物学的发展奠定了基础；优化了亚磷酰胺制造流程[18]，并将相关设备直接集成到DNA合成装置中，极大地提升了DNA合成的效率；通过将基因编码的数字数据混合到普通制造材料中，构建了DoT存储架构，或将生成具有恒久内存的材料[19]；利用DNA的可编程性成功制造了3D纳米超导体[20]，未来可以被应用在量子计算和传感领域。合成生物学国际竞争也愈加激烈，美国、英国、澳大利亚相继发布了新的路线图。

4. 单分子及超高分辨率显微成像技术进一步迭代升级

单分子及超高分辨率显微成像技术通过升级超分辨率硬件、探针及其标记方法和数据处理算法，推动影像技术向高清、三维、实时、在体观察方向推进。澳大利亚昆士兰大学通过引入量子关联将相干拉曼显微成像的信噪比和成

---

15 Quijano-Rubio A, Yeh H W, Park J, et al. *De novo* design of modular and tunable protein biosensors[J]. Nature, 2021, 591(7850): 482-487.

16 Ben-Sasson A J, Watson J L, Sheffler W, et al. Design of biologically active binary protein 2D materials[J]. Nature, 2021, 589(7842): 468-473.

17 Yang C, Sesterhenn F, Bonet J, et al. Bottom-up *de novo* design of functional proteins with complex structural features[J]. Nature Chemical Biology, 2021, 17(4): 492-500.

18 Sandahl A F, Nguyen T J D, Hansen R A, et al. On-demand synthesis of phosphoramidites[J]. Nature Communications, 2021, 12(1): 1-7.

19 Koch J, Gantenbein S, Masania K, et al. A DNA-of-things storage architecture to create materials with embedded memory[J]. Nature Biotechnology, 2020, 38: 39-43.

20 Shani L, Michelson A N, Minevich B, et al. DNA-assembled superconducting 3D nanoscale architectures[J]. Nature Communications, 2020, 11: 5697.

像速度提高了一个数量级[21]。美国密歇根大学使用Seq-Scope高通量测序技术而非显微镜技术，从组织切片中获得了基因表达的超高分辨率图像[22]。北京大学联合中国人民解放军军事医学科学院等研制出第二代微型化双光子荧光显微镜FHIRM-TPM 2.0，将成像视野提升至第一代的7.8倍，同时具备三维成像能力[23]。AI技术的应用提高了显微成像的分辨率。中国科学院生物物理研究所与清华大学[24]提出了超分辨卷积神经网络模型，并基于此自主开发了多模态结构光照明超分辨显微镜，进一步提升了对生命过程的认识能力。

（三）产业发展

进入21世纪以来，生命科学领域持续取得重大技术突破，生物技术逐渐与信息技术并行成为支撑经济社会发展的底层共性技术，生物技术产品和服务以更加亲民的价格、更加贴近市场的形态加速走进千家万户，针对生物资源开发利用保护、生物技术创新及应用的制度体系日趋完善，生物经济时代的序幕徐徐拉开[25]。在医药生物技术领域，受新冠肺炎疫情影响，创新之门被猛地推开，新技术迅速落地。生命科学企业和医疗科技企业数十年来开展的科研工作和投资项目在短期内迅速取得成功。医疗创新的发展势不可当。在农业生物技术领域，生物技术的应用正深刻改变着全球农产品生产和贸易格局，近年来全球范围内生物育种技术不断取得重大突破，世界种业进入育种“4.0时代”，正迎来以全基因组选择、基因编辑、合成生物及人工智能等技术融合发展为标志的新一轮科技革命[26]。在工业生物技术领域，生物制造产品比传统石化产品平均节能30%～50%，对环境的影响减少20%～60%，微生物及其组分正在越来越多地

---

21 Casacio C A, Madsen L S, Terrasson A, et al. Quantum-enhanced nonlinear microscopy[J]. Nature, 2021, 594(7862): 201-206.

22 Cho C S, Xi J, Si Y, et al. Microscopic examination of spatial transcriptome using seq-scope[J]. Cell, 2021, 84(13): 3559-3572, e22.

23 Zong W, Wu R, Chen S, et al. Miniature two-photon microscopy for enlarged field-of-view, multi-plane and long-term brain imaging[J]. Nature Methods, 2021, 18(1): 46-49.

24 Qiao C, Li D, Guo Y T, et al. Evaluation and development of deep neural networks for image super-resolution in optical microscopy[J]. Nature Methods, 2021, 18: 194-202.

25 邱灵，韩祺，姜江．面向2035的中国生物经济发展战略研究［J］．宏观经济研究，2021，（11）：48-57，92.

26 马爱平．育种“4.0时代”推进生物育种产业化迫在眉睫［N］．科技日报，2022-02-24（001）.

被用于清除工业废物、修复生态系统，生物质能正在成为推动能源生产消费革命的重要力量，一个基于碳素循环利用的绿色经济模式正在建立[27]。

1. 代表性领域现状与发展态势

德勤（Deloitte）公司在《2021年全球生命科学行业展望》[28]中提出，生物制药企业和医疗科技企业应紧跟过去一年中所发生的变革，采用创新和规范的步伐。成功企业将从新型数字化工作方式、协作方式和经营方式中吸取经验，并持续采用数字化方式努力使其成为常态。其中，需要提升以下几方面：①注重数字化加速发展，新的医护场所、制药企业和医疗科技企业发挥新作用；②新型合作和临床试验重塑研发模式；③缩短研发审核时间，像监管者一样思考；④跨境依赖加强了对供应链可见性和企业回流的需求；⑤推动人类进步，衡量环境、社会和治理要务（ESG）。

在生物医药领域，Evaluate Pharma公司在《2021年全球生物医药行业评估暨2026年展望》[29]报告中描述了2021年全球生物医药行业发展情况。第一，新冠肺炎疫情带来行业资本涌入。第二，美国药品定价压力不断积聚：①多年来，美国药品定价改革法案一直没有颁布；②低成本的生物仿制药也开始对美国药品定价产生影响。第三，以美国食品药品监督管理局的快速审批为代表的美国药品监管体系引发争议。第四，企业并购活动将受严格监管，美国联邦贸易委员会将会加强对企业的监督。第五，中国生物医药行业不断崛起：①全球新冠肺炎疫情提高了中国生物制药行业在全球的地位，部分原因是中国比美国和欧洲更早走出了封城；②价格是中国企业竞争优势之一；③国内药价降低驱使中国企业选择药品在美国上市；④中国企业创新实力逐步增强。第六，疫苗和癌症等领域成为研发热点：①新冠肺炎疫情带来的效果之一是极大地提振了

---

27 吴晓燕，陈方，丁陈君，等．全球生物经济现状、趋势与融资前景分析［J］．中国生物工程杂志，2021，41（10）：116-126.

28 德勤．2021年全球生命科学行业展望［R/OL］．https://www.deloitte.com/content/dam/Deloitte/cn/Documents/life-sciences-health-care/deloitte-cn-lshc-global-life-sciences-outlook-2021-zh.pdf[2022-07-20].

29 Evaluate Pharma．2021年全球生物医药行业评估暨2026年展望［R/OL］．https://docs.qq.com/pdf/DVXdpcU1CU21yV2ZM[2021-12-20][2022-07-20].

生物医药企业对抗感染药物和疫苗的研发投入；②新冠肺炎疫情并没有撼动癌症研发投入的主导地位。

该公司对2026年全球生物医药行业发展的预测：第一，全球处方药销售将保持上升趋势：① 2021～2026年，全球处方药销售将继续保持上升趋势；②生物技术药的市场份额将继续扩大。第二，TOP企业与药品将会重新调整：①艾伯维（AbbVie）将取代罗氏公司（Roche）成为2026年全球处方药销售额最高的公司；②默克公司的单抗竞品可瑞达（Keytruda）预计将在2023年取代修美乐（Humira），成为销量最大的药品。第三，肿瘤药物将继续占销售主导地位。第四，企业研发投入继续增长。第五，肿瘤和免疫药品成为最有价值研发项目的主要方向。第六，解析未来的新冠病毒疫苗行业市场，包括对辉瑞（Pfizer）公司、莫德纳（Moderna）公司、阿斯利康（AstraZeneca）公司、诺瓦瓦克斯（Novavax）公司等机构及其相关产品的预测。

在医疗领域，德勤公司通过《2022年全球医疗行业展望》[30]讨论了医疗行业的现状，以及今年影响该行业的6个迫在眉睫的趋势/问题。该报告指出，尽管新冠肺炎疫情造成了许多可怕影响，但它也为医疗行业加快创新和革新创造了良好的机遇，成为快速启动和加快许多变化的催化剂，如消费者偏好和行为的转变、生命科学与医疗健康的整合、数字医疗技术的快速发展、全新的人才和医疗护理交付模式及临床创新等。医疗行业的利益相关者和该行业所服务的消费者面临一个陌生的环境，如远程办公、虚拟就诊，以及医疗用品、人员与服务短缺的供应链等趋势。因此，为了应对医疗公平性、ESG、心理健康与美好生活、数字化转型与医疗服务模式的融合、医学的未来发展、公共卫生的重构等全新挑战，医疗行业正在转变。在医学的未来发展方面，应加强数字医学（包括数字疗法、数字配件）、纳米医学、基因组学、人工智能与大数据、微生物计量学/代谢组学等方向的转化创新，并充分发挥mRNA疫苗和mRNA治疗的作用。

---

30 德勤. 2022年全球医疗行业展望[R/OL]. https://www.deloitte.com/content/dam/Deloitte/cn/Documents/life-sciences-health-care/deloitte-cn-lshc-global-healthcare-outlook-abstract-zh-220120.pdf[2022-07-20].

在生物能源领域，从国际能源署（IEA）《2021年可再生能源市场报告》[31]中的数据可以发现：①尽管生产成本高昂，但未来5年全球生物燃料需求量仍将增长。继2020年因全球运输中断而出现历史性下降后，生物燃料总需求有望在2021年超越2019年。在主案例情景中，到2026年，全球生物燃料年需求量将增长28%，达到1 860亿升。其中，印度将成为全球第三大乙醇需求市场。②随着全球对生物燃料的需求再次增加，亚洲生物燃料产量占新增产量的近30%，到2026年将超过欧洲。其中，印度和印度尼西亚表现尤为突出。最近印度推出的乙醇政策，以及印度尼西亚和马来西亚制定的生物柴油混合目标，是亚洲增长的主要驱动力。因此，在预测期内，以乙醇和生物柴油为代表的生物燃料需求量增长迅速。③这也要归功于各国强有力的政策举措、不断增长的液体燃料需求及出口导向型生产方式。美国、欧洲、印度和中国四大主要市场的政策支持将有助于生物燃料需求量的持续增长。其中，美国在生物燃料产量增长方面处于领先地位，但这种增长在很大程度上是由于疫情导致下降后的反弹。④生物燃料需要更快地应用部署，以实现2050年净零排放目标。

2. 全球生命科学投融资与并购形势

从全球生命科学的投融资形势来看，安永公司（EY）发布的《2021年中国海外投资概览》[32]表明，2021年中国企业宣布的海外并购按交易数量计，前三大行业为科技、媒体和通信，医疗与生命科学及金融服务，共占总量的60%。医疗与生命科学行业是唯一连续两年取得交易金额和数量双增长的行业。2021年，该行业的交易金额和数量分别同比增长240%和64%，其中交易数量达到历史同期最高水平，主要投向美国、韩国和印度等国家，其中的重点交易包括：①某中资私募股权投资机构牵头收购韩国某领先医疗美容公司股权，该目标公司旗下有多款占据韩国市场重要份额的医美产品，其产品广泛出口至全球多个

31 IEA. 2021年可再生能源市场报告[R/OL]. https://iea.blob.core.windows.net/assets/50515efe-2f55-40ba-881c-56fc715caf2b/Renewables2021_ChinaExcerpt_Chinese.pdf[2022-07-20].

32 安永. 2021年中国海外投资概览[R/OL]. https://assets.ey.com/content/dam/ey-sites/ey-com/en_cn/topics/coin/ey-overview-of-china-outbound-investment-2021-bilingual.pdf[2022-02-10][2022-07-20].

国家和地区；②某中国企业收购芬兰著名体外诊断上游原料供应商。全球医疗供应链产业链的区域化、本地化调整，为中国医疗企业“走出去”和“引进来”创造了机遇。此外，新冠肺炎疫情对个人的健康意识提高和行为转变产生了持续影响，疾病+健康医学服务需求在不断增加，医疗健康正迎来全方位的升级，而数字技术将成为推动这场升级的引擎。

参考动脉网推出的《2021 全球生物医药领域投融资报告》[33]，2021 年全球生物医药领域的投融资事件共 1 274 项，较 2020 年增长 34.1%；涉及金额共计 3 774.3 亿元，较 2020 年增长 34.4%。创新生物技术成为国内生物医药领域的增长动力来源。其中，小分子药物、大分子药物领域在 2021 年逐渐进入瓶颈期。保证 2021 年生物医药领域投融资进一步增长的主要驱动因素，来自于细胞治疗、基因治疗、核酸药物等前沿生物技术赛道。2021 年国内生物医药领域十大热门赛道大体分为核酸药物、细胞治疗、基因治疗、大分子药物和上游产业等五大类，分别是信使核糖核酸（mRNA）、肿瘤浸润淋巴细胞（TIL）、T 细胞受体嵌合型 T 细胞（TCR-T）、诱导多能干细胞（iPSC）、基因治疗、溶瘤病毒、抗体偶联药物（ADC）、生物医药上游工具、细胞基因治疗（CGT）定制研发生产组织（CDMO）、生物药 CDMO。

从全球生命科学的并购形势来看，普华永道公司（PwC）发布的《2021 年全球并购行业趋势回顾及 2022 年展望》[34] 报告称，2020～2021 年，医疗行业的交易数量和交易金额分别增长了 32% 和 65%。在生物技术和患者服务革新的推动下，制药与生命科学及医疗健康服务在 2021 年吸引了大量投资者的兴趣。能力驱动型的交易有所增加，包括提供 mRNA 和基因疗法等新技术突破口的交易。展望未来，预计会有充足的资本继续推动 2022 年的并购活动和估值。大型药企和机构投资者之间的竞争依然激烈，尤其是对于中等规模的生物技术平台的收并购而言。传统制药公司正在通过剥离非核心资产来优化其投资组合，

---

33 张玲．4000+条数据，10 大热门赛道，2021 年生物医药领域投融资情况大公开 [R/OL]. https://www.vbdata.cn/53775[2022-01-14][2022-07-20].

34 普华永道．2021 年全球并购行业趋势回顾及 2022 年展望 [R/OL]. https://www.pwccn.com/zh/deals/global-ma-industry-trends-2022-outlook.pdf[2022-01][2022-07-20].

以释放资金投资于创新领域并补充投资组合缺口。随着交易倍数的不断加高，买家需要明确交易后的价值获取和价值创造方案。具备完善远期规划的企业将能够在当前市场释放价值，而那些未着手远期规划的企业可能难以获得理想的投资回报。

二、我国生命科学与生物技术发展态势

在国家政策的支持下，加之技术进步与学科交叉推动，中国生命科学研究和应用发展迅速，推动我国生命科学与生物技术产业持续出现突破。我国在脑科学、免疫学、再生医学、生命组学、合成生物学、表观遗传学、结构生物学等领域取得突破性成果，为认识和解析生命、疾病防诊治等提供了新理论、新发现和新技术。

（一）重大研究进展

1. 脑科学基础研究、脑机融合与类脑智能领域持续推进

我国在脑科学的脑图谱绘制、脑功能研究等基础研究领域，神经成像等技术开发，以及脑机融合与类脑智能方面均取得了一系列重要进展。基础研究上，中国科学院脑科学与智能技术卓越创新中心发现神经元以群体编码形式表征序列中的空间位置，为理解大脑中的序列表示开辟了一个重要且新的视角[35]；中国科学院昆明动物研究所、北京大学等构建了迄今灵长类最高分辨率大脑三维基因组图谱[36]、哺乳动物脑细胞的转录组和三维基因组图谱[37]。技术开发上，中国

---

35 Xie Y, Hu P Y, Li J R, et al. Geometry of sequence working memory in macaque prefrontal cortex[J]. Science, 2022, 375(6581): 632-639.

36 Luo X, Liu Y, Dang D, et al. 3D genome of macaque fetal brain reveals evolutionary innovations during primate corticogenesis[J]. Cell, 2021, 184(3): 723-740.

37 Tan L, Ma W, Wu H, et al. Changes in genome architecture and transcriptional dynamics progress independently of sensory experience during post-natal brain development[J]. Cell, 2021, 184(3):741-758.

科学院国家纳米科学中心构建了一种多功能病毒载体递送光电（VVD-optrode）系统[38]。应用研究上，中国科学院脑科学与智能技术卓越创新中心阐明了氯胺酮与*N*-甲基-D-天冬氨酸（NMDA）受体结合的分子基础，为靶向NMDA受体设计新型抗抑郁药提供了重要基础[39]；浙江大学揭示了抑制成年神经发生可改善阿尔茨海默病小鼠的学习和记忆功能[40]。脑机融合与类脑智能方面，中国科学院上海微系统与信息技术研究所开发了免开颅微创植入式高通量柔性脑机接口，并获得2021世界人工智能大会最高奖项“卓越人工智能引领者”奖[41]。

2. 基础研究领域的不断创新助力免疫学临床应用快速推进

我国免疫学基础研究领域不断取得创新成果，基础免疫学理论不断深入完善，免疫学在感染性疾病、自身免疫病、肿瘤等多种疾病临床治疗工作中的应用持续推进。免疫系统的再认识和新发现上，中国科学技术大学等机构发现在成年小鼠肝脏中存在一群类似于胎肝造血干细胞的$Lin^{-}Sca\text{-}1^{+}Mac\text{-}1^{+}$细胞[42]；上海交通大学等机构[43]首次在肠道干细胞底部发现了一类新型肠道间质细胞并将其命名为MRISC。免疫识别、应答、调节的规律和机制上，中国科学院等机构揭示了耶尔森菌诱导细胞焦亡关键机制[44]，并为相关疾病治疗提供了新靶点和新思路；中国科学院北京生命科学研究院揭示了福氏志贺菌逃逸天然免疫的机制[45]，并

---

38 Zou L, Tian H H, Guan S L, et al. Self-assembled multifunctional neural probes for precise integration of optogenetics and electrophysiology[J]. Nature Communications, 2021, 12: 5871.

39 Zhang Y Y, Ye F, Zhang T T, et al. Structural basis of ketamine action on human NMDA receptors [J]. Nature, 2021, 596: 301-305.

40 Zhang X Q, Mei Y F, He Y, et al. Ablating adult neural stem cells improves synaptic and cognitive functions in Alzheimer models[J]. Stem Cell Reports, 2021, 16(1): 89-105.

41 上海微系统与信息技术研究所. 上海微系统所在植入式柔性脑机接口技术研究中获进展 [R/OL]. https://www.cas.cn/syky/202107/t20210720_4799201.shtml[2021-07-20][2022-07-20].

42 Bai L, Vienne M, Tang L, et al. Liver type 1 innate lymphoid cells develop locally via an interferon-γ-dependent loop[J]. Science, 2021, 371(6536): eaba4177.

43 Wu N, Sun H, Zhao X, et al. MAP3K2-regulated intestinal stromal cells define a distinct stem cell niche[J]. Nature, 2021, 592(7855):606-610.

44 Zheng Z, Deng W, Bai Y, et al. The lysosomal rag-ragulator complex licenses RIPK1 and Caspase-8-mediated pyroptosis by yersinia[J]. Science, 2021, 372(6549): eabg0269.

45 Li Z, Liu W, Fu J, et al. Shigella evades pyroptosis by arginine ADP-riboxanation of caspase-11[J]. Nature, 2021, 599(7884):290-295.

为蛋白质翻译后修饰提供了新认识。疫苗与抗感染研究上，清华大学等机构先后明确了 RNA 聚合酶 nsp12 的核苷转移酶（NiRAN）结构域在 mRNA 合成过程中的关键作用[46]，揭示了 mRNA 合成和基因组复制矫正机制[47]，为抗新冠病毒药物研发提供了分子结构基础及潜在新靶点。肿瘤免疫研究上，北京大学对肿瘤浸润 T 细胞的异质性和动态性进行了详细刻画[48]；中国科学院等机构通过对高表达 PD-1 的 T 细胞的膜囊进行表面修饰，获得的表观遗传调控纳米囊泡可有效抑制小鼠三阴性乳腺癌、黑色素瘤或结肠癌的生长[49]；上海交通大学等机构设计出一种嵌合抗原受体 T（CAR-T）细胞，在淋巴瘤中显示出强大的扩增能力和抗肿瘤活性[50]。

3. 再生医学发展及技术优化推动异体器官移植迎来重要突破

我国在再生医学领域的研发进程整体与国际同步，尤其是在干细胞相关基础机制的探索方面水平较高，位居全球前列。中国科学院动物研究所建立了一种活化态多能干细胞（fPSC）[51]，鉴定并解析了胎肝造血干细胞扩增的功能单元（HSC PLUS）的分子机制[52]；中国科学院广州生物医药与健康研究所发现了干细胞命运调控的新机制[53]；北京大学的研究人员发现通过剪接体抑制能够获得小鼠全能

---

46 Yan L, Ge J, Zheng L, et al. Cryo-EM structure of an extended SARS-CoV-2 replication and transcription complex reveals an intermediate state in cap synthesis[J]. Cell, 2021, 184(1):184-193,e10.

47 Yan L, Yang Y, Li M, et al. Coupling of N7-methyltransferase and 3′-5′ exoribonuclease with SARS-CoV-2 polymerase reveals mechanisms for capping and proofreading[J]. Cell, 2021, 184(13):3474-3485,e11.

48 Zheng L, Qin S, Si W, et al. Pan-cancer single-cell landscape of tumor-infiltrating T cells[J]. Science, 2021, 374(6574): abe6474.

49 Zhai Y, Wang J, Lang T, et al. T lymphocyte membrane-decorated epigenetic nanoinducer of interferons for cancer immunotherapy[J]. Nat Nanotechnol, 2021, 16(11):1271-1280.

50 Zhang H, Li F, Cao J, et al. A chimeric antigen receptor with antigen-independent OX40 signaling mediates potent antitumor activity[J]. Sci Transl Med, 2021, 13(578): eaba7308.

51 Wang X, Xiang Y, Yu Y, et al. Formative pluripotent stem cells show features of epiblast cells poised for gastrulation[J]. Cell Research, 2021, 31:526-541.

52 Gao S, Shi Q, Zhang Y, et al. Identification of HSC/MPP expansion units in fetal liver by single-cell spatiotemporal transcriptomics[J]. Cell Research, 2021,32(1): 38-53.

53 Liu J, Gao M, He J, et al. The RNA m6A reader YTHDC1 silences retrotransposons and guards ES cell identity [J]. Nature, 2021, 591: 322-326.

干细胞[54]，构建了具有再生能力的小肠类器官[55]；昆明理工大学构建了全球首个“人－猴嵌合体胚胎”[56]。同时，随着以基因编辑技术为代表的基因改造技术的快速优化和革新，异种移植研究迎来了全新发展机遇，在不断探索异种移植可行性的同时，对猪的基因改造工作也获得重要突破。2021 年，美国哈佛大学杨璐菡团队在前期工作基础上，成功构建出第一代可用于临床的异种器官移植模型——“猪 3.0”，标志着异种器官移植在安全性和有效性上迈出了重要一步[57]。

（二）技术进步

1. 生命组学研究技术升级迭代推动细胞图谱绘制持续取得突破

我国生命组学分析技术持续迭代优化，并在多组学联合分析、分子和细胞图谱绘制上取得进展。技术优化上，中国科学院北京生命科学研究院开发了测定环形 RNA 全长转录本的方法 CIRI-long[58]，将环形 RNA 检测灵敏度提升了 20 倍；清华大学提出了一种单细胞空间代谢组分析新方法 SEAM[59]，系统地解析组织中单细胞的代谢指纹图谱，对理解组织微环境具有重要意义。多组学联合分析上，北京大学等实现在单个细胞中，同时捕获特定的组蛋白修饰或者转录因子结合及转录组，揭示蛋白质－染色质互作和基因表达情况[60]；复旦大学等首次系统性绘制了肝内胆管癌的多维分子图谱，为肝内胆管癌的发生

---

54 Shen H, Yang M, Li S, et al. Mouse totipotent stem cells captured and maintained through spliceosomal repression[J]. Cell, 2021, 184(11): 2843-2859.

55 Qu M, Xiong L, Lyu Y, et al. Establishment of intestinal organoid cultures modeling injury-associated epithelial regeneration[J]. Cell Research, 2021, 31: 259-271.

56 Tan T, Wu J, Si C, et al. Chimeric contribution of human extended pluripotent stem cells to monkey embryos *ex vivo*[J]. Cell, 2021, 184(8): 2020-2032.

57 Yue Y, Xu W, Kan Y, et al. Extensive germline genome engineering in pigs[J]. Nature Biomedical Engineering, 2021, 5: 134-143.

58 Zhang J, Hou L , Zuo Z, et al. Comprehensive profiling of circular RNAs with nanopore sequencing and CIRI-long[J]. Nature Biotechnology, 2021, 39(7): 836-845.

59 Yuan Z, Zhou Q, Cai L, et al. SEAM is a spatial single nuclear metabolomics method for dissecting tissue microenvironment[J]. Nature Methods, 2021, 18(10):1223-1232.

60 Xiong H, Luo Y, Wang Q, et al. Single-cell joint detection of chromatin occupancy and transcriptome enables higher-dimensional epigenomic reconstructions[J]. Nature Methods, 2021, 18(6): 652-660.

发展机制、精准分子分型、预后判断和个性化治疗策略提供了新思路[61]。分子和细胞图谱绘制上，中国科学院生物物理研究所[62]建设了 NyuWa 中国人群基因组资源库，北京大学生物医学前沿创新中心等[63]刻画了肿瘤浸润髓系细胞在不同癌种内的特征图谱，为疾病精准分型、治疗和预后的实现奠定了坚实的资源基础。

2. 合成生物学领域基础研究与应用研究进一步深入

我国在合成生物学领域基础研究与应用研究等方面取得重大突破，包括基因组设计与合成、基因编辑、天然产物合成等。基因线路工程及元件挖掘上，北京大学与华东师范大学等开发了非经典氨基酸的细胞疗法调控系统，为实现长期血糖控制带来了希望[64]；天津大学基于实验室进化开发了一种真核生物的新型 DNA 倒置系统，可以充当可逆的转录开关[65]。使能技术创新上，南京大学开发了一种新型蛋白质测序技术，即纳米孔错位测序技术（NIPSS）[66]；重庆大学和浙江大学的研究团队合作开发了全球首个基于人工合成结合蛋白（SBP）生物物理性质、功能特征和临床信息的数据平台 SYNBIP[67]。底盘细胞的设计与改造上，中国科学院深圳先进技术研究院和华中科技大学合作设计了以铜绿假单胞菌为载体的工程菌株[68]；中国科学院微生物研究所的研究人员设计

---

61 Dong L, Lu D, Chen R, et al. Proteogenomic characterization identifies clinically relevant subgroups of intrahepatic cholangiocarcinoma[J]. Cancer Cell, 2022, 40(1): 70-87, e15.

62 Zhang P, Luo H X, Li Y Y, et al. NyuWa genome resource: A deep whole genome sequencing-based variation profile and reference panel for the Chinese population[J]. Cell Reports, 2021, 37(7), 110017.

63 Cheng S J, Li Z Y, Gao R R, et al. A pan-cancer single-cell transcriptional atlas of tumor infiltrating myeloid cells[J]. Cell, 2021, 184(3):792-809.

64 Chen C, Yu G L, Huang Y J, et al. Genetic-code-expanded cell-based therapy for treating diabetes in mice[J]. Nature Chemical Biology, 2022, 18: 47-55.

65 Han P Y, Ma Y, Fu Z H, et al. A DNA inversion system in eukaryotes established via laboratory evolution[J]. ACS Synthetic Biology, 2021, 10(9): 2222-2230.

66 Yan S H, Zhang J Y, Wang Y, et al. Single molecule ratcheting motion of peptides in a *Mycobacterium smegmatis* porin A (MspA) nanopore[J]. Nano Letters, 2021, 21(15): 6703-6710.

67 Wang X N, Li F C, Qiu W Q, et al. SYNBIP: synthetic binding proteins for research, diagnosis and therapy[J]. Nucleic Acids Research, 2021, 50(D1): D560-D570.

68 Xia A G, Qian M J, Wang C C, et al. Optogenetic modification of *Pseudomonas aeruginosa* enables controllable twitching motility and host infection[J]. ACS Synthetic Biology, 2021, 10(3): 531-541.

开发了碳－氮裂解酶的微生物合成平台[69]。应用研究领域，中国科学院天津工业生物技术研究所在实验室中首次实现了从二氧化碳到淀粉分子的全合成[70]；中国科学院深圳先进技术研究院利用高分子物理化学的理念，搭建了由快速自愈合活体材料组装的新框架[71]。

3. 表观遗传修饰与细胞命运、代谢组学、环境基因组学等交叉融合

DNA 甲基化、组蛋白修饰、染色质重塑、非编码 RNA 这类标记和调控过程等表观遗传学研究不断深入，技术进步推动表观遗传修饰逐渐与细胞命运、代谢组学、环境基因组学等交叉融合。随着 DNA 修饰图谱及相关技术不断完善，表观修饰的调控功能成为关注重点。例如，复旦大学利用 modi-catTFRE 技术完成了大规模的内源性甲基化、羟甲基化、甲酰基化转录因子修饰识别蛋白的鉴定及功能研究[72]；中山大学孙逸仙纪念医院发现 ALKBH1 能影响血管平滑肌细胞表型和血管钙化的机制[73]，通过表观遗传修饰解释了疾病的产生和发展原因。同时，MeRIP-seq 等 RNA 修饰位点检测技术快速发展，推动了表观转录组学的成果产出。例如，中国科学院分子细胞科学卓越创新中心通过结构生物学研究，阐释了 m^3C32 甲基转移酶对不同 tRNA 的底物识别机制[74]；中国科学院生物物理研究所使用 RiboMeth-seq 测定了拟南芥 RNA 的 2′ 氧甲基化修饰谱，鉴定了胞质 rRNA 的 111 个修饰位点（包含 12 个新位点），发现了非常规配对的 C/D snoRNA[75]。细胞外囊泡（EV）研究上，我国研究人员开发并优化了一系列

69 Cui Y L, Wang Y H, Tian W Y, et al. Development of a versatile and efficient C－N lyase platform for asymmetric hydroamination via computational enzyme redesign[J]. Nature Catalysis, 2021, 4: 364-373.

70 Cai T, Sun H B, Qiao J, et al. Cell-free chemoenzymatic starch synthesis from carbon dioxide[J]. Science, 2021, 373: 1523-1527.

71 Chen B Z, Kang W, Sun J, et al. Programmable living assembly of materials by bacterial adhesion[J]. Nature Chemical Biology, 2021, 18(3): 289-294.

72 Bai L, Yang G, Qin Z, et al. Proteome-wide profiling of readers for DNA modification[J]. Adv Sci (Weinh), 2021, 8(19):e2101426.

73 Ouyang L, Su X, Li W, et al. ALKBH1-demethylated DNA N6-methyladenine modification triggers vascular calcification via osteogenic reprogramming in chronic kidney disease[J]. J Clin Invest, 2021,131(14):e146985.

74 Mao X L, Li Z H, Huang M H, et al. Mutually exclusive substrate selection strategy by human m3C RNA transferases METTL2A and METTL6[J]. Nucleic Acids Res, 2021,49(14):8309-8323.

75 Zhang Z, Chen T, Chen H X, et al. Systematic calibration of epitranscriptomic maps using a synthetic modification-free RNA library[J]. Nat Methods, 2021,18(10):1213-1222.

检测与工程化技术，推动相关研究逐渐深入。例如，温州医科大学构建了由一次性隔离装置和工作站组成的 EXODUS 系统[76]，提高了外泌体分离纯化的效率、纯度、产量、速度和耐用性。同时，EV 为新疗法开发提供了新思路。例如，四川大学华西第二医院发现浆细胞在高级浆液性卵巢癌中富集，并诱导了肿瘤细胞的间充质表型[77]；南京大学建立了一种基于体内自组装外泌体递送 siRNA 的基因治疗方法，实现了体内 siRNA 表达、装载、递送等整个过程自动化[78]。

4. 结构生物学研究持续取得突破，生物大分子结构智能预测日趋精准

我国结构生物学研究较为突出，持续取得突破。成像技术的创新应用与交叉融合上，中国科学院生物物理研究所、清华大学等提出傅里叶域注意力卷积神经网络（DFCAN）和傅里叶域注意力生成对抗网络（DFGAN）模型[24]；中国科学院生物物理研究所研制出 ROSE-Z 显微镜，可解析纳米尺度的亚细胞结构[79]。生物大分子与细胞机器的结构和功能解析上，复旦大学多个团队先后解析了转录起始复合物（PIC）及其与中介体（Mediator）组成的转录起始超级复合物结构的三维结构[80]，从结构上揭示了基于转录因子 IID（TFIID）的人类起始复合物在核心启动子上的组装机制[81]。病原微生物的结构解析、机制研究与药物研发上，清华大学、上海科技大学等发现并重构了病毒“加帽中间态复合体”“mRNA 加帽复合体”和“错配校正复合体”[46,82]。基于结构生物学的药物设计筛选上，中国科学院上海药

---

76 Chen Y, Zhu Q, Cheng L, et al. Exosome detection via the ultrafast-isolation system: EXODUS[J]. Nat Methods, 2021,18(2):212-218.

77 Yang Z, Wang W, Zhao L, et al. Plasma cells shape the mesenchymal identity of ovarian cancers through transfer of exosome-derived microRNAs[J]. Sci Adv, 2021,7(9):eabb0737.

78 Fu Z, Zhang X, Zhou X, et al. *In vivo* self-assembled small RNAs as a new generation of RNAi therapeutics[J]. Cell Res, 2021,31(6):631-648.

79 Gu L, Li Y, Zhang S, et al. Molecular-scale axial localization by repetitive optical selective exposure[J]. Nature Methods, 2021, 18(4): 369-373.

80 Chen X, Yin X, Li J, et al. Structures of the human Mediator and Mediator-bound preinitiation complex[J]. Science, 2021, 372(6546): eabg0635.

81 Chen X, Qi Y, Wu Z, et al. Structural insights into preinitiation complex assembly on core promoters[J]. Science, 2021, 372(6541): eaba8490.

82 Yan L, Yang Y, Li M, et al. Coupling of N7-methyltransferase and 3′-5′ exoribonuclease with SARS-CoV-2 polymerase reveals mechanisms for capping and proofreading[J]. Cell, 2021, 184(13): 3474-3485, e11.

物研究所在国际上首次解析了抑郁症重要靶点 5- 羟色胺受体的近原子分辨率结构[83]、世界首个黏附类 GPCR 与 G 蛋白复合物的高清结构[84]，中国科学院分子细胞科学卓越创新中心解析了第三代抗精神分裂症药物阿立哌唑、卡利拉嗪与其重要靶点的复合物结构[85]，为相关药物的研发奠定了基础。

同时，我国高度重视生物大分子结构智能预测领域的研发，上海天壤智能科技有限公司的 TRFold2、腾讯科技（深圳）有限公司的 TFold、百度（中国）有限公司开发的 PaFold 及北京深势科技有限公司和华深智药生物科技（北京）有限公司已取得阶段性的成果，百度（中国）有限公司的 LinearDesign 在 mRNA 疫苗的基因序列设计方面也有所斩获。复旦大学与上海人工智能实验室合作研发出具有自主知识产权的 OPUS 系列算法，其对侧链结构的预测精度比 AlphaFold2 高出 13%[86]；深圳湾实验室系统与物理生物学研究所开发的 SPOT-Disorder2，在国际蛋白质固有无序区域预测比赛（CAID）的 32 个方法中排名第一[87]。

5. mRNA 技术递送系统的持续突破推动其不断走向创新应用

mRNA 技术能够精确调控，可以广泛地被应用在多种疾病领域，对医学突破具有强有力的推动作用，我国在针对传染病的预防性疫苗与疗法、mRNA 技术的递送系统改造与创新应用方面取得多项突破。针对传染病的预防性疫苗与疗法上，中国人民解放军军事医学科学院等开发了全球首个完成动物试验验证的特异针对奥密克戎突变株的 mRNA 疫苗[88]；中国科学院微生物研究

---

83 Ping Y Q, Mao C, Xiao P, et al. Structures of the glucocorticoid-bound adhesion receptor GPR97–G_o complex[J]. Nature, 2021, 589(7843): 620-626.

84 Xu P, Huang S, Zhang H, et al. Structural insights into the lipid and ligand regulation of serotonin receptors[J]. Nature, 2021, 592(7854): 469-473.

85 Chen Z, Fan L, Wang H, et al. Structure-based design of a novel third-generation antipsychotic drug lead with potential antidepressant properties[J]. Nature Neuroscience, 2021, 25: 39-49.

86 Gang X, Qinghua W, Jianpeng M. OPUS-Rota4: a gradient-based protein side-chain modeling framework assisted by deep learning-based predictors[J]. Briefings in Bioinformatics, 2021, (1):1.

87 Necci M, Piovesan D, Tosatto S C E. Critical assessment of protein intrinsic disorder prediction[J]. Nature Methods, 2021, 18(5): 472-481.

88 Zhang N N, Zhang R R, Zhang Y F, et al. Rapid development of an updated mRNA vaccine against the SARS-CoV-2 Omicron variant[J]. Cell Research, 2022, 32(4): 401-403.

所等开发了使用脂质纳米颗粒包裹的核苷修饰的 mRNA 疫苗[89]。mRNA 技术的递送系统改造上，中国科学院国家纳米科学中心设计了一种能够有效负载 mRNA 疫苗和疏水性免疫佐剂（R848），保护 RNA 疫苗不被外界各种酶降解的非化学键连接水凝胶[90]；中山大学等开发了能够高效递送和表达编码肿瘤抗原 mRNA 的纳米递送载体[91]。

6. 靶向蛋白质降解技术为小分子药物研发开创崭新时代

靶向蛋白质降解（PROTAC）技术有望解决传统小分子药物面临的“不可成药”靶点和靶点突变导致的耐药性两大难题，有效扩大靶向治疗的应用范围，我国围绕该技术有快速突破。技术与数据库平台开发上，浙江大学等机构开发了集成 PROTAC 结构信息和实验数据的数据库 PROTAC-DB[92]，为 PROTAC 分子合理设计提供了宝贵的资源；华中科技大学等机构提出了双重靶向蛋白质降解新思路[93]，大大拓宽了 PROTAC 技术的应用范围。PROTAC 技术的应用上，上海科技大学等构建的 EGFR 蛋白靶向降解剂 SIAIS125 和 SIAIS126 在 EGFR 耐药细胞株中展现出良好的蛋白降解活性和细胞杀伤选择性，同时发现这些降解剂可以通过蛋白酶体复合物和溶酶体通路两种方式共同降解靶蛋白[94]；上海科技大学等机构优化筛选出了 ALK 蛋白降解剂 SIAIS001，可高效抑制癌细胞增殖[95]。

---

89 Huang Q, Ji K, Tian S, et al. A single-dose mRNA vaccine provides a long-term protection for hACE2 transgenic mice from SARS-CoV-2[J]. Nature Communications, 2021, 12(1): 1-10.

90 Yin Y, Li X, Ma H, et al. *In situ* transforming RNA nanovaccines from polyethylenimine functionalized graphene oxide hydrogel for durable cancer immunotherapy[J]. Nano Letters, 2021, 21(5): 2224-2231.

91 Zhang H, You X, Wang X, et al. Delivery of mRNA vaccine with a lipid-like material potentiates antitumor efficacy through Toll-like receptor 4 signaling[J]. Proceedings of the National Academy of Sciences, 2021, 118(6):e 2005191118.

92 Weng G, Shen C, Cao D S, et al. PROTAC-DB: an online database of PROTACs[J]. Nucleic Acids Research, 2021, 49(D1):D1381-D1387.

93 Zheng M Z, Huo J F, Gu X X, et al. Rational design and synthesis of novel dual protacs for simultaneous degradation of EGFR and PARP[J]. Journal of Medicinal Chemistry, 2021, 64(11):7839-7852.

94 Qu X, Liu H, Song X, et al. Effective degradation of EGFRL858R+T790M mutant proteins by CRBN-based PROTACs through both proteosome and autophagy/lysosome degradation systems[J]. European Journal of Medicinal Chemistry, 2021, 218(2): 113328.

95 Crab C, Ning S A, Ying K G, et al. Structure-based discovery of SIAIS001 as an oral bioavailability ALK degrader constructed from Alectinib[J]. European Journal of Medicinal Chemistry, 2021, 217: 113335.

（三）产业发展

2021 年是“十四五”规划的开局之年，在全球持续肆虐的新冠肺炎疫情加速了整个生物技术及产业的飞速发展与变革。“十四五”时期是我国开启全面建设社会主义现代化国家新征程、向第二个百年奋斗目标进军的第一个五年，也是生物技术加速演进、生命健康需求量快速增长、生物产业迅猛发展的重要机遇期。当前，生命科学领域持续取得重大技术突破，生物技术逐渐与信息技术并行成为支撑经济社会发展的底层共性技术，公众对于生物技术产品和服务的认知度、接受度和需求量快速增长，生物经济时代由成长期向成熟期迈进的节奏将进一步加快，生物经济时代的序幕徐徐拉开。

1. 代表性领域与发展现状

生物医药产业是我国战略性新兴产业重点领域，2021 年，我国生物医药产业保持高速发展态势，产业相关制度体系、研发能力和产品管线在内的各个方面均更为成熟。①我国生物医药市场规模呈稳定上升态势，2016～2021 年，我国生物医药市场总体规模从 2.51 万亿元增加到 3.86 万亿元。②药品开发上，根据国家药品监督管理局药品审评中心（CDE）数据，国产新药的申请项目数量已超过仿制药申请数量，说明我国的药物产品构型正在向新药的自主研发方向发展；溶瘤病毒类、PROTAC 等创新性药物申请数量从 2020 年的 0 项提升到了 2021 年的 10 项和 15 项，说明我国已在部分前沿技术领域打通并成功孵育了一批创新药物；药品类型上，生物制品和化学药的研发一直处于逐年上升的态势，标志着我国前沿生物医药研发能力的生物制品新药研发数量一直处于较高水平。③医疗器械开发领域，根据国家药品监督管理局（NMPA）数据，新产品注册申请数量占总受理项目的 74%，医疗器械及试剂新产品总体创新活跃程度较高；从国产及进口占比来看，我国国产器械试剂的研发及申报非常活跃，为 CDE 受理项目主体；我国自主研发并获准上市的器械及试剂数量与进口数量比例显著上升，我国在医疗器械领域的对外依赖度越来越低。

生物农业产业创新持续加速。①生物育种领域，我国从战略及政策层面的

高度重视加快了产业发展，2021 年我国种业市场继续保持该稳步增长态势，市场规模达到 1 368 亿元，预计 2022 年全年可达近 1 400 亿元；同时，市场需求刺激动物育种增速提升，2021 年行业市场规模约为 1 686.5 亿元，其中畜牧业育种在动物育种市场营收规模中占比约为 90.6%，在动物育种中占据绝对主导地位。②生物肥料领域，相关产能及需求保持平缓增长态势，2021 年我国有机肥产量达 1 618 万吨，需求量达 1 565 万吨，预计 2022 年全年我国有机肥产量可达 1 705 万吨，需求量达 1 648 万吨。③生物农药领域，目前国内微生物农药仍占主导地位，约占 70%，其次是生化农药、植物源农药，但近年植物源农药的推广比例逐年增高，生化及植物源农药研发总量迅速增长。④随着行业政策和监管力度的持续完善，兽用生物制品领域不断发展，兽用生物制品市场规模明显增速，2021 年全行业实现兽用生物制品销售额 167.32 亿元；生产企业数量不断增加，其中中型企业居多，中型企业主导的产业分布格局已形成。

生物制造产业随国家政策支持也快速推进，从原料源头上降低碳排放成为其发展方向，助力“碳中和”“碳达峰”目标的达成。①生物基化学品，包括生物基乙二醇、生物基 1,4- 丁二醇、生物基 L- 丙氨酸、生物基 1,3- 丙二醇、生物基长链二元酸等的相关产品持续推进。②生物基材料已成为快速成长的新兴产业，2020 年我国生物基材料产量和市场规模分别为 153.6 万吨和 171.54 亿元。③生物质能源新增装机规模快速增长，截至 2021 年年底，我国生物质发电累计装机容量占可再生能源发电装机容量的 3.6%；生物燃料以燃料乙醇、生物柴油为主，其中我国生物柴油 2021 年产量约为 150 万吨，表观需求量为 38.2 万吨。

生物服务产业在政策支持新药发展、国内人才红利等多因素的推动下持续崛起，合同研发外包、合同生产外包等细分子行业热度不断提升。①我国合同研发外包行业发展速度较快，规模由 2015 年的 26 亿美元增长到 2019 年的 69 亿美元，复合年均增长率为 27.63%，预计 2024 年将达到 221 亿美元，5 年复合年均增长率为 26.21%。②合同生产外包也受益于政策红利和全球产业链转移得到较快发展，市场规模由 2016 年的 105 亿元增加到 2020 年的 317 亿元，预计到 2023 年市场规模将增长到 634 亿元。

近年来，全球免疫细胞治疗产业处于迅速发展期，各国纷纷争夺该生物医

药赛道的战略高地，我国将免疫细胞作为国家重点领域，先后推出了多项政策、制度进行扶持，加大了支持力度。从处于研发及上市阶段的免疫细胞治疗产品上来看，目前，全球免疫细胞治疗产业处于迅速发展期，我国紧随美国之后居于全球第二；从全球及中国免疫细胞治疗产品管线靶点分布情况来看，我国与全球研发产品分布基本类似；从免疫细胞研发针对的适应证而言，我国免疫细胞产品主要适应证为血液瘤，并积极开发实体瘤相关产品。

类脑智能作为人工智能由“弱”向“强”跨越式发展的重要突破口，已成为全球科技和产业创新的前沿阵地，我国也将其作为重点方向通过综合科技规划及领域专项规划进行布局。2021 年，科学技术部（简称科技部）发布了科技创新 2030—“脑科学与类脑研究”重大项目，重点围绕脑认知原理解析、认知障碍相关重大脑疾病发病机制与干预技术研究、类脑计算与脑机智能技术及应用、儿童青少年脑智发育研究、技术平台建设 5 个方面做出重大研究项目部署。在政策红利及技术迭代更新的利好驱动下，我国人工智能产业规模迎来了快速增长，2020 年中国实际人工智能市场规模已达 1 280 亿元，预计 2025 年产业规模将突破 5 000 亿元。但是，由于消费端市场仍不成熟等，我国在类脑智能产业发展上尚处初期，市场规模在整个人工智能产业中占比较小。鉴于类脑智能产品的应用领域广泛，产业未来发展潜力巨大，近几年逐步成立了多家类脑智能企业，并逐步获得较大进展。未来，随行业人才等制约产业发展的突出问题的解决，我国类脑智能行业将迎来重大进展和突破。

2. 中国生命科学投融资与并购形势

2021 年，新冠肺炎疫情持续影响全球，促使我国医疗健康产业的资本涌入仍处于活跃状态。2022 年度，我国医疗健康产业投融资总额达到创下历史新高的 2 192 亿元，同比增长 32.84%。从细分领域来看，生物医药依旧是国内融资关注的热点领域，2021 年融资事件达到 522 起，同比增长 53.1%，累计融资金额达 1 113.58 亿元，同比增长 26.0%，融资金额占国内医疗健康领域投融资总额的一半；就生物医药具体细分领域来说，医药研发外包和合同研发生产服务的投资热度明显增长，2021 年融资金额为 120.54 亿元，较 2020 年增长了 99.17%。从

融资类型来看，科创板是国内生物医药企业尤其是高速成长的企业争相上市的板块，2021 年全年，全国共计 34 家生物医药企业通过科创板上市，首次公开发行（IPO）累计融资金额约 577 亿元。从区域来看，2021 年，我国医疗健康投融资事件发生最为密集的 5 个区域依次是上海、广东、北京、江苏和浙江，上海自 2020 年首次超越北京成为国内投融资最活跃的地区，2021 年累计发生 306 起融资事件，筹集资金高达 517 亿元，领先排名第二的北京近 66 亿元。整体来看，2021 年医疗健康融资交易的空间格局无太大变化，仍集中发生在医疗健康产业基础夯实、创新要素资源集聚的北上广地区，该地区包揽全国融资事件的 59%；同时，江苏和浙江地区融资热度不断上升，其在医疗健康产业的影响力日益扩大，未来有望成为中国投融资规模最大的医疗健康产业集群。

第二章 生命科学

一、生命组学与细胞图谱

（一）概述

生命组学研究技术是生命科学发展的重要技术驱动力，2021年，生命组学研究技术持续迭代优化，三代测序技术充分展现了其长读长优势，助力端粒到端粒、无缺口高水平基因组图谱的绘制，端粒到端粒联盟（T2T）公布了最新的人类基因组完整序列T2T-CHM13，新版本比上一个版本增加了近2亿碱基对及2 226个新基因，是自人类参考基因组首次发布以来进行的最大改进。超高灵敏度4D质谱等技术的发展助力单细胞蛋白质组的深度分析，为细胞异质性提供了前所未有的见解。与此同时，反映位置信息的空间组学研究技术的分辨率不断优化提高，助力实现单细胞甚至亚细胞水平分析，且综合多组学数据的空间多组学分析越发受到关注，在空间转录组学被 *Nature Methods* 评为2020年度技术之后，空间多组学入选 *Nature* 2022年值得关注的七大年度技术。

生命组学研究技术和信息分析技术的快速发展也推动了大规模、高质量分子和细胞图谱的绘制，提供更加全面的分子细胞水平的信息，为认识生命组成和进化过程，解析发育、生长、衰老全生命过程和疾病发展机制奠定了基础。

（二）国际重要进展

1. 生命组学分析技术

英国维康桑格研究所等机构开发了一种新的双重测序技术 NanoSeq，使得单个 DNA 分子测序错误率低于 5 个 / 十亿碱基对，可用于研究任何组织中的体细胞基因突变，并进一步证实细胞分裂并非基因突变主要驱动机制[96]。该研究开发的新方法可在所有细胞中准确分析基因突变，有助于加深对体细胞突变的理解。

美国麻省理工学院、哈佛大学博德研究所等机构开发了一种原位基因组测序（*in situ* genome sequencing，IGS）技术，实现了在完整生物样品中对单个细胞 DNA 序列及空间结构的同步解析[13]。该研究解决了在单个细胞中同步对基因组进行测序和成像的难题，促进了对基因组信息的全面精确认识，为理解健康、疾病和发育中的调控机制奠定了基础。

美国华盛顿大学等机构开发了可对完整胚胎进行单细胞水平空间转录组分析的 sci-Space 技术，在用寡聚核苷酸给组织切片内的细胞核打上标签，追踪细胞的出现位置和移动轨迹的基础上，进行单细胞 RNA 测序，绘制出不同细胞的基因表达时空变化[97]。该研究为哺乳动物发育单细胞图谱的构建提供了重要工具，有助于更好地在单细胞水平上理解胚胎发育期间基因表达的时空模式。

美国密歇根大学医学院等机构开发了一种新的转录组分析技术 Seq-Scope，利用基于 Illumina 测序平台的空间编码技术，实现亚微米分辨率的空间转录组学分析，获得各种组织中单细胞和亚细胞水平的转录组异质性信息[22]。该研究为单细胞和亚细胞水平的空间转录组分析提供了一个通用的解决方案。

美国麻省理工学院等机构开发了一种新的转录组分析技术 ExSeq，联合延展显微镜和原位 RNA 测序技术，实现在纳米级别分辨率对完整组织中的 RNA

---

96 Abascal F, Harvey L, Mitchell E, et al. Somatic mutation landscapes at single-molecule resolution[J]. Nature, 2021, 593(7859): 405-410.

97 Srivatsan S R, Regier M C, Barkan E, et al. Embryo-scale, single-cell spatial transcriptomics[J]. Science, 2021, 373(6550): 111-117.

进行原位测序[98]。该研究提供了一个在更高的分辨率来观察细胞中 RNA 的工具，有助于更好地了解细胞不同部位基因的表达情况，以及细胞位置或其与附近细胞的相互作用对基因表达的影响。

荷兰代尔夫特理工大学等机构开发了一种基于纳米孔的单分子分析方法，根据离子电流变化成功分辨出蛋白质序列中的单个氨基酸改变，提供了关于基于纳米孔技术的单个氨基酸分辨率蛋白质测序的概念验证[99]。该研究为蛋白质测序和分类开辟了道路。

欧洲分子生物学实验室等机构开发了一种原位单细胞代谢组学分析方法 SpaceM，利用基质辅助激光解吸电离（MALDI）质谱成像和光学显微技术实现了单细胞、高通量、原位代谢组分析，每小时可检测来自 1 000 多个细胞中的 100 多种代谢物[100]。该研究开发的 SpaceM 方法设计简单，对仪器要求低，且具有良好的兼容性，为揭示单细胞的代谢状态提供了重要工具。

2. 多组学联合分析

美国纽约基因组中心开发了一种能够同时检测单个细胞染色质可及性和蛋白质水平的方法 ASAP-seq，以及同时分析染色质可及性、基因表达和蛋白质水平的方法 DOGMA-seq，实现了单细胞水平多组学分析[101]。该研究推出了强大的单细胞多组学分析工具，为绘制单细胞中基因和蛋白质调控的复杂相互作用图谱奠定了重要基础。

美国麻省理工学院、哈佛大学博德研究所等机构开发了一种基于噬菌体展示技术的单细胞多模态测序技术（PHAGE-ATAC），可以同时检测单个细胞的染色质可及性、蛋白质水平，并通过捕获分析线粒体 DNA 进行细胞克隆谱系

---

98 Alon S, Goodwin D R, Sinha A, et al. Expansion sequencing: Spatially precise *in situ* transcriptomics in intact biological systems[J]. Science, 2021, 371(6528): eaax2656.

99 Brinkerhoff H, Kang A S W, Liu J, et al. Multiple rereads of single proteins at single-amino acid resolution using nanopores[J]. Science, 2021, 374(6574): 1509-1513.

100 Rappez L, Stadler M, Triana S, et al. SpaceM reveals metabolic states of single cells[J]. Nature Methods, 2021, 18(7): 799-805.

101 Mimitou E P, Lareau C A, Chen K Y, et al. Scalable, multimodal profiling of chromatin accessibility, gene expression and protein levels in single cells[J]. Nature Biotechnology, 2021, 39(10): 1246-1258.

追踪[102]。该研究为蛋白质检测、基于单细胞基因组分析的细胞表征和筛选开辟了新的途径。

美国纽约大学等机构基于“加权最近邻”分析框架，有效地整合单细胞多组学数据，建立了人体循环免疫系统的多组学参考图谱[14]。该研究突破了以转录组来定义细胞类型的传统，更有效地识别和验证了不同类型的细胞。

美国哈佛大学等机构采集了小鼠胚胎皮质发生和出生早期阶段的新皮质样本，通过联合使用单细胞转录组测序、空间转录组测序和单细胞染色质转座酶可及性分析，绘制了小鼠新皮质发育图谱，重建皮质细胞发育轨迹[103]。该研究产生的单细胞多组学数据为更好地理解新皮质发育中细胞多样性调控机制奠定了基础。

美国斯坦福大学等机构利用 EpiTOF、scATAC-seq 和 scRNA-seq 等单细胞技术，绘制了人类流感疫苗接种前后免疫系统的表观基因组和转录组图谱，揭示了疫苗接种刺激先天免疫系统的持续性表观基因组重塑[104]。该研究提示表观基因组变化在免疫中的重要作用，为新型疫苗的设计提供了重要参考。

美国范德堡大学医学院等机构绘制了综合单细胞转录组、基因组、免疫组织病理学数据的人类结直肠癌癌前多组学图谱，描述了腺瘤（AD）和无蒂锯齿状病变（SSL）这两种息肉癌变过程的机制及其免疫微环境[105]。该研究为结直肠癌的精确预防、监测和治疗的新策略开发铺平了道路。

德国马克斯 - 普朗克免疫生物学和表观遗传学研究所等机构通过整合代谢组、转录组、染色质可及性和染色质免疫沉淀分析数据，发现了调节造血干细胞功能的非经典视黄酸信号轴，揭示单一代谢物可通过调控表观遗传和转录特

---

102 Fiskin E, Lareau C A, Ludwig L S, et al. Single-cell profiling of proteins and chromatin accessibility using PHAGE-ATAC[J]. Nature Biotechnology, 2021, online.

103 di Bella DJ, Habibi E, Stickels R R, et al. Molecular logic of cellular diversification in the mouse cerebral cortex[J]. Nature, 2021, 595(7868): 554-559.

104 Wimmers F, Donato M, Kuo A, et al. The single-cell epigenomic and transcriptional landscape of immunity to influenza vaccination[J]. Cell, 2021, 184(15): 3915-3935,e21.

105 Chen B, Scurrah C R, McKinley E T, et al. Differential pre-malignant programs and microenvironment chart distinct paths to malignancy in human colorectal polyps[J]. Cell, 2021, 184(26): 6262-6280,e26.

征来决定干细胞的命运[106]。该研究为加深关于干细胞特性维持的复杂调控网络的认识奠定了重要基础。

澳大利亚悉尼大学等机构通过对 77 名晚期皮肤黑色素瘤患者的肿瘤样本进行全基因组、外显子组、转录组、甲基化组、免疫组化分析，揭示高肿瘤突变负荷（TMB）、新生抗原负荷、干扰素（IFN）γ 相关基因表达、程序性死亡配体表达、低 *PSMB8* 甲基化水平及肿瘤微环境中的 T 细胞与患者对免疫治疗的响应有关[107]。该研究利用多组学及临床样本信息揭示了多个可用于预测黑色素瘤患者接受免疫治疗效果的关键指标，助力黑色素瘤的精准治疗。

3. 分子和细胞图谱绘制

2021 年，研究人员利用长读长测序技术获得了包括水稻[108,109]、大麦[110]、拟南芥[111,112]、香蕉[113]、澳洲胡桃[114]等多种植物的高质量基因组图谱。

脊椎动物基因组计划（VGP）公布了系列研究成果，其中一项研究报告了 16 个脊椎动物物种迄今最完整、质量最高的基因组，这些物种代表了主要的脊椎动物分类，包括哺乳动物、鸟类、爬行动物、两栖动物、硬骨鱼和软骨鱼[115]。

---

106 Schönberger K, Obier N, Romero-Mulero M C, et al. Multilayer omics analysis reveals a non-classical retinoic acid signaling axis that regulates hematopoietic stem cell identity[J]. Cell Stem Cell, 2022, 29(1): 131-148,e10.

107 Newell F, Silva I P D, Johansson P A, et al. Multiomic profiling of checkpoint inhibitor-treated melanoma: Identifying predictors of response and resistance, and markers of biological discordance[J]. Cancer Cell, 2022, 40(1): 88-102,e7.

108 Song J M, Xie W Z, Wang S, et al. Two gap-free reference genomes and a global view of the centromere architecture in rice[J]. Molecular Plant, 2021, 14(10): 1757-1767.

109 Li K, Jiang W, Hui Y, et al. Gapless indica rice genome reveals synergistic effects of active transposable elements and segmental duplications that promote rice genome evolution[J]. Molecular Plant, 2021, 14(10): 1745-1756.

110 Mascher M, Wicker T, Jen kins J, et al. Long-read sequence assembly: a technical evaluation in barley[J]. The Plant Cell, 2021, 33(6):1888-1906.

111 Naish M R, Alonge M, Wlodzimierz P, et al. The genetic and epigenetic landscape of the *Arabidopsis* centromeres[J]. Science, 2021, 374(6569): eabi7489.

112 Wang B, Yang X F, Jia Y Y, et al. High-quality *Arabidopsis thaliana* genome assembly with nanopore and HiFi long reads[J]. Genomics, Proteomics & Bioinformatics, 2021, online.

113 Belser C, Baurens F C, Noel B, et al. Telomere-to-telomere gapless chromosomes of banana using nanopore sequencing[J]. Communications Biology, 2021, 4(1): 1047.

114 Sharma P, Masouleh A K, Topp B, et al. Denovo chromosome level assembly of a plant genome from long read sequence data[J]. The Plant Journal, 2022, 109(3): 727-736.

115 Rhie A, Mccarthy S A, Fedrigo O, et al. Towards complete and error-free genome assemblies of all vertebrate species[J]. Nature, 2021, 592(7856): 737-746.

该研究为人们了解基因组演化提供了新的见解，产出的迄今最全面的遗传密码也为科研人员提供了资源宝库。

端粒到端粒联盟（T2T）对全部人类基因组30.55亿碱基对进行了测序，公布了最新的人类基因组完整序列T2T-CHM13，新版本比上一个版本增加了近2亿碱基对及2 226个新基因，是自人类参考基因组首次发布以来进行的最大改进[116]。

英国弗朗西斯·克里克研究所等机构对涵盖38种癌症类型的2 658个癌症样本的全基因组序列进行了深入研究，全面揭示了肿瘤内异质性（ITH）特征，发现亚克隆扩增在绝大多数癌症里都很常见，且亚克隆之间频繁分支，强调ITH及其驱动因素在肿瘤发生发展中的重要性[9]。该研究形成的肿瘤内异质性图谱为进一步深入了解肿瘤突变过程及肿瘤进化动力学提供了详细的见解。

瑞典皇家理工学院等机构结合亚细胞分辨率的蛋白质组和单细胞水平的转录组分析，绘制了细胞周期过程的蛋白质分子图谱，鉴定出数百种之前未知的与有丝分裂和细胞周期有关的蛋白质，并揭示其中几种蛋白质可致癌[117]。该研究全面地解析了蛋白质表达水平或空间分布的细胞间异质性，进一步为癌症形成机制解析和诊断治疗提供了重要资源。

德国科隆大学等机构构建了秀丽隐杆线虫泛素化蛋白质组图谱，评估蛋白质泛素化修饰与衰老之间的联系，发现衰老线虫中蛋白质泛素化修饰水平降低，导致不必要或者有害蛋白质的积累，进而损害细胞和组织功能[118]。该研究揭开了衰老过程中蛋白质泛素化修饰的动态变化规律，为后续抗衰老药物研发提供了新的见解。

美国哈佛大学医学院等机构分别构建了293T细胞和HCT116细胞的蛋白质互作图谱，通过对两种不同类型细胞的蛋白质互作组的比较分析，揭示了

---

116 Nurk S, Koren S, Rhie A, et al. The complete sequence of a human genome[J]. Science, 2021, https://www.biorxiv.org/content/10.1101/2021.05.26.445798v1.

117 Mahdessian D, Cesnik A J, Gnann C, et al. Spatiotemporal dissection of the cell cycle with single-cell proteogenomics[J]. Nature, 2021, 590(7847): 649-654.

118 Koyuncu S, Loureiro R, Lee H J, et al. Rewiring of the ubiquitinated proteome determines ageing in *C. elegans*[J]. Nature, 2021, 596(7871): 285-290.

蛋白质互作如何随细胞状态而变化[119]。该研究通过跨细胞系的比较分析验证了数千种蛋白质相互作用，也使人们可以更好地对许多未经鉴定的蛋白质进行生物学研究。

美国国立卫生研究院 Brain Initiative 大脑细胞普查网络（BICCN）发布阶段性研究成果，精确绘制了人类、小鼠和猴子大脑中控制运动区域的神经元和其他细胞的图集[120]。该研究为对人类、猴子和小鼠大脑中的不同细胞类型进行全面识别和编目，更好地认识大脑及相关疾病铺平了道路。

英国牛津大学和英国维康桑格研究所等机构相继发布人类肠道发育细胞图谱，描述了隐窝-绒毛轴形成及神经、血管、间质形态发生和免疫发育机制[121]，揭示了肠道中免疫系统和神经系统的发育规律[122]。这两项研究有助于更好地理解肠道发育过程和功能，并为确定肠道疾病的潜在新药靶标奠定了重要基础。

（三）国内重要进展

1. 生命组学分析技术

中国科学院北京生命科学研究院等机构开发了基于纳米孔测序技术的环形 RNA 全长分析方法，通过结合滚环反转录扩增和纳米孔长读长测序技术，直接测定环形 RNA 的全长序列，实现了对环形 RNA 的高灵敏度检测和内部结构重构[58]。该研究为环形 RNA 的功能研究提供了重要的方法学工具，具有很高的应用价值。

北京大学等机构率先开发了基于三代测序（单分子测序）平台的单细胞全基因组测序技术 SMOOTH-seq，能够实现在单个细胞水平对于基因组结构变

---

119 Huttlin E L, Bruckner R J, Navarrete-Perea J, et al. Dual proteome-scale networks reveal cell-specific remodeling of the human interactome[J]. Cell, 2021, 184(11): 3022-3040,e28.

120 BRAIN Initiative Cell Census Network (BICCN). A multimodal cell census and atlas of the mammalian primary motor cortex[J]. Nature, 2021, 598(7879): 86-102.

121 Fawkner-Corbett D, Antanaviciute A, Parikh K, et al. Spatiotemporal analysis of human intestinal development at single-cell resolution[J]. Cell, 2021, 184(3): 810-826,e23.

122 Elmentaite R, Kumasaka N, King H W, et al. Cells of the human intestinal tract mapped across space and time[J]. Nature, 2021, 597(7875): 250-255.

异、染色体外环形 DNA 等的高精度检测，大大扩展了单细胞基因组测序技术的适用范围[123]。该研究为揭开更多的人类基因组中暗物质的奥秘提供了重要手段。

深圳华大生命科学研究院等机构结合 DNA 纳米球（DNB）芯片和原位 RNA 捕获技术开发了空间转录组测序技术 Stereo-seq，能够以高分辨率和灵敏度对大型组织切片进行转录组学分析，并利用该技术分析了小鼠发育过程中的基因表达时空动态[124]。该研究为组织和生物体的系统化空间组学分析打下了坚实的基础。

北京大学等机构利用生物正交剪切反应和化学脱笼策略，构建了可控激活的邻近标记酶，并进一步与磷酸化富集技术相偶联，开发了首个基于生物正交邻近标记的亚细胞磷酸化蛋白质组捕获技术 SubMAPP，成功实现了活细胞中亚细胞分辨率下的磷酸化蛋白质组捕获[125]。该研究开发的技术策略有望拓展至其他蛋白质翻译后修饰类型的分析，为在亚细胞水平绘制多种蛋白质翻译后修饰谱奠定基础。

清华大学等机构提出一种在单细胞分辨率下进行空间代谢异质性分析的新方法 SEAM，采用高空间分辨质谱成像结合机器学习算法，能够系统地解析组织中单细胞的代谢指纹图谱[59]。该研究为更好地理解细胞生化功能提供了新的手段，对健康和疾病机制研究也有重要意义。

2. 多组学联合分析

北京大学等机构报道了一种高质量、高通量单细胞双组学技术 CoTECH，在早期开发的单细胞 ChIP-seq 方法 CoBATCH 的基础上，巧妙地结合了优化后的单细胞 RNA-seq 技术，实现在单个细胞中，同时捕获特定的组蛋白修饰或者

---

123 Fan X Y, Yang C, Li W, et al. SMOOTH-seq: single-cell genome sequencing of human cells on a third-generation sequencing platform[J]. Genome Biology, 2021, 22(1): 195.

124 Chen A, Liao S, Cheng M N, et al. Large field of view-spatially resolved transcriptomics at nanoscale resolution[J]. bioRxiv, 2021, https://doi/10.1101/2021.01.17.427004.

125 Liu Y, Zeng R, Wang R, et al. Spatiotemporally resolved subcellular phosphoproteomics[J]. Proceedings of the National Academy of Sciences, 2021, 118(25):e2025299118.

转录因子结合及转录组，揭示蛋白质–染色质互作和基因表达情况[60]。该研究为构建多维表观基因组图谱提供了重要手段，为许多生物过程中以表观基因组为中心的基因调控和细胞异质性提供新的见解。

复旦大学等机构综合基因组、转录组、蛋白质组、磷酸化蛋白质组和微生物组等多组学多维度数据，首次系统性绘制了肝内胆管癌的多维分子图谱，为肝内胆管癌的发生发展机制、精准分子分型、预后判断和个性化治疗策略提供了新思路[61]。

中国科学院遗传与发育生物学研究所等机构揭示了 COVID-19 不同感染阶段患者细胞外囊泡脂质组和蛋白质组的组成及功能变化，强调了细胞外囊泡脂质膜各向异性变化影响蛋白质定位，决定不同感染阶段细胞外囊泡的不同生物学特性[126]。该研究为阐明 COVID-19 代谢相关的病理机制提供了线索。

3. 分子和细胞图谱绘制

四川农业大学等机构选取了具有高度代表性的 33 个水稻材料，采用最新的第三代基因测序技术，对其中 31 份材料进行了长片段测序、高质量基因组组装及基因注释。结合已报道的‘日本晴’和‘蜀恢 498’两个材料的参考基因组，经过系统的比较分析，共鉴定到 171 072 个结构性变异和 22 549 个基因拷贝数变异[127]。该研究首次构建了水稻图形基因组，是水稻中迄今最为完整的基于图形结构的泛基因组。

中国科学院生物物理研究所等机构基于中国人群的大型队列深度全基因组测序数据，构建了中国人群的遗传变异图谱和首个数千人级别公开可用的中国人群单倍型参考面板，将所有结果整合为中国人群基因组资源库 NyuWa[128]。该研究对于扩充世界人群遗传资源多样性、提高中国人群医学研究准确性十分必

---

126 Lam S M, Zhang C, Wang Z H, et al. A multi-omics investigation of the composition and function of extracellular vesicles along the temporal trajectory of COVID-19[J]. Nature Metabolism, 2021, 3(7): 909-922.

127 Qin P, Lu H, Du H, et al. Pan-genome analysis of 33 genetically diverse rice accessions reveals hidden genomic variations[J]. Cell, 2021, 184(13): 3542-3558,e16.

128 Zhang P, Luo H, Li Y, et al. NyuWa Genome resource: A deep whole-genome sequencing-based variation profile and reference panel for the Chinese population[J]. Cell Reports, 2021, 37(7):110017.

要，有助于深入了解亚洲人群结构与人群历史，并对寻找复杂疾病遗传因素的研究设计及人口健康指导具有参考价值。

中国科学院昆明动物研究所等机构构建了灵长类迄今最高分辨率的大脑三维基因组图谱，揭示了基因组参与人类大脑发育的进化机制[36]。该研究强调了比较 3D 基因组分析在剖析大脑发育和进化调控机制方面的价值。

北京大学等机构利用高分辨率的“用于数字转录组分析的多次退火环状循环扩增技术”（MALBAC-DT）和“二倍体染色质构象捕获”（Dip-C）方法生成了发育过程中小鼠皮层和海马体的转录组（3 517 个细胞）和 3D 基因组（3 646 个细胞）图谱[37]。该研究产生的数据为神经发育机制解析及相关疾病的诊疗提供了重要参考。

北京大学等机构利用低起始量的深度全基因组 / 外显子组测序技术，探索性地研究了来源于同一正常个体多个器官的正常组织中体细胞突变的图谱，揭示了相同种系背景及生活史下人体正常组织中体细胞突变积累及克隆演化规律[129]。该研究为理解癌症发生发展及细胞衰老等相关过程的机制奠定了重要基础。

中国科学院遗传与发育生物学研究所等机构利用蛋白质融合荧光报告系统和四维实时成像技术在单细胞水平上绘制了一份蛋白质图谱，包含了秀丽隐杆线虫胚胎发育期间几乎所有细胞谱系中数百个转录因子的原位动态表达[130]。该研究为解析胚胎发育的分子调控规律提供了完整、精确和标准化的参考信息。

北京大学等机构在单细胞水平对胃癌、结直肠癌、肝癌、肺癌、乳腺癌等 15 个癌种内肿瘤浸润髓系细胞进行了系统性的刻画，比较了肥大细胞、树突状细胞及肿瘤相关巨噬细胞在不同癌种内的特性[63]。该研究为靶向不同癌种内髓系细胞的免疫治疗提供了重要依据。相关研究人员还进一步系统地刻画了肿瘤浸润性 T 细胞的异质性和动态性，涵盖了来自 21 种癌症类型的 316 名患者的

129 Li R, Di L, Li J, et al. A body map of somatic mutagenesis in morphologically normal human tissues[J]. Nature, 2021, 597(7876): 398-403.

130 Ma X H, Zhao Z G, Xiao L, et al. A 4D single-cell protein atlas of transcription factors delineates spatiotemporal patterning during embryogenesis[J]. Nature Methods, 18(8): 893-902.

397 810高质量T细胞数据，并系统地比较了癌症类型之间的异同[48]。

中国科学院动物研究所等机构描绘了斑马鱼扩增性造血组织的动态单细胞发育图谱，深入解析了造血干细胞扩增的细胞基础和分子机制[131]。该研究对建立斑马鱼扩增性造血组织的动态发育、造血干细胞扩增的细胞学基础提出了更有深度的理解，为造血干/祖细胞的体外高效扩增提供了新的理论指导。

（四）前景与展望

随着生命组学技术和信息技术的快速发展，多组学分析已成为生命组学研究新的范式，从以往的只关注某类分子扩展到对分子之间相互形成的多层生物分子网络的系统分析，未来将逐渐扩大信息的整合范围，由基因组、转录组、蛋白质组、代谢组等的联合研究，逐渐向与表观组、免疫组、微生物组、影像组等更广泛的信息整合的方向发展，助力更透彻地理解生物体内更多生理现象和疾病机制。与此同时，生物体不同发育阶段、不同组织器官、不同疾病类型细胞图谱的陆续发布也将进一步解开全生命周期中各种生命现象发生的机制和奥秘，并从鉴定不同细胞类型和特征向揭示细胞之间，以及细胞与微环境之间互作的深入研究迈进。

二、脑科学与神经科学

（一）概述

国际脑计划（IBI）在促进各国脑科学协作方面发挥着重要作用，2021年尤其在神经伦理和神经科学数据治理方面采取了系列行动。神经伦理方面，IBI神经伦理学工作组召开神经伦理学相关研讨会，并发布《神经伦理学综合景观报

---

131 Xia J, Kang Z X, Xue Y Y, et al. A single-cell resolution developmental atlas of hematopoietic stem and progenitor cell expansion in zebrafish[J]. Proceedings of the National Academy of Sciences, 2021, 118(14): e2015748118.

告》[132]。数据治理方面，IBI成立了数据标准与共享工作组，旨在促进大脑计划内外数据的发现、协调和使用；成立了数据治理工作组，发布了国际数据治理白皮书、数据治理计划；成立了数据治理相关培训工作组，加强数据治理相关宣传和培训；并在*Neuron*杂志发文呼吁国际社会关注脑科学领域的数据治理[133]。

美国脑计划持续、稳步推进。该计划自2014年以来，共资助了1 136个项目。2021年共资助了199个项目，比2020年的183个增加了16个项目。其中，细胞类型（cell type）方向93个，人类神经科学（human neuroscience）86个，干预工具（interventional tool）124个，整合方法（integrative approach）104个，神经环路图（circuit diagram）90个，监测神经活动（monitor neural activity）112个，理论与数据分析工具（theory & data analysis tool）83个[134]。从项目承担机构看，艾伦研究所、斯坦福大学、麻省理工学院、加利福尼亚理工学院、加利福尼亚大学洛杉矶分校、加利福尼亚大学旧金山分校等机构获得较多资助项目。

欧盟脑计划已进入最后阶段（2020年4月至2023年3月），最后阶段聚焦3个核心领域：脑网络（跨不同空间和时间尺度的脑网络研究）、脑网络在意识中的作用，以及人工神经网络开发。该计划将进一步扩展EBRAINS研究基础设施，该设施有三大支柱：数据、模型和计算基础设施。此外，欧洲神经退行性疾病研究联合计划加强了神经退行性疾病的非药物干预机制[135]和早期疾病指标研究[136]。

加拿大大脑研究战略（Canadian Brain Research Strategy，CBRS）2021年迅速推进。任命Young J Z博士为加拿大大脑研究战略执行主任，标志着该战

---

132 Zimmer A. A Neuroethics Integration Landscape Report[R/OL]. https://globalneuroethicssummit.com/wp-content/uploads/2021/09/GNWG_NIH-BRAIN-Neuroethics-_Integration-Summary-1.pdf[2022-07-20].

133 Eke D O, Bernard A, Bjaalie J G, et al. International data governance for neuroscience[J].Neuron, 2022,110(4):600-612.

134 每个项目被分到多个方向，因此分支方向存在重复统计。

135 EU Joint Programme-Neurodegenerative Disease Research. A Call for Understanding the Mechanisms of Non-Pharmacological Interventions[R/OL]. https://www.neurodegenerationresearch.eu/initiatives/annual-calls-for-proposals/understanding-the-mechanisms-of-non-pharmacological-interventions/[2022-01-04][2022-07-20].

136 EU Joint Programme-Neurodegenerative Disease Research. A Call for Linking Pre-Diagnosis Disturbances of Physiological Systems to Neurodegenerative Diseases[R/OL]. https://www.neurodegenerationresearch.eu/category/general-news-events/[2021-02-10][2022-07-20].

略的实施进入一个新阶段[137]，旨在以独特的协作方式将加拿大各地的大脑研究项目、公共和私人资助者及患者组织联系起来，已有 30 多家世界领先的神经科学和心理健康机构参与。CBRS 确定了 6 项变革性举措，分别是：开放神经科学、多样性团队与科学、神经伦理学、平台科学、跨学科培训、神经科学 -AI 接口[138]。

日本 2021 年主要在实施 Brain/MINDS Beyond 计划。Brain/MINDS Beyond 计划实施了人脑 MRI 项目（BMB-HBM），该项目是日本医学研究与发展署（Japan Agency for Medical Research and Development，AMED）资助的战略性国际脑科学研究促进项目（Strategic International Brain Science Research Promotion Program）的一部分，后者旨在通过国际合作支持全球脑研究[139]。BMB-HBM 项目是大型的、有 2 000 多位受试者参与的队列研究项目，受试者包括健康人群和精神疾病患者，参与研究的有脑科学研究人员、数据科学家、数学家和医学科学家，开展跨机构合作，开发人工智能诊断技术，探索大脑奥秘和脑疾病[140]。

我国科技部 2021 年 9 月发布《科技创新 2030—“脑科学与类脑研究”重大项目 2021 年度项目申报指南》，标志着我国脑科学计划正式启动。“脑科学与类脑研究”重大项目 2021 年度围绕脑认知原理解析、认知障碍相关重大脑疾病发病机制与干预技术、类脑计算与脑机智能技术及应用、儿童青少年脑智发育研究、技术平台建设 5 个方面开展研究，共部署指南方向 59 个，国拨经费概算 31.48 亿元[141]。

在产品研发与上市审批方面，美国 FDA 于 2021 年 4 月批准治疗阿尔茨海默病新药 aducanumab 上市，这是 2003 年以来 FDA 批准的首个靶向 Aβ 的阿尔

---

137 Canadian Brain Research Strategy. Continuing our momentum into 2022[R/OL]. https://canadianbrain.ca/category/cbrs-news/[2022-01-11][2022-07-20].

138 Canadian Brain Research Strategy. CBRS Transformative Initiatives[R/OL]. https://canadianbrain.ca/transformative-initiatives/[2021-12-10][2022-07-20].

139 AMED Brain/MINDS Beyond human brain MRI study. About AMED Brain/MINDS Beyond project[R/OL]. http://mriportal.umin.jp/?page_id=178&lang=en#:～:text=The% 20Strategic%20International%20Brain%20Science%20Research%20Promotion%20Program,collaboration%20with%20the%20domestic%20projects%20of%20other%20countries[2021-05-20][2022-07-20].

140 Brain/Mind Beyond. Human Brain MRI Project[R/OL]. https://hbm.brainminds-beyond.jp/[2021-05-22][2022-07-20].

141 国家科技管理信息系统公共服务平台. 科技创新 2030—“脑科学与类脑研究”重大项目 2021 年度项目申报指南 [EB/OL]. https://service.most.gov.cn/u/cms/static/202109/%E9%99%84%E4%BB%B61-%E6%8C%87%E5%8D%97_20210916181751.pdf[2021-09-16][2022-08-15].

茨海默病新药，可用于治疗早期阿尔茨海默病患者，据 Evaluate Vantage 预测，该药 2026 年的销售额将接近 50 亿美元；FDA 2021 年 5 月批准治疗精神分裂症和双相 I 型障碍的新药奥氮平（Lybalvi/samidorphan）上市[142]。脑机接口方面，美国 FDA 已经批准 IpsiHand 系统上市，应用于中风患者[143]。

（二）国际重要进展

2021 年，脑科学在新型神经元鉴定、脑图谱绘制、脑功能研究等基础领域，神经发育障碍、脑疾病等应用领域，以及神经成像、脑机接口等技术开发领域的研究均取得了一系列重要进展。

1. 基础研究

1）新型神经元鉴定与神经元操控

洛克菲勒大学以功能性磁共振成像为指导，放大了两只恒河猴的颞极（temporal pole）区，并在它们观看屏幕上的熟悉面孔和只见过虚拟面孔的不熟悉面孔图像时，记录了颞极区神经元的电信号，通过进一步研究发现这些神经元作为一个整体协同工作。该研究揭示了大脑颞极区的一类神经元将脸部感知与长期记忆联系起来，可能对治疗患有脸盲症的人具有临床意义[144]。

哈佛大学医学院研究了大脑皮层中两种关键的细胞类型是如何从小鼠机体单一的祖细胞产生的。研究人员观察到小清蛋白（parvalbumin，PV）和生长激素抑制素（somatostatin，SST）阳性细胞在皮层内启动不同的程序，并且对调节因子 Mef2c 的差异转录进行建模，通过功能丧失实验准确预测 SST 和 PV 细胞中受 *Mef2c* 基因所调节的 80% 的分子靶点。该研究揭示了一个神经元分化的

---

142 FDA. Lybalvi/samidorphan Highlights of Prescribing Information[R/OL]. https://www.accessdata.fda.gov/drugsatfda_docs/label/2021/213378s000lbl.pdf[2021-06-02][2022-08-15].

143 FDA. FDA Authorizes Marketing of Device to Facilitate Muscle Rehabilitation in Stroke Patients[R/OL]. https://www.fda.gov/news-events/press-announcements/fda-authorizes-marketing-device-facilitate-muscle-rehabilitation-stroke-patients[2021-04-23][2022-08-15].

144 Landi S M, Viswanathana P, Serene S, et al. A fast link between face perception and memory in the temporal pole [J]. Science, 2021, 373(6554): 581-585.

共同分子程序，为检查细胞多样性的出现及量化和预测候选基因对细胞类型特异性发育的影响提供了一个框架[145]。

德国弗赖堡大学利用薄的、细胞大小的光纤进行微创光遗传学和柔性植入，将这些光纤与硅探针相结合，实现了高质量的记录和超快的多通道光遗传学抑制；还开发了一种多通道光学换向器和通用跳线，该框架允许在自由移动的动物中同时进行层流记录和多纤维刺激、3D 光遗传学刺激，连接推理和行为量化[146]。

冷泉港实验室发现小鼠大脑中一组影响着小鼠执行任务以获得奖励的动机神经元，增强这些神经元的活动会使小鼠在一定程度上工作得更快或更努力，还可以防止小鼠对奖励成瘾。该研究结果对治疗影响人类动机的抑郁症等精神疾病提供了新的治疗策略[147]。

2）脑结构解析与脑谱图绘制

美国脑计划“大脑细胞普查网络”项目（BICCN）经过近 4 年的研究，已产生第一阶段成果，即在分子水平上对哺乳动物初级运动皮层细胞类型进行了全面的定位和图谱绘制，并产生数据集，开发了方法和工具，具体包括：①利用转录组、染色质可及性、DNA 甲基化图谱等多组学描绘了运动皮层细胞中的分子遗传景观；②跨物种分析揭示了从小鼠到狨猴到人的细胞类型的保守性；③原位单细胞转录组学揭示了运动皮层空间图谱；④交叉模式分析揭示了神经元类型的生理与解剖特性和基因调控基础[148]。其中，加利福尼亚理工学院对控制小鼠机体运动的关键区域——大脑初级运动皮层进行研究，分析了来自大脑细胞的基因组相互数据，并通过结合三种不同的实验性技术，详细分析小鼠大脑皮层脑细胞中的基因表达情况，发现了细胞类型中异构体特异性的例子，表明

145 Allaway K C, Gabitto M I, Wapinski O, et al. Genetic and epigenetic coordination of cortical interneuron development[J]. Nature, 2021, 597: 693-697.

146 Eriksson D, Schneider A, Thirumalai A, et al. Multichannel optogenetics combined with laminar recordings for ultra-controlled neuronal interrogation[J]. Nature Communications, 2021, 13: 985.

147 Deng H F, Xiao X, Yang T, et al. A genetically defined insula-brainstem circuit selectively controls motivational vigor[J]. Cell, 2021, 184(26): 6344-6360.

148 Nature. Brain Initiative Cell Census Network[EB/OL]. https://www.nature.com/collections/cicghheddj[2021-10-06][2022-08-15].

异构体特异性有助于细化细胞类型，该研究还提供了小鼠初级运动皮层全面的转录图谱[149]。

美国Salk研究所利用单核DNA甲基化测序技术对小鼠大脑皮层、海马、纹状体、苍白球和嗅觉区45个区域的103 982个核（包括95 815个神经元和8 167个非神经元细胞）进行了全面的表观基因组评估，确定了161个具有不同空间位置和投射目标的细胞簇，对这些表观遗传类型进行分类，并用特征基因、调控元件和转录因子进行了注释。通过结合多组数据集（DNA甲基化、染色质接触和开放染色质），研究人员绘制出了单细胞分辨率的小鼠脑DNA甲基化图谱，在整个小鼠大脑层面确立了神经元多样性和空间组织的表观遗传学基础[150]。

加利福尼亚大学旧金山分校绘制了人类大脑血管细胞图谱，包括细胞所在的位置和每个细胞的转录基因，并且描述了40多种未知的细胞类型。此外还探索了年轻人中风的主要原因动静脉畸形中发生的细胞和分子改变，是由于外周单核细胞的一种特殊亚型破坏了脑血管舒张的稳定性，进而确定了治疗或干预中风的候选靶点。该研究奠定了全球范围内对大脑血管新的研究基础[151]。

美国斯坦福大学研究了小鼠大脑中与“评估、约会、交配和憎恶”行为相关的4个微小结构，通过进一步从这些大脑结构中提取组织，富集了对性激素有反应的细胞，发现有1 000多个基因在大脑中的活跃性具有性别差异，利用这些基因作为切入点，确定了特定的脑细胞群体，它们协调特定的性别典型行为，暗示这些性别差异可能也反映在人类大脑中[152]。

西奈山伊坎医学院对255个主要的人类小胶质细胞样本的转录组进行分析，以研究小胶质细胞在大脑区域的分布和衰老等各个方面，全面创建了小胶质细

---

149 Booeshaghi A S, Yao Z, Velthoven C, et al. Isoform cell-type specificity in the mouse primary motor cortex[J]. Nature, 2021, 598: 195-199.

150 Liu H Q, Zhou J T, Tian W, et al. DNA methylation atlas of the mouse brain at single-cell resolution[J]. Nature, 2021, 598:120-128.

151 Winkler E A, Kim C N, Ross J M, et al. A single-cell atlas of the normal and malformed human brain vasculature[J]. Science, 2022, 375: 6584.

152 Knoedler J R, Inoue S, Bayless D W, et al. A functional cellular framework for sex and estrous cycle-dependent gene expression and behavior[J]. Cell, 2022, 185(4):654-671.

胞转录组遗传效应图谱，并提出了人类神经性障碍和精神性障碍的候选功能突变，有助于理解神经性和精神性疾病的遗传风险与小胶质细胞的功能相关性[153]。

瑞典卡罗林斯卡医学院利用单细胞技术绘制了胚芽形成和出生之间的胚胎小鼠大脑图谱，并且利用该图谱确定了近 800 种细胞状态，这些状态描述了大脑及其封闭膜功能元件的发育过程，还使用原位 mRNA 测序绘制了关键发育基因的空间表达模式。将原位数据与单细胞簇相结合，揭示了神经祖细胞在神经系统模式形成过程中的精确空间组织情况[154]。

3）神经发生与发育

澳大利亚昆士兰大学的研究人员发现运动可促进小鼠分泌大量硒蛋白 P（selenoprotein P），通过其受体低密度脂蛋白相关蛋白 8（LRP8）重塑机体内的空间分布，显著提高脑组织内硒元素的含量。硒作为一种高效的抗氧化物可以显著降低海马体齿状回内神经干细胞的氧化应激，诱导神经干细胞增殖并分化为新生神经元，最终提高空间认知功能。该研究将为认知能力下降的患者提供新的潜在治疗策略[155]。

奥地利科学院分子生物技术研究所利用大脑类器官确定了结节性硬化复合症（tuberous sclerosis complex，TSC）是在发育过程中产生的，将这种疾病的起源确定为人类特有的尾侧晚期中间神经元祖细胞（caudal late interneuron progenitor, CLIP）。该研究改变了人们对神经发育疾病的理解，揭示了人脑发育的关键方面[156]。

4）脑功能研究

科学家在大脑学习、记忆、语言等高级认知功能方面取得了重要进展。例如，加利福尼亚理工学院使用光学和电学记录与遗传方法相结合，可视化了感

---

153 Lopes K D, Snijders G J, Humphrey J, et al. Genetic analysis of the human microglial transcriptome across brain regions, aging and disease pathologies[J]. Nature Genetics,2022, 54: 4-17.

154 La Manno G, Siletti K, Furlan A, et al. Molecular architecture of the developing mouse brain[J]. Nature, 2021, 596: 92-96.

155 Leiter O, Zhuo Z, Rust R, et al. Selenium mediates exercise-induced adult neurogenesis and reverses learning deficits induced by hippocampal injury and aging[J]. Cell Metabolism, 2022, 34(3): 408-423.

156 Eichmüller O L, Corsini N S, Vértesy A, et al. Amplification of human interneuron progenitors promotes brain tumors and neurological defects[J]. Science, 2022, 375: 6579.

觉神经节神经元的渗透压反应，通过进一步研究迷走神经是否会直接或间接感知肠道中的渗透压改变，揭示了内脏低渗是一种重要的迷走神经感觉方式，肠道渗透压变化转化为激素信号，通过 HPA 通路调节口渴回路活动[157]。

日本理化学研究所脑科学中心发现小鼠大脑中名为 CA2 的海马体区域或许在睡眠期间有助于记忆巩固，这一研究成果有望帮助理解精神分裂症等神经性障碍发生的分子机制[158]。

2. 应用研究

1）神经发育障碍

美国费城儿童医院揭示了负责包裹和浓缩遗传物质的基因变异如何成为某些神经发育障碍的新原因，许多被归类为智力障碍的神经发育障碍与某些基因变异有关，但是其潜在分子机制尚不清楚。该成果首次描述了 SMARCA5 的遗传突变如何导致一系列神经发育迟缓，并且通过模型研究进一步阐明 SMARCA5 致病变异导致神经发育综合征伴轻度面部畸形的机制[159]。

2）脑肿瘤及创伤性脑损伤

麻省理工学院和哈佛大学博德研究所确定了一种抑制免疫 T 细胞抗癌活性的分子 CD161，CD161 受体被肿瘤细胞和大脑免疫抑制细胞上的 CLEC2D 分子激活，进而减弱针对肿瘤细胞的 T 细胞反应。研究人员通过在神经胶质瘤的动物模型中阻断 CD161-CLEC2D 通路，增强 T 细胞对肿瘤细胞的杀伤作用，提高了动物的存活率，提示 CD161 可作为潜在的恶性脑肿瘤免疫疗法的新靶标[160]。

加利福尼亚大学旧金山分校发现继发性和慢性神经炎症及神经变性是由补

---

157 Ichiki T, Wang T, Kennedy A, et al. Sensory representation and detection mechanisms of gut osmolality change[J]. Nature, 2022, 602: 468-474.

158 He H, Boehringer R, Huang A, et al. CA2 inhibition reduces the precision of hippocampal assembly reactivation[J]. Neuron, 2021, 109(22): 3674-3687.

159 Li D, Wang Q, Gong N N, et al. Pathogenic variants in SMARCA5, a chromatin remodeler, cause a range of syndromic neurodevelopmental features[J]. Science Advances, 2021, 7:20.

160 Mathewson N D, Ashenberg O, Tirosh I, et al. Inhibitory CD161 receptor identified in glioma-infiltrating T cells by single-cell analysis[J]. Cell, 2021, 184(5): 1281-1298.

体通路的介质 C1q 分子引起的，C1q 负责慢性炎症和继发性神经元损失，特别是在皮质–丘脑–皮质回路中。创伤性脑损伤（TBI）还会导致由 C1q 补体通路引起的脑状态改变。由于丘脑与皮质相连接，丘脑很可能是继发性损伤的产生部位，因此皮质丘脑回路可能是治疗 TBI 相关疾病的新靶点 [161]。

3）神经退行性疾病

剑桥大学首次发现 Aβ42 纤维结构在散发性和遗传性阿尔茨海默病中是不同的。Ⅰ型 Aβ42 纤维主要存在于散发性阿尔茨海默病患者的大脑中，Ⅱ型 Aβ42 纤维存在于家族性阿尔茨海默病或其他神经退行性疾病患者中。该发现使人们更深入了解阿尔茨海默病的疾病过程，提示抑制 Aβ42 纤维形成可能是治疗阿尔茨海默病的新方法 [162]。

美国西北大学使用交叉遗传学破坏小鼠多巴胺能神经元中功能性线粒体复合物Ⅰ（MCⅠ）的功能，诱导了 Warburg 样的新陈代谢转变，使神经元存活成为可能，引发了多巴胺能表型的逐渐丧失。该研究指出单纯的线粒体复合物Ⅰ功能障碍即可导致帕金森病发病，其中黑质多巴胺释放的丧失对运动功能障碍起到关键作用，对帕金森病的发病提出了新的见解 [163]。

4）心理健康 / 精神疾病

瑞典卡罗林斯卡学院开发了一种新型模型以揭示风险基因 *CACNA1C* 影响大脑功能和精神性疾病风险的分子机制。L 型电压门控 Ca^{2+} 通道基因 *CACNA1C* 是多种精神性疾病的风险基因，然而其发生机制尚不清楚。研究人员利用数学模型模拟细胞网络中的电活性和 Ca^{2+} 活性，并研究微调某些参数对细胞网络产生的影响。该结果或能提供关于 *CACNA1C* 参与大脑发育的重要功能和分子信息，有助于开发与 *CACNA1C* 相关的精神性疾病的新型疗法 [164]。

---

161 Holden S S, Grandi F C, Aboubakr O, et al. Complement factor C1q mediates sleep spindle loss and epileptic spikes after mild brain injury[J]. Science, 2021, 373: 6560.

162 Yang Y, Arseni D, Zhang W J, et al. Cryo-EM structures of amyloid-β 42 filaments from human brains[J]. Science, 2022, 375(6577): 167-172.

163 González-Rodríguez P, Zampese E, Stout K A, et al. Disruption of mitochondrial complex I induces progressive parkinsonism[J]. Nature, 2021, 599: 650-656.

164 Smedler E, Louhivuori L, Romanov R A, et al. Disrupted *Cacna1c* gene expression perturbs spontaneous Ca^{2+} activity causing abnormal brain development and increased anxiety[J]. PNAS, 2022, 119(7): e2108768119.

3. 技术开发

以色列希伯来大学开发出名为 Nissl-ST（Nissl-based structure tensor）的技术，可以用于任何经过尼氏（Nissl）染液染色的大脑白质切片，绘制和可视化白质神经纤维。人脑神经细胞在大脑之间的电信号传递是通过白质纤维，最终产生所有的功能。该项技术极大地提高了对神经细胞和大脑轴突投射的认识[165]。

美国加利福尼亚大学圣地亚哥分校研究团队开发了基于铂纳米棒（platinum nanorod）的新记录网格工具 PtNRGrids，能够高分辨、准确地记录人类大脑皮层活动，该方法可在时间和空间维度记录临床前与临床中的神经活动[166]。

斯坦福大学将人工智能软件与脑机接口（BCI）设备相结合，开发出全新的脑机接口系统，该系统利用大脑运动皮层的神经活动可解码“手写”笔迹，并使用循环神经网络将笔迹实时翻译成文本，快速帮助瘫痪患者将手写想法转换为电脑屏幕上的文字。该研究结果为 BCI 开辟了一种新的方法，并证明了患者在瘫痪多年后准确解码快速灵巧运动的可行性[167]。

（三）国内重要进展

1. 基础研究

中国科学院生物物理研究所等机构揭示了人脑中间神经元多样性的发育机制，阐明了人类和小鼠大脑发育的相同点与差异，将遗传变异与特定细胞类型联系起来，以揭示神经发育障碍的起源[168]。

中国科学院脑科学与智能技术卓越创新中心发现神经元以群体编码形式表

---

165 Schurr R, Mezer A A. The glial framework reveals white matter fiber architecture in human and primate brains[J]. Science, 2021, 374(6568): 762-767.

166 Tchoe Y, Bourhis A M, Cleary D R, et al. Human brain mapping with multithousand-channel PtNRGrids resolves spatiotemporal dynamics[J]. Science Translational Medicine, 2022, 14:628.

167 Willett F R, Avansino D T, Hochberg L R, et al. High-performance brain-to-text communication via handwriting[J]. Nature, 2021, 593: 249-254.

168 Shi Y C, Wang M D, Mi D, et al. Mouse and human share conserved transcriptional programs for interneuron development[J]. Science, 2021, 374: 6573.

征序列中的空间位置，并在这些表征中发现了环状几何结构，为理解大脑中的序列表示开辟了一个重要且新的视角[35]。

上海交通大学通过数学分析猕猴皮层的解剖学网络模型，研究了不同脑区的神经元对外界输入的响应时间的尺度层级化现象，并从理论上表明突触激发和抑制的三个充分条件导致层次结构中的时间尺度分离，这是皮层功能的重要特征，对理解脑网络的结构特点如何支持其动力学性质和功能具有重要意义[169]。

2. 应用研究

中国科学院脑科学与智能技术卓越创新中心通过（冷冻电子显微镜（cryo-EM，以简称冷冻电镜）解析了 NMDA 受体结合快速抗抑郁药氯胺酮的三维结构，确定了氯胺酮在 NMDA 受体上的结合位点，并进一步利用电生理功能实验和分子动力学模拟，阐明了氯胺酮与 NMDA 受体结合的分子基础，为靶向 NMDA 受体设计新型抗抑郁药提供了重要基础[39]。

浙江大学的研究人员发现阿尔茨海默病（AD）模型小鼠的认知功能在成体神经干细胞（aNSC）消融后得到改善，并且与以钙蛋白为重要介质的齿状回（DG）颗粒细胞中突触传递的恢复有关。研究人员发现在消融 aNSC 后，不会影响脑内淀粉样蛋白 β 的水平，但可以恢复 AD 模型 DG 颗粒细胞中的正常突触传递。结果提示抑制成年神经发生可改善 AD 小鼠的学习和记忆功能[40]。

中国科学院脑科学与智能技术卓越创新中心结合神经黑色素敏感磁共振成像和任务态功能磁共振成像等技术，发现中脑黑质致密部的结构损伤影响帕金森病（PD）患者的基底神经节功能和序列工作记忆能力[170]。

3. 技术开发

中国科学院国家纳米科学中心构建了一种多功能病毒载体递送光电（VVD-

---

169 Li S T, Wang X J. Hierarchical timescales in the neocortex: Mathematical mechanism and biological insights[J]. PNAS, 2022, 119(6): e2110274119.

170 Liu W Y, Wang C P, He T T, et al. Substantia nigra integrity correlates with sequential working memory in Parkinson's disease[J]. The Journal of Neuroscience, 2021, 41(29) : 6304-6313.

optrode）系统，该系统由柔性微电极丝和光纤组成，可以同时在纳升级病毒载体中自组装，这种多功能系统能够对神经元群体进行光遗传学操作和电记录长达三个月，有助于对神经环路功能进行精确和长期的研究[38]。

中国科学院上海微系统与信息技术研究所开发出基于蚕丝蛋白的异质、异构、可降解微针贴片，可同时携带三种药物，药物的释放顺序和周期能够匹配临床用药规范的差异性要求，具备术中快速止血、术后长期化疗抑制肿瘤细胞、按需定时启动靶向抑制血管生成等功能，为颅内植入式医疗器械领域开拓了新的道路[171]。

（四）前景与展望

未来，随着各国脑计划的深入实施，单细胞测序技术、新型显微成像技术与功能性磁共振成像等新兴技术的发展，将推动脑细胞类型更全面、深入地鉴定，推动微观、介观和宏观层面的脑图谱绘制，进而实现在神经元、环路水平的脑感知及认知功能（如记忆、学习、行业与社会认知等）解析，尤其加强感知、认知的融合研究，如在神经环路层面探析视觉和认知机制。在神经元、神经环路水平探索脑发育过程，解析脑发育障碍与神经精神疾病的机制，尤其是神经退行性疾病的新机制，将推动神经精神疾病的新型生物标志物、新型诊断治疗方法的开发，为神经精神疾病的治疗和干预带来变革。

借鉴人脑信息处理机制，开发新型算法、芯片及计算系统，以及脑机融合的脑机接口产品，类脑智能领域将快速发展。随着人脑记忆、学习等高级功能的进一步解析，将为类脑智能/人工智能领域的研发带来变革。另外，类脑智能的发展将促进脑科学与神经科学发展。例如，新型脑机接口为中风、癫痫等脑疾病治疗带来新的治疗选择；运用新型算法挖掘脑科学领域海量数据的价值，有效推动相关研究进步。

全球脑科学领域开始重视数据治理。随着美国脑计划等进入后半程、欧盟

---

171 Wang Z J, Yang Z P, Jiang J J. Silk microneedle patch capable of on-demand multidrug delivery to the brain for glioblastoma treatment[J]. Advanced Materials, 2022, 34(1): e2106606.

HBP 计划进入尾声，产生了海量、异质的数据，由此产生了对数据治理的需要。IBI 已发文呼吁加强脑科学 / 神经科学的数据治理，并提出了 4 条建议：①将国际数据治理作为优先考虑事项；②制定国际数据治理原则；③为国际数据治理开发实用工具和指南；④提高对国际数据治理的认识和教育。未来，各国脑科学领域将进一步重视数据治理，并制定出全球统一、协调的数据治理原则和框架。

各国将进一步加强神经伦理学研究和相关问题的监管。2019～2021 年，各国在神经伦理方面已经采取了多项行动。例如，欧洲研究网络（ERAnet）2021 年资助启动了国际神经伦理学专利行动计划（International Neuroethics Patient Initiative，INPI），旨在审查神经科学专利，以及与大脑健康和疾病相关的知识产权保护。美国、加拿大、英国等都采取行动，加强神经伦理学研究，并加强相关概念与工具的宣传。我国也于 2022 年 3 月 20 日发布了《关于加强科技伦理治理的意见》，提出明确科技伦理原则、健全科技伦理治理体制、强化科技伦理审查和监管等措施[172]。因此，未来各国将进一步重视、规范神经伦理学监管。

三、合成生物学

（一）概述

合成生物学经过 20 年的快速发展，逐渐进入了可定量、可计算、可预测、工程化的“会聚”研究时代。2021 年，多个国家相继发布新的路线图和战略计划。美国工程生物学研究联盟（EBRC）发布的《工程生物学与材料科学：跨学科创新研究路线图》，是继 2019 年工程生物学路线图和 2020 年微生物组工程路线图后的第三份研究路线图；路线图聚焦在工程生物学与材料科学交叉融

172 中共中央办公厅，国务院办公厅. 关于加强科技伦理治理的意见 [EB/OL]. http://www.gov.cn/zhengce/2022-03/20/content_5680105.htm[2022-03-20][2022-08-15].

合后的技术研发与应用，分为合成、组成与结构、加工处理、性质与性能4个技术主题，以及利用工程生物学与材料科学的融合解决工业生物技术、健康与医药、食品与农业、环境生物技术、能源5个应用领域面临的挑战。2021年6月，英国研究与创新机构（UKRI）和国防科学与技术实验室（DSTL）宣布了拟定的国家工程生物学计划（NEBP），计划加速提升英国的能力水平，主要包括合成生物学的基础研究直接商业转化的可行性解决方案，促进英国的产业发展，应对未来将面临的社会挑战等。2021年8月，澳大利亚联邦科学与工业研究组织（CSIRO）发布了首份国家合成生物学路线图，提出了澳大利亚在未来短期（2021～2025年）、中期（2025～2030年）、长期（2030～2040年）的合成生物学发展路线图。

在项目布局方面，美国国防部高级研究计划局（DARPA）2021年发布了两个合成生物学领域的新项目："环境微生物作为生物工程资源"（EMBER）和"生物制造：地球之外的生存、效用和可靠性"（B-SURE），前者的目标是开发一种基于生物技术的分离和纯化策略，用于从未能充分利用的资源中分离和纯化稀土；后者旨在解决基本的生物学问题、验证太空生物制造的可行性，从而为在太空实现按需生物制造奠定基础。美国农业部竞争性农业和食品研究计划（AFRI）的可持续农业系统（SAS）在2021年12月获得了1 000万美元的研究资金，将重点围绕气候智能型农业、清洁能源和其他高价值生物基产品的来源、营养安全等方向展开。此外，中国2021年度"合成生物学"重点专项，围绕基因组人工合成与高版本底盘细胞、人工元器件与基因线路、人工细胞合成代谢与复杂生物系统等3个任务部署项目，共支持了25个研究项目。

全球对合成生物学领域的投融资保持持续增长的趋势。2021年为合成生物学投资创纪录的一年，据合成生物学创新平台（Synbiobeta）的统计，2021年全球合成生物学投融资额近180亿美元，几乎相当于2009～2020年所有投融资额的总和。随着新冠肺炎疫情的发展，健康医药与食品两大领域成为更加受资本青睐的应用领域；健康与医药领域在2021年全年共完成了76笔交易，总计74亿美元，食品领域有41笔交易，总计34亿美元。

（二）国际重要进展

2021 年是合成生物学新十年发展的第二年，这一年出现了多项突破性的学术成果，在基因线路、元件、合成系统、底盘细胞的设计与改造，以及应用研究领域也都取得了一些重要进展和突破。

1. 元件开发与基因线路设计

2021 年，基于人工智能（AI）驱动的计算结构预测方法以前所未有的准确性突破了在蛋白质结构预测与设计方面的限制。美国华盛顿大学的研究人员在 *Science* 上公开了 RoseTTAFold[173]；其所需要的硬件设备相对较低，且增强算法的 RoseTTAFold 将基于大规模深度学习的结构建模范围从真核细胞的蛋白质单体扩展到了蛋白质复合物，并可以预测蛋白质－蛋白质相互作用的分子细节。与此同时，Deepmind 利用 AlphaFold2 破译整个人类蛋白质组结构（98.5% 的人类蛋白质），极大地扩展了蛋白质结构覆盖率[174]。美国华盛顿大学的研究人员利用全蛋白质组氨基酸协同进化分析和基于深度学习的蛋白质结构建模，系统地识别和构建了酿酒酵母蛋白质组中的核心真核蛋白质复合物的准确模型，还使用 RoseTTAFold 和 AlphaFold 的组合识别了 1 505 种可能的相互作用，并为 106 个以前未识别的蛋白质和 806 个尚未结构解析的蛋白质构建了结构模型[175]。

目前，在哺乳动物细胞中进行可预测的基因线路设计仍然是较大的挑战。美国西北大学的研究人员利用高性能的转录和翻译后调控元件与计算模型，开发了一种在哺乳动物细胞中实现可预测基因线路设计的方法[176]，有助于启发生物工程师利用合成生物学在哺乳动物细胞中定制遗传程序，有望开发利用活细胞

---

173 Baek M, Dimaio F, Anishchenko I, et al. Accurate prediction of protein structures and interactions using a three-track neural network[J]. Science, 2021, 373(6557): 871-876.

174 Tunyasuvunakool K, Adler J, Wu Z, et al. Highly accurate protein structure prediction for the human proteome[J]. Nature, 2021, 596(7873): 590-596.

175 Humphreys I R, Pei J, Baek M, et al. Computed structures of core eukaryotic protein complexes[J]. Science, 2021, 374(6573): eabm4805.

176 Muldoon J J, Kandula V, Hong M, et al. Model-guided design of mammalian genetic programs[J]. Science Advances, 2021, 7(8): eabe9375.

和合成生物学的新疗法来应对癌症等疑难疾病。

美国哈佛大学和波士顿儿童医院的研究人员利用DNA制造出高精度地测量单肽（蛋白质的构建块）的工具，即DNA纳米开关卡钳（DNA nanoswitch caliper，DNC），通过对同一分子快速多次距离测量，DNC还创建了独特的蛋白质指纹，用于在以后的实验中识别它[177]。研究团队还进一步证明，该方法能够并行测量多个不同的多肽，并确定不同分子的相对浓度。以高通量的方式读取蛋白质结构的最终目标正在逐步被实现。

明确每个转录因子结合的DNA序列并不容易，CGCG元件作为一种常见DNA模体，存在于含有CpG岛（CGI）的启动子转录起始位点附近，至今还未明确与其特异性结合的转录因子。瑞士巴塞尔大学和荷兰奈梅亨大学的研究人员开发了名为单分子足迹法（single-molecule footprinting）的技术，确定了识别并结合CGCG模体上的蛋白质——Btg3相关核蛋白（BANP），BANP与特定调控区域结合，使DNA可用于调节因子结合和控制基因表达[178]。该研究重新定义必需基因表达的控制方式，为基因电路设计和控制提供了新的开关。

2. 合成系统

德国古腾堡大学的研究人员开发了一个高效多正交翻译膜类似系统，以支持多种细胞膜表面的蛋白质翻译，这也是合成生物学领域的重大进步。他们研究证实了该正交翻译细胞器中不同翻译过程的特异性，并验证了所有的正交翻译膜类似细胞器都与宿主在细胞质中的翻译过程不会产生交叉反应[179]。这一高效且高特异性的多正交翻译膜类似系统可用于多种细胞膜表面的蛋白质翻译。这种膜类似细胞器可以促进真核细胞双正交遗传密码的扩展，使不同的翻译机制都具有单一的氨基酸残基精度。这种在纳米范围内空间调节翻译输出的能力对于合成生物学

177 Shrestha P, Yang D, Tomov T E, et al. Single-molecule mechanical fingerprinting with DNA nanoswitch calipers[J]. Nature Nanotechnology, 2021, 16(12): 1362-1370.

178 Grand R S, Burger L, Gräwe C, et al. BANP opens chromatin and activates CpG-island-regulated genes[J]. Nature, 2021, 596(7870): 133-137.

179 Reinkemeier C D, Lemke E A. Dual film-like organelles enable spatial separation of orthogonal eukaryotic translation[J]. Cell, 2021, 184(19):4886-4903,e21.

及不同细胞器内膜蛋白相分离的生物学功能的理解均具有重要的意义。

韩国首尔国立大学的研究人员开发了一个合成蛋白质质量控制（ProQC）系统，可以增强细菌的蛋白质全长翻译能力。该系统是一种合成的基因表达盒，应用于各种蛋白质表达，全长蛋白质合成增加至 2.5 倍，而不改变转录或翻译效率。此外，将 ProQC 系统应用于 3- 羟基丙酸，通过确保酶在生物合成途径中的全长表达来生产紫胶素和番茄红素，使生化产量提高了 1.6～2.3 倍[180]。该系统与现有重组蛋白生产策略结合，可以极大地提高微生物重组蛋白和生化生产的效率，在生物制药、工业酶和生物基化学品的领域有广泛应用前景。

3. 底盘细胞的设计与改造

合成生物学领域从基因组及以上层级创造了丰富的生物底盘。美国文特尔研究所、麻省理工学院等机构的研究人员首次创造出可以正常生长和分裂的简单合成细胞。研究人员在向 JCVI-syn3.0 细胞中加入 19 个基因（包含 7 个调控生长增殖的基因）后，合成的新细胞 JCVI-syn3A 可以实现正常的分裂增殖，人工细胞合成将可以更好地了解生命的运行模式[181]。英国医学研究理事会的研究人员首次在全人工合成的大肠杆菌体内删减密码子，使其能够抵御病毒，并利用非天然氨基酸合成聚合物。这项研究把合成基因组学提升到了一个新的高度，不仅成功地构建了迄今为止最大的合成基因组，而且编码变化也达到了迄今为止的最高水平[182]。此外，在肽链中引入多种非天然氨基酸为实现新型药物开发奠定了重要基础。

美国加利福尼亚大学伯克利分校的研究人员报告了一种表达异源生物合成途径的工程微生物细胞，其中包含天然酶和人工含金属酶（ArM），可产生具有

---

180 Yang J, Han Y H, Im J, et al. Synthetic protein quality control to enhance full-length translation in bacteria[J]. Nature Chemical Biology, 2021, 17(4): 421-427.

181 Pelletier J F, Sun L J, Wise K S, et al. Genetic requirements for cell division in a genomically minimal cell[J]. Cell, 2021, 184(9): 2430-2440,e16.

182 Robertson W E, Funke L F H, Torre D, et al. Sense codon reassignment enables viral resistance and encoded polymer synthesis[J]. Science, 2021, 372(6546): 1057-1062.

高非对映选择性的非天然产物[183]。研究人员设计大肠杆菌使其含有利用异源萜烯生物合成途径和含有铱－卟啉复合物的 ArM，该复合物通过异源转运系统运输到细胞内，通过进化 ArM 和选择合适的基因诱导与培养条件，提高了非天然产物的非对映选择性和产物滴度。研究表明，合成生物学和合成化学可以通过在整个细胞中结合天然酶和人工酶，产生自然界以前无法获得的分子，拓展了生物合成的应用范围。

在无细胞系统方面，美国西北大学的研究人员开发出一种整合的体内/体外细胞框架，利用代谢重组酵母提取物，提高无细胞生物合成能力。无细胞系统生成的三种化学产品（丁二醇、甘油、衣康酸）比相应的细胞方法快了10倍，这说明将细胞工程与无细胞生物合成结合具有灵活性和有效性[184]。该研究将体内/体外代谢工程方法相结合，为无细胞生物制造的合成生物学原型设计提供了新机会。

4. 应用研究领域

基于细胞的疗法早已成为合成生物学领域的前沿热点，在2021年，该领域集中在实现更加精准与高效的细胞疗法上。在更好地识别癌细胞方面，美国加利福尼亚大学旧金山分校的研究人员设计了两步正反馈电路，使T细胞能够根据抗原密度阈值来分辨目标；具有这种基因线路的T细胞在体外和体内都表现出对表达正常量HER2的靶细胞和表达100倍HER2的癌细胞的高分辨能力，这种策略可以用于提升CAR-T细胞对实体瘤的识别效果[185]。在调控方面，美国博德研究所的研究人员开发了一种可控的T细胞疗法：药物来那度胺（Lenalidomide）可以使T细胞失活，而来那度胺和癌症抗原同时存在时，T细

---

183 Huang J, Liu Z N, Bloomer B J, et al. Unnatural biosynthesis by an engineered microorganism with heterologously expressed natural enzymes and an artificial metalloenzyme[J]. Nature Chemistry, 2021, 13(12): 1186-1191.

184 Rasor B J, Yi X N, Brown H, et al. An integrated *in vivo/in vitro* framework to enhance cell-free biosynthesis with metabolically rewired yeast extracts[J]. Nature Communications, 2021, 12(1): 5139.

185 Hernandez-Lopez R A, Yu W, Cabral K A, et al. T cell circuits that sense antigen density with an ultrasensitive threshold[J]. Science, 2021, 371(6534): 1166-1171.

胞才能被激活，该工程系统可以有效地控制 T 细胞激活的时间[186]。

2021 年，联合国气候变化大会（COP26）召开，保护自然环境、减少碳排放已经成为全球共识。在此领域，合成生物学也取得了一些进展。德国马尔堡－菲利普斯大学的研究人员通过理性设计和高通量定向进化开发了一种新的羧化酶——甘醇 -CoA 羧化酶（GCC），GCC 与另外两种改造后的酶一起形成了新的羧化模块，可以将甘醇酸（C2）转化为甘油酸（C3）；经过理论计算，该模块可将 CO_2 的利用效率提高 150%，同时降低能量需求，为开发实现“碳中和”的生物技术提供了新的研究工具和思路[187]。此外，中国科学院天津工业生物技术研究所的研究人员成功实现了人工淀粉合成代谢通路（ASAP）的设计[70]，取得了在无细胞系统中利用 CO_2 和氢气合成人造淀粉的重大进展。

合成生物学领域在 2021 年还发展出大量更多性能优异、功能多样的生物基材料。英国帝国理工学院的研究人员受康普茶中菌群共生关系的启发，开发了细菌纤维素基功能材料：工程化改造的酵母可以在共生培养基中分泌具备纤维素结合能力的生物活性大分子（如蛋白酶），实现了对细菌纤维素的功能定制修饰，也可以融入自主生长中的纤维素基质中，产生能够感知和响应化学与光学信号的活体材料[188]。美国加利福尼亚大学伯克利分校的研究人员开发出了一种全新的可降解塑料，将降解酶包裹在聚合材料之中，用于后续的塑料生产，只要约一周的时间，80% 的聚乳酸塑料就可以被完全降解，变成乳酸，而后者可以直接被土壤中的微生物所摄取[189]。

（三）国内重要进展

2021 年，我国合成生物学领域在基础研究和应用研究等方面也取得了一系列

186 Jan M, Scarfò I, Larson R C, et al. Reversible ON- and OFF-switch chimeric antigen receptors controlled by lenalidomide[J]. Science Translational Medicine, 2021, 13(575): eabb6295.

187 Scheffen M, Marcha D G, Beneyton T, et al. A new-to-nature carboxylation module to improve natural and synthetic CO_2 fixation[J]. Nature Catalysis, 2021, 4: 105-115.

188 Gilbert C, Tang T C, Ott W, et al. Living materials with programmable functionalities grown from engineered microbial co-cultures[J]. Nature Materials, 2021, 20(5): 691-700.

189 DelRe C, Jiang Y F, Kang P, et al. Near-complete depolymerization of polyesters with nano-dispersed enzymes[J]. Nature, 2021, 592(7855): 558-563.

成果，包括线路与元件工程、使能技术创新、底盘工程，以及应用研究领域等。

1. 基因线路工程及元件挖掘

北京大学与华东师范大学的研究团队合作研发了一种快速调控胰岛素表达的基因开关，为合成生物学和细胞治疗研究提供了新的工具[64]。该研究团队合作开发了一种基于非经典氨基酸的细胞疗法调控系统（NATS），在蛋白质翻译层面对治疗性蛋白的合成进行精准的调控；将带有 NATS 的微囊化细胞植入糖尿病小鼠后，可以在 90min 内通过口服非经典氨基酸缓解高血糖症。此外，该研究团队还合作制备了含有非经典氨基酸分子的“饼干”，实现了对糖尿病小鼠长期且简易的血糖浓度管理。华东师范大学的研究人员还开发了一种基于植物光感受器 PhyA 的红 / 远红光基因开关 REDMAP[190]。该系统可受波长为 660nm 的红光和 730nm 的远红光调控，具有小型化、响应速度快且灵敏度高的特点，研究人员证明了利用 REDMAP 可在小鼠体内高效地调控胰岛素的表达。

天津大学的研究人员基于实验室进化开发了一种真核生物的新型 DNA 倒置系统，可以充当可逆的转录开关[65]。研究人员基于 Rci8 重组酶和 sfxa101 位点，在酵母和哺乳动物细胞中建立了 DNA 倒置系统，使倒置位点之间的 DNA 倒置与直接重复位点之间的缺失具有特异性，同时还证明了可逆的 DNA 倒置系统能够作为开 / 关转录开关，并在线性染色体上工作。真核 DNA 倒置系统将为遗传线路、细胞条形码和合成基因组领域提供新的工具。

2. 使能技术创新

在蛋白质测序与合成技术方面，南京大学的研究人员开发了一种新型测序技术——纳米孔错位测序技术（NIPSS）[66]；作为一种通用的测序技术，NIPSS 已经成功实现了除 DNA 外其他生物大分子的测序，如非天然核酸（XNA）和 microRNA 的直接测序。中国科学院微生物研究所的研究人员和费森尤斯集团

---

190 Zhou Y, Kong D Q, Wang X Y, et al.A small and highly sensitive red/far-red light-mediated optogenetic switch for multiple applications in mammals[J]. Nature Biotechnology, 2022, 40: 262-272.

合作开发了无痕蛋白质酶法合成平台 PALME [191]。PALME 由上游的活化模块和下游的连接模块组成，可以对不同来源的多肽链进行活化和无痕拼接，进而实现完整蛋白质的酶法合成。此外，研究人员还展示了极具挑战的蛋白质双向连接，将化学合成的多肽两端分别与其他重组蛋白质进行拼装，实现了无自然化学连接位点的乙酰化修饰蛋白质的合成，成功扩展了蛋白质人工合成的应用空间。

重庆大学和浙江大学的研究团队合作开发了全球首个基于人工合成结合蛋白（synthetic binding protein，SBP）生物物理性质、功能特征和临床信息的数据平台 SYNBIP [67]。SYNBIP 数据库全面展示了 SBP 及其相关信息。与抗体比较，SBP 通常具有分子量小、稳定性高、渗透性好、免疫原性低等特征和优点。随着 SBP 在实验研究、疾病诊断和治疗等方面的迅速发展及关注度的不断提升，SYNBIP 数据库有望在其核心领域做出积极的贡献。

DNA 在数据存储领域具有诸多潜力，但基于 DNA 的完全集成、高效率和实用性的数据存储库的建立仍然具有挑战性。东南大学的研究人员开发了一个完全集成的 DNA 数据存储系统 [192]，该系统可以实现基于单个电极的 DNA 合成和测序；同时还开发了一种滑动芯片设备，以简化 DNA 合成和测序中涉及的液体引入；该系统为 DNA 数据存储系统的未来发展提供了一个很有潜力的平台。天津大学的研究人员基于酵母人工基因组化学合成领域的研究成果，从头编码设计合成了一条用于数据存储的酵母人工染色体 [193]。研究人员借助无线通信中前沿的纠错编码将两张经典图片和一段视频存储于高效组装的人造染色体中，利用酵母繁殖实现了数据稳定复制，用便携式的三代纳米孔测序器件实现了数据快速读出与无错恢复。基于这一成果，DNA 有望成为一种广泛使用的存储材料，未来也可能在全新的领域中实现数据的长期储存。

---

191 Li R F, Schmidt M, Zhu T, et al. Traceless enzymatic protein synthesis without ligation sites constraint[J]. National Science Review, 2021, https://doi.org/10.1093/nsr/nwab158.

192 Xu C T, Ma B, Gao Z L, et al. Electrochemical DNA synthesis and sequencing on a single electrode with scalability for integrated data storage[J]. Science Advances, 2021, 7(46): eabk0100.

193 Chen W G, Han M Z, Zhou J T, et al. An artificial chromosome for data storage[J]. National Science Review, 2021, 8(5): nwab028.

3. 底盘细胞的设计与改造

中国科学院深圳先进技术研究院和华中科技大学合作设计了以铜绿假单胞菌为载体的工程菌株，实现了用光学方法控制细菌的运动行为及其在宿主上的感染力[68]。研究人员在铜绿假单胞菌底盘上引入了光敏性的 cAMP 合成酶，经过改造构建得到名为 pactm 的工程菌株。该工程菌株可以响应蓝光的照射而可逆地改变自身蹭行运动的活性及对宿主的感染能力。在蓝光照射下，pactm 的 cAMP 应答启动子表达量增加了 15 倍，蹭行运动活性增加了 8 倍。裸鼠皮下感染模型显示，蓝光照射使 pactm 感染引起的小鼠皮肤损伤面积增加了 14 倍，因此这一工作为可控感染实验模型的构建提供了一个解决方法。

碳氮键在天然产物、药品和农用化学品中无处不在。迄今为止，该类化合物的最优合成途径是酶促氢胺化碳氮键反应。然而天然微生物中的氢胺化酶非常少，同时其合成范围狭窄，使得该酶的应用也受到限制。中国科学院微生物研究所的研究人员设计开发了碳 - 氮裂解酶的微生物合成平台[69]。研究人员利用蛋白质计算设计，通过研究酶活性中心与反应底物之间形成的复杂立体网络，阐明了氢胺化酶的反应机制与专一性机制。该团队进而重构了完整的酶活性中心，设计出超广谱的微生物氢胺化反应路径。这种多功能和高效的碳氮成键酶平台可以支持合成非经典氨基酸及其衍生物，并将为合成生物学设计提供诸多机遇。

4. 应用研究领域

在实现碳中和目标方面，除了中国科学院天津工业生物技术研究所的突破性成果人工合成淀粉，江南大学在大肠杆菌二氧化碳封存方面也取得了进展，研究人员设计了人工二氧化碳固定途径 HWLS，并借助体外催化证明 HWLS 途径的可行性并对限速步骤进行优化后，将该途径引入大肠杆菌并与自组装 CdS 纳米捕光系统进行整合，这个二氧化碳封存系统为利用二氧化碳生产增值化学品提供了一个高效的平台[194]。在工业生物技术碳回收方面，中国农业科学院在全

---

194 Hu G P, Li Z H, Ma D L, et al. Light-driven CO_2 sequestration in *Escherichia coli* to achieve theoretical yield of chemicals[J]. Nature Catalysis, 2021, 4: 395-406.

球首次实现了从一氧化碳到蛋白质的合成，并已形成万吨级工业产能[195]。

中国科学院深圳先进技术研究院的研究人员提出了一种利用细菌黏附分子发展可快速自愈的活体材料的设计思路[71]。研究显示外膜锚定纳米抗体-抗原对的细菌是分开培养的，当混合时，彼此黏附以能够加工成功能材料，即细菌黏附（LAMBA）的活组装材料。LAMBA 是可编程的，可以用多达 545 个氨基酸的细胞外部分进行功能化。该工作建立了一种可扩展的方法来生产可用于生物制造、生物修复和软生物电子组装的基因可编辑和自修复活功能材料。

在天然产物合成方面，中国科学院分子植物科学卓越创新中心的研究人员利用蛋白自组装策略实现了大肠杆菌中 5- 脱氧类黄酮甘草素的生物合成[196]。研究人员挖掘了甘草中的查耳酮还原酶（CHR）基因，在大肠杆菌中构建了 5-脱氧类黄酮甘草素的合成途径，并通过优化，使反应优先流向甘草素方向。该策略有效促进了甘草素的生成，使产物中甘草素的比例提高到 55%，合成产量达到 45mg/L。该研究为微生物生产具有附加值的 5- 脱氧黄酮类化合物奠定了基础。

上海交通大学的研究人员揭示了相关化合物的微生物代谢特性及生化机制，鉴定了在联苯、二苯并呋喃、苯并噻吩及咔唑的混合物共代谢过程中的关键功能基因（簇）[197]。当联苯作为唯一碳源培养时，共鉴定出 3 441 种蛋白质，其中 956 种蛋白质差异表达显著。此外，转录组分析发现多条芳香化合物代谢基因簇（如联苯、苯甲酸、水杨酸、邻苯二酚及 4- 羟基苯甲酸等）在转录水平显著上调。对恶臭假单胞菌株（B6-2）广谱的芳香化合物代谢能力及代谢网络的研究表明，其在复合污染的生物修复中具有潜在应用价值，同时也是研究恶臭假单胞菌生物化学、遗传学和进化方面潜在的研究模型。

---

195 瞿剑．我国首次实现从一氧化碳到蛋白质的合成并形成万吨级工业产能．科技日报，[2021-11-01].

196 Li J H, Xu F L, Ji D N, et al. Diversion of metabolic flux towards 5-deoxy(iso)flavonoid production via enzyme self-assembly in *Escherichia coli*[J]. Metabolic Engineering Communications, 2021, 13: e00185.

197 Wang W W, Li Q G, Zhang L G, et al. Genetic mapping of highly versatile and solvent-tolerant *Pseudomonas putida* B6-2 (ATCC BAA-2545) as a 'superstar' for mineralization of PAHs and dioxin-like compounds[J]. Environmental Microbiology, 2021, 23(8): 4309-4325.

（四）前景与展望

合成生物学走过20年的历程，已经进入了蓬勃发展阶段，不仅推动了生物经济的重大创新，还促进了生物医学和生物技术的进步：多家合成生物学企业以逾10亿美元的估值上市；基因组工程已经渗透到生命科学研究的各个领域；DNA的编写、编辑和重新编码正在帮助解决长期存在的遗传疾病，更是在新冠病毒疫苗研发中发挥了重要作用。英国帝国理工学院的合成生物学团队于2021年8月在*Engineering Biology*杂志发表综述论文，提出了未来合成生物学发展相关的10项技术[198]，包括自动化和工业化、DNA设计的深度学习、全细胞模拟设计、随时随地检测的生物传感、实时精确控制进化、细胞群和多细胞系统、定制和动态合成基因组、人造细胞、具有DNA编码特性的材料、为可持续发展目标设计有机体。基于合成生物学领域这十大技术的进步和发展，不久的将来，合成生物学或将可以完全改变人们的工作和生活方式。然而，如果不及时解决新技术带来的社会和政治问题，将很难最大限度发挥这些科学进步的作用。因此，合成生物学领域的研究人员需要经常与公众接触，倾听不同观点，并及时调整研究重点。接下来的几代人需要负责任地开发这些技术，理性、公平和安全地使用这些技术来保护自然，而非消耗自然。

四、表观遗传学

（一）概述

表观遗传学关注调控基因表达或沉默的修饰过程，这些修饰通常能够改变细胞表型，甚至影响复杂疾病的产生和结局，并且具有可遗传和可调控的特性。DNA甲基化是研究最广泛的表观遗传机制，同时组蛋白修饰、染色质重塑、

198 Gallup O, Ming H, Ellis T. Ten future challenges for synthetic biology[J]. Engineering Biology, 2021: 1-9.

非编码 RNA、外泌体的相关研究也进展迅速[199]。

大规模的学术会议和研究联盟在全球范围内推动了表观遗传调控的深入研究。欧洲 Epigenome 和 EpiGeneSys 卓越网络、美国表观基因组计划路线图（Roadmap Epigenomics Project）和“DNA 元件百科全书项目”（ENCODE），以及国际人类表观基因组联盟（IHEC）紧密联系并协调着欧洲、北美洲、亚洲等地的表观遗传学研究。近几年来，欧盟的 LifeTime 计划和美国的 4D Nucleome 项目开始关注核酸调控的“第四维度”，即从全生命周期的时间角度研究表观遗传调控过程。我国的表观遗传学研究水平也在不断提升，2021 年国家自然科学基金项目资助甲基化、组蛋白修饰、染色质重组等主题的项目共 5 985 个，资助金额约 28.57 亿元，项目数量较前一年增长了 4.83%。表观遗传学的研究规模从单核苷酸多态性和基因拷贝数变异转变为基于组学分析、染色质结构、单细胞分析、基因编辑等新兴检测分析技术的多元化结构研究，研究对象也从 DNA 修饰延伸至 RNA 修饰和细胞外囊泡调控，组蛋白泛素化、琥珀酰化和巴豆酰化等组合修饰方式也获得更多关注[200]。

表观基因组关联研究（epigenome-wide association studies，EWAS）等技术的快速发展进一步加深了科学家对于整个细胞和生物体中表观基因组学的理解。表观遗传修饰逐渐与细胞命运、代谢组学、环境基因组学等交叉融合，进而阐述前者对基因、细胞、组织、机体乃至人群等产生的级联反应[201，202]。

（二）国际重要进展

1. DNA 修饰

DNA 修饰指在 DNA 合成后导致基因结构和功能发生变化的化学加工过程，

---

199 Campagna M P, Xavier A, Lechner-Scott J, et al. Epigenome-wide association studies: current knowledge, strategies and recommendations[J]. Clin Epigenetics, 2021, 13(1):214.

200 屈婷婷，贾淑芹．2015—2019 年度国家自然科学基金肿瘤遗传与表观遗传研究领域资助趋势分析［J］. 中华医学科研管理杂志，2021，34（4）：268-272.

201 Li L, Chen K, Wu Y, et al. Epigenome-metabolome-epigenome signaling cascade in cell biological processes[J]. J Genet Genomics, 2022,(4):279-286.

202 Wang T, Pehrsson E C, Purushotham D, et al. The NIEHS TaRGET II consortium and environmental epigenomics[J]. Nat Biotechnol, 2018,36(3):225-227.

迄今为止研究人员已经发现了至少 17 种 DNA 修饰类型[203]。例如，5- 甲基胞嘧啶（5mC）是哺乳动物中最常见的 DNA 修饰，甚至被称为“第五碱基”[204]。

在机体发育和组织再生的过程中，表观遗传学代码发挥微调的功能。美国威尔康奈尔医学院（Weill Cornell Medicine）发现了一种新的甲基化调节因子 QSER1，其能够保护基因组的二价启动子和增强子免受高度甲基化的影响，与已知甲基化调节因子 TET 的广谱保护作用不同，QSER1 优先保护 DNA 甲基化谷（DNA methylation valley，DMV），这一过程对于哺乳动物的正常发育至关重要[205]。纽约大学阿布扎比分校在小鼠模型的静息态肝脏细胞中发现部分促进再生的基因组上被标记了 H3K27me3 的特定修饰，而在肝脏再生期间，H3K27me3 被剔除，受影响的基因被激活并促进细胞再生。这类表观遗传学代码为再生医学和衰老研究提供了一定思路，研究人员还将尝试将此类代码插入老年动物的细胞中，有望促进特殊器官或移植物的再生[206]。

随着 DNA 修饰的调控通路被陆续揭示，研究人员探索此类通路在疾病发生中的变化过程。斯坦福大学领导的研究团队综合运用体外生化实验、核磁共振、高通量测序等方法，发现肺鳞癌细胞中存在大量来源于 8p1 AMP 的 *NSD3* 基因扩增，且出现 NSD3 酶催化活性增强突变体（NSD3 T1232A），NSD3 T1232A 能够显著增强 NSD3 介导 H3K36me2 的能力，进而上调原癌性转录因子 Myc 并激活 PI3K-Akt-mTOR 通路[207]。美国国立卫生研究院发现神经元细胞中甲基化基团的缺失会导致邻近基因组发生单链断裂（single-strand break，SSB），PARP-1 和 XRCC1 等蛋白能够修复 SSB 并避免相关基因激活，若神经元内产生大量 SSB，则意味着神经元细胞进入活化状态，这可能是导致神经退行性疾病

---

203 Zhao L Y, Song J, Liu Y, et al. Mapping the epigenetic modifications of DNA and RNA[J]. Protein Cell, 2020,11(11):792-808.

204 Greenberg M V C, Bourc'his D. The diverse roles of DNA methylation in mammalian development and disease[J]. Nat Rev Mol Cell Biol, 2019,20(10):590-607.

205 Dixon G, Pan H, Yang D, et al. QSER1 protects DNA methylation valleys from *de novo* methylation[J]. Science, 2021,372(6538):eabd0875.

206 Zhang C, Macchi F, Magnani E, et al. Chromatin states shaped by an epigenetic code confer regenerative potential to the mouse liver[J]. Nat Commun, 2021,12(1):4110.

207 Yuan G, Flores N M, Hausmann S, et al. Elevated NSD3 histone methylation activity drives squamous cell lung cancer[J]. Nature, 2021,590(7846):504-508.

的原因之一[208]。

基于疾病发生发展过程中的表观遗传学通路，研究人员开始将其用于新兴疗法的开发和改良中。斯坦福大学医学院发现 CAR-T 细胞可通过转录重编程和表观遗传重构诱导细胞休息，逆转 CAR-T 细胞的耗竭表型，进而恢复其抗肿瘤活性[209]，CAR-T 细胞的功能恢复和转录因子 TOX 的表达减少，与记忆相关转录因子 LEF1 和 TCF1 的表达增加有关，这依赖于组蛋白甲基转移酶 EZH2 的调控。加拿大大学医疗网络与玛嘉烈公主癌症中心发现使用 DNA 低甲基化剂（hypomethylating agent，HMA）能够提高 $CD8^+$ T 细胞的抗肿瘤活性[210]，经 HMA 处理的 T 细胞中抗肿瘤相关的转录网络被激活，导致 NFATc1 过度激活，由此导致颗粒酶（granzyme）和穿孔素（perforin）蛋白数量增加，最终强化 T 细胞的肿瘤杀伤能力。

为了加速表观遗传药物的研发，相关平台技术也在快速发展。研究人员利用表观遗传学原理改良基因编辑方法，能够同时上调或下调多个基因，相较于传统基因编辑技术仅插入或沉默基因的操作更具灵活性。加利福尼亚大学旧金山分校开发了一种名为 CRISPRoff 的表观遗传记忆编写器蛋白，能够特异性地删除细胞中的 DNA 甲基化修饰或募集转录元件，这种基因编辑技术被证明能够在 450 次细胞分裂中稳定遗传[211]。目前，Chroma Medicine、Tune Therapeutics 和 Navega Therapeutics 三家初创公司先后开发了商业化的表观遗传编辑器，共获得 1.67 亿美元的资金，有望精确微调细胞中的多个基因，在实际治疗环境中改变细胞命运和功能，逆转癌症、衰老和遗传性疾病[212]。Omega Therapeutics 公司开发的首个可编程药物 OTX-2002 已经完成临床前研究并进入临床阶段，该

---

208 Wu W, Hill S E, Nathan W J, et al. Neuronal enhancers are hotspots for DNA single-strand break repair[J]. Nature, 2021,593:440-444.

209 Weber E W, Parker K R, Sotillo E, et al. Transient rest restores functionality in exhausted CAR-T cells through epigenetic remo deling[J]. Science, 2021,372(6537):eaba1786.

210 Yau H L, Bell E, Ettayebi I, et al. DNA hypomethylating agents increase activation and cytolytic activity of CD8＋ T cells[J]. Mol Cell, 2021,81(7):1469-1483.

211 Nuñez J K, Chen J, Pommier G C, et al. Genome-wide programmable transcriptional memory by CRISPR-based epigenome editing[J]. Cell, 2021,184(9):2503-2519,e17.

212 Fine-tuning epigenome editors [J]. Nat Biotechnol, 2022,40(3):281.

药物可特异性下调 *c-Myc* 基因的表达，靶向治疗肝癌，目前已经完成 1.26 亿美元的 C 轮融资。

2. RNA 修饰

RNA 修饰又被称为表观转录组学（epitranscriptomics），关注转录后的 RNA 编辑、甲基化、剪接等导致转录组功能变化的 RNA 修饰。根据 Modomics 网站（http://modomics.genesilico.pl）的统计信息，目前已鉴定出 199 种 RNA 修饰类型[213]。RNA 修饰主要分布于 rRNA、tRNA、snRNA 等非编码 RNA 上，是 ncRNA 发挥功能的关键要素。RNA 修饰存在动态、可逆的生物特征，这种微调机制将表观遗传学研究提升到新的高度，其功能也逐渐获得更多关注。

在 tRNA 中，研究人员主要关注表观转录组修饰对 tRNA 转运能力的影响。宾夕法尼亚大学在细菌、植物和动物中发现了一种普遍存在的新型 RNA 修饰标签——甲硫基化（methylthiolation）[214]。拟杆菌中 MiaB 蛋白促进了 tRNA 的甲硫基化修饰，进而提高 tRNA 的转运能力，而甲硫基化的缺失或错误修饰可能增加神经元疾病、癌症、2 型糖尿病的风险。巴塞罗那科学技术研究所则发现 tRNA 上第 34 个 I 碱基的腺苷修饰是异源二聚体真核酶 ADAT 识别和结合 tRNA 的关键因素，这调控了胞外蛋白的产生和细胞间的联系[215]。

在 mRNA 上，研究人员陆续发现了修饰酶（writer）、去修饰酶（eraser）和修饰识别蛋白（reader）[216]，揭示其表观修饰的调控过程。维尔茨堡大学的研究人员发现一种具有广谱作用的新型 RNA 甲基转移酶 MTR1，可利用 O^6- 甲基鸟嘌呤作为辅助因子，催化底物 RNA 中 1- 甲基腺苷的定点安装[217]。MTR1 通过

213 截至 2022 年 4 月。

214 Esakova O A, Grove T L, Yennawar N H, et al. Structural basis for tRNA methylthiolation by the radical SAM enzyme MiaB[J]. Nature, 2021,597(7877):566-570.

215 Torres A G, Rodríguez-Escribà M, Marcet-Houben M, et al. Human tRNAs with inosine 34 are essential to efficiently translate eukarya-specific low-complexity proteins[J]. Nucleic Acids Res, 2021,49(12):7011-7034.

216 Garbo S, Zwergel C, Battistelli C. m^6A RNA methylation and beyond - The epigenetic machinery and potential treatment options[J]. Drug Discov Today, 2021,26(11):2559-2574.

217 Scheitl C P M, Ghaem Maghami M, Lenz A K, et al. Site-specific RNA methylation by a methyltransferase ribozyme[J]. Nature, 2020,587(7835):663-667.

RNA- 蛋白质复合物模拟 RNA 引导的 RNA 甲基化，如参与核糖体 RNA 2′-*O*- 甲基化的 CD-box RNP。基于此类研究，研究人员有望开发在 RNA 中添加甲基腺苷的合成工具，也能在体外合成甲基转移酶和去甲基化酶。日内瓦大学的研究人员发现了一种受饮食影响的 mRNA 甲基化调控机制[218]。在高营养条件下，秀丽隐杆线虫的甲基化修饰蛋白 METT-10 在 *S*- 腺苷甲硫氨酸（SAM）合成酶前体 mRNA 的 m^6A 修饰位点沉积，阻止 SAM 产生并调节其内稳态。在低营养条件下，METT-10 则不影响 SAM 合成酶的代谢。这种响应饮食的 RNA 调节机制，可能为相关生物功能提供研究方法，但小鼠的同源蛋白 METTL16 未参与这一途径。加利福尼亚大学洛杉矶分校的研究人员发现，m^6A 修饰能够大幅改变成脂 mRNA 的命运和肝脏甘油三酯的储存。在小鼠中，m^6A 修饰通过与 BCL6-STAT5 通路响应，促进脂质来源的 RNA 降解，防止甘油三酯的累积，调控机体的饮食反应，这对于脂肪肝等代谢疾病具有重要意义[219]。

为了充分解读 RNA 修饰与疾病的关联性，新加坡国立大学发明了一款名为 ModTect 的软件（https://github.com/ktan8/ModTect）[220]，可以帮助揭示 RNA 修饰与疾病发展之间的关系，进而推动 RNA 修饰作为生物标志物的应用潜力。RNA 修饰会导致 DNA 与 RNA 的错误配对，ModTect 能够寻找这类错配信号和缺失信号，进而识别关键的 RNA 修饰。在分析超过 1.1 万名癌症患者的数据后，ModTect 得出了与癌症相关的 RNA 修饰谱。

3. 细胞外囊泡

细胞外囊泡（extracellular vesicle，EV）是一组异质性细胞衍生膜结构，主要由外泌体和微囊泡组成。EV 广泛存在于生物体液中，最初被认为是细胞选择性消除蛋白质、脂质和 RNA 的手段，后来被看作一种额外的细胞间通信机制，

---

218 Mendel M, Delaney K, Pandey R R, et al. Splice site m^6A methylation prevents binding of U2AF35 to inhibit RNA splicing[J]. Cell, 2021,184(12):3125-3142.

219 Salisbury D A, Casero D, Zhang Z, et al. Transcriptional regulation of N^6-methyladenosine orchestrates sex-dimorphic metabolic traits[J]. Nat Metab, 2021,3(7):940-953.

220 Tan K T, Ding L W, Wu C S, et al. Repurposing RNA sequencing for discovery of RNA modifications in clinical cohorts[J]. Sci Adv, 2021,7(32):eabd2605.

帮助细胞交换蛋白质、脂质和遗传物质[221]。EV 表面携带多种分子标记，可用于溯源研究，也可用于疾病诊断和治疗等临床应用[222]。

细胞外囊泡在胚胎发育过程中发挥特定作用。意大利泰拉莫大学的研究人员发现小鼠胚胎在植入前过程中存储了大量的脂质滴（lipid droplet，LD），其在胚胎滞育过程中可以保持胚胎的活性，机械去除 LD 的胚胎无法正常发育[223]。在滞育性胚泡中，碳水化合物代谢并逐渐转变为脂质，以外泌体的形式释放。通过检测这一指标，能够反映出胚胎发育情况，这为提高胚胎植入的成功率提供了依据。

细胞外囊泡中的代谢产物可能反映整个生命体的代谢情况。加利福尼亚大学圣地亚哥分校发现 M2 极化型骨髓源性巨噬细胞（bone marrow-derived macrophage，BMDM）能够分泌含丰富 miR-690 的外泌体，后者能够抑制靶蛋白 Nadk，发挥胰岛素增敏剂的作用，为葡萄糖水平维持和代谢性疾病治疗提供了潜在思路[224]。通过对细胞外囊泡的监控，研究人员和医生能够及时了解机体的特定反应过程，为此，新加坡国立大学开发了名为“小分子化学占有率和蛋白质表达的细胞外囊泡监测”（ExoSCOPE）的纳米技术平台，利用生物正交探针扩增和等离子体共振器内分子反应的空间模式，测量患者血液样本中的细胞外囊泡的药物动力学[225]。ExoSCOPE 对 1 000 个囊泡即可开展检测，能够有效反映患者体内药物占用和治疗效果，这在用药后 24h 的检测中具有重大应用价值。

由于外泌体具有比细胞更高的稳定性、更大的修饰潜力和更低的免疫原性，研究人员开始将外泌体用作细胞疗法的替代方案。密歇根大学使用微流控系统在芯片上收集非小细胞肺癌患者特异性的自然杀伤细胞及其外泌体，发现患者体内的自然杀伤细胞和外泌体数量较高，而且收集的外泌体对循环肿瘤细胞同

221 van Niel G, D'Angelo G, Raposo G. Shedding light on the cell biology of extracellular vesicles[J]. Nat Rev Mol Cell Biol, 2018,19(4):213-228.

222 Yu W, Hurley J, Roberts D, et al. Exosome-based liquid biopsies in cancer: opportunities and challenges[J]. Ann Oncol, 2021,32(4):466-477.

223 Arena R, Bisogno S, Gąsior Ł, et al. Lipid droplets in mammalian eggs are utilized during embryonic diapause[J]. Proc Natl Acad Sci USA, 2021,118(10):e2018362118.

224 Ying W, Gao H, Dos Reis F C G, et al. MiR-690, an exosomal-derived miRNA from M2-polarized macrophages, improves insulin sensitivity in obese mice[J]. Cell Metab, 2021,33(4):781-790,e5.

225 Pan S, Zhang Y, Natalia A, et al. Extracellular vesicle drug occupancy enables real-time monitoring of targeted cancer therapy[J]. Nat Nanotechnol, 2021,16(6):734-742.

样具有细胞毒性[226]。美国外泌体疗法研发公司——Codiak BioSciences 公司的候选药物 exoIL-12 利用 PTGFRN 蛋白作为支架，在外泌体表面表达具备完全活性的 IL-12，可通过注射方法进入局部区域发挥药理作用。exoIL-12 主要用于治疗仅对 IL-12 单一疗法产生反应的黑色素瘤、Merkel 细胞癌、Kaposi 肉瘤、胶质母细胞瘤和三阴性乳腺癌等，有望限制 IL-12 的全身暴露和相关毒性，提供更高的肿瘤反应、剂量控制和安全性。Ⅰ期临床试验结果证明了 exoIL-12 的安全性和耐受性。受试者中没有出现局部或系统治疗相关的不良事件，也未检测到 IL-12 的全身性暴露[227]。

（三）国内重要进展

1. DNA 修饰

随着 DNA 修饰图谱及相关研究技术不断完善，研究人员更关注表观修饰的调控功能。解析表观遗传标记的分子过程，提出疾病和发育异常的潜在致病机制，为疾病疗法开发和健康干预提供新靶点。此外，表观遗传调控机制为疾病治疗和生物学研究新技术的开发提供了思路。

对于 DNA 甲基化机制研究而言，需要先识别转化甲基化信号的修饰识别蛋白（reader）和修饰酶（writer），基于动力学分析蛋白质和 DNA 的相互作用。复旦大学利用 modi-catTFRE 技术完成了大规模的内源性甲基化、羟甲基化、甲酰基化转录因子修饰识别蛋白的鉴定及功能研究[72]。研究人员使用无标记定量质谱技术，覆盖约 70% 的转录因子，提供了全景式转录因子和 DNA 的结合模式，同时解析了 24 个转录因子家族和 35 个转录因子结构域，分析其与甲基化修饰 DNA 的结合偏好。例如，SCAN 结构域显著偏好于 5- 甲酰基胞嘧啶 DNA

226 Kang Y T, Niu Z, Hadlock T, et al. On-chip biogenesis of circulating NK cell-derived exosomes in non-small cell lung cancer exhibits antitumoral activity[J]. Adv Sci (Weinh), 2021,8(6):2003747.

227 Mitchell J, Scarisbrick J, DeFrancesco I, et al. Randomized placebo-controlled phase 1 trial in healthy volunteers investigating safety, a novel engineered exosome therapeutic candidate[EB/OL]. https://s3.us-east-1.amazonaws.com/codiak-assets.investeddigital.com/publications/AACR-2021-Codiak-exoIL-12-LBA-Poster-Presentation-FINAL-Apr-10-2021.pdf[2021-04-10][2022-08-15].

序列（5fC-modified DNA 结合）。

从代谢角度看，细胞增殖需要营养支持，从分子角度看，细胞增殖需要上调组蛋白乙酰化以激活基因转录。复旦大学的研究人员发现了营养信号和细胞周期信号共同调控组蛋白乙酰化的分子机制[228]。在营养丰富的条件下，mTORC1信号被激活，并将营养富集信号传递至细胞周期依赖性激酶2（cyclin-dependent kinase2，CDK2），后者仅存在于 G_1 期细胞中。接收信号的CDK2使磷酸丙糖异构酶磷酸化并将其引入细胞核，生成代谢物乙酰磷酸二羟丙酮，促进组蛋白乙酰化和基因转录，实现了细胞增殖。

表观遗传修饰能够解释多种疾病产生和发展的原因。中山大学孙逸仙纪念医院发现了ALKBH1影响血管平滑肌细胞（vascular smooth muscle cell，VSMC）表型和血管钙化（vascular calcification，VC）的机制[73]：ALKBH1通过去甲基化修饰促进八聚体结合转录因子4（OCT4）与BMP2启动子结合，进而激活BMP2转录；BMP2能够上调骨形成决定性转录因子RUNX2，促进VSMC成骨重编程和VC。复旦大学的研究人员发现转录活性和表观调控影响了乙肝病毒（HBV）中共价闭合环状DNA（cccDNA）的稳定性[229]。经IFN-α处理或HBx敲除后，HBV cccDNA转录活性降低，其组蛋白表观修饰被抑制，cccDNA的开放性和可及性广泛降低，与APOBEC3A和靶向性CRISPR-Cas9分子的结合被阻碍，cccDNA从而具有更强的逃避清除能力。研究人员提出提高cccDNA可及性来增强清除能力的策略，在小鼠模型中使用组蛋白去乙酰化酶抑制剂贝利司他（Belinostat）处理含cccDNA的细胞，显著增加cccDNA上H3和H4组蛋白的总乙酰化水平，进而提升AOPBEC3A对cccDNA的脱氨基效率。

基于表观遗传修饰原理，研究人员创造了新型疾病治疗方法。中国科学院上海药物研究所使用工程化T淋巴细胞膜修饰干扰素，构建用于肿瘤免疫治疗

---

228 Zhang J J, Fan T T, Mao Y Z, et al. Nuclear dihydroxyacetone phosphate signals nutrient sufficiency and cell cycle phase to global histone acetylation[J]. Nat Metab, 2021,3(6):859-875.

229 Wang Y, Li Y, Zai W, et al. HBV covalently closed circular DNA minichromosomes in distinct epigenetic transcriptional states differ in their vulnerability to damage [J]. Hepatology, 2021,10.1002/hep.32245.

的表观遗传纳米诱导剂[49]。研究人员使用高表达 PD-1 的 T 细胞膜囊包裹负载赖氨酸的特异性组蛋白去甲基化酶 1（LSD1）抑制剂 ORY-1001 形成白蛋白纳米颗粒，结合还原敏感穿膜肽 M70 对纳米颗粒表面进行修饰，获得负载 ORY-1001 的纳米囊泡。经过静脉注射后，纳米颗粒在肿瘤细胞中快速释放 ORY-1001，上调 IFN 表达，活化细胞毒性 T 淋巴细胞，使肿瘤微环境内 T 细胞浸润增加 29 倍，阻断由 IFN 上调导致的免疫逃逸，在动物模型中有效控制了三阴性乳腺癌、黑色素瘤和结肠癌的生长。

表观遗传修饰还能够改善传统测序技术的精度和准确性。华大基因基于 m^6A 修饰，开发出一种单分子层级研究染色体外环状 DNA（ecDNA）的新技术——CCDA-seq。传统的 ATAC-seq 和 ChiP-seq 等方法研究 ecDNA 时需要打断 ecDNA 进行短片段测序，不能提供完整的 ecDNA 染色质状态，也不能提供单分子级的 ecDNA 结构和表观遗传信息[230]。为了改善上述状况，该研究先利用 m^6A MTase 甲基转移酶对基因组 DNA 进行处理，随后通过 CCDA-seq 识别出 m^6A 信号，重构了完整的 ecDNA。CCDA-seq 技术能够观察到开放染色质区域中 ecDNA 的多样性，并在几千个碱基上进行核小体定位，量化了单分子分辨率下远端调控元件的染色质状态的相关性，揭示了单分子水平线性 DNA 与 ecDNA 不同的染色质状态。

2. RNA 修饰

MeRIP-seq 等 RNA 修饰位点检测技术快速发展，推动了表观转录组学的成果产出，我国研究人员对 RNA 的生物发生、翻译、核转运、稳定性等开展了大量研究，并取得了一系列成果。

tRNA 是细胞内转录后修饰最为密集、修饰种类最为繁多的 RNA 分子。中国科学院分子细胞科学卓越创新中心通过结构生物学研究，提出 METTL2A 和 METTL6 底物互斥识别模型，阐释了 m^3C32 甲基转移酶对不同 tRNA 的底物识

230 Chen W, Weng Z, Xie Z, et al. Sequencing of methylase-accessible regions in integral circular extrachromosomal DNA reveals differences in chromatin structure[J]. Epigenetics Chromatin, 2021,14(1):40.

别机制[74]。研究人员通过体外生化分析发现，G35 和第 37 位 t6A 修饰（t6A37）是 tRNA Thr 形成 m^3C32 修饰的必要但不充分条件，而 tRNA Ser（GCU）的反密码子环和可变环都是其 m^3C32 修饰发生的关键因素，可能分别被 METTL6 和 SerRS 协同识别。

mRNA 的命运同样受到表观修饰的调控。复旦大学的研究人员发现了 METTL3（一种催化 mRNA m^6A 修饰的蛋白复合物）能够调控内源性逆转录病毒（endogenous retrovirus，ERV）上 IAPEz 的异染色质状态，招募 SETDB1/TRIM28 维持 IAPEz 的异染色质状态，抑制 IAPEz 元件转录。ChIRP-seq 显示，METTL3 主要结合在 IAPEz 元件的 5′ 非编码区，在转录过程中减少 m^6A 修饰。由于 METTL3 参与细胞重编程、精子发生、T 细胞稳态等过程，该调控途径对于胚胎发育和肿瘤形成具有重要意义[231]。上海交通大学的研究人员发现烷基化修复同源蛋白 5（ALKBH5，一种 RNA 去甲基酶）是胆酸诱导胃肠化生（指胃黏膜的上皮细胞被肠腔的上皮细胞所取代，多见于慢性胃炎中）过程中的必要蛋白[232]。ALKBH5 通过促使 ZNF333 mRNA 去甲基化，上调 ZNF333 表达，通过 ZNF333/ CYLD 轴激活 NF-κB 信号通路，上调 CDX2 等下游肠道标志物，催化胃肠化生发生。

非编码 RNA 的修饰过程也受到更多关注。核糖 2′ 位甲基化是植物中出现频率最高的化学修饰，广泛分布在核糖体 rRNA、tRNA、剪接体 snRNA 上。中国科学院生物物理研究所使用 RiboMeth-seq 测定了拟南芥 RNA 的 2′ 氧甲基化修饰谱，鉴定了胞质 rRNA 的 111 个修饰位点（包含 12 个新位点），并根据“D＋5 指导规则”[233] 找到核仁小 RNA（snoRNA），由此发现了非常规配对的 C/D snoRNA[75]。snoRNA 上被发现有 19 个修饰位点（3 个在人源 snRNA 保守分布），

---

231 Xu W, Li J, He C, et al. METTL3 regulates heterochromatin in mouse embryonic stem cells[J]. Nature, 2021,591(7849):317-321.

232 Yue B, Cui R, Zheng R, et al. Essential role of ALKBH5-mediated RNA demethylation modification in bile acid-induced gastric intestinal metaplasia[J]. Mol Ther Nucleic Acids, 2021,26:458-472.

233 真核生物的细胞质 rRNA 和 snRNA 上含有大量的 2′ 氧甲基修饰，大部分由 C/D 型 snoRNA 和蛋白质复合物催化合成。复合物中的 C/D snoRNA 通过碱基配对结合互补的底物，并挑选距离 D/D′ 序列上游第五个碱基位点进行修饰。

线粒体 rRNA 和叶绿体 rRNA 各有 5 个修饰位点。此类研究为 ncRNA 修饰的功能奠定了相关基础。

3. 细胞外囊泡

我国研究人员开发并优化了一系列检测与工程化技术，推动细胞外囊泡（EV）的相关研究逐渐深入，并将 EV 与各类疾病联系起来。

温州医科大学联合哈佛大学提出了一种超滤策略，能够提高外泌体分离纯化的效率、纯度、产量、速度和耐用性，克服传统超速离心和化学沉淀方法的局限性[76]。研究人员在双膜滤波器配置中引入双耦合谐波振荡以产生横波，构建了由一次性隔离装置和工作站组成的 EXODUS 系统（即通过超快速分离纯化系统检测外泌体）。

EV 为靶向疗法开发提供了新思路。四川大学华西第二医院发现浆细胞（一种产生抗体的 B 细胞亚群）在高级浆液性卵巢癌（high-grade serous ovarian cancer，HGSC）中富集，并诱导了肿瘤细胞的间充质表型[77]。其中浆细胞通过分泌包含 miR-330-3p 的外泌体，促进肿瘤细胞中连接黏附分子 B 的表达，进而诱导非间充质细胞的表型转换。针对浆细胞使用硼替佐米等药物，能够有效逆转卵巢癌的间充质特征，抑制肿瘤生长。骨髓间充质干细胞（bone marrow mesenchymal stem cell，BMSC）从成骨到成脂的分化过程是许多病理性骨质流失状况的特征。长海医院提出了一种表面表达 CXCR4 的外泌体，能够靶向骨髓组织并逆转与年龄相关的骨质流失[234]。该研究使用 NIH-3T3 细胞制造 $CXCR4^+$ 外泌体，与携带 antagomir-188 的脂质体融合产生杂交纳米颗粒。杂交颗粒在骨髓中聚集并释放 antagomir-188，促进成骨作用并抑制 BMSC 的脂肪生成。北京理工学院开发了一种可自我发光的 EV 药物，用于免疫疗法、光动力疗法、化学疗法协同三模态的抗癌治疗[235]。M1 巨噬细胞衍生的 EV 中包含双草酸酯、Ce6

---

234 Hu Y, Li X, Zhang Q, et al. Exosome-guided bone targeted delivery of Antagomir-188 as an anabolic therapy for bone loss[J]. Bioact Mater, 2021,6(9):2905-2913.

235 Ding J, Lu G, Nie W, et al. Self-activatable photo-extracellular vesicle for synergistic trimodal anticancer therapy[J]. Adv Mater, 2021,33(7):e2005562.

和前药 Dox-EMCH 等化合物，同时具有肿瘤归巢能力。在 M1EV 的作用下，M2 重新极化为 M1 巨噬细胞发挥免疫疗法的效用，并产生 H_2O_2。H_2O_2 与双草酸酯、Ce6 反应产生用于光动力疗法的单线态氧（$^1O_2$），而 Dox-EMCH 则能够在 O_2 作用下穿透肿瘤的低氧区域。

外泌体的生物特性也为基因疗法提供了新思路。南京大学建立了一种基于体内自组装外泌体递送 siRNA 的基因治疗方法，实现了体内 siRNA 表达、装载、递送等整个过程自动化。研究人员利用合成生物学设计理念，以质粒 DNA 的形式向小鼠静脉注射可表达 siRNA 和外泌体膜表面的靶向肽段，在小鼠肝脏中生产和分泌 siRNA，并利用机体的体内传输途径，在体内进行 siRNA 的稳定传输。这一技术已被证实对肺癌、胶质母细胞瘤和肥胖 3 种疾病具有显著的治疗效果[78]。

（四）前景与展望

随着表观遗传学研究技术和资源的不断完善，表观组的研究规模和深度不断提高。表观遗传学已经细分出基于 DNA 修饰的表观基因组学和基于 RNA 修饰的表观转录组学。随着应用方向的不断扩展，表观遗传学衍生出疾病表观遗传学、社会表观遗传学等新分支。

未来，表观遗传学调控将被视作疾病的重要驱动因素之一，其分子机制将被广泛用于疾病诊断和药物开发。从商业化市场来看，表观遗传学拥有巨大的价值和潜力。相比传统癌症疗法，表观遗传学提供了新思路，便于开发靶向性更高、毒性更低、体内操控性更好的基因疗法和细胞疗法。不断上升的癌症患病率成为推动表观基因组学技术产品市场化的主要因素。国际癌症基因组联盟（ICGC）建议关注基因组、表观组、转录组等各种层面的肿瘤研究。表观遗传学研究人员已经投入相关肿瘤新药的研发中。据 Allied Market Research 统计，2020 年全球表观组学市场已达到 10 亿美元，并将以 14.8% 的复合年均增长率在 2030 年增至 41 亿美元。随着基因和细胞疗法被开发、优化和应用，表观遗传学有望进入快速发展的黄金阶段。

五、结构生物学

（一）概述

生物大分子往往分子量较大，结构复杂，而且在行使功能时有很多的构象变化。一旦研究人员能够以足够的分辨率直接观察到大分子，就有可能理解其三维结构与生物功能之间的联系[236]。随着 X 射线晶体学、核磁共振、电子显微学及冷冻电镜技术的不断进步和完善，结构生物学得到飞速的发展，使得越来越多的生物大分子结构被解析出来[237]。基于成像技术的创新应用与交叉融合，国内外研究机构在生物大分子与细胞机器的结构与功能解析、病原微生物的结构解析与机制研究、重大复杂疾病机制的结构生物学分析等领域取得重大突破。

（二）国际重要进展

1. 成像技术的创新应用与交叉融合

美国博德研究所等机构的研究人员开发了一种能够直接观察基因组的基因型原位基因组测序新方法[13]。该方法将 DNA 测序技术与显微镜相结合，精确地确定完整细胞内特定 DNA 序列的位置，重建基因组的结构信息，揭示了细胞基因组的全新视角，并为研究广泛的生物学问题提供了新的机遇。

英国牛津大学的研究人员开发出一种名为时间序列脉冲定位成像的新技术[238]，能够在经历 X 染色体失活的活细胞中使用超分辨率三维结构照明显微镜

---

236 王宏伟．冷冻电镜达到原子分辨率［J］．中国科学基金，2021，35（2）：245-246.

237 段艳芳．原子尺度上探索生命的奥秘——读《结构生物学：从原子到生命》［J］．自然杂志，2021，43（1）：79.

238 Rodermund L, Coker H, Oldenkamp R, et al. Time-resolved structured illumination microscopy reveals key principles of Xist RNA spreading[J]. Science, 2021, 372(6547): eabe7500.

（3D-SIM），对单个 X 染色体失活特异性转录物（Xist）分子进行时间分辨率成像，以了解 Xist RNA 的独特生物学行为。

2. 生物大分子与细胞机器的结构和功能解析

法国国家科学研究中心的研究团队集成光谱、生物化学、晶体学和计算研究等方法，解析出小球藻（*Chlorella variabilis*）的野生型脂肪酸光脱羧酶（FAP）在 1.8Å 分辨率下的 X 射线晶体结构及其活性位点残基发生变化的变体，对 FAP 的光驱动碳氢化合物形成过程进行详细而全面的表征[239]，有助于进一步开发其在基于生物的碳氢化合物生产中的潜在应用价值。

瑞典斯德哥尔摩大学联合卡罗林斯卡学院等研究机构，利用英国钻石光源电子生物成像中心的低温电子显微镜，深入解析了人类线粒体中膜锚定蛋白（membrane-tethered protein）合成的分子过程，以前所未有的详细程度揭示了人类的线粒体核糖体是如何形成的，并阐述了驱动生物能量学为生命提供“燃料”的分子机制[240]。

日本京都大学、德国弗赖堡大学等机构的研究人员破解了线粒体外膜上 β-桶膜蛋白分选与组装复合物（SAM）的结构、功能、动态机制与运作模式[241]，阐释了细胞中发挥着至关重要功能的膜蛋白形成的新原理。

美国西北大学等机构的科研人员使用冷冻电镜技术，以高分辨率对介导子所结合的转录前起始复合物（Med-PIC）进行可视化分析研究，首次在人类细胞内部观察到了负责调节基因表达的多个亚单位机器[242]。该成果有助于深入理解该复合体发挥作用的分子机制，并有望根据其结构组成开发出有效疗法。

---

239 Sorigué D, Hadjidemetriou K, Blangy S, et al. Mechanism and dynamics of fatty acid photodecarboxylase[J]. Science, 2021, 372(6538): eabd5687.

240 Itoh Y, Andréll J, Choi A, et al. Mechanism of membrane-tethered mitochondrial protein synthesis[J]. Science, 2021, 371(6531):846-849.

241 Takeda H, Tsutsumi A, Nishizawa T, et al. Mitochondrial sorting and assembly machinery operates by β-barrel switching[J]. Nature, 2021, 590(7844): 163-169.

242 Abdella R, Talyzina A, Chen S, et al. Structure of the human Mediator-bound transcription preinitiation complex[J]. Science, 2021, 372(6537): 52-56.

3. 病原微生物的结构解析与机制研究

美国华盛顿大学等机构的研究团队利用冷冻电镜技术，绘制了 N 端结构域（NTD）的抗原图谱[243]。该研究团队发现了 NTD 特异性抗体在对 SARS-CoV-2 的免疫反应中发挥的重要作用，有望进一步改善针对 COVID-19 的治疗性和预防性抗病毒药物，并为新疫苗的设计或现有疫苗的评估提供帮助。

美国加利福尼亚大学伯克利分校联合密歇根大学合作揭示了登革病毒复制和致病的关键蛋白 NS1 所引发的致病机制，并发现一种名为 2B7 的中和抗体能够阻止其破坏内皮细胞，从而阻断登革病毒在小鼠体内致病的能力[244]，有助于登革热的疗法与疫苗开发。

德国马克斯－普朗克生物物理研究所、海德堡欧洲分子生物学实验室等研究机构结合光学显微镜和电子显微镜技术，首次对转运到被感染细胞细胞核过程中的人类免疫缺陷病毒（HIV）直接成像[245]。该成果揭示了 HIV 遗传物质整合到被感染细胞基因组中的一个重要机制，有助于探寻未来治疗方法的新靶标。

美国霍华德·休斯医学研究所联合华盛顿大学等研究机构，合作开发出一种绘制"逃避"主要临床抗体的病毒突变图谱的新方法，揭示了 SARS-CoV-2 病毒中逃逸突变的结构背景及其逃避治疗的分子机制[246]。该成果有助于在病毒基因组监测过程中评估传播中的 SARS-CoV-2 中已经存在哪些逃逸突变。

美国斯克里普斯研究所等机构的研究人员在原子尺度上绘制了病毒变体的相关结构，以检查突变如何影响抗体结合与中和病毒的位点，从而描绘出 SARS-CoV-2 变种如何逃避免疫反应的结构细节[247]，为 COVID-19 疫苗或原始大流行毒株

---

243 McCallum M, de Marco A, Lempp F A, et al. N-terminal domain antigenic mapping reveals a site of vulnerability for SARS-CoV-2[J]. Cell, 2021, 184(9): 2332-2347, e16.

244 Biering S B, Akey D L, Wong M P, et al. Structural basis for antibody inhibition of flavivirus NS1－triggered endothelial dysfunction[J]. Science, 2021, 371(6525): 194-200.

245 Zila V, Margiotta E, Turoňová B, et al. Cone-shaped HIV-1 capsids are transported through intact nuclear pores[J]. Cell, 2021, 184(4): 1032-1046, e18.

246 Starr T N, Greaney A J, Addetia A, et al. Prospective mapping of viral mutations that escape antibodies used to treat COVID-19[J]. Science, 2021, 371(6531): 850-854.

247 Yuan M, Huang D, Lee C C D, et al. Structural and functional ramifications of antigenic drift in recent SARS-CoV-2 variants[J]. Science, 2021, 373(6556): 818-823.

自然感染产生的抗体对目前新产生变体无效提供了基于结构生物学的解释。

4. 重大复杂疾病机制的结构生物学分析

英国剑桥大学、美国印第安纳大学医学院等机构的研究人员使用神经病理学上证实的人类疾病病例脑组织，利用冷冻电镜技术解析出进行性核上性麻痹等 8 种 tau 蛋白病中的 tau 蛋白细丝结构，并提出 tau 蛋白病的分层分类方法[248]，有效地完善了此前的临床诊断和神经病理学方法，对未来此类疾病的诊疗方法开发具有重要意义。

美国凯斯西储大学医学院的研究团队利用冷冻电镜技术，解析了一种与核酸相互作用的可溶性蛋白质 TDP-43 的关键片段在试管中形成的数千张原纤维图像[249]，为这种蛋白质如何在大脑神经细胞间聚集和传播提供了线索，为肌萎缩侧索硬化（ALS）和额颞叶痴呆（FTD）等疾病的药物或疗法开发奠定了基础。

美国加利福尼亚大学旧金山分校的研究人员利用高分辨率成像技术，发现了由酪氨酸激酶（RTK）形成的全新细胞内蛋白质颗粒结构，并建立了定义 RTK 癌蛋白形成无膜蛋白颗粒的结构规则[250]。该成果揭示了无膜的、高度有序的胞质蛋白复合体是致癌 RTK 和 RAS 信号转导的独特亚细胞平台。

（三）国内重要进展

1. 成像技术的创新应用与交叉融合

中国科学院生物物理研究所、清华大学等机构的研究人员提出傅里叶域注意力卷积神经网络（DFCAN）和傅里叶域注意力生成对抗网络（DFGAN）模型[24]，在不同成像条件下实现最优的显微图像超分辨预测和结构光超分辨重建效果，并观测到线粒体内脊、线粒体拟核、内质网、微丝骨架等生物结构的动态互作

---

248 Shi Y, Zhang W, Yang Y, et al. Structure-based classification of tauopathies[J]. Nature, 2021, 598(7880): 359-363.

249 Li Q, Babinchak W M, Surewicz W K. Cryo-EM structure of amyloid fibrils formed by the entire low complexity domain of TDP-43[J]. Nature Communications, 2021, 12(1): 1-8.

250 Tulpule A, Guan J, Neel D S, et al. Kinase-mediated RAS signaling via membraneless cytoplasmic protein granules[J]. Cell, 2021, 184(10): 2649-2664, e18.

新行为。该成果以更低的激光功率、更快的成像速度、更长的成像时程和超越衍射极限的分辨率来观测亚细胞尺度生物结构的动态演变过程。

中国科学院生物物理研究所的研究人员基于干涉定位创新原理，在原有研究的基础上研制出 ROSE-Z 显微镜，进一步突破轴向（Z）分辨率，可解析纳米尺度的亚细胞结构[80]。该成果表明光学显微镜已经步入纳米分辨率时代，为生命科学研究提供了有力工具，并入选 2021 年度“中国生命科学十大进展”。

北京大学联合中国人民解放军军事医学科学院等研究机构，合作研发了第二代微型化双光子荧光显微镜 FHIRM-TPM 2.0[23]，其成像视野是 2017 年发布的第一代微型化显微镜的 7.8 倍，同时具备三维成像能力。该成果扩大了微型双光子显微镜的适用性和实用性，使神经科学家能够更自由地探索更多新的行为范式。

2. 生物大分子与细胞机器的结构和功能解析

复旦大学的研究团队解析转录起始复合物（PIC）及其与中介体（mediator）组成的转录起始超级复合物结构的三维结构，系统地展示转录机器识别不同类型启动子并完成组装的全过程[81]，揭示了转录为何发生在几乎所有基因的启动子上，颠覆了关于启动子识别和转录起始复合物组装的传统认识，入选 2021 年度“中国生命科学十大进展”。

复旦大学的研究团队重建了基于转录因子 IID（TFIID）的人类预起始复合物，利用冷冻电镜技术，从结构上揭示预起始复合物在核心启动子上的组装机制[81]。这项研究解决了大多数核心启动子的 TATA 框缺乏和 TFIID 复合物在转录中必要性之间长期存在的争议，为进一步研究转录因子、辅激活物和表观遗传调节因子背景下的转录起始提供了框架。

南方科技大学等机构的科研人员针对细胞核受体结合 SET 结构域家族蛋白（NSD），深入研究并解析了 NSD2 和 NSD3 与核小体复合体的低温冷冻电镜结构[251]，为 NSD2 和 NSD3 基于核小体的识别及阐明其组蛋白修饰机制提供了新的

---

251 Li W, Tian W, Yuan G, et al. Molecular basis of nucleosomal H3K36 methylation by NSD methyltransferases[J]. Nature, 2021, 590(7846): 498-503.

线索和思路，有望助力开发治疗 NSD 相关肿瘤疾病的新型药物或疗法。

3. 病原微生物的结构解析、机制研究与药物研发

清华大学、上海科技大学等研究团队利用冷冻电镜技术，发现并重构了病毒“加帽中间态复合体”“mRNA 加帽复合体”和“错配校正复合体”[46,82]，并阐明其工作机制，揭示了新冠病毒转录复制机器的完整组成形式。该成果为优化针对聚合酶的抗病毒药物提供了关键科学依据，并入选 2021 年度“中国生命科学十大进展”。

中国科学院上海药物研究所与武汉病毒研究所、中国医学科学院北京协和医院等机构的研究人员合作首次解析了新冠病毒基因复制酶结合苏拉明复合物的冷冻电镜结构[252]，也是国际上第一个解析的非核苷类抑制剂结合新冠病毒 RNA 复制酶的三维结构。该成果为理解苏拉明抑制新冠病毒 RNA 复制酶的分子机制奠定了结构基础，可以推进靶向 RdRp 的非核苷类抑制剂的药物研发。

清华大学的研究人员解析了蝙蝠冠状病毒 RaTG13 和穿山甲冠状病毒 PCoV_GX 的刺突蛋白冷冻电镜结构[253]，通过结构比较、序列比对和一系列生化和假病毒侵染实验结果，为深入理解新冠病毒通过刺突蛋白进化获得强感染力的分子机制提供了重要的结构信息。

4. 基于结构生物学的药物设计筛选

中国科学院上海药物研究所、山东大学、浙江大学等机构首次解析了糖皮质激素与其膜受体 GPR97 和 Go 蛋白复合物的冷冻电镜结构[254]，这也是国际上首次解析的黏附类 GPCR 与配体和 G 蛋白复合物的高分辨率结构。该成果对糖皮质激素膜受体功能研究和黏附类 GPCR 的激活机制理解发挥了重要的示

---

252 Yin W, Luan X, Li Z, et al. Structural basis for inhibition of the SARS-CoV-2 RNA polymerase by suramin[J]. Nature Structural & Molecular Biology, 2021, 28(3): 319-325.

253 Zhang S, Qiao S, Yu J, et al. Bat and pangolin coronavirus spike glycoprotein structures provide insights into SARS-CoV-2 evolution[J]. Nature Communications, 2021, 12(1): 1-12.

254 Ping Y Q, Mao C, Xiao P, et al. Structures of the glucocorticoid-bound adhesion receptor GPR97 - Go complex[J]. Nature, 2021, 589(7843): 620-626.

范及推动作用。

中国科学院上海药物研究所联合浙江大学等机构在国际上首次解析了三种5- 羟色胺受体的近原子分辨率结构，揭示了磷脂和胆固醇如何调节受体功能，以及抗抑郁症药物阿立哌唑（Aripiprazole）的分子调节机制[84]。该成果为深入理解5- 羟色胺系统、开发新型安全且有效的精神类疾病治疗药物提供了重要基础。

（四）前景与展望

在过去两年里，重大的实验和计算进展为研究人员提供了互补的工具，使其能够以前所未有的速度和分辨率确定蛋白质结构。在实验结构生物学领域，冷冻电镜的改进使研究人员能够用实验方法处理最具挑战性的蛋白质和复合物；冷冻电子断层成像技术（cryo-ET）可以捕捉冷冻细胞薄片中自然发生的蛋白质行为[255]。一方面，研究人员仍致力于提升冷冻电镜的分辨率，硬件的改良将突破以往成像技术在分辨率上的限制。英国研究与创新机构（UKRI）、科学与技术设施理事会（STFC）等机构合作开发出能耗相对较低、可用100keV电子源的新型探测器，促成非专业实验室对冷冻电镜技术的使用，将为电子冷冻显微镜领域带来新的变革。另一方面，在实际的科研工作中，往往需要在较短时间内获得整个细胞的三维构象和分子结构的高分辨率图片，这进一步凸显了软X射线自由电子激光暨活细胞成像等线站装置的重要性。上海软X射线自由电子激光装置于2021年6月首次实现了2.4nm单发激光脉冲的相干衍射成像，获得了首批实验数据，并完成了对衍射图样的快速图像重建，标志着我国在软X射线自由电子激光研制和使用方面步入国际先进行列。在计算结构生物学领域，以AlphaFold系列算法预测蛋白质结构为代表，已经表明作为分析和预测工具的人工智能（AI）在科学研究中显现出了强大的威力，但是在科学的道路上推进对人自身的认识和对生命的理解，尚需要其与实验科学同步推进[256]。

---

255 Eisenstein M. Seven technologies to watch in 2022[J]. Nature, 2022, 601(7894): 658-661.

256 赵云波. AI预测可以代替科学实验吗？——以AlphaFold破解蛋白质折叠难题为中心［J］. 医学与哲学，2021，42（6）：17-21.

六、免疫学

（一）概述

免疫学主要探讨免疫系统识别抗原后发生免疫应答及清除抗原的规律，并致力于阐明免疫功能异常所致疾病的病理过程及其机制。近年来，免疫学基础研究领域不断取得创新成果，基础免疫学理论不断深入完善，推进了免疫学在感染性疾病、自身免疫病、肿瘤等多种疾病临床治疗工作中的应用。2021年，国内外免疫学领域取得了众多研究成果，在免疫相关细胞、分子及发育路径等角度的新发现促进了人们对免疫系统的再认识，同时深化了免疫识别、应答、调节规律与机制方面的研究。临床转化应用方面，疾病相关的免疫学机制研究、新靶点的发现及新技术的开发、改进促进了抗感染治疗、疫苗及肿瘤免疫治疗的开发。尤其是，在抗新冠病毒药物研发及揭示新型冠状病毒免疫逃逸机制等方面取得了诸多突破性进展，其中新冠病毒口服药物入选 *Science* 杂志 2021 年“十大科学突破”，新冠病毒逃逸天然宿主免疫和抗病毒药物机制入选 2021 年度“中国生命科学十大进展”。

（二）国际重要进展

1. 免疫系统的再认识和新发现

德国古腾堡大学等机构的研究人员在小鼠中发现脑膜中的髓样细胞主要来源于颅骨骨髓，其经颅骨与脑膜之间的血管通道转运，而非来自于外周循环[257]。同时，美国华盛顿大学等机构的研究人员利用单细胞测序等手段发现脑膜中 B

257 Cugurra A, Mamuladze T, Rustenhoven J, et al. Skull and vertebral bone marrow are myeloid cell reservoirs for the meninges and CNS parenchyma[J]. Science, 2021,373(6553): eabf7844.

细胞也主要来自颅骨骨髓[258]。这两项研究为大脑免疫提供了新认识，有助于未来神经系统疾病的治疗。

美国华盛顿大学等机构的研究人员发现脑脊液中由神经系统衍生的抗原积聚在硬脑膜窦周围，并被捕获呈递给巡逻的 T 细胞。该研究揭示了硬脑膜窦在神经免疫中的关键作用，为多发性硬化症甚至阿尔茨海默病等疾病研究提供了新认识[259]。

美国基因泰克公司等机构的研究人员首先通过对突变小鼠进行正向遗传学筛查，识别出与细胞质膜破裂（PMR）有关的细胞表面蛋白 NINJ1，进一步研究发现敲除巨噬细胞中编码 NIJI1 的基因后，其 PMR 过程受损，表明 NINJ1 介导了溶解性细胞死亡期间的质膜破裂。该研究推翻了长期以来认为 PMR 是被动事件的观点[260]。

美国斯坦福大学等机构的研究人员发现在老年小鼠中，通过抑制巨噬细胞的前列腺素 E2（PGE2）与其受体 EP2 间的信号转导可恢复巨噬细胞的新陈代谢，改善不良炎症反应，进而恢复老年小鼠的认知能力。该研究表明重编程骨髓细胞的葡萄糖代谢可逆转衰老导致的认知能力下降[261]。

2. 免疫识别、应答、调节的规律与机制

美国圣裘德儿童研究医院等机构通过在小鼠体内进行 CRISPR-Cas9 筛选和功能验证，发现二磷酸胞苷（CDP）- 乙醇胺通路中用于从头合成磷脂酰乙醇胺（phosphatidyl ethanolamine，PE）的三个关键酶 ETNK1、PCYT2 和 SELENOI，通过促进趋化因子 CXCR5 的表达和发挥功能进而调控滤泡辅助型 T（follicular

---

258 Brioschi S, Wang W L, Peng V, et al. Heterogeneity of meningeal B cells reveals a lymphopoietic niche at the CNS borders[J]. Science, 2021, 373(6553): eabf9277.

259 Rustenhoven J, Drieu A, Mamuladze T, et al. Functional characterization of the dural sinuses as a neuroimmune interface[J]. Cell, 2021, 184(4):1000-1016,e27.

260 Kayagaki N, Kornfeld O S, Lee B L, et al. NINJ1 mediates plasma membrane rupture during lytic cell death[J]. Nature, 2021, 591(7848):131-136.

261 Minhas P S, Latif-Hernandez A, McReynolds M R, et al. Restoring metabolism of myeloid cells reverses cognitive decline in ageing[J]. Nature, 2021, 590(7844):122-128.

helper T, Tfh）细胞的发育及体液免疫反应[262]。该研究发现的这一代谢途径为相关疾病的治疗提供了新靶点。

美国纪念斯隆－凯特琳癌症中心等机构的研究人员发现，在小鼠生命早期，肠道树突状细胞受肠道菌群的诱导，将肠道微生物抗原运输至胸腺，进而诱导肠道微生物特异性 T 细胞扩增。该研究揭示了发育中的肠道菌群影响胸腺和外周 T 细胞多样性的方式，为肠道免疫性疾病的治疗提供了新方向[263]。

美国北卡罗来纳大学的研究人员发现 AIM2 分子通过 AIM2-RACK1-PP2A-AKT 通路对调节性 T 细胞（Treg 细胞）的功能和代谢进行调节，并在减轻自身免疫疾病方面发挥关键作用[264]。该研究有助于为自身免疫疾病的治疗提供新靶点。

美国哈佛大学等机构的研究人员利用结构生物学方法解析了二肽基肽酶 DPP9 抑制 NLRP1 炎症小体激活的机制，发现 DPP9 通过与 NLRP1 的 C 端相结合发挥作用，DPP9 抑制剂 VbP 则通过抑制该过程实现 NLRP1 的激活[265]。该研究使人们对炎症小体激活相关研究有了更深入的理解。

3. 疫苗与抗感染

美国默沙东公司等机构的一项Ⅲ期临床研究显示，在早期轻度至中度 COVID-19 患者中，口服小分子抗病毒药物莫匹拉韦（Molnupiravir）可显著降低高风险未接种疫苗人群的住院或死亡风险[266]。该药已于 2021 年 11 月 4 日率先获得英国药品和保健产品监管局（MHRA）批准上市，成为全球首个获批用于治疗 COVID-19 的口服抗病毒药物。随后，美国辉瑞公司的 3CL 蛋白酶抑制剂

---

262 Fu G, Guy C S, Chapman N M, et al. Metabolic control of TFH cells and humoral immunity by phosphatidylethanolamine[J]. Nature, 2021,595(7869):724-729.

263 Zegarra-Ruiz D F, Kim D V, Norwood K, et al. Thymic development of gut-microbiota-specific T cells[J]. Nature, 2021, 594(7863):413-417.

264 Chou W C, Guo Z, Guo H, et al. AIM2 in regulatory T cells restrains autoimmune diseases[J]. Nature, 2021, 591(7849):300-305.

265 Hollingsworth L R, Sharif H, Griswold A R, et al. DPP9 sequesters the C terminus of NLRP1 to repress inflammasome activation[J]. Nature, 2021, 592(7856):778-783.

266 Bernal A J, Silva M M G D, Musungaie D B, et al. Molnupiravir for oral treatment of covid-19 in nonhospitalized patients[J]. N Engl J Med, 2022, 386(6):509-520.

Paxlovid 也获美国 FDA 紧急授权，成为美国首个获批的口服新冠药物。

美国华盛顿大学的研究人员发现 CARD8 炎症小体在识别 HIV-1 蛋白酶活性并被水解激活后，会迅速激活 Caspase-1 及下游的细胞焦亡途径，因此非核苷类逆转录酶抑制剂（NNRTI）可通过增强潜伏期病毒蛋白酶活性实现 HIV 感染细胞的清除。该研究揭示了 HIV-1 感染的先天感知机制，为 HIV-1 治疗提供了新思路[267]。

英国牛津大学的研究人员在西非地区开展一项疟疾疫苗临床试验，450 名儿童接种基于环子孢子蛋白的疟疾疫苗 R21 并接受随访 12 个月，试验结果显示，该疫苗预防疟疾的有效率达 74%～77%，成为首个达到 WHO 疗效目标的疟疾疫苗[268]。该研究为疟疾疫苗的开发带来了新希望。

4. 肿瘤免疫

美国宾夕法尼亚大学等机构的研究人员通过对神经母细胞瘤细胞进行免疫肽组筛选分析，发现一种由非突变基因 *PHOX2B* 表达的肽 QYNPIRTTF 具有肿瘤特异性，并以此为靶点设计了“以肽为中心”（peptide-centric）的嵌合抗原受体（PC-CAR），体外及小鼠体内实验显示，PC-CAR T 细胞具有较好的肿瘤杀伤能力，且可识别多种不同 HLA（人类白细胞抗原）呈递的 QYNPIRTTF[269]。该研究为低突变负荷癌症提供了全新的免疫治疗思路，将有望极大地扩展肿瘤免疫疗法的疾病治疗范围。

美国加利福尼亚大学等机构的研究人员设计出一种智能 T 细胞，在识别出具有低亲和力的抗原后，促使该细胞表达对抗原具有高亲和力的 CAR，从而根据抗原密度阈值两步区分靶标，并在小鼠模型中证明了其有效性。该研究为

267 Wang Q, Gao H, Clark K M, et al. CARD8 is an inflammasome sensor for HIV-1 protease activity[J]. Science, 2021, 371(6535): eabe1707.

268 Datoo M S, Natama M H, Somé A, et al. Efficacy of a low-dose candidate malaria vaccine, R21 in adjuvant Matrix-M, with seasonal administration to children in Burkina Faso: a randomised controlled trial[J]. Lancet, 2021, 397(10287):1809-1818.

269 Yarmarkovich M, Marshall Q F, Warrington J M, et al. Cross-HLA targeting of intracellular oncoproteins with peptide-centric CARs[J]. Nature, 2021, 599(7885):477-484.

CAR-T 细胞对抗实体瘤提供了新希望[270]。

以色列魏茨曼科学研究所等机构的研究人员通过免疫肽组学方法在黑色素瘤细胞表面鉴定出来自细菌的肽，这些细菌肽可被呈递至肿瘤细胞表面，进而诱导免疫反应[271]。该研究为癌症免疫疗法提供了潜在靶点，并为细菌影响免疫应答机制提供了新见解。

美国哈佛大学等机构的研究人员发现 DC 细胞上的 T 淋巴细胞免疫球蛋白黏蛋白 3（TIM-3）通过活化 NLRP3 炎症小体来抑制抗肿瘤免疫，与 T 细胞相比，阻断 DC 细胞上的 TIM-3 可促进更强大的抗肿瘤免疫反应[272]。该研究为抗肿瘤免疫治疗提供了新见解。

美国约翰·霍普金斯大学等机构的研究人员针对肿瘤细胞表面来自 TP53 突变基因编码蛋白的肽，设计了一种双特异性抗体，可通过激活 T 细胞来杀死 TP53 突变肿瘤细胞[273]，另一项研究利用同样方法针对 RAS 突变设计了双特异性抗体[274]，这两项研究均在体内和体外实验中显示了有效的肿瘤杀伤性，为其他难以通过常规手段靶向的常见致癌突变提供了新的靶向治疗方法。

英国弗朗西斯·克里克研究所等机构的研究人员对涵盖 7 个癌种的 1 000 多个正在接受免疫检查点抑制剂治疗病例的基因组数据进行了荟萃分析，验证了多个可用于预测患者对免疫检查点抑制剂反应的生物标志物，发现肿瘤突变负荷的预测效果最好[275]。该研究将有助于医生和患者选择更有效的疗法，也将为研发人员设计和开发更好的免疫治疗药物提供指导。

瑞士洛桑联邦理工学院等机构的研究人员发现 IL-10－Fc 蛋白可通过增强

270 Hernandez-Lopez R A, Yu W, Cabral K A, et al. T cell circuits that sense antigen density with an ultrasensitive threshold[J]. Science, 2021, 371(6534):1166-1171.

271 Kalaora S, Nagler A, Nejman D, et al. Identification of bacteria-derived HLA-bound peptides in melanoma[J]. Nature, 2021, 592(7852):138-143.

272 Dixon K O, Tabaka M, Schramm M A, et al. TIM-3 restrains anti-tumour immunity by regulating inflammasome activation[J]. Nature, 2021, 595(7865):101-106.

273 Hsiue E H, Wright K M, Douglass J, et al. Targeting a neoantigen derived from a common TP53 mutation[J]. Science, 2021,371(6533): eabc8697.

274 Douglass J, Hsiue E H, Mog B J, et al. Bispecific antibodies targeting mutant RAS neoantigens[J]. Sci Immunol, 2021, 6(57): eabd5515.

275 Litchfield K, Reading J L, Puttick C, et al. Meta-analysis of tumor- and T cell-intrinsic mechanisms of sensitization to checkpoint inhibition[J]. Cell, 2021, 184(3):596-614,e14.

线粒体丙酮酸转运体（mitochondrial pyruvate carrier, MPC）依赖的氧化磷酸化（oxidative phosphorylation, OXPHOS）直接促进终末耗竭 T 细胞代谢重编程，恢复增殖，提升抗肿瘤免疫效果，并在小鼠模型中证实该疗法与其他免疫疗法联用针对实体瘤的有效性[276]。该研究为基于肿瘤微环境的实体瘤免疫治疗提供了潜在靶点。

（三）国内重要进展

1. 免疫系统的再认识和新发现

中国科学技术大学等机构的研究人员发现在成年小鼠肝脏中存在一群类似于胎肝造血干细胞的 Lin-Sca-1Mac-1（LSM）细胞，可分化成肝脏定居自然杀伤（NK）细胞（肝脏 ILC1），经进一步研究发现，成熟的肝脏 ILC1 通过分泌 IFN-γ 促进 LSM 细胞扩增并向 ILC1 细胞的分化，但不影响 NK 细胞[42]。该研究首次揭示了固有淋巴细胞的髓外发育新路径，为研究肝脏天然免疫提供了深层次见解。

上海交通大学等机构的研究人员首次在肠道干细胞底部发现一类新型肠道间质细胞并将其命名为 MRISC（MAP3K2-regulated intestinal stromal cell），并进一步揭示了 MRISC 通过活性氧（ROS）-MAP3K2-ERK5-KLF2 信号通路，特异性调控肠道干细胞微环境的 R-spondin1-Wnt 信号，促进肠道上皮损伤修复[43]。该研究首次发现的 MRISC 为肠道损伤修复和再生及相关疾病的治疗提供了新思路。

西湖大学的研究人员首先发现在小鼠和猕猴的脑膜中存在不同发育阶段的 B 细胞，进一步的研究表明脑膜中识别了中枢神经系统特异性抗原的发育 B 细胞会被清除，从而避免神经系统疾病[277]。该研究揭示了一条 B 淋巴细胞在脑膜中

---

276 Guo Y, Xie Y Q, Gao M, et al. Metabolic reprogramming of terminally exhausted CD8 T cells by IL-10 enhances anti-tumor immunity[J]. Nat Immunol, 2021, 22(6):746-756.

277 Wang Y, Chen D, Xu D, et al. Early developing B cells undergo negative selection by central nervous system-specific antigens in the meninges[J]. Immunity, 2021, 54(12):2784-2794,e6.

发育和阴性筛选的途径，修正了当前关于 B 细胞在骨髓中发育和筛选的认识。

2. 免疫识别、应答、调节的规律和机制

中国科学院等机构的研究人员利用 CRISPR-Cas9 全基因组敲除筛选发现溶酶体定位的 Rag-Ragulator 复合物是感染耶尔森菌后触发细胞焦亡的关键因子，经进一步研究发现，Rag-Ragulator 复合物通过招募并激活激酶 RIPK1 及蛋白酶 Caspase-8 以切割 Gasdermin D（GSDMD）蛋白，诱导细胞焦亡[44]。该研究揭示了耶尔森菌诱导细胞焦亡关键机制，并为相关疾病治疗提供了新靶点和新思路。

中国科学院北京生命科学研究院和北京大学等机构的研究人员发现福氏志贺菌分泌的效应蛋白 OspC3 通过催化 caspase-4/11 发生一种新的蛋白翻译后修饰——精氨酸 ADP- 核糖化（ADP-riboxanation），从而阻断了 caspase-4/11—GSDMD 介导的细胞焦亡过程[45]。该研究揭示了福氏志贺菌逃逸天然免疫的机制，并为蛋白质翻译后修饰提供了新认识。

温州医科大学和加拿大西奈山医院等机构的研究人员在小鼠中发现 WAVE2 蛋白通过与 RAPTOR 和 RICTOR 竞争性结合哺乳动物雷帕霉素靶蛋白（mTOR），抑制 mTOR 的激活，进而维持 T 细胞免疫稳态，并在小鼠中使用雷帕霉素成功治疗了由 WAVE2 蛋白缺失导致的免疫缺陷和自身免疫症状[278]。该研究揭示了 WAVE2 蛋白在维持 T 细胞稳态方面的重要作用，为相关免疫疾病提供了潜在治疗靶点。

中国科学技术大学与美国哈佛大学等机构的研究人员发现 NLRP6 蛋白与双链 RNA 相互作用发生液 - 液相分离，进而促进肠道和肝脏中的炎性小体活化，经进一步研究发现 NLRP6 蛋白中的聚赖氨酸区（K350～K354）在该过程中发挥了重要作用[279]。该研究为 NLRP6 炎症小体激活过程提供了新认识。

---

278 Liu M, Zhang J Y, Pinder B D, et al. PinderWAVE2 suppresses mTOR activation to maintain T cell homeostasis and prevent autoimmunity[J]. Science, 2021, 371(6536): eaaz4544.

279 Shen C, Li R, Negro R, et al. Phase separation drives RNA virus-induced activation of the NLRP6 inflammasome[J]. Cell, 2021, 184(23): 5759-5774,e20.

广州医科大学等机构[280]和哈佛大学等机构[281]的研究人员均在果蝇中鉴定出cGAS类似分子cGLR1，并发现cGLR1识别病毒双链RNA后产生3′ 2′-cGAMP，进而激活Sting依赖的抗病毒免疫，广州医科大学等机构还鉴定出cGLR2分子通过生成2′ 3′-cGAMP和3′ 2′-cGAMP也可诱导抗病毒反应。这两项研究揭示了果蝇识别病毒感染的重要机制。

3. 疫苗与抗感染

清华大学等机构的研究人员通过对新冠病毒帽合成中间态转录复合体cap(-1)′-RTC的冷冻电镜结构解析和进一步研究，首次明确了RNA聚合酶nsp12的核苷转移酶（NiRAN）结构域在mRNA合成过程中的关键作用[46]。该机构的另一项研究通过对新冠病毒转录复制复合体Cap(0)-RTC的冷冻电镜结构解析，揭示了mRNA合成和基因组复制矫正机制[47]。这两项研究解决了该领域的关键科学问题，为抗病毒药物研发提供了分子结构基础及潜在新靶点。

清华大学的研究人员发现生发中心B细胞在接受T细胞的帮助信号后，通过上调趋化因子CCL22的表达，招募生发中心表达CCL22受体CCR4的T细胞，从而接受更多的帮助信号，基于此正反馈循环，高亲和力的B细胞由于表达更高水平的CCL22获得正向筛选[282]。该研究揭示了趋化因子在高亲和力抗体筛选中的重要作用，为优化疫苗设计提供了新思路。

中国科学院等机构的研究人员发现了一种靶向NS1蛋白且具有广谱保护性的抗体1G5.3，并通过结构表征揭示了抗体的广谱作用机制，1G5.3抗体可抑制NSI蛋白引起的血管内皮层细胞完整性的破坏，并在黄病毒小鼠模型中证实可减少病毒血症的发生，并提高了其存活率[283]。该研究表明NS1蛋白可作为通用疫

---

280 Holleufer A, Winther K G, Gad H H, et al. Two cGAS-like receptors induce antiviral immunity in *Drosophila*[J]. Nature, 2021, 597(7874):114-118.

281 Slavik K M, Morehouse B R, Ragucci A E, et al. cGAS-like receptors sense RNA and control 3′2′-cGAMP signalling in *Drosophila*[J]. Nature, 2021, 597(7874):109-113.

282 Liu B, Lin Y, Yan J, et al. Affinity-coupled CCL22 promotes positive selection in germinal centres[J]. Nature, 2021, 592(7852):133-137.

283 Modhiran N, Song H, Liu L, et al. A broadly protective antibody that targets the flavivirus NS1 protein[J]. Science, 2021, 371(6525):190-194.

苗设计的新靶点，为黄病毒疫苗设计提供了新方向。

中国医学科学院的研究人员设计了一种具有极高抗 HIV 活性且长效的脂肽病毒融合抑制剂 LP-98，经研究发现，在恒河猴模型中，低剂量 LP-98 治疗可长期有效抑制 SHIV 病毒（一种 HIV 和 SIV 嵌合病毒）复制，且停药后部分恒河猴仍能实现有效控制，并证明了 CD8＋T 细胞在该过程中的重要作用，同时发现 LP-98 还可用于 SHIV 和 SIV 的暴露前预防[284]。该研究为艾滋病的防治提供了新策略。

4. 肿瘤免疫

北京大学的研究人员使用单细胞 RNA 测序对来自 316 名患者的涵盖 21 种癌症类型的 T 细胞进行测序，通过不同癌症类型的比较揭示了不同肿瘤微环境中 T 细胞状态的共性和特殊性，对肿瘤浸润 T 细胞的异质性和动态性进行了详细刻画[48]。该研究为癌症免疫治疗研究提供了极具价值的参考。

中国科学院等机构的研究人员利用高表达 PD-1 的 T 细胞膜囊包裹 I 型 IFN 诱导剂 ORY-1001，并经表面修饰后获得表观遗传调控纳米囊泡（OPEN），OPEN 通过其 PDL1 特异性靶向性诱导相应肿瘤细胞内 I 型 IFN 表达，并通过上调 PDL1 表达进一步促进 OPEN 的摄取，增强抗肿瘤效应。结果显示，OPEN 可有效抑制小鼠中三阴性乳腺癌、黑色素瘤或结肠癌的生长[49]。该研究为改善肿瘤免疫治疗开拓了精准递送＋智能释药一体化技术的新方向。

上海交通大学等机构的研究人员设计出一种包含抗原非依赖共刺激信号 OX40 的 20BBZ-OX40 CAR-T 细胞，该疗法在小鼠模型和 I 期临床试验中针对淋巴瘤显示出强大的扩增能力和抗肿瘤活性[50]。该研究为优化 CAR-T 提供了新选择，为对抗实体瘤带来了希望。

清华大学等机构的研究人员设计并构建了一种新型嵌合受体——合成 T 细胞受体抗原受体（synthetic T cell receptor and antigen receptor，STAR），兼具了

---

284 Xue J，Chong H，Zhu Y, et al. Efficient treatment and pre-exposure prophylaxis in rhesus macaques by an HIV fusion-inhibitory lipopeptide[J]. Cell, 2022, 185(1): 131-144,e18.

CAR 的特异性识别抗原的特点和与天然 TCR 相似的信号转导机制。与 CAR-T 细胞相比，STAR-T 细胞在多个实体瘤模型中显示具有更优的抗肿瘤效果[285]，且无明显毒副作用。该研究有望为实体瘤患者提供新选择。

（四）前景与展望

单细胞测序技术、质谱流式细胞技术、活体成像技术、冷冻电镜技术、基因编辑技术等的应用加快了免疫学基础研究的步伐，对免疫系统及免疫调控机制的认识在不断深化和革新，为免疫相关疾病的预防和治疗研发带来了新的机遇。针对新型冠状病毒等新发病原体，以及长期困扰人类的 HIV 感染、疟疾等疾病，病原体感染机制、疫苗及治疗药物研究仍将是未来国内外免疫学领域的研究重点。同时，虽然免疫疗法已在多种癌症中取得初步成功，显著提高了患者的生存质量，但为使更多患者受益，还需不断提升肿瘤免疫疗法的安全性和有效性，因此围绕肿瘤微环境、发现新靶点、开发新技术等方面继续积极开展研究将仍是未来的研究热点。

七、干细胞

（一）概述

干细胞领域发展至今的几十年中，发展潜力不断拓展。一方面，在数据驱动、学科融合等生命科学发展的大趋势下，借助快速革新的通用技术，干细胞研究也获得了前所未有的发展机遇，对干细胞认识的维度持续拓展，深度也随之增加，推动干细胞疗法不断展现出疾病治疗更大的潜力。另一方面，干细胞所拥有的一系列特性，使其在与基因编辑技术和免疫细胞治疗技术的联用中展现出全新的发展前景，拓展了干细胞的应用范畴。此外，类器官是

285 Liu Y, Liu G, Wang J, et al. Chimeric STAR receptors using TCR machinery mediate robust responses against solid tumors[J]. Sci Transl Med, 2021,13(586): eabb5191.

干细胞领域近年来发展起来的一个重要分支，发展速度不断加快，逐渐成为器官模型的一个重要来源，正展现出在疾病研究、疗法研发和药物开发中的重要应用潜力。

（二）国际重要进展

1. 对干细胞逐步深入的认识推动干细胞疗法展现出疾病治疗更大的潜力

近年来，在单细胞、成像等通用技术的快速优化下，干细胞领域也迎来了全新的发展机遇，科学家发现了干细胞维持其特性及促进组织再生的多种新机制，进一步推动了干细胞应用基础研究的广泛开展和临床转化进程的加速。

美国得克萨斯大学西南医学中心的研究人员对小鼠的不同肝细胞亚群进行了比较分析，鉴定出了维持肝脏再生的细胞，发现肝脏小叶中部 2 区的细胞增殖活性最高，对肝脏再生的贡献最大。该研究对于探索肝脏慢性疾病发病和癌症发展的机制提供了依据，也为再生医学发展带来了全新机遇[286]。

美国阿尔伯特·爱因斯坦医学院的研究人员发现分子伴侣介导的细胞自噬过程（CMA）参与了成年小鼠造血干细胞（HSC）功能的维持，CMA 对于干细胞蛋白质的质量控制和 HSC 激活时的脂肪酸代谢上调是必需的，而 HSC 的活性随着年龄的增长而下降的现象即与此机制有关，这表明可以通过基因调控或药物激活 CMA，恢复老年小鼠和人类造血干细胞的功能[287]。

德国马克斯－普朗克心肺研究所、德国心血管研究中心等机构的研究人员利用 Oct4、Sox2、Klf4 和 c-Myc（OSKM）4 个转录因子，将成年小鼠体内的心肌细胞重编程至类似胎儿心肌细胞的状态，使其能够重新恢复有丝分裂的能力。研究人员同时证实，在心肌梗塞发生之前或发生过程中，使心肌细胞短暂表达 OSKM，能够促进心肌损伤的恢复，并改善心肌功能，而且不会出现致瘤

286 Wei Y, Wang Y G, Jia Y, et al. Liver homeostasis is maintained by midlobular zone 2 hepatocytes[J]. Science, 2021, 371(6532):eabb1625.

287 Dong S, Wang Q, Kao Y R, et al. Chaperone-mediated autophagy sustains haematopoietic stem-cell function[J]. Nature, 2021, 591: 117-123.

的风险。这项研究为心脏疾病的治疗提供了新的潜在方案[288]。

以色列理工学院的科研人员结合单细胞 RNA 测序和定量谱系追踪技术深入分析了小鼠的角膜缘上皮，发现了两个角膜缘上皮干细胞（LSC）类群，其分别存在于角膜缘上皮中两个独立和明确分隔的区域，称为“外部”和“内部”边缘，同时也明确了这两类 LSC 不同的特征，“外部”静止的 LSC 主要参与伤口愈合和角膜缘边界形成，这些细胞受 T 细胞的调节，而“内部”具有活性的 LSC 主要负责维持角膜上皮稳态[289]。

日本理化学研究所的科研人员结合能够长时间持续成像的 3D 实时成像技术和单细胞转录组学技术，捕捉了小鼠毛囊整个发育过程中上皮细胞的谱系动态，揭示了毛囊干细胞的来源，并解开了毛囊干细胞发育过程中转录谱的变化，该研究为了解毛囊相关疾病奠定了基础[290]。

加拿大不列颠哥伦比亚大学的研究人员评估了移植干细胞来源的胰腺细胞治疗 1 型糖尿病的效果，结果证实，干细胞衍生的胰腺内胚层细胞移植后，能够在患者体内发育成熟为 β 细胞，且能够对患者的进食产生胰岛素分泌的响应，该研究为 1 型糖尿病的干细胞疗法研发奠定了基础[291]。

日本九州大学的科研人员根据已知的体内分化过程确定了胚胎干细胞分化为性腺细胞的培养条件，并利用小鼠胚胎干细胞生成了卵巢性腺组织，模拟了卵巢的环境。当将干细胞生成的卵巢性腺组织与早期原始生殖细胞或体外来源的原始生殖细胞样细胞结合时，生殖细胞在重组的卵泡内能够发育成可受精的卵母细胞，并产生可繁殖的后代。该系统为小鼠配子的生成提供了一种新方法，并加深了人们对哺乳动物生殖和发育的理解[292]。

---

288 Chen Y, Luttmann F F, Schoger E, et al. Reversible reprogramming of cardiomyocytes to a fetal state drives heart regeneration in mice[J]. Science, 2021, 373(6562): 1537-1540.

289 Altshuler A, Amitai-Lange A, Tarazi N, et al. Discrete limbal epithelial stem cell populations mediate corneal homeostasis and wound healing[J]. Cell Stem Cell, 2021, 28(7): 1248-1261.

290 Morita R, Sanzen N, Saski H, et al. Tracing the origin of hair follicle stem cells[J]. Nature, 2021, 594: 547-552.

291 Ramzy A, Thompson D M, Ward-Hartstonge K A, et al. Implanted pluripotent stem-cell-derived pancreatic endoderm cells secrete glucose-responsive C-peptide in patients with type 1 diabetes[J]. Cell Stem Cell, 2021, 28: 2047-2061.

292 Yoshino T, Suzuki T, Nagamatsu G, et al. Generation of ovarian follicles from mouse pluripotent stem cells[J]. Science, 2021, 373: 6552.

2. 干细胞融合新疗法为疾病治疗带来新路径

除了利用干细胞进行修复治疗，干细胞独具的特性及其在机体内发挥的独特作用，使其成为基因疗法和免疫细胞疗法中良好的细胞供体或靶向细胞，有助于提高相关疗法治疗疾病的潜力，并促进通用型疗法的开发和大规模制造。因此，科研人员近年来也在相关领域开展了多项探索，并展现出疾病治疗的新潜力。

美国加利福尼亚大学圣地亚哥分校等机构的科研人员针对沉默干扰素调节因子 4（IRF4）能够促进骨髓瘤前体细胞生长的特性，开发出一种针对多发性骨髓瘤的新型 DNA 疗法，利用 IRF4 反义寡核苷酸沉默 IRF4 的表达，抑制骨髓瘤干细胞和肿瘤细胞的增殖与存活，从而抑制了骨髓瘤的再生，提高了小鼠的生存率[293]。

日本京都大学的科研人员通过对诱导多能干细胞（iPSC）进行基因编辑，并诱导生成了低免疫原性的癌症抗原特异性 T 细胞（iPS-T 细胞），进而将 CAR 添加到 iPS-T 细胞中，构建了 CAR iPS-T 细胞，并将这些细胞注射到白血病小鼠模型体内，证实其发挥了抑制肿瘤生长的作用。该成果为通用型 CAR-T 疗法的开发提供了新路径[294]。

3. 干细胞构建类器官

干细胞具有自组装的特性，因此，基于这一特性，科研人员开辟了类器官这一全新的发展方向。随着研究的成熟，该领域的发展逐渐加快，不仅在作为疾病模型的应用中展现了巨大潜力，还逐渐展现出在疾病治疗中的应用前景。

德国杜塞尔多夫大学等机构的研究人员在利用人类诱导性多能干细胞

---

293 Mondala P K, Vera A A, Zhou T, et al. Selective antisense oligonucleotide inhibition of human IRF4 prevents malignant myeloma regeneration via cell cycle disruption[J]. Cell Stem Cell, 2021, 28(4): 623-636.

294 Wang B, Iriguchi S, Waseda M, et al. Generation of hypoimmunogenic T cells from genetically engineered allogeneic human induced pluripotent stem cells[J]. Nature Biomedical Engineering, 2021, 5: 429-440.

（iPSC）培育大脑类器官的过程中，创新性地在神经外胚层扩展阶段向培养基中添加了乙酸视黄醇，以诱导视觉器官的生成，从而成功在大脑类器官中诱导出功能性视泡结构，证实这些视泡结构中包含角膜上皮细胞、晶状体样细胞、视网膜色素上皮细胞、视网膜前体细胞，并形成了神经元网络，能对光线作出反应，将光信号转变为电信号，进而传递到大脑其他区域的神经元网络中。该研究将有助于促进研究胚胎中大脑和眼睛的共同发育过程，并为视网膜疾病的发生机制探究和治疗提供强有力的工具[2]。

德国汉诺威医学院的科研人员利用人类多能干细胞构建了高度结构化的三维心脏类器官，这些类器官由一层内膜样细胞内衬，并被中隔横隔样结构包围的心肌层组成，还包含了与后肠在空间和分子上截然不同的前肠内胚层组织和血管网络，其结构非常类似于早期天然心脏的结构。该类器官对于在体内研究遗传缺陷等提供了重要工具[295]。

澳大利亚莫纳什大学的科研人员利用成纤维细胞在体外构建了类似于人类囊胚的类器官模型 iBlastoids，iBlastoids 具有外胚层、原始内胚层和滋养外胚层样细胞的结构，能够产生多能干细胞和滋养层干细胞，并能够在体外模拟胚胎着床。该类器官将有助于对早期人类发育，以及早期胚胎发生中基因突变和毒素影响进行研究，并有助于与体外受精相关的新疗法开发[296]。

荷兰乌特勒支大学医学中心的科研人员建立了小鼠和人类泪腺的 3D 类器官长期培养体系，构建的泪腺类器官能够重现泪道的形态和转录特征，同时科研人员还利用类器官对泪液在神经递质作用下的分泌过程进行了模拟，并实现了在小鼠体内移植、整合及产生泪液。该类器官为泪腺病理生理的研究提供了实验平台[297]。

英国剑桥大学的科研人员利用来自肌萎缩侧索硬化合并额颞叶痴呆（ALS/

295 Drakhlis L, Biswanath S, Farr C M, et al. Human heart-forming organoids recapitulate early heart and foregut development[J]. Nature Biotechnology, 2021, 39: 737-746.

296 Liu X, Tan J P, Schroder J, et al. Modelling human blastocysts by reprogramming fibroblasts into iBlastoids[J]. Nature, 2021, 591: 627-632.

297 Bannier-Helaouet M, Post Y, Korving J, et al. Exploring the human lacrimal gland using organoids and single-cell sequencing[J]. Cell Stem Cell, 2021, 28(7): 1221-1232.

FTD）患者的诱导多能干细胞（iPSC）构建了脑类器官的切片模型，模拟了ALS/FTD，该模型重现了成熟的皮质结构，并显示了ALS/FTD的早期分子病理学特征，为相关疾病的研究提供了新平台[298]。

美国辛辛那提儿童医院医学中心的研究人员利用人类多能干细胞诱导生成了三种细胞：肠神经胶质细胞、间充质细胞和上皮前体细胞，进而利用这些细胞构建了人类胃类器官，该类器官中含有胃窦和胃底组织，而且具有独特的腺体和神经细胞，可以控制平滑肌收缩[299]。

英国剑桥大学的科研人员利用干细胞构建了胆管类器官，并将该类器官移植到体外肝脏模型中，通过体外灌注，移植的类器官成功修复了肝脏中的胆管，并发挥了功能，成功使肝脏维持了长达100h。该成果为胆管类器官在修复人类胆管上皮中的应用提供了证明[300]。

（三）国内重要进展

1. 我国干细胞基础机制研究持续推进

我国在干细胞领域的研发进程整体与国际同步，尤其是在干细胞相关基础机制的探索方面水平较高，位居全球前列，2021年在该领域继续获得了一系列突破。

中国科学院动物研究所的科研人员选取了三个造血干细胞发育的重要时间点，利用单细胞转录组测序技术，对斑马鱼尾部造血组织28 777个细胞进行了深入分析，绘制了扩增性造血组织的动态单细胞发育图谱，深入解析了造血干细胞扩增的细胞基础和分子机制[301]。

---

298 Szebenyi K, Wenger L M D, Sun Y, et al. Human ALS/FTD brain organoid slice cultures display distinct early astrocyte and targetable neuronal pathology[J]. Nature Neuroscience, 2021, 24: 1542-1554.

299 Eicher A K, Kechele D O, Sundaram N, et al. Functional human gastrointestinal organoids can be engineered from three primary germ layers derived separately from pluripotent stem cells[J]. Cell Stem Cell, 2022, 29(1): 36-51.

300 Sampazoptis F, Muraro D, Tysoe O C, et al. Cholangiocyte organoids can repair bile ducts after transplantation in the human liver[J]. Science, 2021, 371(6531): 839-846.

301 Xia J, Kang Z, Xue Y, et al. A single-cell resolution developmental atlas of hematopoietic stem and progenitor cell expansion in zebrafish[J]. PNAS, 118(14): e2018748118.

中国医学科学院的研究人员对 12 个处于不同阶段的小鼠成体造血细胞群体进行了 RNA 测序分析，首次绘制了造血过程中的 RNA 编辑图谱，并揭示了 Azin1 RNA 编辑在造血细胞中的重要作用，为更广泛的 RNA 编辑研究提供了宝贵的资源[302]。

上海交通大学的科研人员首次发现肠道干细胞底部存在一类名为 MRISC 的新型肠道间质细胞，并证实这种细胞是肠干细胞微环境中的关键组成部分，它特别依赖于 MAP3K2 来增强 WNT 信号，以促进受损肠的再生。该研究为肠道修复和再生及疾病临床治疗研究提供了新思路[43]。

上海交通大学的科研人员通过特异性地敲除内皮细胞、间充质干细胞和巨核细胞中的血管生成素样蛋白 2（ANGPTL2）的表达，证实只有血管内皮细胞来源的 ANGPTL2 是维持造血干细胞干性的因素，这一发现将有助于理解骨髓微环境中的干细胞特性，并对开发造血干细胞体外扩增的独特策略有促进作用[303]。

北京大学的科研人员利用剪接体抑制剂 PlaB，使小鼠胚胎干细胞（ESC）实现了从多能性向全能性的转变，这种全能性 ESC 的分子水平与 2 细胞和 4 细胞卵裂球相当，研究人员将之称为全能类卵裂球细胞（TBLC）。该研究为获得和维持全能干细胞提供了一种新方法[304]。

清华大学和中国科学院动物研究所的科研人员建立了活化态的多能干细胞（formative pluripotent stem cell，fPSC），该新型细胞与早期原肠外胚层细胞相似。在分化潜能上，fPSC 在体外可快速高效地分化成三胚层前体细胞，同时能够有效分化形成原始生殖细胞[51]。

中国科学院分子细胞科学卓越创新中心和上海市胸科医院的科研人员建立了双同源重组酶介导的谱系示踪及遗传靶向新技术，并利用这种新技术发现了

---

302 Wang F, He J, Liu S, et al. A comprehensive RNA editome reveals that edited Azin1 partners with DDX1 to enable hematopoietic stem cell differentiation[J]. Blood, 2021, 138(20): 1939-1952.

303 Yu Z, Yang W, He X, et al. Endothelial cell-derived angiopoietin-like protein 2 supports hematopoietic stem cell activities in bone marrow niches[J]. Blood, 2022, 139(10): 1529-1540.

304 Shen H, Yang M, Li S, et al. Mouse totipotent stem cells captured and maintained through spliceosomal repression[J]. Cell, 2021, 184(11):2843-2859.

成体脂肪干细胞。该研究创建的遗传新工具和策略有助于了解器官发育，组织稳态和再生过程中细胞起源及命运调控机制[305]。

2. 我国类器官领域获得突破

我国类器官领域的发展与国际领先水平仍然存在一定差距，但近年来，随着科研人员研究热情的提高，我国也陆续取得了一系列类器官领域的原创突破。

北京大学的科研人员建立了一种新型肠道类器官培养体系，能够模拟损伤后肠上皮细胞再生，产生增生的隐窝。这种类器官被称为增生性肠道类器官，这种类器官为研究肠道上皮细胞再生提供了新工具，同时也揭示了基于化学小分子的表观遗传调控在器官再生中的重要作用[306]。

上海交通大学和深圳市儿童医院的科研人员建立了3D培养系统，利用女性生殖干细胞生成了卵巢类器官模型，该卵巢类器官能够产生卵母细胞，具有内分泌功能。对卵巢类器官进行单细胞分析证实，其含有6种卵巢细胞谱系。卵巢类器官的构建提供了一种有价值的卵细胞产生模型系统，也为药物筛选和毒理检测提供了一种新的模型[307]。

中国医学科学院、南京大学、上海大学和同济大学的科研人员建立了一种在体内和体外建立人类功能性汗腺的策略，科研人员首先将人表皮角质形成细胞诱导为汗腺细胞，进而将其在三维培养系统中培养，获得了具有天然汗腺结构和生物学特征的汗腺类器官。将汗腺类器官移植入小鼠皮肤损伤模型中后，其能够在体内发育为功能完整的汗腺组织[308]。

中国科学院大连化学物理研究所的科研人员借助微流控技术，建立了一种新的微流控多器官系统，使人类诱导多能干细胞（iPSC）来源的肝脏和胰岛类

---

305 Han X, Zhang Z, He L, et al. A suite of new Dre recombinase drivers markedly expands the ability to perform intersectional genetic targeting[J]. Cell Stem Cell, 2021, 28(6): 1160-1176.

306 Qu M, Xiong L, Lyu Y, et al. Establishment of intestinal organoid cultures modeling injury-associated epithelial regeneration[J]. Cell Research, 2021, 31: 259-271.

307 Li X, Zheng M, Xu B, et al. Generation of offspring-producing 3D ovarian organoids derived from female germline stem cells and their application in toxicological detection[J]. Biomaterials, 2021, 279: 121213.

308 Sun X Y, Xiang J B, Chen R K, et al. Sweat gland organoids originating from reprogrammed epidermal keratinocytes functionally recapitulated damaged skin[J]. Advanced Science, 2021, 8(22): 2103079.

器官能够在循环灌注条件下进行长达 30 天的 3D 共培养，共同培养的肝脏和胰岛类器官显示出良好的生长情况，其器官功能也有所提升。这种新型的多器官系统可以在生理和病理条件下再现与人类相关的肝胰岛轴，为未来相关研究和药物开发提供了独特的平台[309]。

（四）前景与展望

随着对干细胞研究的持续深入，干细胞领域的发展路径不断拓展。在疾病治疗方面，除了干细胞移植治疗疾病的路径，干细胞与基因疗法和细胞疗法的协同效应也已经展现，为多种疾病的治疗带来了巨大希望。此外，通过体内重编程治疗疾病的可行性也获得越来越多的验证，该领域也正成为干细胞疗法开发的重要方向。在作为模型方面，以干细胞为基础的类器官已经迎来了发展的高潮，随着体外器官模拟的仿生性和功能性快速提升，以及与微流控技术等的联用，将为疾病研究和药物研发带来更加优化的平台，未来将大幅推动相关领域的发展。

八、新兴前沿与交叉技术

（一）生物大分子结构智能预测

1. 概述

人工智能（AI）赋能计算结构生物学与结构生物信息学领域，生物大分子结构的 AI 预测已日趋精准，基于 AI 的蛋白质结构预测在 2020 年和 2021 年蝉联入选 *Science*“十大科学突破”，并入选 2021 年度 *Nature*“十大科学新闻”[310]及 2022 年度 *Nature*“七大技术展望”[255]。以英国 DeepMind 公司的 AlphaFold2 和

---

309 Tao T T, Deng P W, Wang Y Q, et al. Microengineered multi-organoid system from hiPSCs to recapitulate human liver-islet axis in normal and type 2 diabetes. Advanced Science, 2021, 9(5): 2103495.

310 Nature. The science news that shaped 2021: Nature's picks[R/OL]. https://www.nature.com/articles/d41586-021-03734-6[2021-12-14][2022-08-15].

美国华盛顿大学的RoseTTAFold为代表的蛋白质结构预测模型克服了传统实验技术耗时长、费用高的问题，以极高的准确率预测出几乎全部人类蛋白质组，被评选为2021年度*Science*“十大科学突破”中最重磅的研究成果[311]；美国斯坦福大学开发的ARES可准确预测复杂RNA的三维空间结构。上述成果不仅为认识生命过程、了解疾病发生机制、揭示潜在的新药物靶点提供了更高效的手段，甚至有望为整个生命科学的发展带来变革。我国机构同样高度重视该领域的研发，上海天壤智能科技有限公司的TRFold2、腾讯科技（深圳）有限公司的TFold、百度（中国）有限公司开发的PaFold及北京深势科技有限公司和华深智药生物科技（北京）有限公司已取得阶段性的成果，百度（中国）有限公司的LinearDesign在mRNA疫苗的基因序列设计方面也有所斩获。该领域研究能够快速、高质量地获取海量蛋白质结构数据，对于生命运转机制与疾病溯因、蛋白质工程改造与从头设计、靶点发现与药物研发都具有颠覆性意义。

2. 国际重要进展

英国DeepMind公司开发出进阶版的AlphaFold2人工智能系统，使用其预测了35万种蛋白质结构，覆盖了98.5%的人类蛋白质组，以及其他20种生物几近完整的蛋白质组。此外，DeepMind公司公开了AlphaFold2的源代码，并详细描述其设计框架与训练方法[312]。该成果在蛋白质分子结构解析方面实现了颠覆性创新，极大地提升了结构生物学研究的效率和范围，为生命科学研究带来了全新的研究工具。该公司还宣布与欧洲分子生物学实验室合作，为人类蛋白质组的预测蛋白质结构模型建立迄今为止最完整、最精确的数据库[313]。这些免费向科学界开放的数据极大地扩展了现有的蛋白质结构知识，使研究人员可用的高精度人类蛋白质结构的数量增加了一倍以上。

在DeepMind公司发布上述成果的同一天，华盛顿大学的研究团队通过利

311 Science. 2021 breakthrough of the year [R/OL]. https://www.science.org/content/article/breakthrough-2021#.

312 Jumper J, Evans R, Pritzel A, et al. Highly accurate protein structure prediction with AlphaFold[J]. Nature, 2021, 596(7873): 583-589.

313 Tunyasuvunakool K, Adler J, Wu Z, et al. Highly accurate protein structure prediction for the human proteome[J]. Nature, 2021, 596(7873): 590-596.

用三轨网络的设计使其开发的 RoseTTaFold 模型获得最佳性能[314]，结构预测精度接近 2020 年全球蛋白质结构预测竞赛（CASP14）中的 AlphaFold2，且速度更快、所需计算机处理能力更低。此外，该模型克服了 AlphaFold2 仅能解决单个蛋白质的结构预测问题，可用于预测不同蛋白质相互结合的结构模型。该成果被当期 *Science* 杂志选为封面文章。

美国斯坦福大学的研究人员利用神经网络，开发出一种名为 ARES 的全新 RNA 三维结构预测模型。该模型通过深入了解 RNA 上每个原子间的相对位置及几何排列，进而推算出 RNA 最优的三维几何结构，在 RNA 结构打分函数上迈出了可喜的一步。该成果被当期 *Science* 杂志选为封面文章。

3. 国内重要进展

百度（中国）有限公司旗下的螺旋桨团队在最权威的图神经网络基准数据集 OGB 的两个生物活性预测任务上荣获第一，并先后在蛋白质 - 配体结合亲和力[315]、基于序列预测蛋白质 - 蛋白质相互作用[316]、RNA 同源物保守结构[317]等方向取得重要进展。此外，百度（中国）有限公司将此前专门用于 mRNA 序列设计的算法 LinearDesign 授权赛诺菲公司，展现了百度生物计算在药物和疫苗研发领域具备落地能力。

上海天壤智能科技有限公司自主研发的深度学习蛋白质折叠预测平台 TRFold2 在国际蛋白质结构预测竞赛蛋白质测试集的评估中获得优异成绩，位居全球同类型团队前列。当预测 400 个氨基酸的蛋白质链时，该预测平台仅耗时 16s。

---

314 Baek M, DiMaio F, Anishchenko I, et al. Accurate prediction of protein structures and interactions using a three-track neural network[J]. Science, 2021, 373(6557): 871-876.

315 Li S, Zhou J, Xu T, et al. Structure-aware interactive graph neural networks for the prediction of protein-ligand binding affinity[C]//Proceedings of the 27th ACM SIGKDD Conference on Knowledge Discovery & Data Mining. 2021: 975-985.

316 Xue Y, Liu Z, Fang X, et al. Multimodal Pre-training model for sequence-based prediction of protein-protein interaction[C]//Machine Learning in Computational Biology. PMLR, 2022: 34-46.

317 Li S, Zhang H, Zhang L, et al. LinearTurboFold: Linear-time global prediction of conserved structures for RNA homologs with applications to SARS-CoV-2[J]. Proceedings of the National Academy of Sciences, 2021, 118(52):https://doi.org/10.1101/2020.11.23.393488.

复旦大学与上海人工智能实验室合作研发出具有自主知识产权的 OPUS 系列算法，用于预测蛋白质主链和侧链的三维结构。其中，OPUS-Rota4 可以为任何蛋白质结构预测工作提供比 AlphaFold 更准确的侧链模型，其对侧链结构的预测精度比 AlphaFold2 高出 13%[86]，从而为蛋白质结构研究（尤其是基于蛋白质结构的新药设计工作）提供了利器。

深圳湾实验室系统与物理生物学研究所和格里菲斯大学联合开发的 SPOT-Disorder2 通过多个不同深度学习模型的聚合，在蛋白质固有无序预测比赛（CAID）的 32 个方法中排名第一[87]。该成果有助于预测、发现固有无序的蛋白质，从而为优化结构测定与预测、挖掘新功能、发现药物新靶点提供了帮助。

北京深势科技有限公司推出了蛋白质结构预测工具 Uni-Fold，在国内首次复现 AlphaFold2 全规模训练并开源训练、推理代码。在相同的测试条件下，Uni-Fold 的预测精度超越 RoseTTAFold，更接近 AlphaFold2。此外，Uni-Fold 的推理代码更加轻量、高效，在相同硬件环境下，与 AlphaFold2 相比能够获得 2～3 倍的效率提升。

华深智药生物科技（北京）有限公司自主研发出人工智能药物开发平台 HeliXonAI，其旗下的蛋白质结构预测算法在全球持续蛋白质结构预测竞赛（CAMEO）中，连续 4 周在主要评价指标 LDDT（local distance different test）上达到 83.5 分，持续排名世界第一，并远超第二名（RoseTTAFold）的 70.2 分。

4. 前景与展望

该领域的突破为整个生物学领域带来了机遇，最直接的影响可能是药物发现。大多数药物通过与体内蛋白质相结合而起效，从而触发其功能变化。采用诸如 AlphaFold 这样的机器学习系统，能够迅速算出靶蛋白的形状，然后设计药物（或重新利用现有药物）以有效结合这些蛋白质。此外，该系统还可用于探索分解工业废物或旧塑料的蛋白质和酶，如有效吸收大气中的碳[318]。

---

318 O'Neill S. Artificial intelligence cracks a 50-year-old grand challenge in biology[J]. News & Highlights, 2021,7(6):706-708.

尽管各种预测模型已经证明了人工智能在生物大分子结构预测方面的能力，并作为现有实验方法的补充揭示了一些新的生物学见解，但目前尚未取代确定结构的实验方法。不仅如此，该领域还面临未来的挑战。首先，机器学习如何面对小样本和小数据开展工作，尤其是对于蛋白质三维结构预测而言，蛋白质复合物和无序蛋白质尚有很大缺口。以目前数据库中自动注释的蛋白质为例，其信息质量难以让人信服，手动管理的高质量数据库中数据量的大小又远不如前者，缺少大量可用于训练和验证的、标准化的数据[319]。在后续工作中，应该构建更加高质量的基础性蛋白质序列-结构-功能数据库，帮助更加高效地构建人工智能预测模型。其数据集应该是相关的、有代表性的、非冗余的，并且包含通过实验确定的阳性和阴性数据，具有统一的标准格式等[320]。其次，在早期的实验中，更容易被表征或者具有更好表型的蛋白质往往会在后续工作中进行表征和确认，而表现不佳的蛋白质则会被丢弃，导致数据出现偏差，模型的预测性能下降[321]。最后，根据蛋白质的生物学特性，算法能否解决蛋白质的侧链优化、动态分析及其与配体的相互作用等问题，如何精准预测复合物的结构及药物与蛋白质的相互作用，并且如何评估预测的准确性和质量指标。

此外，鉴于 AlphaFold2 和 RoseTTAFold 已经开源或部分开源，促进了该领域的研究便利性。但考虑到 AlphaFold2 仅开放其推理代码、未公布训练代码、模型不可商用等因素，且该代码高度依赖 Google 生态系统所带来的一定程度的使用限制，因此需要加强原创算法的自主研发。

（二）异体器官移植

1. 概述

器官移植对于器官衰竭的患者来说，是一种挽救生命重要且可行的治疗方

319 卞佳豪，杨广宇．人工智能辅助的蛋白质工程［J］．合成生物学，2021，2：1.

320 Yang Y, Urolagin S, Niroula A, et al. PON-tstab: protein variant stability predictor. Importance of training data quality[J]. International Journal of Molecular Sciences, 2018, 19(4): 1009.

321 Schnoes A M, Ream D C, Thorman A W, et al. Biases in the experimental annotations of protein function and their effect on our understanding of protein function space[J]. PLoS Computational Biology, 2013, 9(5): e1003063.

案，然而，这种疗法的临床治疗效率始终受制于器官捐赠不足的困境。异种器官移植则是科学家针对这一问题所开辟出的一条获取移植器官的路径。利用与人类亲缘关系较近，且体型类似的动物作为器官供体，存在较少的伦理问题，而且数量充足，理论上非常有希望成为稳定的器官来源。

异种器官人体移植研究具有非常长的发展历史，最早甚至能够追溯到20世纪初。自20世纪90年代开始，猪被公认为最佳的人类异种器官移植供体来源，各国科研人员也开展了一系列探索。2003年，美国Revivicor公司开发出α-1,3-半乳糖基转移酶基因敲除猪，成为异种器官移植领域的里程碑。然而，由于存在技术瓶颈和伦理问题，猪器官的异种移植在近20年的时间内一度停滞不前。近年来，随着以基因编辑技术为代表的基因改造技术的快速优化和革新，猪器官的异种移植研究迎来了全新发展机遇，这一沉寂多年的领域开始焕发新的生机。

2. 国际重要进展

1）灵长类动物异种移植

近年来，对于猪器官异种移植可能性的探索始于在灵长类动物体内的移植，2016年和2018年的两项研究证实了猪心脏异种移植的可能性。

2016年，美国国家心脏、肺和血液研究所（NHLBI）的研究人员将表达了人类补体调节蛋白CD46和人类血栓调节蛋白，同时敲除了1,3-半乳糖转移酶基因的猪心脏与狒狒腹部的血管相连，在免疫抑制剂的帮助下，这5颗猪心脏平均在体外存活了近300天，其中最长的一颗更是持续跳动了945天[322]。

2018年，德国慕尼黑大学的科研人员将这一研究进一步向前推进，研究人员将与上述研究中相同基因改造的猪心脏移植入狒狒体内，替代狒狒的心脏，移植后，接受了降血压和抗心脏增殖治疗的4只狒狒都展示出良好的心脏功能，存活时间均超过了90天，最长的一只生存期长达195天，相比此前类似

---

322 Mohiuddin M M, Singh A K, Corcoran P C, et al. Chimeric 2C10R4 anti-CD40 antibody therapy is critical for long-term survival of GTKO.hCD46.hTBM pig-to-primate cardiac xenograft[J]. Nature Communications, doi:10.1038/ncomms 11138.

研究中达到的最长生存期 57 天[323]，这一成果无疑成为人类心脏异种移植领域的里程碑。

2）人体异种器官移植研究

2021 年是人类异种器官移植具有里程碑意义的一年，科研人员进一步取得了猪器官在人体中移植的成功。

2021 年 10 月，美国纽约大学朗格尼医学中心成功将一个猪肾脏移植到人类脑死亡受试者的腹股沟。该肾脏移植后在几分钟内便产生了大量尿液，证实其发挥了功能。由于多种原因，该试验在 54h 后终止，在此期间，肾脏未表现出任何排异相关的反应。同年 12 月，该团队复制了第一次手术的过程，完成了第二例猪肾脏人体移植试验，同样获得成功。这两例手术中使用的猪肾脏供体均为 Revivicor 公司构建的“GalSafe 猪”，这种工程猪在 2020 年获得美国食品药品监督管理局（FDA）的批准，可以用于食用及潜在的医疗应用，而这两项试验则是对这种猪作为异种器官供体潜力的验证。

在上述试验之后，2022 年 1 月，美国马里兰大学医学中心的科研人员同样利用“GalSafe 猪”作为器官供体，为心力衰竭患者进行了猪心脏的异体移植，该手术获得了美国 FDA 的紧急授权，即当患者的生命安全受到威胁，又没有其他选择时可以使用。手术几周后，患者体内的移植心脏发挥了正常功能，且没有出现排异反应，最终接受移植的患者存活了 2 个月。这一手术为异种器官移植提供了宝贵的经验，也为患有心脏、肾脏及其他器官疾病的患者带来了新希望。

3. 国内重要进展

在不断探索异种移植可行性的同时，对猪的基因改造工作也在不断向前迈进，旨在为猪器官的人体移植奠定基础，我国在该领域获得了重要突破。

2017 年，杨璐菡团队和美国哈佛大学 George Church 首次利用 CRISPR 技

---

323 Langin M, Mayr T, Reichart B, et al. Consistent success in life-supporting porcine cardiac xenotransplantation[J]. Nature, 2021, 564: 430-433.

术，灭活了猪原代细胞系中所有的猪内源性逆转录病毒（PERV），并通过体细胞核移植建立了不含 PERV 的猪，解决了在猪器官异种移植中存在的 PERV 跨物种传播的风险，提高了安全性[324]。2018 年，由杨璐菡创办的启函生物公司进一步解决了器官移植免疫排斥的问题，建立了“猪 2.0”。

2021 年，在所有前述工作的基础上，启函生物公司团队成功构建出第一代可用于临床的异种器官移植模型——“猪 3.0”，这一猪模型是利用 CRISPR-Cas9 技术和转座子技术相结合，敲除了 3 种异种抗原，并表达了 9 种人类基因，进而增强了猪与人之间免疫和凝血的相容性，并完全消除了猪内源性逆转录病毒（PERV），同时，该基因工程猪和其器官都具有正常的生理特征、生育能力，同时修饰的 13 个基因和 42 个编辑过的等位基因也具有通过生殖细胞向下一代传递的能力。体外试验证实，这种工程猪的细胞能够抵抗人类体液排斥，避免发生细胞介导的损伤和凝血失调相关的疾病。“猪 3.0”的构建标志着异种器官移植在安全性和有效性上迈出了重要的一步[57]。

4. 前景与展望

2021 年一系列异种器官移植的探索为这一沉寂多年的领域带来了发展的新希望，也展现了猪器官在人体移植中的可行性。未来，基因编辑等基因工程技术的进一步革新、对猪器官和人类差异的进一步深刻认识、新型免疫抑制剂的开发及科学高效的围手术期管理策略的建立[325]，将有望进一步延长异种器官的存活率，促进异种器官移植在人类疾病治疗中的应用。

（三）mRNA 技术产品

1. 概述

mRNA 技术产品是基于 mRNA 指导蛋白质合成的“中心法则”，在体外设

---

324 Niu D, Wei H J, Lin L, et al. Inactivation of porcine endogenous retrovirus in pigs using CRISPR-Cas9[J]. Science, 2017, 357(6357): 1303-1307.

325 张麒，王建飞．异种器官移植的进展及展望［J］．实验动物与比较医学，2018，38（6）：407-411.

计合成编码特定抗原的 mRNA 序列，经过序列优化、化学修饰和纯化等加工，采用不同方式递送至人体细胞，利用机体细胞发挥翻译产生蛋白质、诱导免疫应答、补充机体蛋白、调节免疫等作用，从而预防或治疗疾病[326]。

由于理论上所有蛋白质层面的疾病均可使用基于 mRNA 的方法进行替代治疗，因此 mRNA 技术在生命健康领域的潜力巨大。其中，mRNA 疫苗先后被评为 *Science* 2020 年度“十大科学突破”榜首，以及麻省理工（MIT）科技评论 2021 年度十大突破之一[327]，已经引起高度关注，其主要贡献者卡塔琳·考里科（Katalin Karikó）和德鲁·韦斯曼（Drew Weissman）也因此荣获 2021 年度临床医学研究领域拉斯克奖[328]和 2022 年度生命科学领域突破奖[329]。mRNA 技术能够精确调控，可以广泛地被应用于多种疾病领域，凸显了基础生物医学研究对医学突破强有力的推动作用。

根据主要用途，mRNA 技术产品可以分为 3 种类型：一是针对传染病的预防性疫苗与疗法，以应对新冠病毒、流感病毒、寨卡病毒、登革病毒、狂犬病毒等带来的健康威胁；二是以 mRNA 技术为基础的肿瘤疫苗（如树突状细胞 mRNA 癌症疫苗、直接注射 mRNA 癌症疫苗和载体递送 mRNA 癌症疫苗等）、抗体疗法、细胞因子疗法、细胞疗法，均可应用于肿瘤治疗；三是在蛋白质补充疗法、编码抗体和基因编辑等领域前沿应用的 mRNA 技术产品。

2. 国际重要进展

1）针对传染病的预防性疫苗与疗法

全球已有多家企业在进行 mRNA 疫苗的研发，其中最为领先的是美国 Moderna 公司、德国 BioNTech 公司和德国 CureVac 公司。Moderna 公司和 BioNTech 公司是此次新冠病毒 mRNA 疫苗研发的领军者，相关候选产品率先进

---

326 易应磊，徐聪聪，姚卫国，等. mRNA 技术产品最新临床研究进展［J］. 中国新药杂志，2021，30（19）：7.

327 Cohen J. Shots of hope[EB/OL]. https://vis.sciencemag.org/breakthrough2020/[2020-12-17][2022-08-15].

328 Foudation L. Modified mRNA vaccines [EB/OL]. https://laskerfoundation.org/winners/modified-mrna-vaccines/[2021-09-24][2022-08-15].

329 Breakthrough Prize. Winners of the 2022 Breakthrough Prizes in life sciences, fundamental physics and mathematics announced[EB/OL]. https://breakthroughprize.org/News/65[2021-09-09][2022-08-15].

入临床开发和实际应用。其中，BioNTech 与 Pfizer 合作开发的 BNT162b2 疫苗于 2021 年 8 月获得美国食品药品监督管理局（FDA）的上市许可，目前已在全球 140 余个国家获得批准使用。CureVac 等公司的产品也已进入临床Ⅲ期，但保护效力不佳，可能与其采用未修饰核苷技术及低免疫剂量有关。具有 mRNA 疫苗研发基础的国内机构包括苏州艾博生物科技有限公司、云南沃森生物技术股份有限公司、斯微（上海）生物科技有限公司、中国人民解放军军事医学科学院、上海复星医药（集团）股份有限公司等，但目前暂未有产品获批上市，仍处于起步阶段。其中，苏州艾博生物科技有限公司、云南斯微生物技术股份有限公司、珠海丽凡达生物技术有限公司开发的 mRNA 疫苗已经进入临床研究阶段。

其他传染性疾病的 mRNA 疫苗研发进展频现。2021 年 6 月，Sanofi 公司与 Translate Bio 公司展开合作，启动了一项评估 mRNA 疫苗治疗季节性流感的Ⅰ期临床试验，并通过将百度（中国）有限公司 mRNA 序列设计优化算法 LinearDesign 嵌入其产品设计管线等举措，推进其 mRNA 技术在疫苗和药物开发中的部署。2021 年 7 月，BioNTech 公司宣布了其疟疾 mRNA 疫苗项目，拟开发一种安全有效的 mRNA 疫苗以预防疟疾。2021 年 9 月，Moderna 公司宣布正在研发一种能够同时对抗新冠病毒和季节性流感病毒的“二合一”疫苗；同月，Pfizer 公司与 BioNTech 公司合作研发的 mRNA 四价流感疫苗Ⅰ期完成首批参试者给药[330]，并计划投入 4.76 亿美元打造 mRNA 卓越中心。CureVac 公司研制的狂犬病疫苗 CV7202（LNP 递送），受试者抗体阳转率为 100%[331]。

美国国立卫生研究院国家过敏和传染病研究所（NIAID）的研究人员基于 mRNA 实验性 HIV 疫苗的研究已在小鼠和非人灵长类动物中显示出安全性和有效性[332]。与未接种这种疫苗的恒河猴相比，在接种初始疫苗（priming vaccine）及此后多次接种加强疫苗的恒河猴每次接触猿－人类免疫缺陷病毒后的感染风

330 Pfizer.Pfizer starts study of mRNA-based next generation flu vaccine program[R/OL]. https://www.businesswire.com/news/home/20210927005588/en[2021-09-27][2022-08-15].

331 Aldrich C, Leroux－Roels I, Huang K B, et al. Proof-of-concept of a low-dose unmodified mRNA-based rabies vaccine formulated with lipid nanoparticles in human volunteers: A phase 1 trial[J]. Vaccine, 2021, 39(8): 1310-1318.

332 Zhang P, Narayanan E, Liu Q, et al. A multiclade env-gag VLP mRNA vaccine elicits tier-2 HIV-1-neutralizing antibodies and reduces the risk of heterologous SHIV infection in macaques[J]. Nature Medicine, 2021, 27(12): 2234-2245.

险下降了 79%。

美国 Moderna 公司的研发人员使用脂质纳米颗粒（LNP）递送具有中和基孔肯雅病毒（CHIKV）活性的单克隆抗体的 mRNA（mRNA-1944），并公布 I 期临床试验结果[333]。这是首个在临床试验中显示出体内表达和可检测的 mRNA 编码的单克隆抗体，可为 CHIKV 感染提供治疗，且没有严重副作用。

2）以 mRNA 技术为基础的肿瘤疫苗与疗法

德国 BioNTech 公司联合法国 Sanofi 公司的研究团队，在肿瘤内注射编码 4 种细胞因子的 mRNA 混合物，能够产生强大的抗肿瘤免疫反应，促使肿瘤消退，并发现将其与免疫调节抗体结合可进一步提高治疗效果[334]。因此，上述机构正在进行这种编码细胞因子的 mRNA 治疗癌症的临床试验，有望形成创新性疗法。

3）mRNA 技术的递送系统改造与创新应用

美国佐治亚理工学院与埃默里大学等研究机构合作，使用 mRNA 技术为一种名为 Cas13a 的蛋白质编码，通过雾化器送入肺部后可以阻止流感病毒和新冠病毒（SARS-CoV-2）的复制，使患病动物得以康复[335]。这是证明 mRNA 可以用来表达 Cas13a 蛋白并让它直接在肺组织中工作的首个研究成果，并首次证明 Cas13a 蛋白能有效阻止 SARS-CoV-2 的复制。

美国宾夕法尼亚大学佩雷尔曼医学院的研究人员利用一次 mRNA 注射，在患心衰的小鼠体内实现了 CAR-T 治疗，成功修复了小鼠心脏的功能[336]。该成果创新性地在体内打造功能性 T 细胞，极大地延伸了 CAR-T 平台的应用前景，使得个体化免疫疗法向成本低廉、普惠民生的方向迈出重要一步，因此被选为 *Science* 当期的封面故事。

德国古腾堡大学和 BioNTech 公司等机构的研究团队开发了一种基于脂质体

333 August A, Attarwala H Z, Himansu S, et al. A phase 1 trial of lipid-encapsulated mRNA encoding a monoclonal antibody with neutralizing activity against Chikungunya virus[J]. Nature Medicine, 2021, 27(12): 2224-2233.

334 Hotz C, Wagenaar T R, Gieseke F, et al. Local delivery of mRNA-encoded cytokines promotes antitumor immunity and tumor eradication across multiple preclinical tumor models[J]. Science Translational Medicine, 2021, 13(610): eabc7804.

335 Blanchard E L, Vanover D, Bawage S S, et al. Treatment of influenza and SARS-CoV-2 infections via mRNA-encoded Cas13a in rodents[J]. Nature Biotechnology, 2021, 39(6): 717-726.

336 Rurik J G, Tombácz I, Yadegari A, et al. CAR T cells produced in vivo to treat cardiac injury[J]. Science, 2022, 375(6576): 91-96.

的 mRNA 疫苗（mRNA-LPX），利用修饰的 RNA 疫苗将抗原递送淋巴组织驻留的 CD11c＋ APCs 中，有效地在不引起炎症的条件下抑制了小鼠中的多发性硬化症[337]。

美国得克萨斯大学西南医学中心的研究人员通过设计和合成 iPhos 脂质，递送肝脏 mRNA 和 sgRNA 来编辑报告基因和内源性基因，实现了具有长期挑战性的器官选择性 CRISPR-Cas9 基因编辑[338]。该成果克服内体逃逸困难的挑战，证明合成的可电离磷脂有极大的希望用于治疗各种遗传疾病，并将副作用降至最低。

美国博德研究所的研究人员对人体内天然存在的 RNA 运输蛋白 PEG 10 进行改造，成功开发了一种全新的 RNA 递送平台（SEND）[339]，相较于其他 RNA 递送方法可以有效避免机体的免疫攻击。该技术有望替代纳米脂质体和病毒载体，成为最适合基因编辑疗法的载体。

在编码抗体和基因编辑等前沿创新领域，多家公司不断取得进展或展开布局。Intellia Therapeutics 公司的 NTLA-2001 通过脂质纳米颗粒递送编码 Cas9 蛋白的 mRNA 及 sg RNA 实现体内的基因编辑，靶向敲除转甲状腺素蛋白（transthyretin，TTR）基因，降低血清 TTR 蛋白浓度，在 I 期临床试验（临床试验登记号：NCT04601051）中获得积极结果[340]。2021 年 9 月，Moderna 公司宣布与加拿大抗体药物发现明星公司 AbCelera 合作，共同开发 mRNA 编码的抗体疗法。2021 年 11 月，Moderna 公司宣布与基因编辑创业公司 Metagenomi 公司合作，将 Metagenomi 公司拥有的基于 CRISPR 的新一代基因编辑系统和其他基因编辑系统与 Moderna 公司的 mRNA 技术和 LNP 递送技术结合，开发下一代体内基因编辑疗法，为患有严重遗传疾病的患者开发治疗方法。

---

337 Krienke C, Kolb L, Diken E, et al. A noninflammatory mRNA vaccine for treatment of experimental autoimmune encephalomyelitis[J]. Science, 2021, 371(6525): 145-153.

338 Liu S, Cheng Q, Wei T, et al. Membrane-destabilizing ionizable phospholipids for organ-selective mRNA delivery and CRISPR-Cas gene editing[J]. Nature Materials, 2021, 20(5): 701-710.

339 Segel M, Lash B, Song J, et al. Mammalian retrovirus-like protein PEG10 packages its own mRNA and can be pseudotyped for mRNA delivery[J]. Science, 2021, 373(6557): 882-889.

340 Gillmore J D, Gane E, Taubel J, et al. CRISPR-Cas9 *in vivo* gene editing for transthyretin amyloidosis[J]. New England Journal of Medicine, 2021, 385(6): 493-502.

3. 国内重要进展

1）针对传染病的预防性疫苗与疗法

中国人民解放军军事医学科学院与苏州艾博生物科技有限公司利用自主知识产权的 mRNA-LNP 技术平台，以新冠奥密克戎突变株受体结合区（RBD）为靶点，成功开发了一款特异针对奥密克戎突变株的 mRNA 疫苗[88]。该疫苗也是全球第一个完成动物试验验证并正式发表的针对奥密克戎的 mRNA 疫苗。

中国科学院微生物研究所和中国疾病预防控制中心的研究团队开发了使用脂质纳米颗粒（LNP）包裹的核苷修饰的 mRNA 疫苗，单剂免疫接种即可引起强大的中和抗体和细胞免疫应答[89]，可以为 hACE2 转基因小鼠提供针对新冠病毒的长期保护作用。

苏州艾博生物科技有限公司、中国人民解放军军事医学科学院和云南沃森生物技术股份有限公司正式公布了其共同研制的新冠 mRNA 疫苗 ARCoVaX（ARCoV）的 I 期临床试验数据，评估了 mRNA 疫苗（ARCoV）在新冠病毒 spike 蛋白受体结合域（RBD）的初步安全性、耐受性和免疫原性[341]。该研究表明 ARCoV 疫苗在 5 种剂量下均显示了安全性和良好的耐受性，并能诱导强烈的体液和细胞免疫反应。此结果也为疫苗未来做更大规模的临床试验奠定了基础。

2）mRNA 技术的递送系统改造与创新应用

中国科学院国家纳米科学中心的研究人员设计了一种含有氧化石墨烯和低分子量聚乙烯亚胺的非化学键连接水凝胶，能够有效负载 mRNA 疫苗和疏水性免疫佐剂（R848），保护 RNA 疫苗不被外界各种酶降解，并于皮下注射后至少在 30 天内持续释放 RNA 纳米疫苗[90]。该方法为 RNA 疫苗稳定保存和递送提供了新的解决方案，能够实现持久的抗肿瘤免疫治疗效果。

中山大学等机构的研究团队合作开发了一类阳离子类脂材料 C1 作为抗原编码 mRNA 的纳米递送载体，能够高效递送和表达编码肿瘤抗原的 mRNA，同

341 Chen G L, Li X F, Dai X H, et al. Safety and immunogenicity of the SARS-CoV-2 ARCoV mRNA vaccine in Chinese adults: a randomised, double-blind, placebo-controlled, phase 1 trial[J]. The Lancet Microbe, 2022,28:486-489.

时纳米载体自身能够激活抗原提呈细胞的天然免疫受体信号，实现作为 mRNA 递送载体和“自身佐剂”的双重功能[91]。以该技术为基础递送编码肿瘤抗原 mRNA 的纳米肿瘤疫苗在多种动物肿瘤模型上取得了良好的预防和治疗效果。

中国科学院国家纳米科学中心、中山大学等机构的研究人员构建了负载编码 PTEN 蛋白的 mRNA 纳米药物，高效地将外源 PTEN mRNA 递送至肿瘤部位并成功恢复 PTEN 的抑癌功能，诱导肿瘤细胞免疫原性死亡，并在不同的肿瘤模型中均表现出优异的治疗效果和较好的安全性[342]。该研究利用 mRNA 纳米药物修复抑癌基因，为恶性肿瘤的治疗提供了新的思路和解决方案。

上海交通大学的研究团队发明了一种介于病毒载体与非病毒载体之间的类病毒体（virus-like particle, VLP）递送技术，并可以利用其递送 CRISPR-Cas9 mRNA，实现安全和高效的体内基因编辑[343]。这种通用型的、瞬时性的 CRISPR 递送工具是我国首个完全自主开发的原创型基因治疗载体，极大地促进了基因编辑的体内治疗。

4. 前景与展望

随着增强核酸稳定性和递送系统等技术的进步，国内外将会有越来越多的 mRNA 技术产品从临床试验走向应用，应用范围也将不断拓展。目前，该领域仍面临一些重大挑战：在技术层面，疫苗稳定性、递送系统、残留模板 DNA 和合成的不完全 mRNA 的检测等问题亟待进一步解决；在法规监管层面，各国尚未建立完善的专门针对核酸药物的质量标准和法规指南[344]。

首先，如何设计与修饰序列结构，从而决定抗原蛋白结构、免疫原性及稳定性。该挑战随着计算机算法的不断优化与人工智能的赋能，mRNA 疫苗抗原序列的设计效率必将大幅提高。但一方面需要考虑如何降低 mRNA 不必要

---

342 Lin Y X, Wang Y, Ding J, et al. Reactivation of the tumor suppressor PTEN by mRNA nanoparticles enhances antitumor immunity in preclinical models[J]. Science Translational Medicine, 2021, 13(599): eaba9772.

343 Ling S, Yang S, Hu X, et al. Lentiviral delivery of co-packaged Cas9 mRNA and a Vegfa-targeting guide RNA prevents wet age-related macular degeneration in mice[J]. Nature Biomedical Engineering, 2021, 5(2): 144-156.

344 林茂铨，李东，褚丽新，等 .mRNA 疫苗技术概述及新型冠状病毒肺炎 mRNA 疫苗的研究进展［J］. 中国现代应用药学，2022，39（7）：996-1004.

的免疫原性，尤其是将 mRNA 用于基因治疗时，需要通过修饰和改良载体等方式，对其进行免疫原性的优化和严格控制，以免引起免疫反应。另一方面需要考虑到一些慢性疾病的治疗，应通过修饰将 mRNA 的表达进行延长，以延长 mRNA 药物的作用周期。其次，当前体内精准靶向递送 mRNA 仍是难点，递送系统也是当下产能扩张的瓶颈，尤其是主流的 LNP 及其知识产权问题。这里主要涉及 mRNA 药物给药方式的挑战，除了传统的静脉给药，针对靶向器官和组织的 mRNA 抗体药物治疗，还需对其递送系统进行优化以避免全身性抗体分布。最后，mRNA 药物在动物模型和临床应用的安全性与有效性数据差异较大，仍需要克服 mRNA 及递送组分的潜在毒性可能引起的不良反应[345]。

（四）靶向蛋白质降解技术

1. 概述

靶向蛋白质降解技术是小分子药物研发领域的一个新兴方向，其原理是利用机体内天然存在的蛋白质清理系统来降低靶蛋白水平，以达到疾病治疗效果。作为小分子药物研发领域的颠覆性技术，靶向蛋白质降解技术可解决传统小分子药物面临的多个问题。首先，传统的小分子和抗体药物只能靶向 20% 左右的蛋白质[346]，而由于靶向蛋白质降解技术只需与靶蛋白弱结合，即可实现特异性标记并进一步诱导降解，因此其有望靶向目前“不可成药”的约 80% 蛋白质。其次，已有研究证实靶向蛋白质降解技术进一步提高了小分子药物的选择性和活性，并在解决耐药性问题方面取得了一定的进展。近年来，在基于泛素－蛋白酶体的 PROTAC、分子胶技术的基础上，LYTAC、AUTAC、ATTEC、CMA 等通过内吞 / 自噬－溶酶体途径实现靶向蛋白质降解技术的发明和进步进

---

345 李航文．以新冠疫苗为起点的全球差异化 mRNA 平台，战略布局下一代免疫治疗药物 [EB/OL]. https://www.vbdata.cn/53149[2021-11-21][2022-08-15].

346 Jarvis L M. Targeted protein degraders are redefining how small molecules look and act[EB/OL]. https://cen.acs.org/articles/96/i8/targeted-protein-degraders-are-redefining-how-small-molecules-look-and-act.html[2018-02-19][2022-08-15].

一步扩展了该技术的潜在应用，为细胞外蛋白质和非蛋白类生物大分子的靶向降解提供了新手段，目前这些新技术都处于初期发展阶段，还有待进一步的功能验证和机制解析。

2. 国际重要进展

1）靶向蛋白质降解技术策略

美国丹娜·法伯（Dana-Farber）癌症研究所等机构利用大型降解剂文库，鉴定出了大约 200 种可被降解的激酶，绘制了首张可降解激酶图谱[347]。该研究为了解哪些蛋白激酶可以被降解，以及哪些分子是最有效的降解剂提供了重要参考，有助于基于靶向蛋白质降解技术药物的开发。

欧洲生物信息研究所等机构系统评估了可能的 PROTAC 蛋白靶点，鉴定出了 1 067 种尚未在文献中被报道的 PROTAC 靶点[348]。该研究为靶向蛋白质降解药物研发提供了新机会。

美国佛罗里达大学等机构发现靶蛋白上赖氨酸的数目、构象等特征对 PROTAC 分子的活性和特异性都有重要的影响，并基于该发现开发出同时靶向降解 BCL-xL 和 BCL-2 的 PROTAC 分子，揭示其与只靶向 BCL-xL 的 PROTAC 分子相比，显示出更强的抗白血病活性[349]。该研究为更好地指导靶向蛋白质降解药物的研发提供了重要思路。

美国加利福尼亚大学伯克利分校等机构发现了可以用来招募 E3 连接酶 FEM1B 的小分子 EN106，并进一步证实连接了 EN106 和 BET 溴结构域抑制剂 JQ1 或者激酶抑制剂达沙替尼的 PROTAC 分子可用于降解 BRD4 与 BCR-ABL[350]。该研究机构发现了一种靶向天然 E3 连接酶－底物结合位点的共价配体，

347 Donovan K A, Ferguson F M, Bushman J W, et al. Mapping the degradable kinome provides a resource for expedited degrader development[J]. Cell, 2020, 183(6):1714-1731.

348 Schneider M, Radoux C J, Hercules A, et al. The PROTACtable genome[J]. Nature Reviews Drug Discovery, 2021, 20(10): 789-797.

349 Lv D W, Pal P, Liu X G, et al. Development of a BCL-xL and BCL-2 dual degrader with improved anti-leukemic activity[J]. Nature Communications, 2021, 12(1): 6896.

350 Henning N J, Manford A G, Spradlin J N, et al. Discovery of a covalent FEM1B recruiter for targeted protein degradation applications[J]. Journal of the American Chemical Society, 2022, 144(2): 701-708.

强调了共价配体筛选在扩展用于靶向蛋白质降解剂的 E3 连接酶招募剂文库中的重要作用。

美国加利福尼亚大学旧金山分校等机构开发了基于双特异性抗体的 PROTAC 分子（AbTAC），通过双特异性抗体的一个结合臂识别需要靶向降解的蛋白质，另外一个结合臂连接 E3 连接酶，实现了招募 E3 连接酶 RNF43 以诱导细胞表面免疫检查点蛋白 PD-L1 的降解[351]。该工作为新型蛋白质降解药物的设计提供了新思路，拓宽了 PROTAC 的应用范围。

新加坡南洋理工大学等机构开发了一款可智能激活的靶向降解吲哚胺 2,3-双加氧酶（IDO）的新型半导体聚合物纳米 PROTAC 分子 SPN_{pro}，其中，过表达的癌症生物标志物组织蛋白酶 B 将原位裂解 SPN_{pro} 并释放靶向 IDO 的 PROTAC 肽，进而与 IDO 结合诱导其降解，有效增强了抗癌免疫反应，抑制了肿瘤生长和转移[352]。该研究提出的 PROTAC 设计策略也可以用于其他免疫代谢相关的靶蛋白，为 PROTAC 在癌症治疗方面的应用提供了新的机遇。

英国邓迪大学等机构设计了一种包含 3 个蛋白结合域的三价 PROTAC 分子 SIM1，携带两个与 BET 蛋白结合的结合域和一个与 E3 泛素连接酶结合的结合域，相较二价 PROTAC 分子，SIM1 表现出更持久和更高的蛋白质降解功效，从而具有更强的抗癌活性[353]。该研究提出的 PROTAC 设计策略能够更好地与靶蛋白结合，为更好地发挥抗癌作用奠定了重要基础。

美国哈佛大学医学院等机构开发了一种 PROTAC 分子癌细胞选择性递送策略，将叶酸基团与 VHL E3 泛素连接酶的配体偶联，实现以叶酸受体依赖的方式降解癌细胞中的靶蛋白[354]。该研究为 PROTAC 分子选择性降解癌细胞中的靶蛋白提供了一个可推广的技术策略。

---

351 Cotton A D, Nguyen D P, Gramespacher J A, et al. Development of antibody-based PROTACs for the degradation of the cell-surface immune checkpoint protein PD-L1[J]. Journal of the American Chemical Society, 2021, 143(2): 593-598.

352 Zhang C, Zeng Z L, Cui D, et al. Semiconducting polymer nano-PROTACs for activatable photo-immunometabolic cancer therapy[J]. Nature Communications, 2021, 12(1):2934.

353 Imaide S, Riching K M, Makukhin N, et al. Trivalent PROTACs enhance protein degradation via combined avidity and cooperativity[J]. Nature Chemical Biology, 2021, 17(11): 1157-1167.

354 Liu J, Chen H, Liu Y, et al. Cancer selective target degradation by folate-caged PROTACs[J]. Journal of the American Chemical Society, 143(19): 7380-7387.

美国斯坦福大学等机构开发了一种通过靶向去唾液酸糖蛋白受体（ASGPR）以降解特定细胞类型的胞外蛋白的LYTAC分子GalNAc-LYTAC，揭示将ASGPR的配体tri-GalNAc与靶向细胞整合素的多肽分子进行偶联，可选择性地降解肝癌细胞表面的整合素，进而抑制肝癌细胞增殖[355]。该研究开发的GalNAc-LYTAC代表了一种靶向特定细胞类型的溶酶体蛋白降解途径，为LYTAC技术的临床转化铺平了道路。此外，美国威斯康星大学麦迪逊分校的一项研究也进一步证实了GalNAc-LYTAC的应用潜力[356]。

2）靶向蛋白质降解技术的应用

美国C4 Therapeutics公司对外公布了其靶向EGFR L858R的候选药物CFT8919临床前数据，证明CFT8919对多种EGFR L858R的突变体都有强效降解活性，包括目前临床无药可用的C797S耐药突变，同时对野生EGFR则几乎完全没有降解作用[357]。该研究展示了靶向蛋白质降解技术相对于激酶抑制剂的优势，为解决临床用药耐药性问题提供了新的思路。

美国阿尔伯特·爱因斯坦医学院等机构揭示了分子伴侣介导的自噬（CMA）与阿尔茨海默病之间的动态相互作用，证实神经元中CMA受损影响阿尔茨海默病的发生发展，并开发了一种试验性药物，通过激活小鼠大脑神经元中CMA，改善了阿尔茨海默病小鼠模型的症状[358]。该研究为治疗神经退行性疾病提供了希望。

美国西奈山伊坎医学院等机构证实在存在PI3K-PTEN通路突变的癌细胞中，相较AKT激酶抑制剂，AKT靶向降解剂MS21能够通过耗尽极光激酶B更加持久地抑制癌细胞生长[359]。同时通过泛癌分析，研究人员发现19%的癌症病

---

355 Ahn G, Banik S M, Miller C L, et al. LYTACs that engage the asialoglycoprotein receptor for targeted protein degradation[J]. Nature Chemical Biology, 2021, 17(9): 937-946.

356 Zhou Y, Teng P, Montgomery N T, et al. Development of triantennary *N*-acetylgalactosamine conjugates as degraders for extracellular proteins[J].ACS Central Science, 2021, 7(3): 499-506.

357 C4 Therapeutics. C4 Therapeutics Presents Pre-clinical Data on CFT8919, A Selective Degrader of EGFR L858R, at Keystone Symposium on Targeted Protein Degradation[EB/OL]. https://ir.c4therapeutics.com/news-releases/news-release-details/c4-therapeutics-presents-pre-clinical-data-cft8919-selective[2021-06-07][2022-08-15].

358 Bourdenx M, Martín-Segura A, Scrivo A , et al. Chaperone-mediated autophagy prevents collapse of the neuronal metastable proteome[J]. Cell, 2021, 184(10): 2696-2714, e25.

359 Xu J, Yu X F, Martin T C, et al. AKT degradation selectively inhibits the growth of PI3K/PTEN pathway-mutant cancers with wild-type KRAS and BRAF by destabilizing aurora kinase B[J]. Cancer Discovery, 2021, 11(12):3064-3089.

例存在 RAS 野生型 PI3K-PTEN 通路突变，提示 AKT 靶向降解剂治疗可使这些癌症患者广泛受益。

荷兰格罗宁根大学等机构报道了首个有效靶向巨噬细胞迁移抑制因子 MIF 的 PROTAC 分子 MD13，其在低微摩尔浓度下诱导 MIF 几乎完全降解，将其从蛋白质 - 蛋白质相互作用网络中消除，进而展现了在炎症和癌症治疗中的应用潜力[360]。

3. 国内重要进展

1）靶向蛋白质降解技术策略

浙江大学等机构开发了集成 PROTAC 结构信息和实验数据的数据库 PROTAC-DB，其中包括 1662 个 PROTAC 分子、202 个靶蛋白配体（靶向目标蛋白质的小分子）、65 个 E3 配体（能够招募 E3 连接酶的小分子）和 806 个连接子，以及它们的化学结构、生物活性和理化性质信息[92]。该研究为 PROTAC 分子合理设计提供了宝贵的资源。

华中科技大学等机构提出了双重靶向蛋白质降解新思路，使用三官能天然氨基酸作为连接子将两个抑制剂和 E3 连接酶配体连在一起，设计合成了可同时降解 EGFR 和 PARP 的双 PROTAC 分子[93]。该研究大大拓宽了 PROTAC 技术的应用范围，为药物发现开辟了新的领域。

清华大学等机构基于 PROTAC 和分子胶的特点首次设计合成了双靶向、双机制的蛋白降解剂 GBD-9，既保留了 PROTAC 降解 BTK 的能力，还起到了分子胶降解 GSPT1 的作用，解决了分子胶药物设计难度大的问题，也补充了 PROTAC 在生物活性上的不足[361]。该研究首次提出了将 PROTAC 分子与分子胶相融合的设计思路，为靶向蛋白质降解技术开拓了一条新的道路。

北京大学等机构开发了基于质谱的共价单域抗体（GlueBody）筛选方法，

---

360 Xiao Z P, Song S S, Chen D, et al. Proteolysis targeting chimera (PROTAC) for macrophage migration inhibitory factor (MIF) has anti-proliferative activity in lung cancer cells[J]. Angewandte Chemie, 2021, 60(32): 17514-17521.

361 Yang Z, Sun Y, Ni Z, et al. Merging PROTAC and molecular glue for degrading BTK and GSPT1 proteins concurrently[J]. Cell Research, 2021, 31(12):1315-1318.

得到了靶向 PD-L1 的 GlueBody，进而最终发展了具有普适性的膜蛋白降解技术 GlueTAC，并证实 GlueTAC 能够在包括肺癌、乳腺癌、黑色素瘤等多种癌细胞中快速介导靶蛋白 PD-L1 的内吞和在溶酶体中的降解过程[362]。该研究为消除功能异常的膜蛋白提供了强有力的工具。

复旦大学等机构开发了靶向自噬的降脂化合物 LD-ATTEC，首次实现了非蛋白类生物大分子的靶向降解，从而实现了靶向降解技术从蛋白向非蛋白物质的突破[363]。该研究开发的 LD-ATTEC 化合物为脂滴研究或脂滴相关疾病的干预提供了重要工具或潜在药物。

2）靶向蛋白质降解技术的应用

上海科技大学等机构证实基于 EGFR 抑制剂 canertinib 和 CRBN 配体 Pomalidomide 构建的 EGFR 蛋白靶向降解剂 SIAIS125 和 SIAIS126，在 EGFR 耐药细胞株中展现出良好的蛋白降解活性和细胞杀伤选择性，可以降解 $EGFR^{L858R+T790M}$ 双突变体和外显子 19 缺失突变体，并且不降解野生型 EGFR，同时发现这些降解剂可以通过蛋白酶体复合物和溶酶体通路两种方式共同降解靶蛋白[94]。该研究为今后靶向蛋白质降解剂的设计奠定了理论基础，并为后续非小细胞肺癌的靶向治疗提供了新思路。

上海科技大学等机构通过对 ALK 靶向药物 Alectinib 类似物的改造和连接子的结构优化筛选出了 ALK 蛋白降解剂 SIAIS001，证实其可以高效降解驱动癌症发生发展的 ALK 融合蛋白，更好地抑制细胞增殖，并能有效促进细胞周期 G_1/S 阻滞[95]。该研究成功筛选出可降解 ALK 融合蛋白、具有良好口服利用度的蛋白降解剂，为肺癌的靶向治疗开启了新篇章。

中国药科大学等机构利用不同长度和类型的连接子将两种 Alectinib 类似物与 CRBN 配体 Pomalidomide 连接，设计并合成了一系列 ALK 降解剂，通过进一步筛选获得了具有高 ALK 结合亲和力和抗增殖活性的降解剂分子 17，并在

362 Zhang H, Han Y, Yang Y F, et al. Covalently engineered nanobody chimeras for targeted membrane protein degradation[J]. Journal of the American Chemical Society, 2021, 143(40): 16377-16382.

363 Fu Y, Chen N, Wang Z, et al. Degradation of lipid droplets by chimeric autophagy-tethering compounds[J]. Cell Research, 2021, 31(9): 965-979.

小鼠模型中证实了该分子的癌症治疗应用潜力[364]。该研究为发现更有潜力的 ALK 降解剂提供了新的思路和途径。

4. 前景与展望

目前，靶向蛋白质降解技术所展现的优势吸引了各大药企在该领域的争相布局，据公开文献和 Cortellis 数据库统计，截至 2021 年年底，已有 13 个候选药物进入临床试验阶段，同时，包括凌科药业（杭州）有限公司、辽宁海思科制药有限公司、百济神州（苏州）生物科技有限公司等一批国内企业也相继布局该领域，已有多个候选药物获得了国家药品监督管理局药品审评中心（CDE）的临床默示许可。未来研究人员将进一步聚焦于靶蛋白筛选、降解剂分子（配体、连接子）合理设计、蛋白清理系统探索等几个方面的研究，扩展可成药靶点，提升降解剂分子的稳定性和选择性，克服耐药性等问题，同时利用多重靶向、多重机制结合的新设计思路，推进高效精准的新型小分子药物开发。

---

364 Xie S, Sun Y, Liu Y, et al. Development of alectinib-based PROTACs as novel potent degraders of anaplastic lymphoma kinase (ALK)[J]. Journal of Medicinal Chemistry, 2021, 64(13): 9120-9140.

第三章　生 物 技 术

一、医药生物技术

（一）新药研发

2021 年，NMPA 批准了 45 个由我国自主研发的新药上市，包括 22 个化学药、12 个生物制品和 11 个中药（表 3-1）。其中，有 43 个是我国自主研发的 1 类创新药。

表 3-1　2021 年 NMPA 批准上市的我国自主创制的创新药及中药新药

序号	通用名	商品名	上市许可持有人 / 生产单位	适应证	注册分类
1	环泊酚注射液	思舒宁	辽宁海思科制药有限公司	麻醉镇静药	化学药 1 类
2	优替德隆注射液	优替帝	成都华昊中天药业有限公司	联合卡培他滨，适用于既往接受过至少一种化疗方案的复发或转移性乳腺癌患者	化学药 1 类
3	甲磺酸伏美替尼片	艾弗沙	上海艾力斯医药科技股份有限公司	用于既往经表皮生长因子受体（EGFR）酪氨酸激酶抑制剂（TKI）治疗时或治疗后出现疾病进展，并且经检测确认存在 EGFR T790M 突变阳性的局部晚期或转移性非小细胞性肺癌（NSCLC）成人患者	化学药 1 类
4	帕米帕利胶囊	百汇泽	百济神州（苏州）生物科技有限公司	用于既往经过二线及以上化疗的伴有胚系 BRCA 突变的复发性晚期卵巢癌、输卵管癌或原发性腹膜癌患者	化学药 1 类

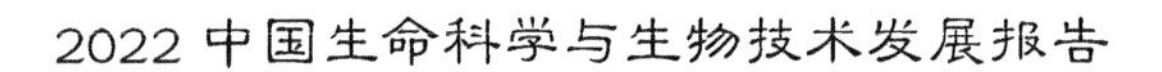

续表

序号	通用名	商品名	上市许可持有人 / 生产单位	适应证	注册分类
5	注射用磷丙泊酚二钠	磷丙芬	宜昌人福药业有限责任公司	成人全身麻醉的诱导	化学药 1 类
6	注射用磷酸左奥硝唑酯二钠	新锐	扬子江药业集团江苏紫龙药业有限公司	治疗肠道和肝脏严重的阿米巴病、治疗奥硝唑敏感厌氧菌引起的手术后感染、预防外科手术导致的敏感厌氧菌感染	化学药 1 类
7	康替唑胺片	优喜泰	上海盟科药业有限公司	由对该品种敏感的金黄色葡萄球菌（甲氧西林敏感和耐药的菌株）、化脓性链球菌或无乳链球菌引起的复杂性皮肤和软组织感染	化学药 1 类
8	甲苯磺酸多纳非尼片	泽普生	苏州泽璟生物制药股份有限公司	用于既往未接受过全身系统性治疗的不可切除肝细胞癌患者	化学药 1 类
9	海曲泊帕乙醇胺片	恒曲	江苏恒瑞医药股份有限公司	用于既往对标准治疗反应不佳的慢性原发免疫性血小板减少症（ITP）成人患者，对免疫抑制治疗（IST）疗效不佳的重型再生障碍性贫血（SAA）成人患者	化学药 1 类
10	苹果酸奈诺沙星氯化钠注射液	—	浙江医药股份有限公司新昌制药厂	由敏感菌导致的成人社区获得性肺炎	化学药 1 类
11	赛沃替尼片	沃瑞沙	和记黄埔医药（上海）有限公司	MET 第 14 外显子跳跃突变的晚期非小细胞肺癌	化学药 1 类
12	艾米替诺福韦片	恒沐	苏豪森药业集团有限公司	慢性乙型肝炎成人患者	化学药 1 类
13	海博麦布片	赛斯美	浙江海正药业股份有限公司	原发性（杂合子家族性或非家族性）高胆固醇血症	化学药 1 类
14	艾诺韦林片	艾邦德	江苏艾迪药业股份有限公司	与核苷类抗逆转录病毒药物联用，治疗成人 HIV-1 感染初治患者	化学药 1 类
15	阿兹夫定片	—	河南真实生物科技有限公司	与核苷逆转录酶抑制剂及非核苷逆转录酶抑制剂联用，治疗高病毒载量的成年 HIV-1 感染患者	化学药 1 类
16	西格列他钠片	双洛平	成都微芯药业有限公司	单药治疗用于改善成人 2 型糖尿病患者的血糖控制	化学药 1 类
17	奥雷巴替尼片	耐立克	广州顺健生物医药科技有限公司	任何酪氨酸激酶抑制剂耐药，并伴有 T315I 突变的慢性髓细胞白血病慢性期或加速期的成年患者	化学药 1 类

续表

序号	通用名	商品名	上市许可持有人/生产单位	适应证	注册分类
18	注射用甲苯磺酸奥马环素	纽再乐	再鼎医药（上海）有限公司	社区获得性细菌性肺炎、急性细菌性皮肤和皮肤结构感染	化学药1类
19	甲苯磺酸奥马环素片	纽再乐	再鼎医药（上海）有限公司	社区获得性细菌性肺炎、急性细菌性皮肤和皮肤结构感染	化学药1类
20	枸橼酸爱地那非片	爱力士	悦康药业集团股份有限公司	男性勃起功能障碍	化学药1类
21	脯氨酸恒格列净片	瑞沁	江苏恒瑞医药股份有限公司	单药与二甲双胍联合用于改善成人2型糖尿病患者的血糖控制	化学药1类
22	羟乙磺酸达尔西利片	艾瑞康	江苏恒瑞医药股份有限公司	联合氟维司群，用于激素受体（HR）阳性、人表皮生长因子受体2（HER2）阴性的经内分泌治疗后进展的复发或转移性乳腺癌	化学药1类
23	新型冠状病毒灭活疫苗（Vero细胞）		北京科兴中维生物技术有限公司	预防新型冠状病毒（SARS-CoV-2）感染所致的疾病（COVID-19）	生物制品1类
24	重组新型冠状病毒疫苗（5型腺病毒载体）	克威莎	康希诺生物股份公司	预防由新型冠状病毒（SARS-CoV-2）感染引起的疾病（COVID-19）	生物制品1类
25	新型冠状病毒灭活疫苗（Vero细胞）	—	武汉生物制品研究所有限责任公司	预防由新型冠状病毒（SARS-CoV-2）感染引起的疾病（COVID-19）	生物制品1类
26	注射用泰它西普	泰爱	荣昌生物制药（烟台）股份有限公司	联合常规治疗，用于在常规治疗基础上仍具有高疾病活动性、自身抗体阳性的系统性红斑狼疮（SLE）成年患者	生物制品1类
27	注射用维迪西妥单抗	爱地希	荣昌生物制药（烟台）股份有限公司	用于至少接受过2个系统化疗的HER2过表达局部晚期或转移性胃癌（包括胃食管结合部腺癌）的患者	生物制品1类
28	派安普利单抗注射液	安尼可	正大天晴康方（上海）生物医药科技有限公司	用于至少经过二线系统化疗的复发或难治性经典型霍奇金淋巴瘤成人患者	生物制品1类
29	瑞基奥仑赛注射液	倍诺达	上海药明巨诺生物科技有限公司	经过二线或以上系统性治疗后成人患者的复发或难治性大B细胞淋巴瘤	生物制品1类
30	赛帕利单抗注射液	誉妥	广州誉衡生物科技有限公司	用于至少经过二线系统化疗的复发或难治性经典型霍奇金淋巴瘤成人患者	生物制品1类

续表

序号	通用名	商品名	上市许可持有人 / 生产单位	适应证	注册分类
31	恩沃利单抗注射液	恩维达	四川思路康瑞药业有限公司	用于不可切除或转移性微卫星高度不稳定（MSI-H）或错配修复基因缺陷型（dMMR）的成人晚期实体瘤患者	生物制品 1 类
32	舒格利单抗注射液	择捷美	基石药业（苏州）有限公司	联合培美曲塞和卡铂，用于表皮生长因子受体（EGFR）基因突变阴性和间变性淋巴瘤激酶（ALK）阴性的转移性非鳞状非小细胞肺癌（NSCLC）患者。 联合紫杉醇和卡铂，用于转移性鳞状非小细胞肺癌（NSCLC）患者	生物制品 1 类
33	安巴韦单抗注射液	—	腾盛华创医药技术（北京）有限公司	联合罗米司韦单抗注射液，用于轻型和普通型且伴有进展为重型高风险因素的成人和青少年 COVID-19 患者	生物制品 1 类
34	罗米司韦单抗注射液	—	腾盛华创医药技术（北京）有限公司	联合安巴韦单抗注射液，用于轻型和普通型且伴有进展为重型高风险因素的成人和青少年 COVID-19 患者	生物制品 1 类
35	益气通窍丸	—	天津东方华康医药科技发展有限公司	益气固表，散风通窍。用于季节性过敏性鼻炎中医辨证属肺脾气虚证	中药 6 类
36	益肾养心安神片	—	石家庄以岭药业股份有限公司	益肾、养心、安神。用于失眠症中医辨证属心血亏虚、肾精不足证	中药 6 类
37	银翘清热片	—	江苏康缘药业股份有限公司	辛凉解表，清热解毒。用于外感风热型普通感冒	中药 1 类
38	玄七健骨片	—	湖南方盛制药股份有限公司	活血舒筋，通脉止痛，补肾健骨。用于轻中度膝骨关节炎中医辨证属筋脉瘀滞证的症状改善	中药 1 类
39	芪蛭益肾胶囊	—	山东凤凰制药股份有限公司	益气养阴，化瘀通络。用于早期糖尿病肾病气阴两虚证	中药 1 类
40	坤心宁颗粒	—	天士力医药集团股份有限公司	温阳养阴，益肾平肝。用于女性更年期综合征中医辨证属肾阴阳两虚证	中药 1 类
41	虎贞清风胶囊	—	一力制药股份有限公司	清热利湿，化瘀利浊，滋补肝肾。用于轻中度急性痛风性关节炎中医辨证属湿热蕴结证	中药 1 类

续表

序号	通用名	商品名	上市许可持有人/生产单位	适应证	注册分类
42	解郁除烦胶囊	—	石家庄以岭药业股份有限公司	解郁化痰，清热除烦。适用于轻、中度抑郁症中医辨证属气郁痰阻、郁火内扰证	中药1类
43	淫羊藿素	—	山东珅诺基药业有限公司	—	中药1类
44	淫羊藿素软胶囊	阿可拉定	山东珅诺基药业有限公司	不适合或患者拒绝接受标准治疗，且既往未接受过全身系统性治疗的、不可切除的肝细胞癌	中药1类
45	七蕊胃舒胶囊	—	健民药业集团股份有限公司	活血化瘀，燥湿止痛。用于轻中度慢性非萎缩性胃炎伴糜烂湿热瘀阻证所致的胃脘疼痛	中药1类

1. 新化学药

2021年，NMPA批准了22个我国自主研发的Ⅰ类新化学药。

A. 环泊酚注射液，商品名“思舒宁”。辽宁海思科制药有限公司为该品种上市许可持有人。环泊酚为$GABA_A$受体激动剂，是麻醉镇静药，用于消化道内镜检查中的镇静。

B. 优替德隆注射液，商品名“优替帝”。成都华昊中天药业有限公司为本品的生产单位。优替德隆注射液为埃坡霉素类衍生物，可促进微管蛋白聚合并稳定微管结构，诱导细胞凋亡，适用于联合卡培他滨，治疗既往接受过至少一种化疗方案的复发或转移性乳腺癌患者。

C. 甲磺酸伏美替尼片，商品名“艾弗沙”。上海艾力斯医药科技股份有限公司为本品的生产单位。甲磺酸伏美替尼为第三代表皮生长因子受体（EGFR）激酶抑制剂，适用于既往经EGFR酪氨酸激酶抑制剂治疗时或治疗后出现疾病进展，并且经检测确认存在EGFR T790M突变阳性的局部晚期或转移性非小细胞性肺癌（NSCLC）成人患者的治疗。

D. 帕米帕利胶囊，商品名“百汇泽”。百济神州（苏州）生物科技有限公司为本品的生产单位。帕米帕利胶囊为PARP-1和PARP-2的强效、选择性抑制剂，通过抑制肿瘤细胞DNA单链损伤的修复和同源重组修复缺陷，对肿瘤

细胞起到合成致死的作用，尤其对携带 *BRCA* 基因突变的 DNA 修复缺陷型肿瘤细胞敏感度高，适用于既往经过二线及以上化疗的伴有胚系 BRCA（gBRCA）突变的复发性晚期卵巢癌、输卵管癌或原发性腹膜癌患者的治疗。

E. 注射用磷丙泊酚二钠，商品名“磷丙芬”。宜昌人福药业有限责任公司为本品的生产单位。磷丙泊酚二钠为一种新型短效静脉全身麻醉药，它在体内被代谢成活性物质丙泊酚后产生麻醉作用，适用于成人全身麻醉的诱导。

F. 注射用磷酸左奥硝唑酯二钠，商品名“新锐”。扬子江药业集团江苏紫龙药业有限公司为本品的生产单位。注射用磷酸左奥硝唑酯二钠为最新一代硝基咪唑类抗感染药，适用于治疗肠道和肝脏严重的阿米巴病、奥硝唑敏感厌氧菌引起的手术后感染和预防外科手术导致的敏感厌氧菌感染。

G. 康替唑胺片，商品名“优喜泰”。上海盟科药业有限公司为本品的生产单位。康替唑胺片为全合成的新型噁唑烷酮类抗菌药，适用于治疗对康替唑胺敏感的金黄色葡萄球菌（甲氧西林敏感和耐药的菌株）、化脓性链球菌或无乳链球菌引起的复杂性皮肤和软组织感染。

H. 甲苯磺酸多纳非尼片，商品名“泽普生”。苏州泽璟生物制药股份有限公司为本品的生产单位。甲苯磺酸多纳非尼片为多激酶抑制剂类小分子抗肿瘤药物，适用于既往未接受过全身系统性治疗的不可切除肝细胞癌患者。

I. 海曲泊帕乙醇胺片，商品名“恒曲”。江苏恒瑞医药股份有限公司为本品的生产单位。海曲泊帕乙醇胺片为小分子人血小板生成素受体激动剂，适用于血小板减少和临床条件导致出血风险增加的既往对糖皮质激素、免疫球蛋白等治疗反应不佳的慢性原发免疫性血小板减少症成人患者，以及对免疫抑制治疗疗效不佳的重型再生障碍性贫血（SAA）成人患者。

J. 苹果酸奈诺沙星氯化钠注射液。浙江医药股份有限公司新昌制药厂为本品的生产单位。苹果酸奈诺沙星氯化钠注射液为无氟喹诺酮类抗菌药，适用于治疗对奈诺沙星敏感的肺炎链球菌、金黄色葡萄球菌、流感嗜血杆菌、副流感嗜血杆菌、卡他莫拉菌、肺炎克雷伯菌、铜绿假单胞菌及肺炎支原体、肺炎衣原体和嗜肺军团菌所致的成人（≥18 岁）社区获得性肺炎。

K. 赛沃替尼片，商品名“沃瑞沙”。和记黄埔医药（上海）有限公司为该

品种上市许可持有人。赛沃替尼片为我国首个获批的特异性靶向MET激酶的小分子抑制剂，可选择性抑制MET激酶的磷酸化，对MET 14号外显子跳变的肿瘤细胞增殖有明显的抑制作用，适用于治疗含铂化疗后疾病进展或不耐受标准含铂化疗的、具有间质–上皮转化因子（MET）14号外显子跳变的局部晚期或转移性非小细胞肺癌成人患者。

L．艾米替诺福韦片，商品名“恒沐”。江苏豪森药业集团有限公司为本品的生产单位。艾米替诺福韦片为核苷类逆转录酶抑制剂，适用于治疗慢性乙型肝炎成人患者。

M．海博麦布片，商品名“赛斯美”。浙江海正药业股份有限公司为本品的生产单位。海博麦布片可抑制甾醇载体Niemann-Pick C1-like1（NPC1L1）依赖的胆固醇吸收，从而减少小肠中胆固醇向肝脏转运，降低血胆固醇水平，降低肝脏胆固醇贮量，适用于作为饮食控制以外的辅助治疗，可单独或与HMG-CoA还原酶抑制剂（他汀类）联合用于治疗原发性（杂合子家族性或非家族性）高胆固醇血症，可降低总胆固醇、低密度脂蛋白胆固醇、载脂蛋白B水平。

N．艾诺韦林片，商品名“艾邦德”。江苏艾迪药业股份有限公司为本品的生产单位。艾诺韦林为HIV-1非核苷类逆转录酶抑制剂，通过非竞争性结合HIV-1逆转录酶抑制HIV-1的复制，用于与核苷类抗逆转录病毒药物联合使用，治疗成人HIV-1感染初治患者。

O．阿兹夫定片。河南真实生物科技有限公司为该品种上市许可持有人。阿兹夫定为新型核苷类逆转录酶和辅助蛋白Vif抑制剂的1类创新药，也是首个上述双靶点抗HIV-1药物，能够选择性进入HIV-1靶细胞外周血单核细胞中的CD4细胞或CD14细胞，发挥抑制病毒复制的功能。与核苷逆转录酶抑制剂及非核苷逆转录酶抑制剂联用，用于治疗高病毒载量的成年HIV-1感染患者。

P．西格列他钠片，商品名“双洛平”。成都微芯药业有限公司为本品的生产单位。西格列他钠片为过氧化物酶体增殖物激活受体（PPAR）全激动剂，能同时激活PPAR三个亚型受体（α、γ和δ），并诱导下游与胰岛素敏感性、脂肪酸氧化、能量转化和脂质转运等功能相关的靶基因表达，抑制与胰岛素抵抗相关的PPARγ受体磷酸化，适用于配合饮食控制和运动，改善成人2型糖尿病患

者的血糖控制。

Q. 奥雷巴替尼片，商品名“耐立克”。广州顺健生物医药科技有限公司为该品种上市许可持有人。奥雷巴替尼为小分子蛋白酪氨酸激酶抑制剂，可有效抑制 Bcr-Abl 酪氨酸激酶野生型及多种突变型的活性，可抑制 Bcr-Abl 酪氨酸激酶及下游蛋白 STAT5 和 Crkl 的磷酸化，阻断下游通路活化，诱导 Bcr-Abl 阳性、Bcr-Abl T315I 突变型细胞株的细胞周期阻滞和凋亡，适用于治疗任何酪氨酸激酶抑制剂耐药，并采用经充分验证的检测方法诊断为伴有 T315I 突变的慢性髓细胞白血病慢性期或加速期的成年患者。

R. 注射用甲苯磺酸奥马环素、甲苯磺酸奥马环素片，商品名“纽再乐”。再鼎医药（上海）有限公司为该品种上市许可持有人。甲苯磺酸奥马环素为新型四环素类抗菌药，适用于治疗社区获得性细菌性肺炎（CABP）、急性细菌性皮肤和皮肤结构感染（ABSSSI）。

S. 枸橼酸爱地那非片，商品名“爱力士”。悦康药业集团股份有限公司为本品的生产单位。枸橼酸爱地那非是新一代 PDE-5 抑制剂，用于治疗男性勃起功能障碍（ED）。

T. 脯氨酸恒格列净片，商品名“瑞沁”。江苏恒瑞医药股份有限公司为本品的生产单位。脯氨酸恒格列净为钠－葡萄糖协同转运蛋白 2（SGLT2）抑制剂，通过抑制 SGLT2，减少肾小管滤过的葡萄糖重吸收，降低葡萄糖的肾阈值，从而增加尿糖排泄，适用于改善成人 2 型糖尿病患者的血糖控制。

U. 羟乙磺酸达尔西利片，商品名“艾瑞康”。江苏恒瑞医药股份有限公司为本品的生产单位。羟乙磺酸达尔西利为一种周期蛋白依赖性激酶 4 和 6（CDK4 和 CDK6）抑制剂，可降低 CDK4 和 CDK6 信号通路下游的视网膜母细胞瘤蛋白磷酸化水平，并诱导细胞 G_1 期阻滞，从而抑制肿瘤细胞的增殖，适用于联合氟维司群，治疗既往接受内分泌治疗后出现疾病进展的激素受体阳性、人表皮生长因子受体 2 阴性的复发或转移性乳腺癌患者。

2. 新生物制品

2021 年，NMPA 批准了 12 个我国自主研发的生物制品。

A．新型冠状病毒灭活疫苗（Vero 细胞）。北京科兴中维生物技术有限公司为本品的生产单位，适用于预防新型冠状病毒感染所致的疾病（COVID-19）。

B．新型冠状病毒灭活疫苗（Vero 细胞）。武汉生物制品研究所有限责任公司为本品的生产单位，适用于预防新型冠状病毒感染所致的疾病（COVID-19）。

C．重组新型冠状病毒疫苗（5 型腺病毒载体），商品名“克威莎”。康希诺生物股份公司为该品种上市许可持有人。重组新型冠状病毒疫苗（5 型腺病毒载体）为腺病毒载体新冠病毒疫苗，适用于预防由新型冠状病毒感染引起的疾病（COVID-19）。

D．注射用泰它西普，商品名“泰爱”。荣昌生物制药（烟台）股份有限公司为本品的生产单位。注射用泰它西普为用人免疫球蛋白 G1（IgG1）的可结晶片段（Fc）构建成的融合蛋白，由于 TACI 受体对 BLyS 和增殖诱导配体（APRIL）具有很高的亲和力，可以阻止 BLyS 和 APRIL 与它们的细胞膜受体、B 细胞成熟抗原、B 细胞活化分子受体之间的相互作用，从而抑制 BLyS 和 APRIL 的生物学活性，适用于与常规治疗联合用于在常规治疗基础上仍具有高疾病活动性、自身抗体阳性的系统性红斑狼疮（SLE）成年患者。

E．注射用维迪西妥单抗，商品名“爱地希”。荣昌生物制药（烟台）股份有限公司为本品的生产单位。注射用维迪西妥单抗为创新抗体偶联药物（ADC），包含人表皮生长因子受体 -2（HER2）抗体部分、连接子和细胞毒药物单甲基澳瑞他汀 E（MMAE），适用于至少接受过两种系统化疗的人表皮生长因子受体 -2 过表达局部晚期或转移性胃癌（包括胃食管结合部腺癌）患者的治疗。

F．派安普利单抗注射液，商品名“安尼可”。正大天晴康方（上海）生物医药科技有限公司为该品种上市许可持有人。派安普利单抗为 PD-1 单抗，用于治疗至少经过二线系统化疗复发或难治性经典型霍奇金淋巴瘤（r/r cHL）患者。

G．瑞基奥仑赛注射液，商品名“倍诺达”。上海药明巨诺生物科技有限公司为该品种上市许可持有人。瑞基奥仑赛注射液为靶向 CD19 的自体嵌合抗原受体 T（CAR-T）细胞免疫治疗的产品，用于治疗经过二线或以上系统性治疗后成人患者的复发或难治性大 B 细胞淋巴瘤（r/r LBCL）。

H. 赛帕利单抗注射液，商品名“誉妥”。广州誉衡生物科技有限公司为本品的生产单位。赛帕利单抗为 PD-1 单抗，用于治疗至少经过二线系统化疗的复发或难治性经典型霍奇金淋巴瘤成人患者。

I. 恩沃利单抗注射液，商品名“恩维达”。四川思路康瑞药业有限公司为该品种上市许可持有人。恩沃利单抗注射液为 PD-1 单抗药物，用于治疗不可切除或转移性微卫星高度不稳定（MSI-H）或错配修复基因缺陷型（dMMR）的成人晚期实体瘤患者。

J. 舒格利单抗注射液，商品名“择捷美”。基石药业（苏州）有限公司为该品种上市许可持有人。舒格利单抗注射液为 PD-1 单抗药物，用于联合培美曲塞和卡铂治疗表皮生长因子受体（EGFR）基因突变阴性和间变性淋巴瘤激酶（ALK）阴性的转移性非鳞状非小细胞肺癌（NSCLC）患者，或联合紫杉醇和卡铂治疗转移性鳞状非小细胞肺癌（NSCLC）患者。

K. 安巴韦单抗注射液、罗米司韦单抗注射液。腾盛华创医药技术（北京）有限公司为该品种上市许可持有人。安巴韦单抗注射液和罗米司韦单抗注射液为新冠病毒中和抗体联合治疗药物，联合用于治疗轻型和普通型且伴有进展为重型（包括住院或死亡）高风险因素的成人和青少年（12～17 岁，体重≥40kg）新型冠状病毒感染（COVID-19）患者，其中，青少年（12～17 岁，体重≥40kg）适应证人群为附条件批准。

3. 新中药

2021 年，NMPA 批准了 11 个中药新药上市。

A. 益气通窍丸。天津东方华康医药科技发展有限公司为该品种上市许可持有人。益气通窍丸为黄芪、防风等 14 种药味组成的原 6 类中药新药复方制剂，在中医临床经验方基础上进行研制，具有益气固表、散风通窍的功效，适用于治疗对季节性过敏性鼻炎中医辨证属肺脾气虚证。

B. 益肾养心安神片。石家庄以岭药业股份有限公司为本品的生产单位。益肾养心安神片为炒酸枣仁、制何首乌等 10 种药味组成的原 6 类中药新药复方制剂，在中医临床经验方基础上进行研制，功能主治为益肾、养心、安神，适

用于治疗失眠症中医辨证属心血亏虚、肾精不足证，症见失眠、多梦、心悸、神疲乏力、健忘、头晕、腰膝酸软等，舌淡红苔薄白，脉沉细或细弱。

C．银翘清热片。江苏康缘药业股份有限公司为本品的生产单位。银翘清热片为金银花、葛根等9种药味组成的1.1类中药创新药，在中医临床经验方基础上进行研制，功能主治为辛凉解表、清热解毒，适用于治疗外感风热型普通感冒，症见发热、咽痛、恶风、鼻塞、流涕、头痛、全身酸痛、汗出、咳嗽、口干、舌红、脉数。

D．玄七健骨片。湖南方盛制药股份有限公司为该品种上市许可持有人。玄七健骨片为延胡索、全蝎等11种药味组成的中药创新药，具有活血舒筋、通脉止痛、补肾健骨的功效，适用于治疗轻中度膝骨关节炎中医辨证属筋脉瘀滞证的症状改善。

E．芪蛭益肾胶囊。山东凤凰制药股份有限公司为该品种上市许可持有人。芪蛭益肾胶囊为黄芪、地黄等10种药味组成的1.1类中药创新药，在中医临床经验方基础上进行研制，具有益气养阴、化瘀通络的功效，适用于治疗早期糖尿病肾病气阴两虚证。

F．坤心宁颗粒。天士力医药集团股份有限公司为该品种上市许可持有人。坤心宁颗粒为地黄、石决明等7种药味组成的1.1类中药创新药，在中医临床经验方基础上进行研制，具有温阳养阴、益肾平肝的功效，适用于治疗女性更年期综合征中医辨证属肾阴阳两虚证。

G．虎贞清风胶囊。一力制药股份有限公司为该品种上市许可持有人。虎贞清风胶囊为虎杖、车前草等4种药味组成的中药创新药，在中医临床经验方基础上进行研制，具有清热利湿、化瘀利浊、滋补肝肾的功效，适用于治疗轻中度急性痛风性关节炎中医辨证属湿热蕴结证。

H．解郁除烦胶囊。石家庄以岭药业股份有限公司为该品种上市许可持有人。解郁除烦胶囊为栀子、姜厚朴等8种药味组成的中药创新药，在中医临床经验方基础上进行研制，处方根据中医经典著作《金匮要略》记载的半夏厚朴汤和《伤寒论》记载的栀子厚朴汤化裁而来，具有解郁化痰、清热除烦的功效，适用于治疗轻、中度抑郁症中医辨证属气郁痰阻、郁火内扰证。

I. 淫羊藿素、淫羊藿素软胶囊。山东珅诺基药业有限公司为该品种上市许可持有人。淫羊藿素为从中药材淫羊藿中提取制成的中药创新药，适用于治疗不适合或患者拒绝接受标准治疗且既往未接受过全身系统性治疗的、不可切除的肝细胞癌，患者外周血复合标志物满足以下检测指标的至少两项：AFP≥400ng/mL；肿瘤坏死因子 α（TNF-α）＜2.5pg/mL；IFN-γ≥7.0pg/mL。

J. 七蕊胃舒胶囊。健民药业集团股份有限公司为该品种上市许可持有人。七蕊胃舒胶囊为三七、枯矾等 4 种药味组成的中药创新药，在医疗机构制剂基础上进行研制，具有活血化瘀、燥湿止痛的功效，适用于治疗轻中度慢性非萎缩性胃炎伴糜烂湿热瘀阻证所致的胃脘疼痛。

（二）诊疗设备与方法

2021 年，在新冠肺炎疫情防控应急审批方面，国家药品监督管理局共批准 14 个新冠病毒检测试剂（包括 9 个核酸检测试剂、5 个抗体检测试剂），截至 2021 年年底，共批准新冠病毒检测试剂 68 个（包括 34 个核酸检测试剂、31 个抗体检测试剂、3 个抗原检测试剂），产能达到 5 130.6 万人份 / 天。此外，国家药品监督管理局还批准了基因测序仪、核酸检测仪、呼吸机和血液净化装置等 16 个仪器设备，2 个肺炎计算机断层成像（CT）辅助分诊与评估软件和 1 个新型冠状病毒 2019-nCoV 核酸分析软件产品。截至 2021 年年底，共批准 108 个新冠肺炎疫情防控医疗器械产品，为常态化疫情防控工作提供了有力保障。

2021 年，医用机器人快速发展。山东威高手术机器人有限公司的腹腔内窥镜手术设备、上海微创医疗机器人（集团）股份有限公司的腹腔内窥镜手术系统、骨圣元化机器人（深圳）有限公司的膝关节置换手术导航定位系统、杭州键嘉机器人有限公司的髋关节置换手术导航定位系统、苏州微创畅行机器人有限公司的膝关节置换手术导航定位系统、雅客智慧（北京）科技有限公司的口腔种植手术导航定位设备获得了医疗器械注册证。

2021 年 4 月，上海芯超生物科技有限公司研发的幽门螺杆菌 23S rRNA 基因突变检测试剂盒（PCR- 荧光探针法）获批上市。该产品是国内上市的首个幽

门螺杆菌 23S rRNA 基因突变检测试剂盒，用于幽门螺杆菌克拉霉素耐药的临床辅助诊断，为临床医生评估个体中幽门螺杆菌的耐药特性提供参考。产品包括核酸提取试剂和扩增反应试剂，由两个包装盒组成，基于磁珠法核酸提取和荧光定量 PCR 技术，用于体外定性检测幽门螺杆菌感染患者胃黏膜组织样本中幽门螺杆菌 23S rRNA 基因两个多态性位点的三种点突变 A2142G、A2143G 和 A2142C。

2021 年 4 月，由深圳市先健心康医疗电子有限公司自主研发的创新产品临时起搏器（型号：8301）获批上市。该产品填补了我国国产临时起搏器的空白，产品上市后打破了进口临时起搏器的垄断局面，为国内各层医疗机构提供物美价廉的国产临时起搏器。该产品既可用于对心动过缓患者进行临时起搏，还可作为一台起搏系统分析仪使用，对起搏系统进行分析，包括阻抗测量、起搏阈值和感知幅值测量等。该产品独有的腔内图显示功能，可帮助医生分析解读损伤电流，判断主动电极导线的植入情况，提高起搏器植入手术的质量，降低主动电极导线的术后脱落率。另外，利用腔内心电图显示功能引导床旁临时起搏术，为无 X 线机的基层医院提供高抢救成功率的紧急救治方式。

2021 年 11 月，由深圳硅基传感科技有限公司自主研发的国内首款 14 天连续使用寿命、免指尖血校准持续葡萄糖监测系统（型号：GS1）获批上市。该产品通过皮下植入微细柔性传感器，可连续 14 天实时监测组织间液中的葡萄糖水平，并通过算法处理转换为血糖浓度值并生成各类血糖监测图谱及其他血糖相关数据，属国内首创，其临床优势为 14 天的使用期限内无须指尖血校准。该产品的上市填补了我国国产免校准、长时程连续血糖监测产品的空白，切实帮助我国糖尿病患者提高血糖控制率，减轻其生活负担。该产品的核心技术包括基于新型氧化还原反应原理和新型聚合物设计的传感器电极制备技术，通过精密制造以保障传感器生产一致性；基于工厂校准传感器技术，结合全生命周期智能补偿算法，实现持续葡萄糖监测系统免指尖血校准功能；基于分体式拾取和双弹簧的创新结构设计，实现传感器的自动刺入与导引针的自动拔出，可极大程度减轻植入痛感，提升患者使用体验。

2021 年 11 月，由苏州同心医疗科技股份有限公司自主研发的植入式左心室辅助系统（型号：CH-VAD）获批上市。这是我国首个获得 NMPA 批准的拥有完备自主知识产权的国产人工心脏，也是全球范围内首个获得 NMPA 批准的全磁悬浮式人工心脏，标志着全球新一代技术路线（全磁悬浮技术路线）的心室辅助装置产品在中国商业化落地，将开启中国心衰治疗新时代。CH-VAD 植入式左心室辅助系统由体内植入部件、体外携带部件、外围部件、专用手术工具组成，是一种用于部分替代心脏完成泵血功能、维持人体血液循环的机电一体化装置。其核心部件是一个血泵，将血液从心脏引出，提升压力后，输送到主动脉，从而达到卸载天然心脏负荷的功能，使天然心脏得到休息，同时解决了天然心脏泵血能力不足的问题，主要应用于治疗终末期重度心衰患者，为晚期难治性左室心力衰竭患者提供血流动力支持。

（三）疾病诊断与治疗

随着前沿生物技术和医药领域的快速发展与交叉融合，医药生物技术不断取得创新突破并向临床转化应用，为疾病诊断与治疗提供了新的技术和手段，为提升医疗服务水平发挥了重要科技支撑。

1. 疾病诊断

2021 年 2 月，北京博奥晶典生物技术有限公司联合清华大学共同研发的全集成新型冠状病毒现场快检微流控芯片分析系统获批上市。该系统采用全新一代的芯片实验室技术，集核酸提取、纯化、扩增、检测及结果分析功能于一体，实现了“样本进 - 结果出”的便捷检测模式。仅需手工操作 1min，即可在 45min 完成实验全过程，最快可在 35min 内检出新冠病毒阳性样本，检测灵敏度达 150 拷贝 /mL，为重大传染病的快速、无创现场检测提供了保障。相关研究成果入选“2021 年中国医药生物技术十大进展”。

2021 年 3 月，复星诊断科技（上海）有限公司发布了具有自主知识产权的新产品 F-i3000 全自动化学发光免疫分析仪。该仪器样本处理能力强、操作便捷，可同时加载 30 个试剂位、240 个标本，同时支持在线装载试剂，支持多模

块联机且最高测速达 960T/h；样本携带污染率极低，小于 0.1ppm①；检测效率高，首个结果最快报告时间≤13min，检测速度为 240T/h；此外，还具有软件系统完善、自动化程度高、故障率低、维护方便等优势，为相关疾病的诊断提供了新的方法。

2021 年 4 月，上海芯超生物科技有限公司研发的幽门螺杆菌 23S rRNA 基因突变检测试剂盒（PCR- 荧光探针法）获批上市。该产品是国内上市的首个幽门螺杆菌 23S rRNA 基因突变检测试剂盒，用于幽门螺杆菌克拉霉素耐药的临床辅助诊断，具有操作便捷、特异性高、灵敏度高、抗干扰能力强等优势，可有效预测耐药情况，为辅助临床安全用药提供了重要基础。相关研究成果入选“2021 年中国医药生物技术十大进展”。

2021 年 5 月，郑州安图生物工程股份有限公司推出微生物样本前处理系统 AutoStreak S1800。该系统实现了痰样本的自动化上机定量、均质化处理，以及自动划线接种，可兼容尿液、脑脊液、肺泡灌洗液、胸水、腹水等样本处理。具备生物安全柜式负压内腔，具有样本自动开合盖、定时紫外灯消毒等功能，可有效提升临床微生物检验分析前的自动化能力，降低操作人员生物安全风险。

2021 年 12 月，成都齐碳科技有限公司发布了国内首款自主研发、即将实现量产的纳米孔基因测序仪 QNome-3841，标志着国产纳米孔基因测序技术正式迈向市场化进程。该测序仪采用专有测序芯片 Qcell-384 及配套试剂盒，具有高效、精准等优势，8h 可产出 1～1.5Gb 数据，单次准确率达 90%，一致性准确率（50x）达 99.9%，且小巧便携，特别适合小型实验室、户外及对时效性要求高的应用场景，为生命科学领域研究及临床上相关疾病的精准诊断打下了基础。

2. 疾病治疗

武汉大学研究团队验证了 10 多个超级增强子在结直肠癌中的作用，发现调控 PHF19 和 TBC1D16 的超级增强子具有致癌效应，揭示 KLF3 是一个新的结直肠癌致癌转录因子，为进一步开展直肠癌研究，探索新的治疗靶点提

① 1ppm＝1mg/L。

供了重要的表观基因组数据。相关研究成果于 2021 年 11 月被发表在 *Nature Communications* 杂志。

中国科学院国家纳米科学中心研究团队成功研制出基因工程化细菌肿瘤疫苗，可通过口服形式释放带有肿瘤抗原的外膜囊泡，进而刺激机体的抗肿瘤免疫反应。在临床前肿瘤模型中证实，携带抗原的细菌外膜囊泡可有效激活抗肿瘤免疫反应和免疫记忆效应。该研究为推进肿瘤口服疫苗研究提供了新的思路，相关研究成果于 2021 年 5 月被发表在 *Nature Biomedical Engineering* 杂志。

上海交通大学研究团队通过谱系示踪、细胞去除、RNA 测序和条件性基因敲除等多项技术，揭示了肠道炎症发生过程中新的内在负性调节机制，发现间质细胞可作为治疗炎症性肠病的新靶点。相关研究结果于 2021 年 7 月被发表在 *Science Translational Medicine* 杂志。

2021 年 3 月，成都华昊中天药业有限公司自主研发的 I 类创新药优替德隆注射液获批上市。该药是国内首个获批的埃博霉素类抗肿瘤药物，可促进微管蛋白聚合并稳定微管结构，诱导细胞凋亡，为晚期乳腺癌患者提供了新的治疗选择。相关研究成果入选“2021 年中国医药生物技术十大进展”。

2021 年 6 月，荣昌生物制药（烟台）股份有限公司自主研发的注射用维迪西妥单抗（商品名：爱地希®）获批上市，成为中国首个同时获美国食品药品监督管理局和中国国家药品监督管理局突破性疗法双重认定的原创抗体偶联药物（ADC）。该药适用于至少接受过两种系统化疗的 HER2 过表达局部晚期或转移性胃癌（包括胃食管结合部腺癌）患者。相关研究成果入选“2021 年中国医药生物技术十大进展”。

2021 年 6 月，上海复星凯特生物科技有限公司研发的阿基仑赛注射液（Yescarta）获批上市，成为中国首款获批上市的 CAR-T 免疫细胞治疗产品。阿基仑赛注射液是一种自体免疫细胞注射剂，此次获批的适应证为大 B 细胞淋巴瘤（LBCL）；适应人群为成人，复发或难治性；适应亚型包括弥漫大 B 细胞淋巴瘤非特指型（DLBCL，NOS）、原发纵隔大 B 细胞淋巴瘤（PMBL）、高级别 B 细胞淋巴瘤（high-grade BCL）、滤泡淋巴瘤转化的弥漫大 B 细胞淋

巴瘤。

2021年7月，海正生物制药有限公司的生物类似药注射用英夫利西单抗获得上市批准。该药品是一种特异性阻断肿瘤坏死因子α（TNF-α）的人鼠嵌合型单克隆抗体，可与TNF-α的可溶形式（sTNF-α）和跨膜形式（tmTNF-α）以高亲和力结合，抑制TNF-α与受体结合，从而使TNF失去生物活性。其适应证为类风湿关节炎、成人及6岁以上儿童克罗恩病、瘘管性克罗恩病、强直性脊柱炎、银屑病和成人溃疡性结肠炎。

3. 疾病预防

2021年2月，成都迈科康生物科技有限公司和上海迈科康生物科技有限公司研发的重组三价轮状病毒亚单位疫苗获批进入临床试验，并于10月启动Ⅰ期临床试验。该疫苗可覆盖90%以上的轮状病毒流行株，是国内首个进入临床阶段的重组轮状疫苗。

2021年2月，中国人民解放军军事医学科学院生物工程研究所与康希诺生物股份公司联合研发的重组新型冠状病毒疫苗（5型腺病毒载体）获批在国内附条件上市。该疫苗使用腺病毒载体技术路线，可同时诱导体液免疫及细胞免疫，是中国第一个获批附条件上市的单剂新冠病毒疫苗。

2021年7月，中国人民解放军军事医学科学院、苏州艾博生物科技有限公司和云南沃森生物技术股份有限公司共同研发的新冠mRNA疫苗（ARCoV）启动了国内Ⅲ期临床试验，ARCoV为我国首个获批开展临床试验的mRNA疫苗。2021年9月启动了ARCoV（ARCoVaX）的国际多中心Ⅲ期临床试验，并于2021年11月获得了新冠mRNA疫苗药品生产许可证。2022年1月24日，ARCoV的Ⅰ期临床结果被发表于*The Lancet Microbe*，显示5种不同剂量组的安全性和耐受性均良好，并能够诱导强烈的体液和细胞免疫反应。

2021年10月，厦门大学联合厦门万泰沧海生物技术有限公司自主研发的国产双价人乳头瘤病毒疫苗（商品名：馨可宁®，Cecolin®）正式通过世界卫生组织预认证，可供联合国系统采购，这是中国第一支通过世界卫生组织预认证的宫颈癌疫苗。

二、工业生物技术

（一）生物催化技术

由于非天然氨基酸通常缺乏自然的合成体系，从微生物资源宝库中挖掘、理解并利用酶，进而发展非天然氨基酸的高效生物合成路径成为这一领域的重大机遇与挑战。2021 年 5 月，中国科学院微生物研究所吴边团队报道了关于蛋白质大尺度计算重设计构筑微生物非天然氨基酸合成平台的突破性研究成果。该团队使用实验室建立的酶计算设计平台，以源自芽孢杆菌的高特异性氢胺化酶为研究对象，精确刻画出酶活性中心与底物之间形成的复杂氢键立体网络，在原子尺度阐明了该酶的反应机制与专一性机制，进而重构了完整的酶活性中心，打破了生物体系内氢胺化反应非天然底物无法兼容的瓶颈，成功创造出超广谱微生物氢胺化反应路径，为合成生物学所需的新型底层生命砌块创造了平台制备体系。该成果被发表在期刊 *Nature Catalysis*。

大多数氧化还原酶必须依赖化学计量的昂贵辅因子 NAD（P）才能发挥其催化功能，在实际应用过程中，必须偶联一个辅酶循环系统（如乳酸脱氢酶 / 丙酮酸钠，醇脱氢酶 / 丙酮等），以减少昂贵辅酶的用量。2021 年 6 月，华东理工大学许建和教授团队报道了氢穿梭自给型酶促级联反应同时合成双羰基石胆酸和 L- 叔亮氨酸的进展。该团队利用工业上具有重要经济效益的合成反应［三甲基丙酮酸（TMP）的还原胺化］替代传统的辅酶循环系统，将其与胆酸（CA）的脱氢氧化反应偶联，构建了自给自足型氢穿梭级联酶促途径，作者将编码各元件酶蛋白的基因进行合理组装和优化适配，建立起高效的微生物合成细胞工厂，通过体内生物转化，可以同时得到 98mmol/L（40g/L）7,12- 双羰基石胆酸和 198mmol/L（26g/L）L- 叔亮氨酸，分离得率分别为 80% 和 65%，时空产率达 768g/（L · 天），辅因子的总转换数（TTN）为 20 363，是之前文献报道最高水平的 13.9 倍。该成果被发表在期刊 *Green Chemistry*。

氟苯尼考因其突出的有效性和安全性，已被多国授权用作兽药，基于醛缩酶或转醛酶合成氟苯尼考手性中间体 L- 苏式 - 对甲磺砜基苯丝氨酸的方法不断被开发。2021 年 6 月，上海交通大学林双君教授团队报道了“一锅酶法”制备氟苯尼考合成的最直接手性中间体的进展，该团队在对转酮酶和转氨酶催化机制和蛋白结构认识的基础上，利用分子对接手段建立了酶 - 底物结合模型，并基于此设计半理性突变策略，翻转了转酮酶的立体选择性，以及转氨酶的对映体偏好性和醛酮选择性，进而偶联转酮酶和转氨酶突变体一锅法合成了末端羟基手性中间体——（1R,2R）- 对甲磺砜基苯丝氨醇，产率可以达到 76%，非对映体选择性最高为 96%de 和对映体选择性＞99%ee，为氟苯尼考的制备提供了最直接的手性中间体。该成果被发表在期刊 *ACS Catalysis*。

蛋白质、核酸和多糖是生物体内重要的、不可或缺的三大类生物大分子，淀粉是高分子碳水化合物，是由葡萄糖分子聚合而成的多糖。2021 年 9 月，中国科学院天津工业生物技术研究所马延和团队首次报道了二氧化碳到淀粉的从头合成，在无细胞系统中建立了从二氧化碳（CO_2）和氢气合成淀粉的化学 - 生化混合途径。人工淀粉合成代谢途径（ASAP）由 11 种核心反应组成，利用化学催化剂将高浓度二氧化碳在高密度氢能作用下还原成一碳（C_1）化合物，然后通过设计构建一碳聚合新酶，依据化学聚糖反应原理将一碳化合物聚合成三碳（C_3）化合物，最后通过生物途径优化，将三碳化合物聚合成六碳（C_6）化合物，再进一步合成直链和支链淀粉（C_n 化合物）。在一个具有时空隔离的化学酶系统中，在氢气的驱动下，ASAP 以每毫克催化剂每分钟消耗 22nmol 的 CO_2 来合成淀粉，比玉米中的淀粉合成速度高出约 8.5 倍。该成果被发表在期刊 *Science*。

庆大霉素作为氨基糖苷类抗生素的经典代表，曾一度是治疗革兰氏阴性细菌感染的首选药物。2021 年 10 月，武汉大学药学院孙宇辉教授团队报道了关于庆大霉素双脱氧催化机制的最新合作研究成果。该团队通过遗传学、生物化学和结构生物学等多学科研究方法，通过对可能涉及双脱氧的 PLP 依赖的转氨酶候选编码基因进行体内遗传敲除，证实了 GenB3 和 GenB4 参与该过程，成功揭示了庆大霉素生物合成中双脱氧修饰的过程和催化机制，完成了曾经抗感

染明星药物庆大霉素复杂生物合成途径的最后一块“拼图”。该成果被发表在期刊 *ACS Catalysis*。

不饱和结构如芳香杂环、苯乙烯衍生物等片段是药物、农用化学品和天然产物中最常见的基团片段之一，在此类片段中引入氘以构建 C（sp2）-D 键，可以快速获取各种生物活性功能分子。2021 年 12 月，浙江大学化学系吴起和浙江工业大学徐鉴团队报道了生物催化不饱和基团的位点选择性氘代反应的进展。该团队筛选得到黑曲霉阿魏酸脱羧酶（AnFdc），其可催化肉桂酸向苯乙烯和 CO_2 的可逆转化。作者通过酶改造提高了其催化能力，通过反应条件优化，考察了利用该突变体制备氘代芳香杂环的底物范围，开发了一种生物催化 HIE 的工艺，可以将氘引入不饱和片段结构中。该成果被发表在期刊 *ACS Catalysis*。

γ- 氨基丁酸（γ-aminobutyric acid, GABA）是一种重要的非蛋白氨基酸，具有多种生理功能。2022 年 1 月，中国科学院天津工业生物技术研究所刘君研究员团队报道了利用动态调控技术高效合成 γ- 氨基丁酸的进展。该团队利用随机 RBS 工程技术在谷氨酸棒杆菌中构建并优化了甘油利用途径，随后在该菌株中重建 GABA 合成途径，通过整合生长时期响应启动子和蛋白降解标签元件，开发了一种可调的生长期依赖性自主双功能遗传开关（GABS），利用该调控技术重构了 GABA 合成代谢网络，最终构建的工程菌株 GABA 产量达到 45.6g/L，产率提升至 0.4g/g 甘油，是目前报道的利用甘油生产 GABA 的最高产量。该成果被发表在期刊 *Metabolic Engineering*。

类囊体膜，作为天然的能量转化模块，具有光能转化效率高、ATP 和 NADPH 共再生能力强、电子传递效率高等优点，是非常理想的可用以解决体外多酶催化系统中 NADPH 和 ATP 能量供应及共再生问题的“绿色引擎”。2022 年 1 月，中国科学院天津工业生物技术研究所朱之光团队报道了利用天然类囊体膜高效驱动体外多酶催化合成聚 3- 羟基丁酸酯（PHB）的进展。以乙酸钠到 PHB 的体外合成为例，引入来自菠菜的类囊体膜，通过光能驱动类囊体膜同时空共再生 NADPH 和 ATP，并偶联一条五酶级联催化产 PHB 的途径，成功构建了一个光能利用与物质转化高效协同的体外多酶催化系统。该成果被发表在期刊 *Angewandte Chemie International Edition*。

手性*N*-取代1,2-氨基醇是许多天然产物和药物的关键结构单元。2022年2月，中国科学院天津工业生物技术研究所朱敦明团队报道了基于C1化合物（甲醛）的“一锅两步”酶法不对称合成手性*N*-取代1,2-氨基醇的新方法。该团队通过挖掘和筛选获得苯甲醛裂解酶PaBAL和高活性且立体选择性互补的亚胺还原酶。在此基础上，作者构建了“一锅两步”酶催化反应体系，以甲醛、简单醛和胺类化合物为底物，合成了光学纯*N*-取代1,2-氨基醇，该团队利用化学－酶催化相结合的方法，从简单醛类化合物邻溴苯丙醛、甲醛及甲胺出发，通过羟甲基化、还原胺化及分子内碳氮耦合反应合成了抗疟和细胞毒性四氢喹啉生物碱的重要前体。该成果被发表在期刊*Angewandte Chemie International Edition*。

三萜皂苷广泛存在于自然界中，具有重要的生物活性，如人参皂苷、甘草酸、黄芪甲苷等。在植物体内，糖基转移酶（GT）是三萜皂苷生物合成途径中的关键酶。2022年2月，北京大学药学院天然药物及仿生药物国家重点实验室叶敏/乔雪团队报道了黄芪三萜糖基转移酶功能及改造的研究进展。该团队以药用植物黄芪为研究对象，从中发现一条新颖的环阿屯烷型三萜糖基转移酶AmGT8，在充分研究其催化功能的基础上，通过同源模建、分子对接等方式，结合半理性设计的策略，以单个氨基酸残基突变的方式成功对其催化功能进行了改造。实现了以三萜为底物的位点选择性改造，为植物UGT的催化功能改造及黄芪皂苷的酶催化合成提供了新的思路。该成果被发表在期刊*Angewandte Chemie International Edition*。

手性α-（杂）芳基伯胺是许多药物和天然产物的核心骨架和常用的合成砌块，α-（杂）芳基酮的直接不对称还原胺化是合成该类化合物最直接的方法。2022年3月，河北工业大学姜艳军教授和刘运亭副教授团队报道了胺脱氢酶在催化α-（杂）芳基烷基酮的直接不对称还原胺化中的进展。该团队通过酶分子挖掘，基于理性设计对酶分子进行定点突变改造，扩大了活性口袋并增加了底物入口的疏水性，从而提高了酶的活性，拓宽了底物谱。作者利用该胺脱氢酶通过一步反应实现了多个药物分子和手性配体关键中间体的规模化制备，最优突变体在底物浓度为1 000mmol/L时，仍具有较好的催化活性，该条件下TON

高达 15 000。该成果被发表在期刊 *Angewandte Chemie International Edition*。

4- 羟基苯乙酸是一种重要的医药、农药和精细化工中间体。2022 年 3 月，中山大学刘建忠教授与华南理工大学黄明涛教授团队报道了人工微生物合成对羟基苯乙酸的新进展。该团队从增强菌株的 4- 羟基苯乙酸耐受性为出发点，采用室温等离子体诱变、适应性进化及基因组改组技术，对菌株进行改造，增加了 4- 羟基苯乙酸的耐受性及产量。其间辅以 4- 羟基苯乙酸生物传感器对菌株进行筛选判定，大幅提升了菌株改造进化的效率，菌株在 2L 发酵罐中进行补料发酵测试验证，4- 羟基苯乙酸产量达 25.42g/L。该成果被发表在期刊 *Metabolic Engineering*。

群勃龙和醋酸群勃龙都属于甾体类药物，后者是前者的酯化衍生物。群勃龙是一种强效的蛋白同化激素，可作为选择性雄激素受体调节剂，用于治疗肥胖和雄激素不敏感综合征。2022 年 3 月，湖北大学生命科学学院、省部共建生物催化与酶工程国家重点实验室李爱涛教授团队报道了一种化学 - 酶法合成群勃龙和醋酸群勃龙的方法。该团队对实验室已有的 P450-BM3 单加氧酶突变体库进行筛选，来选择性地进行甾体的 C11- 羟基化，通过构建并表达 P450-BM3 突变体 LG-23/T438S 和 17β 羟基脱氢酶 17β-HSDcl 的全细胞生物催化剂，通过化学酶法实现了大规模合成群勃龙及其酯化产物醋酸群勃龙的高产工艺。该成果被发表在期刊 *ACS Catalysis*。

具有生物活性的天然产物及其衍生物一直是新药发现的重要来源，然而，由于缺少足够量的供应，一些天然药物及其衍生物难以进一步推进到体内活性测试。2022 年 3 月，武汉大学宋恒团队报道了从头合理设计酶级联反应用于抗抑郁药前药的放大连续生产的进展。该团队利用有机化学逆合成分析思维和蛋白功能模块组装技术从头设计并优化酶级联反应，同时与固定化酶技术相结合，成功实现了抗抑郁药前药 L-4- 氯 - 犬尿氨酸（L-4-Cl-Kyn）及其非天然类似物 L-4- 溴 - 犬尿氨酸（L-4-Br-Kyn）的放大可持续生产，通过 5 次催化循环（250mL/ 次）积累了 370mg L-4-Cl-Kyn 和 365mg L-4-Br-Kyn，几乎是相同酶量下游离酶催化产率的两倍。该成果被发表在期刊 *ACS Catalysis*。

短链二醇（C2-C5 diol）是一类重要的平台化合物，被广泛应用于新型溶

剂、燃料、聚合物、生物制药和化妆品等行业。2022年3月，西湖大学曾安平团队构建了结构多样化二醇生物合成通用途径。该途径可将不同的底物氨基酸转化为对应的二醇，产物二醇的一个羟基（—OH）基团通过氨基酸羟化酶催化底物氨基酸羟基化引入，而另一个—OH基团则利用Ehrlich途径转化底物氨基酸的氨基羧基基团得到。通过筛选具有更高活力的途径酶、增强前体亮氨酸的供给，以及定向进化羟化酶等手段，最终获得的菌株能够在摇瓶水平生产310mg/L IPDO，表明该平台途径具有巨大的潜在应用价值。该成果被发表在期刊*Nature Communications*。

草甘膦是一种被广泛使用的除草剂，全球年产量超过100万吨。2022年4月，福建农林大学生命科学学院高江涛团队报道了利用合成生物学策略成功实现化学农药的绿色合成的进展。该团队利用异源表达及生化方法鉴定了生物合成AMP所需的6个结构基因并研究了其生物合成途径，随后使用启动子-绝缘子-RBS策略来提高链霉菌的AMP产量，发酵浓度达到52mg/L，比原始菌株提高了500倍。此外，该团队还开发了一种将AMP转化为草甘膦的高效实用的化学工艺，最终可在水中进行还原胺化能高效合成草甘膦。该成果被发表在期刊*Nature Communications*。

氮杂环手性胺是很多药物和农用化学品的关键结构单元。2022年4月，高书山、雷晓光、孙周通研究员团队报道了亚胺还原酶IR-G36在烷基化氮杂环手性胺的高效合成中的进展。该团队以*N*-Boc-3-哌啶酮和苄胺为模式底物，对筛选的酶元件进行了理性设计，利用辅因子氢键网络重构策略，显著提高了其催化效率和立体选择性，随后对活性口袋进行改造，利用三轮迭代组合突变策略对优势突变进行组合，获得最优突变体。此外，作者还采用结合蛋白内部氢键网络的重构和“consensus”策略，实现了热稳定性的显著提高（T_m值提高16.2℃）。作者利用最优突变体实现了模式底物的百克级生物转化，在24.9g/L底物浓度下，转化率达到97%，时空产率高达35.3g/（L·天）。该成果被发表在期刊*Angewandte Chemie International Edition*。

在生物催化领域，葡萄糖脱氢酶（GDH）通常作为辅酶再生NAD（P）H从而构建酶偶联的辅因子再生系统，识别底物为D-葡萄糖，其是否能识别非

糖底物有待探究。2022 年 5 月，湖南师范大学王健博团队报道了基于葡萄糖脱氢酶的底物耦合体系的构建及其用于不对称还原的研究。该团队基于半理性设计的定向进化方法进一步拓展了葡萄糖脱氢酶 BmGDH 的底物谱，经过饱和突变，筛选获得了对映选择性增强突变体 DN46-E96Q-H147V（＞99%ee，R 偏好）和对映选择性逆转突变体 DN46-E96Q-I150A-W152L（＞97%ee，S 偏好），成功开发了一种用于不对称合成的双功能 GDH 底物偶联辅因子再生系统。经过对催化机制的深入解析，通过理性设计构建了突变体 DN46-W152G，且成功用于药物（S）- 氯吡格雷的前体（R）-2- 氯扁桃酸甲酯的大规模合成。该成果被发表在期刊 *ACS Catalysis*。

近年来，随着光化学的迅速发展，光化学温和的反应条件和高反应性自由基中间体为酶催化反应类型的拓展提供了更多的可能性。2022 年 5 月，厦门大学王斌举教授和中国科学院深圳先进技术研究院周佳海研究员团队报道了利用光酶策略实现非天然的不对称生物合成的进展。该团队利用“化学模拟”策略，发展了一例新颖的光酶催化分子间不对称自由基共轭加成反应。以 *N*- 羟基邻苯二甲酰亚胺酯为自由基前体，利用其与酮还原酶活性位点中的 NADPH 形成的电子供体 - 受体（EDA）复合物，在光照下产生自由基。随后自由基对 α 合 α 合二取代末端烯烃进行加成得到前手性自由基，最后通过立体选择性的氢原子转移（HAT）构建 α- 羰基手性立体中心。该成果被发表在期刊 *Nature Catalysis*。

S- 普瑞巴林是 γ- 氨基丁酸的结构类似物，作为镇痛、抗惊厥和抗焦虑药物被广泛应用于临床治疗。2022 年 5 月，中国科学院微生物研究所于波研究组开发了一步酶法手性合成 R- 单酰胺的技术工艺。该团队依据底物相似性，筛选来自嗜热脂肪芽孢杆菌的 D- 苯海因酶，随后对酶进行理性设计和改造，获得的三点突变体酶实现了催化环亚胺合成高手性纯度的 R- 单酰胺。该团队采用全细胞催化工艺，在 7L 发酵罐上，产物 R- 单酰胺对环亚胺的摩尔转化率超过 99.0%（质量得率 1.07g/g），手性值 eep 99.8%，分离纯化后获得了高纯度的 R- 单酰胺产品，实验室千克级制备的总体收率大于 93%。经霍夫曼（Hofmann）重排反应，使用制备的 R- 单酰胺合成了高纯度的 S- 普瑞巴林。该成果被发表

在期刊 *Green Chemistry*。

植物来源的天然低热甜味剂（如甜茶苷、莱鲍迪苷等）因具有安全、稳定等优点备受消费者的青睐，目前已被广泛应用于食品和饮品等行业。但植物中甜菊糖苷的丰度低，植物生长具有季节依赖性，且提取过程复杂，这限制了甜菊糖苷的大规模生产。2022 年 6 月，江南大学未来食品科学中心和生物工程学院陈坚院士团队报道了在莱鲍迪苷酵母底盘细胞中从头合成甜茶苷的进展。该团队基于甜茶苷生产底盘，引入莱鲍迪苷合成途径，成功实现了莱鲍迪苷的从头合成，并通过 Rosette 软件对关键限速酶进行半理性设计、表达元件改造与动态调控进行代谢流的优化，最终实现莱鲍迪苷在 15L 发酵罐中产量达到 132.7mg/L。该成果被发表在期刊 *Nature Communications*。

三萜类化合物是大量存在于动物、植物、微生物甚至人体内的有机化合物，到目前为止，所有已知的三萜都被认为是由一种常见的前体角鲨烯产生的。2022 年 6 月，武汉大学药学院刘天罡教授团队的研究成果颠覆了长期以来陆续揭示的“所有三萜化合物都是以角鲨烯为唯一起始单元合成”的固有认知。该团队首次发现丝状真菌来源的 I 型嵌合萜类合酶 TvTS 和 MpMS 的异戊烯基转移酶结构域能够催化异戊烯基焦磷酸（IPP）和烯丙基焦磷酸（DMAPP）缩合生成六聚异戊烯基焦磷酸（HexPP），随后萜类合酶结构域催化 HexPP 环化生成全新三萜骨架。随后的体内基因激活实验和体外酶促反应都证明合成三萜终产物确实是这类酶所为。该成果被发表在期刊 *Nature*。

利用细菌等微生物生产高附加值化学品是引领未来经济发展的重要新兴技术产业，如何提高微生物细胞工厂的生物合成效率是研究者广泛关注的重难点问题。2022 年 6 月，武汉大学袁荃教授团队和刘天罡教授团队合作设计了一种利用长余辉材料来提升微生物细胞工厂高附加值化学品产量的新策略。该团队利用介孔氧化铝长余辉材料吸收太阳光的能量并产生长寿命光生电子，电子传递给工程大肠杆菌后能够显著提高胞内 NADPH 水平，进一步驱动航空燃油法尼烯的合成。在介孔氧化铝和光照的助力下，工程大肠杆菌中法尼烯的摇瓶产量提高了 100% 以上。该成果被发表在期刊 *Angewandte Chemie International Edition*。

二芳基醚作为优效的化合物骨架结构，其在天然产物、化学合成药物、农药和化工材料等方面具有广阔的应用前景。2022 年 6 月，西南大学药学院邹懿和张霄团队报道了多功能硫酯酶结构域催化二芳基醚的非氧化合成的进展。该团队通过详细分析与系统验证，发现了真菌非还原性聚酮合酶 AN7909 的硫酯酶结构域（TE domain）可以罕见地连续催化酯化、Smiles 重排和水解等一系列非氧化反应，高效构建二芳基醚药物骨架。整个催化过程并不需要额外氧化酶的参与，且不需要提供氧化反应辅因子。通过合成一系列底物结构类似物和酶催化活性位点的定点突变等实验，不但揭示了硫酯酶结构域的可能催化机制，而且创新性地实现了碳 - 硫醚键（C-S-C）型二芳基醚骨架的高效合成。该成果被发表在期刊 *Journal of the American Chemical Society*。

（二）生物制造工艺

南京工业大学胡永红教授牵头完成的“典型植物生长调节剂生物制造关键技术研发与应用”成果，荣获 2021 年度中国石油和化学工业联合会技术发明一等奖。该项目突破性采用自主研发的关键共性创新技术，并成功将其应用于 GA4＋7、GA3 等植物生长调节剂，多抗菌素等抗生素，以及生物疫苗等十余种农用生物制品生产中。生物制造解决了生物医药、农业发展、食品添加剂等领域产品的高端制造，主要技术发明点如下：①突破性采用自主研发的荧光探针结合 N＋诱变的高产菌株筛选方法，基于蛋白质组学和纳米抗体电化学分析优化代谢通路，强化系列目标产物代谢途径，发明了菌株恒化培养装置。②首次采用图像在线采集、多阶段发酵和电极高效催化等多个元件系统，实时监控发酵状态，实现高密度培养，提高产物转化速率。③创新性采用发酵与结晶分离过程集成技术，实现了膜分离、结晶工艺及产品成型技术，消除产物抑制，提高产品纯度。发明活菌保护剂，开发活菌制剂等，解决活性低的问题。该项目打破国外关键技术垄断，大幅度提高国际占有量，填补国内技术空白。

中国农业大学江正强教授主持完成的“甘露糖基益生元的功能、高效生产及应用”项目荣获 2021 年度中国轻工业联合会技术发明奖一等奖，通过高通量定向选育技术从 6 000 多菌株中发掘出 4 种新型甘露聚糖酶（RmMan5AM2、

McMan5B、PcMan26A 和 mRmMan134A），具有较强的 pH 适应性和良好的温度稳定性，酶的水解效率高，实现了 4 种甘露聚糖酶高效生产，产酶水平分别达 72 600U/mL、42 200U/mL、25 200U/mL 和 3 680U/mL, 是同类甘露聚糖酶的最高水平，实现了工业化量产。该项目提升了现有甘露糖基益生元生产技术，水解瓜尔胶和魔芋粉浓度分别从 5% 和 20% 提高至 10% 和 30%，获得了 6 种甘露糖基益生元产品；其中，瓜尔甘露寡糖（重均分子量为 1 260Da）、魔芋胶部分水解多糖（重均分子量为 2.2×10^4Da）、决明子甘露寡糖（聚合度大于 6，寡糖含量大于 80%）和香豆胶部分水解多糖（重均分子量为 1 800Da）4 种产品为首创，相较于现有的益生元，具有更好的靶向增殖益生菌等功能活性。

江南大学周哲敏与刘中美团队构建了一株三酶级联菌株，催化马来酸生产 L- 丙氨酸。三酶分别为马来酸异构酶（MaiA）、天冬氨酸酶（AspA）和 ASD 。由于 ASD 是三酶级联反应的关键酶，该团队首先研究和比较了不同来源的 ASD 的酶学特性，并基于辅因子依赖性及与其他两种酶的配合原则，选择了合适的 ASD。另外，通过使用双启动子质粒过表达 MaiA 和 ASD；在宿主染色体上通过替换为 T7 启动子来过表达 AspA。敲除宿主细胞基因组中的两个延胡索酸酶以提高中间体富马酸的利用率。工程菌全细胞催化转化率在 6h 内达到 94.9%，生产率为 28.2g/（L·h），高于已报道的生产率。此外，还建立了基于高密度发酵合成 L- 丙氨酸的催化 - 萃取循环工艺，该工艺产生的废水不到发酵工艺废水的 34%。该研究结果为使用马来酸酐生产 L- 丙氨酸建立了一种新的绿色制造工艺。

浙江工业大学的柳志强团队通过重规划大肠杆菌中心碳代谢流、改造 L- 天冬氨酸 -α- 脱羧酶（L-aspartate-α-decarboxylase，ADC），并通过发酵条件优化将微生物发酵生产 β- 丙氨酸产量提升至 85.18g/L。首先，构建了生产 β- 丙氨酸初始菌株。其次，通过过表达磷酸烯醇丙酮酸羧化酶、删除编码催化 PEP 到丙酮酸酶的 *pykA* 基因以增强磷酸烯醇丙酮酸到重要前体草酰乙酸的代谢通量。同时，引入谷氨酸棒杆菌的丙酮酸羧化酶基因，减少代谢流流向三羧酸循环氧化分支造成的损失。对代谢流完成改造后，β- 丙氨酸摇瓶产量提升至 4.36g/L。为解决由底物诱导导致的 ADC 的机制性失活，研究人员通过

理性改造构建了 ADC K104S 突变体，并使平均时空产率大大提升。最后，研究人员通过优化发酵策略，使用基于 pH 稳态的分批补料发酵，并在发酵过程中添加甜菜碱调节渗透压，同时控制溶氧在 20% 的水平，最终使 β- 丙氨酸发酵效价达 85.18g/L，产率为 0.24g/g 葡萄糖，时空产率为 1.05g/（L·h）。该研究为其工业应用奠定了坚实的基础。

上海交通大学康前进等以白色链霉菌 J1074 为底盘细胞，基于 noso-BGC 构建了完整的杂交莫诺霉素 A 生物合成基因簇（biosynthetic gene cluster of moenomycin A, moe-BGC），在白色链霉菌 J1074 中实现了异源表达，获得了（12.1±2）mg/L 的莫诺霉素 A 产量；并且通过进一步强启动子的重构，提高菌株中所有功能基因的转录水平，使莫诺霉素 A 的产量提高了 58%。此外，通过培养基优化，莫诺霉素 A 的产量进一步提高了 45%，达到（40.0±3）mg/L，推进了莫诺霉素 A 的工业化生产。

（三）生物技术工业转化研究

江南大学张洪涛副教授牵头完成的“微生物发酵生物质碳源产功能聚糖的关键技术与示范”项目成果，荣获 2021 年度全国商业科技进步一等奖。该项目针对纤维质糖难以高效酶解及其水解糖液难以高值生物转化等技术难题，系统开展了纤维素质糖平台技术构建、微生物聚糖（微生物多糖）发酵过程优化与建模、高传质好氧反应器设计等研究，在工业生物技术领域完成了纤维质糖微生物发酵生产功能多糖的技术集成与示范。主要内容包括：①发明了纤维质原料的常压甘油相预处理技术和纤维质底物高效水解的纤维素酶“量体裁衣”式复配定制技术。②开发了以纤维素源可发酵性糖和甘油为碳源的功能微生物多糖发酵技术。③实现了微生物多糖发酵过程的数字孪生建模及模型化控制技术。④研制了针对微生物多糖高黏度特征的耗氧型反应器技术。该项目的产品和技术先后在 3 家企业推广应用，近三年累计新增产值 26 544 万元和新增利润 1 666 万元，取得了显著的经济、社会和生态效益。

南京工业大学合成生物工程实验室的姜岷团队通过基因工程强化解脂耶氏酵母中的乙酸利用途径与脂肪酸合成途径，并结合共底物发酵策略实现了解脂

耶氏酵母利用乙酸高效合成微生物油脂。设计了两种补料发酵策略以减轻发酵体系酸碱变化对菌株生长的不利影响，最终通过乙酸盐-甘油共底物发酵体系与补料分批发酵策略，使得重组解脂耶氏酵母的油脂含量达到41.72%。该方法不仅可以强化酵母细胞的油脂合成能力以应用于能源领域，还可以高效利用价格低廉的乙酸进行细胞生长与产物合成，降低生产成本。该研究为产油酵母利用廉价乙酸生产经济性产物微生物油脂提供了借鉴与指导。

艾美科健（中国）生物医药有限公司自主研发的“关键固定化酶及多酶耦合技术在系列抗生素药物生产中的应用示范”项目获得山东省科技进步二等奖，该项目自主研发的氨基环氧型酶载体树脂，优化制孔体系及骨架结构，得到了亲水性高、固载率高、机械强度好、酶活力高的载体树脂，在国内首次建立了头孢美唑酸的酶法生产工艺，并实现了工业化生成。对头孢菌素酰化酶和氧化酶耦合，使酰化和氧化反应同步进行，实现了7-ACA酶法生成技术由两步法为一步法、D-7-ACA由三酶两步法缩短为两酶一步法的重大突破。以甲基丙烯酸缩水甘油酯、甲基丙烯酸羟己酯为功能单体，以二甲基丙烯酸己二醇酯为交联剂，以表面改性的四氧化三铁纳米粒子为磁性粒子制备了磁性三组分环氧基大孔树脂，用于酶的固定化，实现了载体酶的快速分离。

华东理工大学许建和教授项目团队建立酶法合成万能抗氧化剂“(R)-硫辛酸”的成套工艺，并在全球率先实现产业化。基于酶的构效关系解析和定向进化策略，许建和团队成功将天然羰基还原酶的催化效率提高了960倍，稳定性提高了1940倍，得到高性能的(R)-硫辛酸合成酶催化剂；在化学工艺上，该团队创新地采用“酶-化学偶联法”合成技术，相比于化学全合成工艺，使得产品合成步骤缩短一半，产品收率提高一倍以上，生产成本降低27%，三废排放减少45%。该项目见证了高效酶催化剂从实验室到工业应用的进化之旅。

中国农业科学院饲料研究所与北京首钢朗泽新能源科技有限公司走通将乙醇梭菌蛋白大规模生产之路，推动了乙醇梭菌蛋白由不知名菌体到饲料蛋白质原料的广泛应用。乙醇梭菌蛋白是以分离于兔子肠道的乙醇梭菌为发酵菌种，以含一氧化碳、二氧化碳的钢铁、铁合金、石化炼油、电石、煤化工等工业尾气和氨水为主要原料进行液态发酵培养、离心、干燥而获得的新型单细胞蛋

白，相较于酵母、微藻等单细胞蛋白产品，乙醇梭菌蛋白的生产成本极低。该项研究以含一氧化碳、二氧化碳的工业尾气和氨水为主要原料，“无中生有”制造新型饲料蛋白质资源，将无机的氮和碳转化为有机的氮和碳，实现了从 0 到 1 的自主创新，具有完全自主知识产权。乙醇梭菌相比传统的植物种植生产蛋白质原料效率高 70 万倍，具有很高的营养价值，蛋白质含量高达 80% 以上，氨基酸结构平衡，易于消化；同时具有优异的饲料蛋白质原料加工特性，富含核苷酸等功能性物质，利于改善饲料品质，是一类可广泛应用的优质饲料蛋白源。乙醇梭菌蛋白的大规模生产也有助于改善中国长期以来鱼粉和大豆严重依赖进口的局面。以工业化生产 1 000 万吨乙醇梭菌蛋白（蛋白质含量 83%）计，相当于 2 800 万吨进口大豆（蛋白质含量 30%）。

南开大学的蔡峻老师和天津工业生物技术研究所的张学礼、朱欣娜老师合作报道了代谢改造大肠杆菌高效生产乙醇酸的策略。该研究团队从丙酮丁醇梭菌中引入 $NADP^+$ 依赖型的 3- 磷酸甘油醛脱氢酶 GapC，可以在糖酵解过程中氧化 3- 磷酸甘油醛时生成 NADPH 而不是 NADH，以此解决糖酵解过程中的 NADPH 不平衡的问题；进一步失活了可溶性转氢酶 SthA，通过阻止其转化为 NADH 来保护 NADPH。通过对异柠檬酸脱氢酶（ICDH）进行失活，增加了乙醛酸支路的碳通量，从而提高了乙醇酸的滴度。除此之外，还在以上改造基础（整合 GapC，失活 SthA、ICDH）上，上调了异柠檬酸裂合酶 AceA 和乙醛酸还原酶 YcdW，最终将乙醇酸滴度增加至 5.3g/L，产量为 1.89mol/mol 葡萄糖；优化的分批补料发酵在 60h 后滴度达到 41g/L，产量为 1.87mol/mol 葡萄糖。进一步推动了乙醇酸在纺织、食品加工和制药行业的广泛应用。

江南大学顾正彪教授牵头完成的“淀粉结构精准设计及其产品创制”项目成果，荣获 2020 年度国家技术发明二等奖。该项目立足于调控消化性、功能因子包埋释放性、益生性、黏接性、涂抹性及分散性等，精准设计淀粉分子结构，通过多项技术创新，创制出不同功能特性的淀粉产品。主要技术创新包括：①通过糖苷键比例精准调节、片层结构改造等重组设计淀粉分子，发明了消化性调控和功能因子生物利用度提高的关键技术。②通过精准调控结晶度、设计带电分子和特殊官能团在淀粉颗粒的分布，发明了内外共聚交联控制技

术，首创了热固性淀粉胶黏剂、日化洗护用品淀粉调理剂。③利用自主开发的催化活力高、产物特异性强的新型专用酶，发明了精准酶切设计淀粉结构的技术，运用膜偶联等在线现代分离技术，实现了具有益生功能的环糊精、直链麦芽低聚糖等产品的高效生产。该项目的实施促进了淀粉深加工行业的发展，推动了淀粉应用领域的拓展，提高了相应食品及工业领域的产品质量，满足了产业转型升级和人民美好生活的需求。

江南大学刘元法教授牵头完成的“食品工业专用油脂升级制造关键技术及产业化”项目成果，荣获2020年度国家科学技术进步二等奖。项目针对我国食品工业专用油脂加工制造和产品开发基础理论薄弱的问题，重点构建了结晶网络理论、油脂相容性理论、酶促酯交换规律及机制的基础理论，从分子层面阐明了食品工业专用油脂结晶网络形成机制；发现油脂结晶网络是决定食品工业专用油脂性能的关键，油脂分子相容性是影响结晶网络构建的核心，油脂分子相容性则取决于分子的大小、结构形态差异；明确酶促酯交换是实现油脂不相容分子改造的有效途径，揭示油脂分子酯交换加成机制，完善经典的“乒乓”机制。针对我国高品质食品工业专用油脂制造关键技术与装备完全依赖进口且反式脂肪酸过高的问题，重点攻克了低反式脂肪酸制造技术，开发瞬时低温结晶激冷捏合装备；突破食品工业专用油脂酶促酯交换制备技术，彻底避免反式脂肪酸形成；创新性地聚合电解质引入乳化体系，实现静电自组装高效乳化制造，使加工能耗降低30%、乳化剂用量减少40%；探明激冷瞬时结晶传质传热规律与稳态化参数，联合开发我国首台规模化核心装备激冷捏合机，换热性能优于全球垄断企业，实现瞬时低温结晶，结晶时间15s；实现装备国内市场占有率35%，出口印度尼西亚等国。针对我国传统产品潜在安全风险高的问题，开发了系列健康型产品，推动我国相关加工食品升级换代；开发了零反式脂肪酸人造奶油、低饱和脂肪酸粉末油脂、高油酸煎炸油等“健康型”产品，反式脂肪酸含量下降60%、饱和脂肪酸下降30%，大幅度提高了相关加工食品的安全性，炸薯条的丙烯酰胺含量下降一半以上，达到欧盟食品安全局近期控制目标，显著降低我国居民的反式脂肪酸、丙烯酰胺的摄入，全面推动了我国相关加工食品的升级换代，显著改善了我国居民食品安全状况。

三、农业生物技术

（一）分子设计与品种创制

1. 农作物分子设计与品种创制

自 CRISPR-Cas9 介导的基因编辑技术诞生以来，经历了一系列的改进与革新，包括单碱基变异、引导编辑等，基因编辑在技术上日趋成熟。同时，随着一些重要农艺性状基因基础研究取得进展，基因编辑作物对于保障国家粮食安全、解决日益加剧的世界人口粮食危机表现出了强大的应用潜力。2022 年 1 月，农业农村部制定并公布了《农业用基因编辑植物安全评价指南（试行）》，首次规范农业基因编辑植物的安全评价管理，是我国生物育种技术研发与产业化的里程碑事件，这标志着基因编辑作物在我国正逐步迈入产业化应用阶段。其中，*MLO* 基因编辑抗白粉病小麦及 *IPA1* 基因编辑高产水稻等代表性研究成果，均表现出了商业化应用的潜力。

在作物重要农艺性状的基础研究上，植物免疫的分子基础及豆科植物固氮的分子机制研究取得了多个突破性进展，为相关性状在育种上的应用奠定了重要理论基础。而在农作物分子育种方面，大规模的基因组设计育种和重要粮食作物从头驯化取得了重要进展，特别是二倍体杂交马铃薯品种‘优薯 1 号’的成功创制为马铃薯的遗传育种提供了新思路。

此外，我国在作物种质创新及重大品种创制领域取得了突出进展。2021 年已有 11 个转基因玉米和 3 个转基因大豆获得生产应用安全证书，为推进生物育种产业化应用奠定了基础。利用生物技术结合常规育种方法，培育出‘郑麦 1860’‘农科糯 336’‘中麦 895’‘华浙优 261’等重大品种，推动了高产优质耐逆作物品种的推广应用。

1）作物基因编辑技术的应用研究

中国农业科学院植物保护研究所对现有植物腺嘌呤碱基编辑器进行优化升

级，开发出了全新版本 TadA9，并在水稻主栽品种‘南粳 46’中实现了 4 个除草剂靶标基因的高效共编辑，极大地扩展了单碱基编辑技术在植物中的应用，对植物功能基因组学研究和农作物分子精准育种改良发挥了重大推进作用。研究成果在 2021 年 2 月被发表于 *Molecular Plant*。

中国科学院遗传与发育生物学研究所在植物细胞及个体两个水平上对引导编辑系统的脱靶效应进行了深入和系统的评估，发现引导编辑系统在水稻内源位点鲜有脱靶编辑，且可通过 pegRNA 合理设计提升该系统的特异性。研究成果在 2021 年 4 月被发表于 *Nature Biotechnology*。

中国农业科学院作物科学研究所利用 CRISPR-Cas9 介导的多基因编辑技术，在冬小麦品种‘郑麦 7698’中实现了同时靶向多个基因的定点敲除，为小麦和其他多倍体农作物开展多基因聚合育种提供了重要的技术支撑。研究成果在 2021 年 4 月被发表于 *Molecular Plant*。

安徽农业科学院的研究人员在水稻中建立了基于引导编辑饱和突变的作物重要基因定向进化系统，通过对水稻 OsACC1 的定向进化研究，发现了 16 种与除草剂抗性密切相关的不同氨基酸替换突变，为水稻育种提供了遗传新种质。研究成果在 2021 年 6 月被发表于 *Nature Plants*。

中国科学院遗传与发育生物学研究所在小麦中成功建立了高效、可遗传、不需要组织培养基因组编辑递送系统，为小麦功能基因研究和分子设计育种提供了重要技术支持。华中农业大学发了一种阵列式 CRISPR 文库用于大规模植物基因编辑的方法，并利用此方法创建了靶向敲除 1 072 个水稻类受体激酶的基因编辑材料，为快速鉴定抗病、抗逆相关的基因提供了新资源。研究成果分别在 2021 年 7 月、10 月被发表于 *Molecular Plant*。

中国农业大学与合作者报道了一种“基因敲高”的新策略，并利用此策略大幅“敲高”了水稻内源 *PPO1* 和 *HPPD* 基因的表达水平，赋予了水稻植株除草剂抗性。本研究提供了改变基因表达模式的通用方法，不需要插入人工 DNA，有望开辟基因编辑技术在动植物育种上应用的新领域。研究成果在 2021 年 11 月被发表于 *Nature Plants*。

病原菌需要利用植物内源感病基因侵染植物，因此利用基因突变技术定

向突变感病基因是一种非常有潜力的赋予植物广谱持久抗病性的策略。但由于感病基因本身通常具有重要的生理功能，其突变往往会导致植物生长发育的负面效应，限制了感病基因在抗病育种中的应用。比如，小麦白粉病是由真菌（*Blumeria graminis* f. sp. *tritici*）引起的一种小麦重要病害，前期研究显示，虽然利用基因组编辑技术定向突变感病基因 *MLO* 可使小麦获得对白粉病广谱持久的抗性，但是对应突变体却表现出了早衰、变矮、产量下降等负面表型。2022 年 2 月，*Nature* 杂志在线发表了来自中国科学院遗传与发育生物学研究所和中国科学院微生物研究所的合作研究成果，阐明了一个通过基因编辑获得的新型 *mlo* 突变体 Tamlo-R32，既高抗白粉病又不影响小麦产量的分子机制。Tamlo-R32 突变体是从大量基因组编辑小麦突变体中筛选出来的既抗白粉病又高产的新型 *mlo* 突变体。研究人员发现 Tamlo-R32 突变体基因组的 TaMLO-B1 位点附近存在约 304kb 的大片段删除，该 DNA 片段的删除导致了染色体三维结构的改变，进而提升了上游基因 *TaTMT3* 的表达水平，而提高 *TaTMT3* 的表达水平可以克服因感病基因 *MLO* 突变导致的不利表型。研究人员还在模式植物拟南芥中验证了该结论，在拟南芥中过表达 *TMT3* 同样可以克服 *MLO* 突变导致的不利表型。为了将该研究成果应用于抗病育种，研究人员一方面利用传统杂交和回交的策略将 Tamlo-R32 突变体的抗病性状导入主栽品种中；另一方面利用基因编辑技术直接在小麦主栽品种中创制具有广谱白粉病抗性且生长和产量均不受影响的小麦新种质。两种策略的实际对比表明，相比于传统育种，基因编辑技术可以大幅缩短育种进程，展现了其在现代农业生产中的巨大应用前景。综上，该研究显示通过叠加的遗传改变可以克服感病基因突变带来的不利表型，为作物抗病研究提供了新的理论视角，也为利用感病基因培育抗病作物提供了新路径。

2）重要农艺性状的分子基础

植物为抵抗各类病原菌入侵进化出来了被称为 PTI（pattern-triggered immunity）和 ETI（effector-triggered immunity）两个层次的先天免疫系统。PTI 系统是由病原物相关分子模式 PAMP（pathogen-associated molecular pattern）受到细胞膜定位的模式识别受体 PRR（pattern-recognition receptor）识别而触发

的早期免疫反应。病原体可以利用其分泌的效应因子（effector）突破PTI系统，植物则利用细胞内定位的受体NLR蛋白（nucleotide-binding，deucine-rich repeat protein）感知效应因子，诱导第二层免疫反应系统即ETI途径。前期大量研究显示，PTI和ETI在早期识别和信号转导机制上存在较大区别，因此一般被认为是两个独立发挥作用的过程。

2021年3月，*Nature*杂志在线发表了中国科学院分子植物科学卓越创新中心在植物免疫系统机制研究上的新突破，该研究揭示了植物的PTI和ETI两大类免疫系统在功能和信号转导上存在交互作用，为全面理解植物的免疫系统提供了新视角。中国科学院分子植物科学卓越创新中心的研究人员首先发现拟南芥PRR及其共受体的功能缺失可导致ETI途径受到抑制，提示植物的PTI系统对于ETI系统的完全激活至关重要。经进一步研究发现，PTI系统对于ETI系统激活输出正常的免疫反应，特别是在调控活性氧的产生方面发挥重要作用。活性氧不仅能够直接杀死入侵的病原菌，还可以放大植物其他免疫过程的信号，因而对植物抵抗病原菌入侵具有重要作用。ETI可显著上调呼吸爆发氧化酶同源蛋白D（RBOHD）的转录及翻译，而PTI信号负责该蛋白的磷酸化修饰和完全激活，这意味着RBOHD受到植物的两层免疫系统的协同调控，以实现对入侵病原微生物的快速有效反应。ETI和PTI的这种合作机制保障了植物在面临多种病原菌的侵染时，快速和准确地输出必要的免疫响应。此外，该研究还表明ETI强烈上调PTI的重要信号组分如BAK1、BIK1和RBOHD等的转录和蛋白水平，表明ETI过程可以增强PTI的信号组分，从而整体上调PTI信号通路，诱导更持久的免疫输出。

PTI途径和ETI途径通过互作提高植物免疫能力在水稻中也得到了验证。2021年12月，*Nature*杂志在线发表了中国科学院分子植物科学卓越创新中心在水稻抗稻瘟病机制上的重要研究进展，该研究揭示了水稻免疫受体NLR蛋白通过保护基于“PICI1-蛋氨酸-乙烯”的免疫代谢调控通路，赋予水稻广谱抗稻瘟病的新机制。中国科学院分子植物科学卓越创新中心的研究人员基于植物病理学、分子生物学、蛋白质组学和生物化学等方法，鉴定到去泛素化蛋白酶PICI1，该蛋白酶可通过对蛋氨酸合酶OsMETS的去泛素化提高其稳定性，进而

促进水稻的蛋氨酸－乙烯的合成通路。蛋氨酸是乙烯合成的前体，而乙烯可以激活植物的免疫反应。病原菌受到“PICI1- 蛋氨酸－乙烯”途径抑制后，通过分泌效应蛋白如 AvrPi9 降解 PICI1 而反制 PTI 系统。相应地，植物则通过 ETI 系统的 NLR 类受体蛋白如 PigmR 与病原菌效应蛋白竞争性结合 PICI1，从而保护其免受降解。此外，该研究还表明 *PICI1* 基因的自然变异导致了水稻籼、粳两个亚种的稻瘟病抗性差异。该研究既是展示植物－病原菌之间进行“军备竞赛”的例子，也是植物中 PTI 和 ETI 互作协同调控植物防卫反应的一个例子，该研究成果为通过分子设计培育抗病水稻品种提供了新的基因资源，对降低农药施用、实现绿色农业生产具有重要的理论和实践意义。

2021 年 9 月 30 日，*Cell* 杂志在线发表了中国科学院分子植物科学卓越创新中心在植物抗病分子机制上的重要研究进展，该研究揭示了新的水稻钙离子感受子 ROD1 通过适当抑制水稻免疫水平，平衡水稻抗病性与生殖生长和产量性状的分子机制。该研究通过对水稻抗病资源的筛选，鉴定到 1 个对稻瘟病、纹枯病和白叶枯病均表现出高抗的隐性突变基因 *rod1*。在正常情况下，*rod1* 突变体生长发育迟滞，但在自然病圃条件下，该突变体因为具有显著的抗病性表现出更好的长势和更高的产量。经图位克隆发现，ROD1 是一个 C2 结构域钙感应蛋白，其生物学功能依赖钙离子结合能力，其基因序列和功能在被子植物中高度保守。通过酵母双杂交筛选发现，ROD1 可与过氧化氢酶 CatB 互作，并将其从过氧化物酶体转至质膜。在水稻中敲除 *CatB* 可显著增强免疫反应和抗病性。进一步的生化实验和功能实验表明，ROD1 依赖于其钙结合能力促进 CatB 的酶活，从而降解免疫过程中产生的活性氧。共表达 ROD1 和 CatB 能抑制大麦免疫受体在本氏烟系统中过表达导致的活性氧爆发和细胞死亡。因此，ROD1 和 CatB 构成的 Ca^{2+}- 活性氧信号通路负调控植物免疫，避免过度免疫导致的生长发育迟滞。研究者还发现水稻稻瘟病菌可以通过模拟具有 ROD1 结构的毒性蛋白，利用 ROD1 的免疫抑制途径达到侵染目的。此外，该研究还通过对 260 余份水稻材料的纹枯病抗性分析，从 *ROD1* 中鉴定出 2 个抗病性存在差异的单倍型 $SNP1^A$ 和 $SNP1^C$。抗性鉴定表明，$SNP1^A$ 的免疫抑制能力相对较弱，因而表现出更强的抗病性，且 $SNP1^A$ 对水稻的生长发育和产量无明显影响。因此，

SNP1^{A}单倍型可能对水稻抗纹枯病抗病育种有重要价值。上述研究揭示了一条以钙离子受体ROD1为核心的免疫抑制新通路，以及植物与病原菌利用蛋白质结构模拟介导的协同进化机制，为植物免疫研究和抗病育种提供了重要的启示。

2021年10月，*Science*杂志在线发表了河南大学在豆科植物共生固氮研究领域的重要研究进展。豆科植物与根瘤菌共生形成根瘤，根瘤菌在其中进行共生固氮。共生固氮是自然界生物可用氮的最大自然来源，对农业和自然生态系统的意义重大。共生固氮是一个高耗能过程，需要植物提供大量光合产物。然而，仅有光合产物还不够，光本身也是豆科植物共生固氮的必要条件，但是光信号如何调控根瘤发育和共生固氮一直是长期困扰人们的未解之谜。河南大学的研究表明，光信号关键转录因子HY5（long hypocotyl5）蛋白以及成花素FT（flowering locus T）蛋白的大豆同源蛋白GmSTF3/4（TGACG-motif binding factor 3/4）和GmFT2a/5a在大豆的地上部受蓝光诱导后可移动至根部。在根部中，根瘤菌激活共生信号通路中的蛋白激酶GmCCaMK（calcium- and calmodulin dependent protein kinase），GmCCaMK磷酸化从地上部分转移来的GmSTF3/4，被磷酸化的GmSTF3/4增强了与GmFT2a的互作。GmSTF3/4和GmFT2a互作形成的转录复合物可直接激活根瘤起始相关基因的表达，调控根瘤的形成。该研究揭示了在豆科植物中，地上光信号如何与地下共生固氮信号协同调控根瘤形成的分子机制，为通过分子育种提高大豆共生固氮效率奠定了重要理论基础。

2021年10月，*Science*杂志在线发表了中国科学院分子植物科学卓越创新中心在豆科植物生物固氮机制研究上的重要进展，该研究阐明了豆科植物通过转录因子NLP（NIN-like protein）激活根瘤内豆血红蛋白基因表达，平衡固氮所需氧气微环境的分子机制。豆科植物的根瘤中含有大量由根瘤菌分化而来的具有固氮能力的类菌体。类菌体内的固氮酶将空气中的氮气转变成植物可利用的氨，而豆科植物为根瘤菌提供必需的碳水化合物，从而实现互惠互利。固氮酶需要在低氧环境中工作，而宿主细胞和根瘤菌自身的呼吸作用又需要大量氧气。根瘤细胞通过合成大量的豆血红蛋白来调节氧气浓度，同时满足固氮酶、

宿主细胞与根瘤菌的不同氧气环境需求，但其具体的分子机制尚不清楚。中国科学院分子植物科学卓越创新中心的研究表明，NLP 转录因子家族的成员 NIN 和 NLP2 通过直接结合双重硝酸盐响应元件（double nitrate response element, dNRE）来激活根瘤中豆血红蛋白基因的表达。豆血红蛋白类似人体血液中的血红蛋白，包含了血红素和蛋白质，其在氧气浓度过高时与氧气的结合减少，而其在氧气不足时可将结合的氧气释放供类菌体呼吸。该研究成果为进一步提高豆科植物的固氮能力提供了理论基础，也有助于研究非豆科植物实现自主固氮的新策略，对于节约农业生产成本和保护生态环境具有重大意义。

在作物产量性状方面，北京大学和贵州大学等单位在水稻中引入动物 RNA 去甲基化酶 FTO，实现了对 RNA 修饰 m6A 去甲基化，促进水稻染色质开放，激活多个通路的基因转录活性，进而显著促进了水稻分蘖、根系生长和光合作用，研究成果被发表于 *Nature Biotechnology*。四川农业大学发现抑制 miR168 的表达可同时提高水稻的产量和对稻瘟病的抗性、缩短熟期，表明操纵单一 miRNA 可以改良水稻多个重要农艺性状，研究结果被发表于 *Nature Plants*。华中农业大学克隆了控制玉米穗长、穗粒数的关键基因 *ZmACO2*，该基因参与花序发育进程中内源乙烯的生物合成，研究揭示了内源乙烯生物合成与玉米花序发育和小花育性的关系，有助于实现玉米密植高产的育种目标，研究成果被发表于 *Nature Communication*。

在作物耐非生物逆境胁迫方面，中国农业大学通过对转基因玉米群体的耐寒性筛选，得到调控玉米耐寒性的关键基因 *ZmRR1*，低温胁迫下，ZmRR1 蛋白积累并诱导 *ZmDREB1s* 和 *ZmCesAs* 表达，从而增强玉米的耐寒性；*ZmRR1* 基因 Ser15 位点的自然变异与玉米耐寒性密切相关，研究成果被发表于 *Nature Communication*，为培育耐寒性玉米种质提供了重要遗传靶标。南京农业大学发现 *OsCYB5-2* 调控 *OsHAK21* 介导的 K^+转运，对于盐胁迫条件下维持水稻植株体内的 K^+/Na^+稳态、提高水稻的耐盐性具有重要作用，研究成果被发表于 *PNAS*。

在作物氮高效利用方面，中国科学院遗传与发育生物学研究所发现 Ghd7 转录因子抑制 *ARE1* 基因的表达，从而正调控水稻氮素利用和产量；*Ghd7* 和

*ARE1*单倍型与土壤氮含量密切相关，并在水稻亚群中呈现差异分布趋势，是水稻育种过程中被选择的两个位点；组合*Ghd7*、*ARE1*优异等位基因增加了水稻氮素利用效率和低氮下的稻产量，为培育氮高效材料提供了新的基因资源，研究成果被发表于*Molecular Plant*。

在作物适应性方面，广州大学发现大豆*LUX1*和*LUX2*基因均能与生育期基因*J*相互作用形成SEC（大豆夜间复合体），证实SEC-E1分子调控模块是大豆光周期反应的核心，研究成果被发表在*PNAS*，为开发具有不同开花时间和适应性的大豆新品种提供了新思路。该大学的研究人员进一步利用基因组学、生物信息学和正向遗传学方法，发现了低纬度地区控制大豆开花期的位点*Tof16*，*Tof16*通过直接调控*E1*基因的表达，进而调控大豆的光周期开花。*Tof16*或*J*位点的自然变异是栽培大豆适应热带地区的主要遗传基础；通过将*Tof16*、*J*和*E1*的各种等位变异进行组合，可以对大豆的开花期和产量进行定量，研究成果被发表于*Nature Communication*，为提高热带低纬度地区大豆的适应性和产量提供了新策略。

3）基因组设计育种

2021年6月，*Cell*杂志在线发表了中国农业科学院深圳农业基因组研究所在马铃薯杂交育种领域的突破性进展。作为全球约13亿人口的主食之一，马铃薯是世界上最重要的块茎类粮食作物。与水稻和玉米等主要粮食作物不同，栽培马铃薯是同源四倍体物种，依靠块茎进行营养繁殖。由于四倍体遗传上的复杂性，马铃薯的遗传改良效率低下，进展缓慢。此外，营养繁殖的方式还造成了薯块繁殖系数低、储运成本高、易携带病虫害等长期难以解决的技术问题。而发展二倍体杂交马铃薯则有望解决上述问题。中国农业科学院深圳农业基因组研究所在前期解决马铃薯自交不亲和与自交衰退等技术难题的基础上，通过基因组的大数据分析制定育种策略，建立了成熟的杂交马铃薯基因组设计育种流程，培育出第一代高纯合度（>99%）二倍体马铃薯的自交系和杂交马铃薯品系‘优薯1号’。小区试验显示，‘优薯1号’的亩[①]产可达近3吨，表

① 1亩≈666.7m^2。

现出显著的产量杂种优势。此外，‘优薯 1 号’还具有较高的干物质和类胡萝卜素含量，兼具良好的蒸煮品质。上述研究成果为马铃薯育种开辟了新途径，有望引领马铃薯育种进入精准育种和快速迭代的新阶段。

2021 年 5 月，*Nature Plants* 在线发表了河南大学利用快速渐渗技术平台改良小麦 D 亚基因组遗传多样性的重要研究成果。普通小麦（*Triticum aestivum* L.）为异源六倍体物种，起源于两次杂交和多倍体化，即乌拉尔图小麦（*T. urartu, AA*）与拟斯卑尔托山羊草（*Aegilops speltoides*, SS≈BB）杂交并多倍化，形成四倍体小麦（AABB），四倍体小麦与节节麦（*A. tauschii*, DD）杂交并多倍化，形成异源六倍体小麦（AABBDD）。普通小麦 D 基因组的遗传多样性明显低于 A 和 B 基因组，仅有 A 和 B 基因组的 16% 左右，是小麦遗传改良的重要瓶颈。河南大学首先解析了节节麦种群的遗传多样性，完成了 4 个代表性节节麦的高质量参考基因组组装和解析，对来自全球范围内的 278 份节节麦的种子进行了重测序，通过比较基因组学剖析和发掘节节麦中的基因组变异。随后，通过整合远缘杂交、基因组学、表型组学和快速育种等技术，建立节节麦快速渐渗平台，创制了 85 个节节麦核心种质与‘矮抗 58’等优良小麦品种的人工八倍体群体，实现了节节麦自然群体 99% 的遗传多样性向普通小麦品种的转移，为实现小麦 D 基因组从头驯化打下了系统的方法学和遗传材料基础。

利用覆盖全基因组的高密度遗传标记计算个体的基因组估计育种值（GEBV），被誉为革命性的育种技术，已成为当前国内外育种研究的核心与前沿及跨国公司竞争的焦点。我国科学家在农作物全基因组选择技术研究方面取得了一系列重要进展。扬州大学和美国加利福尼亚大学河滨分校首次整合水稻亲本的表型信息进行杂交种表型的多组学预测，提出了一种高效的交叉验证方法 HAT，利用该方法替代 n-fold 交叉验证评价预测的准确性。整合亲本信息的 9 种模型，AD-All 模型效果最佳，对产量、分蘖数、穗粒数和千粒重的预测力分别平均提高了 13.6%、54.5%、9.9% 和 8.3%。研究成果在 2021 年 2 月被发表于 *Plant Biotechnology Journal*。

中国农业大学和华中农业大学开发了 CropGBM（genomic breeding machines for crops）工具箱，以 Microsoft LightGBM（light gradient boosting machines）为

内核实现基因型到表型的预测，Microsoft LightGBM 是用于分类和回归预测的决策树的集成模型，CropGBM 同时整合了多种常用遗传分析工具，如基因型与表型数据预处理、育种材料遗传结构解析、全基因组选择模型、标记筛选与模块设计、数据可视化等功能模块，构建与集成多个弱学习器（如决策树模型），通过迭代训练获得最优模型，实现了高预测精度、强模型稳定性。研究成果在 2021 年 9 月被发表于 *Genome Biology*。

江苏里下河地区农业科学研究所联合中国农业科学院植物保护研究所、扬州大学收集了江苏省、浙江省和山东省等地大面积推广的 198 份粳稻品种并进行重测序分析，并结合 GWAS 鉴定的产量、味道品质和稻瘟病抗性的主要优势等位基因和全基因组连锁信息结果，提出了实用的和建设性的分子设计改进策略，通过该基因组设计育种策略创制了高产、优质和抗病性状聚合的水稻优良品种。研究成果在 2021 年 10 月被发表于 *Genome Biology*。

生物信息平台建设：随着测序技术不断发展，各类生物基因组数据呈现井喷式增长。基因组大数据时代来临，国内科学家也探讨了深度学习、机器学习和人工智能等最新表型解析的方法，实现了对不同植物器官的自动分类和识别，表型性状的高通量解析。

华中农业大学创建的 Plant-ImputeDB 在线数据库（http://gong_lab.hzau.edu.cn/Plant_imputeDB/）包含 12 种植物（如水稻、玉米、大豆和小麦等）的参考基因组。通过整合不同来源的植物基因型和全基因组重测序数据，收录了来自 34 244 个样本的约 6 990 万个单核苷酸多态性（SNP），具备在线基因型插补、SNP 和基因组区段搜索和下载功能。该数据库作为植物 SNP 基因型插补的在线资源，有利于促进植物基因组研究。研究结果在 2021 年 1 月被发表于 *Nucleic Acids Research*。

华中农业大学构建了用于预测基因组变异调控作用的信息平台 PlantDeepSEA（http://plantdeepsea.ncpgr.cn/），提供 6 种植物基于深度学习的 Web 服务。主要实现两个功能：一个是变异效应器（variant effector），可以预测序列变异对染色质可及性（chromatin accessibility）的影响；另一个是序列探查器（sequence profiler），可通过“计算机虚拟饱和诱变”分析以发现序列中的

高影响位点（如顺式调节元件）。PlantDeepSEA 可以帮助确定具有调控作用的基因组变异优先级，加深对上述原件在不同植物组织作用机制的理解。研究结果被发表于 *Nucleic Acids Research*。

浙江大学构建了植物单细胞转录组数据库 PlantscRNAdb（http://ibi.zju.edu.cn/plantscrnadb/），包括来自 4 种植物（拟南芥、水稻、番茄和玉米）的 128 种不同细胞类型的 26 326 个标记基因。该数据库还可用于探索不同细胞类型和全基因组范围的基因表达，将促进植物单细胞转录组研究数据的共享。研究结果在 2021 年 6 月被发表于 *Molecular Plant*。

华中农业大学构建了表观基因组数据库 RiceENCODE（http://glab.hzau.edu.cn/RiceENCODE/），具有三维染色质相互作用、组蛋白修饰、染色质状态、染色质可及性、DNA 甲基化和转录组数据。其中包含下载的 972 个数据集的原始数据，如 ChIP-seq、FAIRE-seq、MNase-seq、ATAC-seq、ncRNA-seq、RNA-seq、Hi-C 和 ChIA-PET，并使用标准化流程对不同数据类型进行重新处理，将读取映射到 MSU7.0、MH63RS1 和 ZS97RS1 参考基因组，并使用这些数据执行峰值调用、DNA 甲基化信号或相互作用调用，并在 WashU 表观基因组浏览器中对每个文库进行可视化。该数据库可以提供跨物种的不同组织和基因表达调控视图，加强对表观基因组调控过程的理解，促进基于表观遗传的水稻分子设计育种发展。研究结果在 2021 年 10 月被发表于 *Molecular Plant*。

Nucleic Acids Research 发表了中国国家基因组科学数据中心（NGDC，https://bigd.big.ac.cn）的 2021 年进展介绍。NGDC 在单细胞组学研究方面，新开发、更新和增强了一系列资源。其中，OpenLB 模块是一个开放的生物科学图书馆，它提供来自 PubMed、bioRxiv 和 medRxiv 的文献摘要共享。通过对全球数据库的完整列表进行编目，Database Commons 得到了显著更新，并且新部署了 BLAST 工具以提供在线序列搜索服务。

同年，*Genomics Proteomics Bioinformatics* 发表了该中心基因组数据仓库（Genome Warehouse，GWH）的介绍。GWH 是一个公共存储库，其中包含各种物种的基因组组装数据，并提供一系列用于基因组数据提交、存储、发布和共享的 Web 服务。GWH 接受全部和部分（叶绿体、线粒体和质粒）具有不同组

装水平的基因组序列，以及现有基因组组装的更新。对于每个组装，除了基因组序列和注释，GWH 还收集生物项目、生物样本和基因组组装的基因组相关详细元数据。为了存档高质量的基因组序列和注释，GWH 配备了统一和标准化的质量控制程序。截至 2021 年 5 月 21 日，GWH 已收到 19 124 份直接提交，涵盖 1 108 个物种，并已发布了其中的 8 772 份。

4）种质创新及重大品种创制

2021 年，农业农村部批准抗虫棉生产应用安全证书续申请 176 个，新申请 25 个。中国林木种子集团有限公司和中国农业大学研发的抗虫转基因玉米‘ND207’获得北方春玉米区和黄淮海夏玉米区生产应用安全证书，杭州瑞丰生物科技有限公司研发的抗虫转基因玉米‘浙大瑞丰 8’获得南方玉米区生产应用安全证书，北京大北农生物技术有限公司研发的抗虫耐除草剂转基因玉米‘DBN3601T’获得西南玉米区生产应用安全证书；杭州瑞丰生物科技有限公司研发的抗虫耐除草剂转基因玉米‘瑞丰 125’和中国农业科学院作物科学研究所研发的耐除草剂转基因大豆‘中黄 6106’生产应用安全证书范围进一步扩大，‘瑞丰 125’获得黄淮海和西北玉米区的生产应用安全证书，‘中黄 6106’获得北方春大豆区的生产应用安全证书。华中农业大学研发的转基因抗虫水稻‘Bt 汕优 63’和‘华恢 1 号’的生产应用安全证书续申请获得批准。

2022 年初，农业农村部批准抗虫棉生产应用安全证书续申请 17 个。杭州瑞丰生物科技有限公司研发的耐除草剂转基因玉米‘nCX-1’获得南方玉米区生产应用安全证书，中国种子集团有限公司研发的抗虫耐除草剂转基因玉米‘Bt11×GA21’获得北方春玉米区生产应用安全证书，抗虫耐除草剂转基因玉米‘Bt11×MIR162×GA21’获得南方玉米区和西南玉米区生产应用安全证书，耐除草剂转基因玉米‘GA21’获得北方春玉米区生产应用安全证书。至此，国内已有 11 个转基因玉米和 3 个转基因大豆获得生产应用安全证书。

2021 年，我国利用生物技术结合常规育种方法，在水稻、玉米、小麦等重大品种培育方面取得了丰硕的成果。河南省农业科学院培育的优质绿色小麦新品种‘郑麦 1860’入选 2021 中国农业农村重大新产品。‘郑麦 1860’是一个中强筋小麦新品种，实现了高产、节肥、优质、抗病、抗逆等优良性状的结

合，2019 年通过国家审定，并开始在黄淮麦区大面积种植。‘郑麦 1860’于 2019 年被农业农村部质量鉴评为优质面条品种，已成为黄淮南部麦区的主导品种，2021 年收获面积超 500 万亩。

北京市农林科学院玉米研究所培育的‘农科糯 336’等系列高叶酸甜加糯优质鲜食玉米新品种入选 2021 中国农业农村重大新产品。‘农科糯 336’真正实现同一果穗上同时具有甜、糯两种籽粒，形成以糯为主、糯中带甜的特殊品质，糯甜籽粒比例为 3∶1。同时强化了高叶酸营养特性，美味的同时兼具营养价值，叶酸含量高达 347μg/100g，是目前已知叶酸含量最高的玉米品种之一。‘农科糯 336’于 2020 年同时通过国家东华北、黄淮海、西南、东南四大生态区审定，是目前审定区域最多、覆盖范围最广的甜加糯玉米品种之一。

中国农业科学院作物科学研究所联合育成的耐热性突出、高产稳产、优质抗病新品种‘中麦 895’累计推广 5 100 万亩，创造亩均实收 782kg 的高产纪录，成为黄淮麦区耐热高产育种骨干亲本。

中国水稻研究所联合选育的‘华浙优 261’香型优质杂交稻大幅提高了超级稻食味优质化率，是优质、高产、高效、广适性水稻新品种，达到农业行业《食用稻品种品质》标准一级，在第三届中国·黑龙江国际大米节品评品鉴活动中获得了籼米组金奖第一名，在第三届全国优质稻品种食味品质鉴评活动中再次获得籼稻组金奖。

2. 动物分子设计与品种创制

2022 年以来，围绕动物分子设计与品种创制，国内利用全基因组测序、转录组、代谢组、表型组等组学数据分析，持续开展猪、牛、羊重要经济性状形成的遗传解析和基因工程育种研究，发现了一批调控生长发育、肌肉和脂肪代谢、生殖效率、产乳性能、产毛性能和抗病力的功能基因及其调控分子，攻克猪、牛、羊等大家畜基因工程育种的难点和堵点，创立了具有自主知识产权的猪、牛、羊基因工程育种技术体系，创制了一批基因工程猪、牛、羊育种新材料，培育出一批经济性能和抗病力显著提升的猪、牛、羊新品种和新品系，推动我国家畜基因工程育种跃居世界前列。

1）家畜多组学研究和功能基因发掘

近年，在国家相关部门的支持下，我国科学家开展了猪、牛、羊的多组学分析和功能基因的发掘，取得了显著成效。西北农林科技大学构建了第一个山羊和绵羊的基因组图谱，建立了家畜泛基因组变异数据库和功能元件注释平台。阐明了瘤胃、羊毛和羊毛脂形成的遗传基础；在此基础上创立牛、羊功能基因高效鉴定技术，发掘一批经济性状选育的基因标记，其中乳用性状相关基因 18 个、肌肉发育相关基因 17 个、脂代谢相关基因 34 个、生长发育相关基因 20 个、能量平衡调节基因 16 个，应用后加速了牛、羊育种进程，取得了显著的经济和社会效益。

华中农业大学整合表型组、基因组、转录组、表观组、文献组等数据，建立了数据库平台，将上述海量组学数据及结构化的文献组学数据集成为基于生物学网络的多组学数据整合分析系统，为后续实验研究提供了精准靶向验证的目标基因。截至目前，猪整合组学数据库共整理了来自中、英、法、美、韩等 10 多个国家野生和驯化猪的全基因组重测序数据和转录组数据。利用重测序数据鉴定出 37 982 099 条 SNP 及 3 948 947 条 InDels 信息；利用转录组数据对 1 526 个有效样本的 25 881 个基因进行了定量分析，并重现了所有样本涉及的 256 个比较组的差异表达基因分析结果。创建了猪整合组学基因挖掘技术体系，构建了 5 个猪资源群体，开发出猪产肉、饲料转化效率、免疫等性状的新分子育种标记 114 个。

广西大学系统开展了水牛基因组和功能基因解析相关研究，在国际上率先解析了中国沼泽型水牛和印度摩拉水牛染色体级高质量参考基因组，解析了河流型水牛（50 条染色体）和沼泽型水牛（48 条染色体）染色体数目差异的本质是染色体粘连，同时还发现水牛和黄牛染色体数目存在差异也同样是由于染色体粘连或断裂；通过对 15 个国家 30 个地方水牛品系进行基因组重测序，获得迄今全世界最丰富的水牛遗传多样性数据集，为水牛基因组选择育种及优异基因资源的发掘利用提供了基本的素材；同时，该研究还解析了 *OXTR*、*AMD1* 和 *TEADA1*、*HSP90*、*IGF2BP2*、*SCD1*、*BMP1* 等与水牛性格温顺、肌肉生长、抗热应激、个体大小、脂肪酸代谢及繁殖相关功能基因。

兰州大学通过基因组重测序揭示了金川牦牛的驯化程度和选择强度高于其他牦牛品种，其中有 339 个显著正向选择基因。经历了长期的低氧环境自然选择，牦牛的独特基因结构有利于抵御恶劣环境。发现牦牛与响应缺氧、高寒、营养生理、心血管系统和能量代谢有关的基因，如 *ADAM17*、*ARG2*、*MMP3*、*CAMK2B*、*GENT3*、*HSD17B12*、*WHSC1*、*GLUL*、*EPAS1* 和 *VEGF-A* 等。鉴定出牦牛高原适应差异表达基因 4 257 个，与血压调节、活性氧产生、新陈代谢、细胞钙和钾释放、红细胞和淋巴细胞发育有关。发现牦牛肌肉和脂肪组织差异表达的 16 种 mRNA、5 种 miRNA、3 种 lncRNA 和 5 种 circRNA，主要参与低氧适应生理与代谢。从不同海拔的牦牛中鉴定出 756 个 mRNA、64 个环状 RNA 和 83 个 miRNA 差异表达，主要与呼吸代谢、糖胺聚糖降解、戊糖和葡萄糖醛酸转换、黄酮和黄酮醇生物合成、免疫代谢有关。

2）家畜基因工程育种

针对我国猪、牛、羊自主良种培育能力不足、良种基本依赖进口的问题，为尽快提高我国畜牧种业创新水平，实现良种自主供给，在转基因重大专项的资助下，围绕提高肉、奶、毛（绒）生产性能和抗病力，持续开展猪、牛、羊基因工程育种研究，创建了以基因编辑为主体的猪、牛、羊基因工程育种技术体系，创制育种新材料 85 种，培育显著提高肉、奶、毛生产性能和抗病力的新品系 21 种、新品种 8 种，获得一批具有应用前景的原创性成果。其中 11 个种类的新品种、新品系和育种新材料最具代表性。

节粮型高瘦肉率转基因猪。形成目前国际上群体规模最大肌肉生长抑制素（*MSTN*）敲除转基因猪新品种育种群。已研制出 6 种不同基因型的 *MSTN* 基因修饰猪育种新材料；获批环境释放 3 项；*MSTN* 基因编辑湖北白猪和 *MSTN* 基因编辑大白猪达到新品系认定标准。相较于野生型大白猪，*MSTN* 基因编辑大白猪眼肌面积提高了 28.96%，腿臀比提高了 7.08%，胴体瘦肉率提高了 7.48%。

环境友好型转基因猪。获环保转基因猪育种新材料 7 个，获环境释放审批书 1 项，生产性试验审批书 1 项，转基因猪粪磷和粪氮排放分别减少了 34%～52% 和 15%～24%，料肉比降低了 10%～14%，日增重提高了 14%～30%，上市时间缩短 15 天，饲料消耗减少了 10%～15%。

抗病转基因猪。培育出抗繁殖与呼吸综合征、流行性腹泻、猪瘟等重大传染病的抗病猪新品系6个，抗流行性腹泻转基因猪病毒感染率降低了30%～40%，发病率降低了33.4%，抗猪瘟转基因猪病毒感染率降低了35%，存活率提高了100%。抗繁殖与呼吸综合征转基因猪抗病力提升了100%。

功能型乳铁蛋白转基因奶牛。已完成乳铁转基因牛安全证书申报；累计繁育转基因牛401头，达到新品种审定标准；最新一代无标转基因奶牛重组乳铁蛋白表达在10g/L以上，达到国际领先水平；培育种公牛15头，并完成种公牛的注册，具备年繁育5万头以上的推广能力。

高产优质转基因肉牛。培育双肌型*MSTN*基因编辑鲁西牛、蒙古牛和西门塔尔牛3个新品系，获得环境释放审批书，*MSTN*基因编辑牛的生长速度提高了15%～20%，产肉率提高了15%～20%；获得富含多不饱和脂肪酸转基因肉牛育种新材料1个，多不饱和脂肪酸含量提高了20%以上。

人溶菌酶转基因抗乳腺炎奶牛。培育人溶菌酶转基因抗乳腺炎奶牛和人溶菌酶基因编辑抗乳腺炎奶牛2个群体，年均产奶量达到1万千克以上，对乳腺炎的抗病力提高了80%左右。人溶菌酶转基因抗乳腺炎奶牛已完成生产性试验，申报了安全证书，达到转基因牛新品种认定标准，人溶菌酶基因编辑奶牛已完成环境释放，达到转基因牛新品系认定标准。

基因编辑抗结核奶牛。培育*Ipr1*基因编辑抗结核奶牛、*Nramp1*基因编辑抗结核奶牛、人β-防御素3基因定点整合抗结核奶牛和*SP110*基因修饰抗结核奶牛4个育种新材料，基因编辑奶牛抗结核菌的能力提高了60%以上，年均产奶量达到1万千克以上。其中*Ipr1*基因编辑抗结核奶牛已完成环境释放，已达到转基因牛新品系认定标准。

转基因细毛羊。研制出5种不同基因型的超细毛羊育种新材料；其中*IGF1*转基因羊、β-catenin转基因羊和*FGF5*基因编辑羊达到新品系认定标准。成年母羊平均产毛量（4.63±0.56）kg，毛长度（8.94±1.05）cm，分别比对照组提高了20%和16.85%；平均细度（17.33±0.42）μm，羊毛性能达到澳毛的水平。

优质转基因肉羊。培育了高产优质*MSTN*基因编辑肉羊新品系，表现出了典型的“双肌”特征，肌纤维细度降低、密度增加，臀中肌和背最长肌肌纤维

数目分别增加了 66.67% 和 52.08%，臀中肌占胴体重提高了 26.35%，背膘厚度减少了 50%，肉中脂肪含量降低了 25.9%。编辑绵羊 F1 代 20 余只，F1 代群体规模仍在扩大，正在生产 F2 代，具备了产业化推广能力。

高产优质转基因奶山羊。培育了转人乳铁蛋白基因优质奶山羊，群体三个世代达到 65 头，人乳铁蛋白在转基因奶山羊乳腺中表达量达到 0.75g/L，已建立了大规模生产重组人乳铁蛋白的奶山羊生物反应器生产体系。转人乳铁蛋白基因奶山羊达到了转基因生物安全评价生产性试验阶段，生长发育性能、繁殖性能、产奶性能均表现正常，不存在潜在食用安全风险。

抗病转基因羊。培育抗病转基因羊育种新材料 5 种，其中抗乳房炎人溶菌酶转基因山羊进入生产性试验阶段，群体规模 180 余只，乳房炎发病率降低了 59.24%。抗布氏杆菌病 *TLR4* 转基因羊进入环境释放阶段，群体规模达到 200 余只，体内攻菌感染率降低了 20%，在疫区自然感染，感染率降低了 35.7%，羔羊成活率提高了 4.03%。*TLR4* 转基因羊和人溶菌酶转基因羊均达到转基因羊新品系认定标准。

（二）农业生物制剂创制

1. 生物饲料及添加剂

基因编辑技术、合成生物学和计算机辅助设计等前沿学科的快速发展，大大加速了生物饲料及添加剂，特别是饲料用酶和饲用微生物制剂的研发。目前主要的研究方向有两个：一是基于人工智能和大数据的酶分子设计与改良，可以快速、理性、可靠地开发高活性、高稳定性的饲料用酶；二是通过高通量基因编辑技术和合成生物学方法创制新型微生物底盘，包括新型通用饲用酶表达系统和新型饲用微生物制剂。当前，我国已经建立起比较完善的饲料用酶和饲用微生物制剂研发及生产的技术体系，有利于提高我国生物饲料及添加剂产业的创新能力，推动我国畜禽绿色健康养殖的发展。

1）饲料用酶制剂

饲料用酶制剂在我国饲料产业中应用广泛，对解决我国饲料原料短缺、改

善动物健康水平、减少环境污染、提高饲料转化率和动物生长性能等方面具有显著效果。根据中华人民共和国农业部2013年公布的《饲料添加剂品种目录（2013）》及其后续修订公告（截至2021年12月）规定，淀粉酶、α-半乳糖苷酶、纤维素酶、β-葡聚糖酶、葡萄糖氧化酶、脂肪酶、麦芽糖酶、β-甘露聚糖酶、β-半乳糖苷酶、果胶酶、植酸酶、蛋白酶、角蛋白酶、木聚糖酶等14种酶制剂可以作为添加剂在饲料中使用，其中植酸酶是生产和使用量最大的酶制剂。2021年，我国饲料用酶的产量达到26.6万吨，较2020年增长19.0%。其中，直接制备酶制剂13.0万吨，同比减少3.6%；混合型酶制剂大幅增加50%以上，达到13.6万吨。这说明我国饲料用酶制剂特别是混合酶制剂的需求依旧保持强劲增长态势。

虽然目前大多数饲料用酶制剂实现了国产化，但生产和使用过程中还存在一些问题。近年来，围绕饲料用酶知识产权不清、热稳定性低、表达宿主效率低等问题，研究人员持续开展了高性能自主知识产权酶种开发和表达底盘细胞的高通量基因编辑工具构建研究，取得了多个具有应用前景的研究进展。2021年，中国农业科学院北京畜牧兽医研究所率先开发了具有自主知识产权的新型耐高温植酸酶（100℃），该研究以来源于中间耶尔森菌（*Yersinia intermedia*）的植酸酶APPAmut4为材料，结合二硫键、能量计算、共进化、*N*-糖基化位点修饰等理性设计策略，并通过迭代组合突变获得了耐热性能显著提升的植酸酶突变体M14，其能够耐受100℃下25min的沸水处理，且催化效率与APPAmut4相当，完全满足饲料工业需求。此外，在饲料用酶常用表达宿主，如毕赤酵母、芽孢杆菌、丝状真菌等菌株的高效基因编辑工具的建立上也取得了显著进展。来自华南理工大学的研究人员依靠CRISPR-Cas12a/Cpf1工具在毕赤酵母中建立了高效的大片段敲除和多基因整合技术，在进行单基因、双基因及三基因敲除时效率最高可以达到99%、80%和30%，并首次实现了20kb大片段的敲除和多基因的一步整合。高通量基因编辑工具的建立为通用饲用酶表达系统的构建及表达技术的发展奠定了基础。

2）饲用微生物制剂

饲用微生物制剂在我国饲料中的应用主要有两方面：一是直接应用于动物

养殖，发挥维持肠道微生态平衡、增强动物机体免疫力的功效；二是用于青贮饲料的制作，调控青贮发酵过程，有效提高青贮饲料质量，从而间接发挥益生作用。根据《饲料添加剂品种目录（2013）》规定，目前可以在饲料中应用的饲料级微生物添加剂有 35 种，其中 34 种可以用于动物养殖，3 种可以用于青贮饲料。自 2017 年以来，饲用微生物制剂在我国饲料中的应用保持快速增长。2021 年，我国饲用微生物添加剂总产量为 25.1 万吨，是 2017 年总产量的 2.3 倍。其中，直接制备微生物制剂 8.0 万吨，混合型微生物制剂 17.1 万吨，均比 2020 年提升了 15% 以上。

饲用微生物制剂主要通过菌体及其活性代谢产物在畜禽肠道中发挥益生作用，菌种主要有乳酸菌、芽孢杆菌、酵母菌、霉菌及丁酸梭菌，活性代谢产物主要为乳酸、丁酸等。目前我国饲用微生物的用量不断增加，但在使用过程中仍然存在一定的问题，主要表现为产品益生机制不清楚、益生效果较弱、菌种生产性能不稳定。近几年，随着微生物基因编辑技术和合成生物学的发展，针对乳酸菌、芽孢杆菌、酵母菌和霉菌的 CRISPR-Cas9 高效基因编辑工具相继建立，对其关键功能基因及益生机制的研究也逐渐深入。2021 年，中国农业科学院北京畜牧兽医研究所首次在丁酸梭菌中建立了基于 CRISPR-Cas9 和内源 Type I-B CRISPR-Cas 系统的基因编辑工具，在 3 个工业化菌株中均实现了高效转化和基因编辑，效率最高可达 100%。在此基础上，通过系统代谢通路改造，将丁酸梭菌主要益生元丁酸的产量提升了 61.9%，获得了益生效果提升的高性能丁酸梭菌。基因编辑及生物合成技术的发展为揭示益生菌对肠道菌群的调节与免疫调控机制奠定了基础，促进了饲用益生菌的选育及遗传改良进程。

目前，国际局势发展充满不确定性，环境问题、贸易战、俄乌战争等深刻影响着国家粮食供给安全。我国是农产品进口大国，特别是蛋白饲料原料严重短缺，进口依赖度高。因此，如何利用农业生物技术手段，提高饲用蛋白自给率是亟待解决的问题。未来一段时间，一方面，可以利用饲料用酶和饲用微生物将非粮蛋白资源转化为可利用的饲料蛋白，提高饲用蛋白自给率。另一方面，通过合成生物学手段创制氨基酸高产菌株，为低蛋白日粮技术提供优质低廉的必需氨基酸，是减少饲用蛋白用量的重要研究方向。另外，我们要坚持大

饲料观，向微生物要饲料，以微生物细胞为底盘，利用一碳或无机原料高效合成人工饲用蛋白。

2. 生物农药

生物农药是指用来防治病、虫、草、鼠等有害生物的生物活体及其产生的生理或行为活性物质和转基因产物，或者是通过仿生合成具有特异作用的农药制剂，并可以形成商品上市流通的生物源药剂。按联合国粮食及农业组织（FAO）标准，生物农药一般是天然化合物或遗传基因修饰剂，主要包括生物化学农药（信息素、激素、植物生长调节剂、昆虫生长调节剂）和微生物农药（真菌、细菌、昆虫病毒、原生动物或经遗传改造的微生物）两部分，农用抗生素制剂不包括在内。

我国生物农药按照其成分和来源可分为微生物活体农药、微生物代谢产物农药、植物源农药、动物源农药等。按照防治对象可分为杀虫剂、杀菌剂、除草剂、杀螨剂、杀鼠剂、植物生长调节剂等。就其利用对象而言，生物农药一般可分为直接利用生物活体和利用源于生物的生理活性物质两大类，前者包括天敌动物、细菌、真菌、线虫、病毒及拮抗微生物等，后者包括农用抗生素、植物生长调节剂、性信息素、取食抑制剂、保幼激素和源于植物的生理活性物质等。

化学农药滥用造成了生态环境破坏及农产品污染，2015 年中央 1 号文件作出农业发展“转方式、调结构”的战略部署。针对我国化学农药施用过量、化学农药替代品缺乏等问题，2016 年科技部启动了国家重点研发计划“化学肥料和农药减施增效综合技术研发”试点专项。在试点专项等支持下，我国在生物农药分子标靶发现、活体生物农药增效机制、天然生物农药合成技术、生物农药产品创制及商业化等方面取得了一批成果。

1）我国生物农药研发及其靶标研究成果显著

通过功能基因组、功能蛋白组、生物信息学和大数据等的应用，从调控动植物及其病虫重要功能基因出发，采用比较生物学研究靶标生物和非靶生物的功能因子，挖掘潜在生物农药靶标，解析候选靶标的结构与功能、靶标与天然

产物之间的互作关系，为新型生物农药的设计与创制奠定基础。利用基因沉默、基因编辑、生物合成、生物化学等技术，设计新型核酸农药，研发 RNAi、免疫激活蛋白等新机制农药。例如，通过研究作物免疫及生长发育信号调控的分子机制，发现新的免疫信号通路和免疫蛋白及免疫受体，针对免疫蛋白和免疫受体及信号调控受体，创制基于天然产物源及其修饰物的作物生长发育信号调控和免疫诱抗剂。通过构建高通量多靶标生物农药筛选平台，在特殊环境中筛选、挖掘有效防治多种有害生物的生物农药资源，开展生物合成机制研究和菌种改造，发展现代生物发酵工程技术和制剂加工技术。

国内氨基寡糖、毒氟磷、阿泰灵、芸苔素内酯等在内的系列植物免疫诱抗剂已经实现产业化，为控制农作物病虫害提供了新途径。2021 年中科荣信（苏州）生物科技有限公司研发登记了 85% 几丁寡糖素醋酸盐原药（登记证号 PD20211347）和 5% 几丁寡糖素醋酸盐可溶液剂（登记证号 PD20211361），以及 95% 酰氨寡糖素醋酸盐原药（登记证号 PD20211354）和 7.5% 酰氨寡糖素醋酸盐可溶液剂（登记证号 PD20211368）。其中，几丁寡糖素可有效防治植物病毒病，作用机制是诱导激活植物免疫系统，抑制病毒基因表达，控制病毒繁殖，修复植株受害部位，促根壮苗，增强作物抗逆性，实现抗病毒作用；酰氨寡糖素可以诱导植物产生单宁和总酚等抗虫物质，诱导植物抗虫相关基因的表达量上升，抗性相关酶活力升高，达到防虫目的；同时酰氨寡糖素对成虫产卵具有驱避作用。毒氟磷通过激活 HrBP1，启动细胞内水杨酸、茉莉酸和乙烯信号通路，诱导植物产生系统性获得性抗性，从而发挥抗病毒活性，毒氟磷也可以通过抑制 P6 和 P9-1 蛋白的表达来干预 SRBSDV 病毒体蛋白。同期，我国科学家发现昆虫几丁质脱乙酰基酶可催化几丁质脱去乙酰基团生成壳聚糖，在几丁质合成和组装过程中发挥重要功能，其包含参与昆虫表皮几丁质和中肠围食膜几丁质修饰的结构，对昆虫正常生长发育至关重要，因此几丁质脱乙酰基酶被认为是潜在的害虫防治靶标，已经研发出新型的昆虫几丁质合成抑制剂。RNAi 技术是生物农药研究的新方向，被认为是未来植物保护领域的颠覆性技术。RNAi 技术针对水稻、蔬菜、果树、草地等植物重要病虫（包括褐飞虱、灰飞虱、小菜蛾等），发现植物抗虫 RNA 沉默信息流传递的关键路径和作用靶

标。预计在未来5～10年，以RNAi技术为核心的RNA农药将进入研发热潮，我国农药市场上RNAi农药有望实现零的突破。

2）生物农药商业化程度显著提高，登记比例快速上升

我国生物农药总体发展势头良好，在减少化学农药使用、保障农产品质量和生态环境安全及特色农作物的有害生物防控中发挥了重要作用。国家和地方均鼓励发展生物农药，在政策法规上有系列优惠政策。截至2021年11月，以有效状态的农药制剂产品的登记数量测算，我国全部农药产品总数有43 281个，其中生物化学农药624个，占比1.4%；微生物农药542个，占比1.3%；植物源农药283个，占比0.7%。但是仅2021年，我国登记生物农药210个，占全年登记农药的20.8%；其中生物化学农药114个，占全年登记农药的11.3%；微生物农药39个，占全年登记农药的3.9%；植物源农药21个，占全年登记农药的2.1%；生物化学农药增长了近10倍，微生物农药和植物源农药均增长了3倍，生物源农药商业化发展迅速（图3-1）。从登记新品种看，2021年登记农药新品种27个，其中化学农药品种12个，生物农药品种15个。15个生物农药中，杀菌/杀线虫剂7个，占比46.7%；杀虫剂6个，占比40.0%；植物生长调节剂2个，占比13.3%。15个生物农药新品种中，国外公司登记1个，国内机构登记14个。2021年，我国国内登记的21个新有效成分中，17个为生物农药，占81%，拥有绝对优势地位。这些新有效成分包括：解淀粉芽孢杆菌ZY-9-13、贝莱斯芽孢杆菌CGMCC No.14384、杀线虫芽孢杆

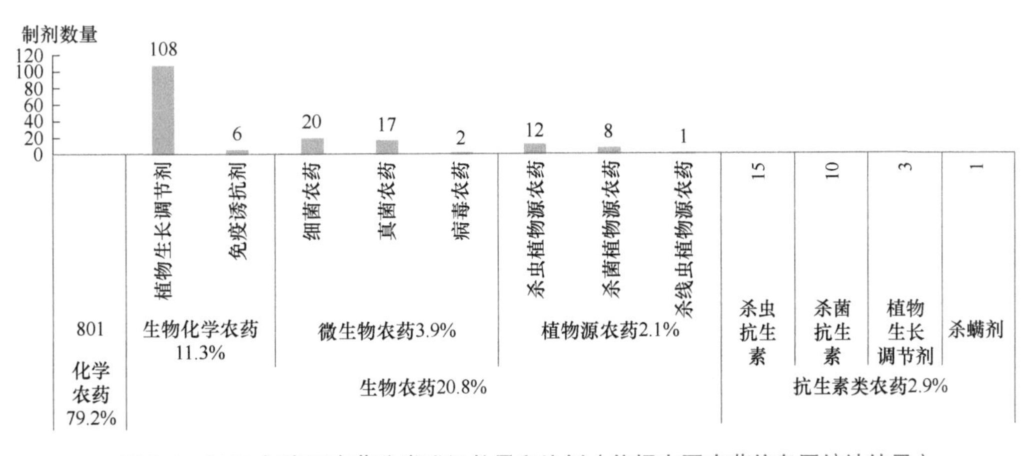

图3-1　2021年我国农药分类登记数量和比例（依据中国农药信息网统计结果）

菌 B16、苏云金杆菌 HAN055、爪哇虫草菌 JS001、爪哇虫草菌 Ij01、球孢白僵菌 ZJU435、哈茨木霉菌 LTR-2、硫酸血根碱、冠菌素、谷维菌素、酰氨寡糖素、几丁寡糖素、白藜芦醇、顺 -9- 十四碳烯乙酸酯、顺 -7- 十二碳烯乙酸酯、顺 -11- 十六碳烯乙酸酯。这表明生物农药日益成为新农药研发创新的重点，未来其在有害生物绿色防控中将愈加重要。

3）生物农药替代化学农药持续推进

生物农药作为一种绿色农药，2015 年农业部（现农业农村部）开始实施“低毒生物农药补贴示范试点”工程和《到 2020 年农药使用量零增长行动方案》，2021 年中央一号文件提出持续推进农药减量增效，倡导建立资源节约型和环境友好型的生态文明和绿色生产模式，积极持续推进生物农药替代化学农药的行动。IHS Markit 公司预计，2020～2025 年，全球生物农药市场将以约 10% 的复合年均增长率增长，至 2025 年，全球生物农药市值将超过 80 亿美元。据此增长率计算，预计 2026 年全球生物农药市场约达 88 亿美元。我国生物源农药年产量（商品量）约 13 万吨，产值约 30 亿元，占农药总产量和总产值近 10%。微生物农药产量居前的 5 个品种分别是苏云金杆菌、枯草芽孢杆菌、棉铃虫核型多角体病毒、金龟子绿僵菌 CQMa421 和多粘类芽孢杆菌 KN-03，约占微生物农药产量的 75%；生物化学农药产量居前的 5 个品种分别为赤霉酸、氨基寡糖素、芸苔素内酯、三十烷醇、14- 羟基芸苔素甾醇，产量约占生物化学类农药的 70%；植物源农药产量居前的 5 个品种分别为苦参碱、樟脑、鱼藤酮、螺威、雷公藤甲素，约占植物源农药产量的 80%。

2021 年农业农村部发布了禁止和限制使用农药名单，其中国内禁止生产销售和使用的农药 46 种，禁止和限制使用农药 23 种，2025 年前将分期分批淘汰涕灭威、灭线磷、水胺硫磷、甲拌磷、甲基异柳磷、克百威、氧乐果、灭多威、磷化铝、氯化苦 10 种化学农药；同时发布了粮食作物重大病虫害防控推荐用药，其中化学农药 50 余种，生物源农药 20 余种；推荐被列入《一类农作物病虫害名录》的病虫防治的药剂中也包含了多种生物农药，如防治草地贪夜蛾的球孢白僵菌、金龟子绿僵菌、苏云金芽孢杆菌等，防治蝗虫的蝗虫微孢子虫、绿僵菌、白僵菌、苏云金芽孢杆菌、苦参碱、印楝素、Z,E-7,9,11- 十二碳

三烯基甲酸酯等。这为持续推进生物农药替代化学农药提供了保障。2021年我国水稻病虫害发生防控中，通过实施昆虫性信息素群集诱杀和交配干扰技术、人工释放稻螟赤眼蜂、短稳杆菌、苏云金杆菌、枯草芽孢杆菌、金龟子绿僵菌、甘蓝夜蛾核型多角体病毒等微生物农药应用技术，显著降低了化学农药的使用，在恢复稻田生态平衡中发挥了重要的促进作用。2022年农业农村部计划重点试验、示范、推广八大类绿色防控技术，包括生态控制技术、免疫诱抗技术、四诱技术（光诱、色诱、性诱、食诱）、防虫网阻隔技术、天敌保护利用技术、生物农药应用技术、干扰交配技术、科学用药技术。例如，重点推广氨基寡糖素类与蛋白质类等植物免疫诱抗剂；大力推广草地贪夜蛾、水稻螟虫性诱剂等性诱产品；重点推广实蝇类蛋白诱剂、棉铃虫利它素饵剂、盲蝽植物源引诱剂、稻纵卷叶螟生物食诱剂和花香诱剂、草地贪夜蛾食诱剂等食诱产品；大力推广苏云金芽孢杆菌、短稳杆菌、枯草芽孢杆菌、白僵菌、绿僵菌、寡雄腐霉、核型多角体病毒、颗粒病毒和质型多角体病毒等微生物农药；推广应用苦参碱、印楝素、除虫菊素、蛇床子素、鱼藤酮等植物源农药；推广应用赤吲乙芸苔、芸苔素内酯、赤霉酸等植物生长调节剂；推广应用井冈霉素、阿维菌素、武夷菌素、春雷霉素、宁南霉素、农抗120、多氧霉素、中生菌素等农用抗生素等。

4）生物农药研发趋势

生物农药既有化学农药无可比拟的优势，可以解决农产品农残超标和环境污染问题，还可以延缓抗药性，对病虫害治标更治本，有利于保护和改善生态环境，但同时也存在见效慢、成本高、适用范围窄、技术要求高等制约因素。要想规避生物农药短板、发展生物农药优势、解决生物农药“叫好不叫座”的问题，生物农药的研发必然从多方面向纵深推进。

第一，深化新技术在生物农药研发中的应用。

一是基因改良技术。微生物是生物技术领域的主要模式生物之一，微生物可以为基因改良技术提供工具酶和基因载体等。微生物也可作为目的基因的受体细胞，将人类所需的基因转入特定的杀虫抗病微生物上，让杀虫抗病微生物表达出人类所需要的性状，这就是杀虫抗病基因改良微生物。当然，也能

以其他天敌动物、植物等作为模式生物，创制新型高效防治病虫害的基因改良生物。

二是全基因组测序技术。全基因组测序是对一种生物基因组中的全部基因进行测序，测定其 DNA 的碱基序列。全基因组测序覆盖面广，能检测个体基因组中的全部遗传信息。通过对有害生物全基因组图谱的绘制，可以从中预测潜在的药物靶点基因，用于后续药物筛选，让开发更高效、低毒的新型生物农药成为可能。对天敌生物全基因组的测序，可以高效推动杀虫抗病毒力基因的鉴定，为明确有害生物与有益生物之间的分子互作及遗传改造并提高有益生物的应用效率等基础及应用研究提供良好的平台。

三是免疫学技术。生物自身具有天然免疫系统。例如，植物通过病原相关分子模式诱导的免疫反应和效应子诱导的免疫反应可激活防卫反应，限制病原物的生长和扩散，植物激素在其免疫抗病反应中起到很重要的作用。明确植物对病原菌的免疫机制，可以创制诱导激活植物免疫系统、抑制病原基因表达、控制病菌生长繁殖、促进植物生长、增强作物抗逆性、实现抗病作用的制剂；明确植物对害虫的免疫机制，可以创制诱导植物产生多种抗虫次生物质、干扰害虫生长发育、抑制害虫取食或产卵等行为的药剂。

四是合成生物技术。利用基因重组技术和基因定位编辑来实现对生命系统的特殊编程并执行特殊的功能，模块化处理代谢途径，优化元器件间的组合搭配，以最优模式来实现活性物质的合成等。动物、植物、微生物体内一些具有特定杀虫、抗病、除草等生物活性的有机物质，人工提取后可被加工成生物农药，但是这些天然产物自然合成量很低。利用合成生物技术，通过解析相关天然产物的生物合成通路，在特定的外源表达系统中构建这个完整的通路，可实现活性化合物的一步合成。

第二，加强高效、广谱、抗逆有益生物的挖掘与遗传改良。

大规模筛选对病虫有效防控的有益生物，建立有益生物库，通过测试其对有害生物的控制作用、遗传稳定性、抗逆性、田间有效性、对非靶标生物的安全性、对环境的影响和持续性等特点，来评价其推广应用前景；同时利用分子生物学与基因工程技术对有益生物在基因层次上进行修改或重组，以达到某种

特定目标，如增强耐逆境的能力、提高毒力，或生产杀虫抗病的特殊产物等。

第三，强化新次生代谢产物发现及其表达调控网络研究。

利用代谢组学等广泛开展植物、动物、微生物的杀虫抗病次生代谢产物的分析和筛选，建立次生代谢产物库，并对重要次生代谢产物的生物合成途径进行深入研究，明确其表达调控网络，为利用生物反应器发酵制备转基因植物细胞或微生物细胞的次生代谢产物，或为开展转基因植物培育生产次生代谢产物等奠定理论和技术基础。

第四，优化生物农药的生产工艺。

优化提高工艺效率是生物农药生产的关键目标，重点在于优化工艺速度、控制成本、增加工艺灵活性，同时保证最终产品的质量。例如，病原微生物发酵生产水平主要取决于菌种本身的遗传特性和培养条件，工艺既要保证产孢数量又要考虑次生代谢产物的分泌量，而且要降低成本，整合上游和下游工艺，朝着更加自动化的方向发展。

第五，加快天然纳米生物农药创新。

利用天然纳米技术和材料研究纳米生物农药制剂。纳米农药制剂有利于改善难溶农药的分散性、提高活性成分的生物活性、控制释放速率、延长持效期、降低在非靶标区域和环境中的投放量，减少残留污染。利用纳米技术对载体材料的结构与功能进行调控，可构建长效缓释纳米载药系统，使农药释放特性与有害生物防控剂量需求相匹配，从而提高农药利用率，减少使用频率。此外，还可以根据有害生物的发生时间、危害周期及其生态环境，构建酶、pH、温度、光等环境因子响应型精准纳米释放技术。

3. 生物肥料

绿色可持续发展是我国农业的基本战略，生物肥料是支撑农业绿色发展的重要投入品，也是我国肥料产业的重要组成部分。2022年5月10日，国家发展和改革委员会印发了《“十四五”生物经济发展规划》，提出在“十四五”时期，我国生物技术和生物产业加快发展，生物经济成为推动高质量发展的强劲动力，生物安全风险防控和治理体系建设不断加强。上述规划要求通过推动生

物农业产业发展提高农业生产效率，发展绿色农业。随着我国农业发展对“绿色化”的需求逐步提高，生物肥料技术与产业发展也呈现加快趋势。

1）生物肥料基础研究取得显著进展，为生物肥料产业发展提供理论支撑

生物肥料功能菌在根际的定殖行为及与植物的互作是其发挥肥效功能的重要基础，近年来，合成生物学等先进技术也被广泛地应用到生物肥料功能菌群的构建中来。这些方面的基础研究进展为我国生物肥料的发展提供了扎实的理论支撑。

2022 年，*PNAS* 发表了南京农业大学关于生物肥料主要菌种芽孢杆菌根际趋化新机制的文章，揭示了芽孢杆菌趋化受体膜远端和膜近端分别感受不同结构与种类的根系分泌物，驱动生物肥料菌种向根系趋化定殖。2022 年，中国农业科学院深圳基因组研究所等在 *Nature Plants* 发表文章报道葫芦科作物根系通过合成、转运和分泌葫芦素调控根际肠杆菌和芽孢杆菌的有益互作，实现对土传病害的高效防控，不仅为分离筛选特定功能菌种提供了指导，也展现了通过育种技术让植物主动招募自然的“生物肥料”到根际定殖的可能前景。2022 年，南京农业大学在 *Nature Communications* 发表文章报道了生物肥料主要菌种芽孢杆菌种间竞争的驱动因子及其生物学机制，发现菌株间次级代谢产物生物合成基因簇的分布特征与其系统发育关系呈现一致性，驱动了菌株间拮抗强度与遗传距离的正相关关系，为理性设计生物肥料中的合成菌群提供了理论依据。2022 年，南京农业大学在 *The ISME Journal* 发表文章报道，开发了以芽孢杆菌和假单胞菌为基础的合成菌群微生物肥料产品，用盆栽实验证实该产品能显著促进植物生长并协助植物耐盐，效果显著优于单菌施用，为设计更高效的生物肥料菌群产品提供了理论指导。

2）国家在全国布局农业微生物资源库建设，为生物肥料产业提供优异生产菌种资源

2019 年 12 月，《国务院办公厅关于加强农业种质资源保护与利用的意见》（国办发〔2019〕56 号）提出开展农业种质资源（主要包括作物、畜禽、水产、农业微生物）全面普查、系统调查与抢救性收集，新建、改扩建一批农业种质资源库，加强农业种质资源保护与利用工作。2020 年 6 月，《农业农村部关于

落实农业种质资源保护主体责任 开展农业种质资源登记工作的通知》（农种发〔2020〕2号）提出在中国农业科学院农业资源与农业区划研究所设立农业微生物种质资源保护与利用中心，负责国家农业微生物种质资源保护单位确定工作。根据布局，2021～2022年，各省都设立了专项资金并纳入财政预算，加大对农业微生物种质资源保护投入力度，改扩建农业微生物种质资源保护平台，加强资源的收集保藏与开发利用。这为包括生物肥料在内的农业生物制剂产业发展提供了强大的菌种资源支撑。

3）生物肥料优异菌种创制取得了新进展，利用合成生物技术构建的生物肥料工程菌株进入环境评估阶段

中国农业科学院生物技术研究所针对联合固氮微生物田间效率低下、应用效果不稳定的天然缺陷，系统解析了固氮菌对外界碳氮信号的响应和转导机制，以及固氮菌与宿主分子对话机制，挖掘和鉴定了一批参与信号感应和固氮基因表达调控的新基因与新途径。在此基础上，采用合成生物技术人工设计了非编码RNA调控模块、根际定殖模块和高效耐铵泌铵模块。通过不同模块的组装优化，成功打破生物固氮系统的铵抑制自然法则，获得了可在100mmol/L铵浓度下赋予底盘高水平固氮酶活的耐铵模块，并提高底盘泌铵能力1.5倍以上，具有巨大的农业应用价值。进一步将人工耐铵泌铵基因模块与作物抗逆模块和氮高效利用模块进行功能偶联，构建了两条新型固氮菌–抗逆作物人工联合固氮体系，获得农业农村部转基因安全中间实验批文6件，于2020～2022在山东东营、四川绵阳开展田间试验，初步结果表明人工固氮体系可减施化肥25%左右。2021年，“人工高效生物固氮技术及农业示范应用”项目参加科技部组织的全国颠覆性技术创新大赛，获“优胜项目”奖。

4）我国生物肥料登记数量稳步增加，产业持续增长

从1996年农业部将微生物肥料产品纳入登记管理范畴以来，截至2022年5月，已有11 362个产品取得农业农村部颁发的肥料登记证；目前仍在有效期内的登记证超过10 073个，其中复合微生物肥料登记产品为1 763个，生物有机肥为2 936个，其他的为微生物菌剂类产品。在菌剂类产品中，近年来新纳入登记的微生物浓缩制剂产品31个，土壤修复菌剂产品68个，有机物料腐熟

剂产品登记数为 334 个。我国现有生物肥料生产企业 3 846 个，年产量超过 3 000 万吨，年产值达 400 亿元以上，生物肥料产业呈持续增长态势。

（三）农产品加工

1. 食品酶工程

酶在农产品加工过程中具有高催化效率、高能量转换效率和可持续性的特点，可实现更高效的生物转化。目前国内食品酶制剂行业存在品种单一、价格昂贵、关键酶长期依赖进口、缺乏具有自主知识产权产品等一系列产业痛点。近年来，国内外利用基因工程、细胞工程、酶工程等技术手段，结合多组学联用技术对食品酶在基因挖掘、转录调控、蛋白质表达和代谢水平的作用机制进行深入研究，取得了一系列成果。

2021 年 3 月，斯坦福大学在 *Science* 杂志上报道了酶温度适应性的分子机制和进化机制。对 2 194 个细菌酶家族的氨基酸序列进行了系统发育分析，确定了与温度相关的关键氨基酸残基，分析了这些残基在系统发育过程中的分布规律。据统计，在 1 005 个酶系中有 158 184 个与催化温度显著关联的相关氨基酸残基，并阐明了它们的温度适应性和可能发生的平行进化。该研究有助于加深人们对酶分子进化的理解，同时对农产品加工用酶的选择及工程化改良具有重要指导意义。

2021 年 8 月，日本 Amano 酶制剂公司在 *Scientific Reports* 杂志首次尝试将漆酶应用于促进蛋白与甜菜根果胶的化学交联，诱导具有较高持水性的凝胶网络结构形成，可显著提高植物基肉饼的感官品质及营养价值。研究人员发现在组织蛋白中添加漆酶和甜菜根果胶，可显著提高植物基肉饼的成型性和黏合能力。与添加甲基纤维素及采用转谷氨酰胺酶处理的对照组相比，漆酶和甜菜根果胶处理后的产品硬度提高了 1.7 倍和 7.9 倍，烹饪损失减少了 8.9%～9.4% 和 6.7%～15.6%，持水性、持油性分别增强了 5.8%～11.3% 和 5.8%～12.4%，植物基肉饼的多汁性增强，且胃蛋白酶体外消化率显著提高。这一技术为植物基肉制品的理化特性、功能性质及营养品质的改善提供了思路和理论参考。

2021 年 12 月，中国农业科学院农产品加工研究所在 *Biotechnology Advances* 杂志上发表了光驱动光催化－酶杂合系统的生物转化，这种系统充分结合光催化和酶催化的优势，具有高催化效率、高能量转换效率和可持续性的特点，可实现更高效的生物转化。第一部分是辅因子介导的混合系统，其中天然 / 人工辅因子充当还原当量，将光催化剂与酶连接起来，用于光驱动酶生物转化。第二部分是基于直接接触的光催化－酶催化杂化系统，包括酶分子上两种不同类型的电子交换位点。第三部分是一种新兴的光催化与生物催化反应的混合模式，实现了光催化与生物催化的级联反应。保证酶活不受破坏是这一系统研究的重点，同时需要对蛋白质工程领域开展深入研究，旨在促进光－酶催化技术在制药、食品加工等领域的应用与发展。

2. 发酵工程

发酵工程是生物技术的重要组成部分，是利用微生物的特殊功能生产有用物质或直接将微生物应用于工业生产的一种技术体系。这项技术包括菌种选育、菌种生产、代谢产物发酵及微生物利用技术等。近年来，在农产品加工领域中，维生素、氨基酸、酵母制剂、微生物多糖和乳酸菌类等产品的开发，均取得了重要进展。

2021 年 10 月，西北农林科技大学在 *ACS Synthetic Biology* 杂志上报道了植物乳杆菌 XJ25 的电转化参数，并基于启动子 P23 设计了 5 个启动子；这些启动子在非应激条件下表现出显著不同的转录活性。评估了这些启动子在体内的活性以及在不同葡萄酒胁迫下对宿主菌株造成的生长负担。带有 X-mCherry 表达框的质粒 pNZ8148（P23-mCherry、trc P23-mCherry、POL1-mCherry、POL2-mCherry、POL3-mCherry 或 POL4-mCherry）呈现一系列菌落颜色（从白色到深粉红色）。优化后的电转化参数和具有不同活性合成启动子的适用性也在几种植物乳杆菌菌株中得到验证。优化的电转化和这些特征化的启动子适合未来在葡萄酒研究中应用。

2021 年 12 月，中国农业科学院农产品加工研究所在 *Food Research International* 杂志上报道中国南方地区发酵鲜米粉理化性质、微生物组成和风

味物质组成。利用气相色谱离子迁移谱（HS-GC-IMS）技术结合 16S RNA 高通量测序技术对我国南方地区 4 省 9 市的 10 种典型发酵鲜米粉的关键和差异风味物质、优势菌群进行了横纵向对比分析，同时对 10 种发酵鲜米粉的基本成分、蒸煮品质、质构性质做了比较和评价。结果表明，总共检测到 54 种挥发性风味物质，其中 1- 辛酮、3- 甲基丁酸乙酯、3- 甲基丁醇、正壬醛、己醛等是 10 种发酵鲜米粉中共同的关键挥发性物质，HS-GC-IMS 的指纹图也显示每种米粉同时有它们自己的特殊风味物质。在属水平上，总共检测出 33 种微生物，其中明串珠菌属（*Leuconostoc*）和乳球菌属（*Lactococcus*）是 10 种发酵鲜米粉中共同的优势属。把排名前 10 的优势菌和 40 种关键风味物质做了相关性分析，共呈现出 171 组强相关关系。此外，10 种发酵鲜米粉在总淀粉、蛋白质、脂肪含量，黏弹性和蒸煮品质等方面也呈现出各自特点。

2022 年 1 月，江南大学在 *Critical Reviews in Food Science and Nutrition* 杂志上报道了传统发酵食品中乳酸菌的生态演替及功能特性。包括研究传统发酵食品发酵过程中乳酸菌的发生、发展和演替过程；进一步总结了 LAB 群落在发酵食品风味形成和风味产生途径中的作用；展示了微生物群落的相互作用和功能及传统发酵食品中的微生物相互作用机制；还讨论了进一步研究发酵食品的前景，重点是生物信息学、组学技术和数据建模、合成微生物群落构建、智能制造和生产安全保障。

3. 生物基材料

生物基材料是指利用农产品副产物等作为原料，经由生物合成、生物加工、生物炼制过程制备得到的产品，也包括生物基聚合物、生物基塑料、生物基化学纤维、生物基复合材料及各类生物基材料制得的制品，在农产品加工副产物领域具有广泛应用。

2021 年 10 月，剑桥大学在 *Nature Communications* 杂志上发表了多尺度自组装方法定制纳米和微尺度结构以制备功能性植物蛋白基柔性膜的方法。该方法先利用乙酸水二元混合物作为环保溶剂，生成浓度高达 10%（*m*/*V*）的前驱体溶液，然后在系统温度降低时进行自组装。随后材料在氢键形成的引导下增

强分子间相互作用，自组装成分子间 β- 折叠丰富的网络，溶剂去除后形成具有优越的光学和机械性能的水不溶膜。这种策略克服了水溶性差的限制，为植物蛋白加工提供了新的机会，并提高了对材料纳米级特性的控制水平。研究者进一步扩展将蛋白质自组装与微光刻技术相结合，形成纳米和微米结构，为纳米级有序材料的生成提供了思路和方向，在材料科学和光子学领域具有广泛的应用前景。

2022 年 4 月，*Science* 杂志在线发表了以新型生物材料保障粮食安全的研究成果。研究人员发现，从纺织业的副产物中提取的丝素蛋白具有成本低廉、安全无毒的特点，并且有着良好的机械强度和结构多态性，因此是制作可食用食品涂层的理想材料。以丝素蛋白为基础的食品涂层有着非凡的屏障性能，可以通过喷雾干燥或浸渍的方式包裹于食物表面，能够减少食品水分蒸发，抑制氧化反应和微生物增殖，防止农产品腐败变质。这项技术可以延长食物保质期，并且减少粮食在储藏过程中的损耗。此外，丝素蛋白还能够作为种子涂层促进作物的生长发育，减少合成化肥和杀虫剂的使用，提高粮食产量。这项技术打开了生物材料促进粮食增产减损的大门，为保障粮食安全提供了思路。

4. 生物合成

合成生物学是新的生命科学前沿，以工程化设计理念对生物体进行有目标的设计、改造乃至重新合成，是从理解生命规律到设计生命体系的关键技术。通过合成生物学，研究人员可以设计和构建新的生物分子成分、途径和网络，并使用这些结构重新编程有机体，以获得工程细胞工厂。农业生产与合成生物学有效结合，既是解决粮食安全与食物营养所存在问题的重要技术，也是克服一些传统加工技术带来的不可持续问题的重要手段。

1）宏量营养素的生物合成

2021 年 4 月，电子科技大学、中国科学院深圳先进技术研究院与中国科学技术大学在 *Nature Catalysis* 杂志报道了合成葡萄糖和油脂的研究成果，通过电催化结合生物合成的方式，将二氧化碳高效还原合成高浓度乙酸，进一步利用

微生物可以合成葡萄糖和油脂。该工作耦合人工电催化与生物酶催化过程，发展了一条由水和二氧化碳到含能化学小分子乙酸，后经工程改造的酵母微生物催化合成葡萄糖和游离脂肪酸等高附加值产物的新途径，为人工和半人工合成“粮食”提供了新的技术。

2021 年 9 月，中国科学院天津工业生物技术研究所在 *Science* 杂志上发表了人工合成淀粉的研究进展。通过设计人工淀粉合成代谢通路（artificial starch anabolic pathway，ASAP），在无细胞系统中利用二氧化碳和氢气成功合成人造淀粉，在淀粉从头合成领域取得重大突破性进展。采用类似“搭积木”的方式，耦合化学催化与生物催化技术，充分发挥化学催化速度快与生物催化可合成复杂化合物的优势，从头设计和构建了从二氧化碳到淀粉合成只有 11 步核心反应的人工途径——ASAP，在实验室中首次实现了从二氧化碳到淀粉的从头合成。初步数据表明该通路比玉米中淀粉的合成速度高约 8.5 倍，理论上 $1m^3$ 大小的 ASAP 无细胞系统生物反应器年产淀粉量相当于约 5 亩玉米地的年产淀粉量。

2021 年 10 月，南佛罗里达大学在 *Nature Metabolism* 杂志上报道了一种与宿主代谢网络正交的 C1（一碳）生物转化合成途径，直接从 C1 单元生成多碳产物。迄今为止，所有人工设计的 C1 生物转化途径都依赖于中枢碳代谢。正交代谢范式可能是一种更为理想的方案，应用更加直接，步骤更少的途径绕过中央代谢并靶向产品，能够规避许多内在的调节机制。该工程化途径基于作者近期报道的 2-羟酰基 -CoA 裂解酶催化的甲酰 -CoA 延伸反应，该反应是甲酰辅酶 A 和含羰基分子之间的酮醇缩合。利用多种链长和不同功能的含羰基受体，包括 C1 化合物甲醛，可生成适用于各种生化过程的酰基辅酶 A。本项工作探索设计了 C1 生物转化的正交代谢途径，拓展了 C1 生物合成多种产品的方法。

2022 年 2 月，中国科学技术大学在 *Nature* 期刊上报道了采用数据驱动策略，开辟出一条全新的蛋白质从头设计路线。蛋白质从头设计的瓶颈问题是如何充分地探索蛋白质主链空间结构，发现新颖的、“高可设计性”主链结构。实验验证了给定主链结构设计氨基酸序列的 ABACUS 模型，进而发展了基于核密度估计（或近邻计数，NC）和神经网络拟合方法，能在氨基酸序

列待定时从头设计全新主链结构的SCUBA模型。“SCUBA模型+ABACUS模型”构成了能够从头设计具有全新结构和序列的人工蛋白完整工具链，是RosettaDesign之外目前唯一经充分实验验证的蛋白质从头设计方法，并与之互为补充。这一研究工作在蛋白质设计这一前沿科技领域实现了关键核心技术的原始创新，为工业酶、生物材料、生物医药蛋白等功能蛋白的设计奠定了坚实的基础。

2）细胞培养肉的生物合成

2021年4月，江南大学在 *Future Foods* 论述了细胞培养肉的生产技术、监管和大众接受等发展趋势及前景。据预测，2050年全球人口总量将超过100亿，届时如何在有限资源下保障人类的食物供给将成为巨大挑战。肉制品作为人类重要的食物和营养资源，千百年来主要通过动物饲养和屠宰方式生产，但随着肉制品消费量的持续攀升，大规模养殖业已导致严重的资源消耗、环境污染、公众健康等问题。此外，非洲猪瘟、禽流感等动物疫病的不定期流行使传统养殖业的负担大大加剧，造成肉制品价格持续大幅波动。该综述首先从地域、产品和融资等方面回顾了全球细胞培养肉企业布局，并从开发无动物源成分的细胞培养基、设计智能生物反应器、制造可食用/可降解三维支架和降低生产成本4个方面论述了细胞培养肉产业化生产的技术挑战。同时，该综述还讨论了细胞培养肉在食品安全评估、监管政策制定、公共接受度方面的现状和挑战，并提出了未来的研究重点和发展策略。

2022年3月，以色列食品科技公司BioBetter在 *Food Control* 杂志上发表了有关细胞培养肉的研究成果。研究人员成功利用烟草植物作为原料提供培养肉细胞发育所需的生长因子。BioBetter公司将烟草植物转化为生物反应器，用于表达和大规模生产培养肉细胞所需生长因子（GF）中的蛋白质。该公司采用蛋白质提取和纯化专利技术，提升了烟草植物的利用效率。同时，该技术能够保证在大规模生产中提供高纯度蛋白质，从而大大降低细胞培养肉生产过程中所需营养因子的成本，为培养肉生产带来巨大效益。

2022年4月，美国塔夫茨大学在 *Biomaterials* 杂志上发表了有关细胞培养肉的研究成果。养殖肉类生产的关键是开发合适的支架。小麦谷蛋白是一种廉

价且丰富的植物蛋白，用其开发的 3D 多孔支架可应用于养殖肉类。基于此，研究人员提出了一种基于水退火的物理交联方法，用于制备多孔麦谷蛋白海绵和纤维取向支架。低成本和食品安全的生产工艺避免了使用有毒交联剂和动物源性细胞外基质（ECM）涂层，表明这种方法是一种很有前景的用于养殖肉类的支架系统。在这项研究中，研究人员使用小麦谷蛋白制备支架的方法，其进展涉及物理稳定而不是化学交联，以及细胞在支架中的增殖和分化，而无须添加 ECM 蛋白或其他外部涂层。这项技术支持利用廉价和丰富的植物资源作为细胞农业应用中的支架材料，低成本和食品安全的生产工艺促进了该技术在养殖肉类生产中的潜在应用。

3）功能因子的生物合成

2021 年 12 月，湖南农业大学在 *Food Chemistry* 杂志上发表合成茶黄素 TFDG 的研究成果，其用来自于巨大芽孢杆菌（*Bacillus megaterium*）的酪氨酸酶 Bmtyrc 为研究对象，采用定向进化的方法获得了催化性能明显优于野生型的突变体蛋白 Bmtyrc-3（N205D/D166E/D167G/F197W）。通过酶学性质分析表明：突变体 Bmtyrc-3 相比野生型，其对 EGCG 和 ECG 的比活力分别提高了 6.46 倍和 4.91 倍，V_{max} 值分别提高了 51.97 倍和 1.95 倍。通过优化突变体 Bmtyrc-3 催化合成 TFDG 最佳条件，Bmtyrc-3 催化合成 TFDG 时空产率可达 35.35g/（L·天），具有潜在的工业化应用价值。

2022 年 2 月，美国斯克里普斯研究所在 *Science* 上报道了将电化学偶联用于萜烯的模块化合成。萜烯类天然产物广泛分布于植物、昆虫、真菌和海洋生物中，表现出多种多样的生物活性，具有重要的生物医学价值。如何高效地合成萜烯化合物引起了合成化学家的广泛关注，但尚无法快速、模块化且立体选择性地合成萜烯。利用银纳米粒子修饰的电极，通过镍催化的电化学 sp^2-sp^3 脱羧偶联反应，实现了从简单模块化合成砌块到萜烯天然产物和复杂多烯的组装。该策略不仅减少了保护基操作、官能团相互转化和氧化还原步骤，还实现了 13 种复杂萜烯天然产物的规模化合成。该研究为具有精确结构控制的多不饱和分子模块化构建提供了一个有效的平台，同时电极修饰也为合成化学家优化困难反应提供了新的可能性。

4）细胞工厂构建

2021 年 10 月，华中农业大学在 *Trends in Biotechnology* 杂志上首次提出“空间位置效应”的概念。为了构建高效的微生物细胞工厂，研究者利用合成生物学与代谢工程策略，对合成基因线路进行设计与优化，并将其导入工业底盘菌株的质粒或基因组中。空间位置效应，即从根据基因组空间结构特点研究“位置效应”产生的原因着手，提出利用 3D 基因组学的研究技术，如染色体构象捕获（chromosome conformation capture 3C）技术及其衍生技术和超高分辨率显微成像技术等，首先揭示了底盘菌株基因组的空间结构特点。在此基础上，再根据染色体排列方向、染色体相互作用结构域特点、与染色体结构保持蛋白结合位点的距离等，理性设计合成基因线路在底盘菌株基因组中的整合位点。这开辟了合成生物学一个新的发展方向，实现了合成生物学与三维基因组学的交叉融合，也意味着合成生物学迈向了三维基因组时代。

2022 年 5 月，中国科学院深圳先进技术研究院在 *Science Advances* 上发表半人工光合体系的研究论文。半人工光合作用是结合生物体系的高产物选择性和半导材料的优异吸光性，能够实现太阳能驱动的燃料分子和化学品生产。基于生物被膜的可工程改造及环境耐受等特性，利用工程改造的大肠杆菌生物被膜的原位矿化作用，构建了一个全新的生物－半导体兼容界面，将半导体纳米材料和细菌进行物理分隔，并基于此实现了从单酶到全细胞尺度上可循环光催化反应，最终发展一种具有可持续性特征的半人工光合作用体系。未来通过进一步改造微生物的代谢通路，可以实现高附加值经济化学分子的生成。由于微生物体系具备自我再生能力，同时生物被膜体系易于放大生产，因此该方法为未来实现可持续的规模化光催化应用提供了新的方向。

5）生物传感器

生物传感器具有高精确度、快速检测、高灵敏度、高特异性和高性价比等特点，是快速检测病原体的有力工具。生物传感器主要由两个部分组成，一个是识别元件，它是一种生物材料（生物受体），能够识别目标分析物并与之结合；另一个是生理化学转换诱导器或检测元件，能够将识别信息转化为可测量的信号。

2021年3月，美国食品药品监督管理局在*Nature Nanotechnology*杂志上报道了采用纳米技术检测手段可提高食品的安全性，提供打击欺诈的新方法。目前，针对食品和农业领域的纳米传感器相关研究很多，但市场上实际应用很少，特别是几乎没有公共卫生机构采用纳米技术方法进行食品分析。研究人员指出，该领域目前正受到技术、监管、政治、法律、经济、环境健康和安全及道德挑战的阻碍，并就如何克服这些挑战提供了建议，包括资助纳米传感器验证、社会科学和专利态势等研究，优先研究和开发专为在非实验室环境中进行快速分析而设计的纳米传感器，并将检测平台的成本和适应性纳入早期设计决策。

四、环境生物技术

根据1919年欧洲生物技术联合会（European Federation of Biotechnology）的定义，环境生物技术是指生物化学、微生物学及工程技术相结合的整合性科学。环境生物技术是生物技术众多分支中最前沿的科研领域之一，兼有基础科学和应用科学的特点，在环境监测、环境污染控制、污染环境治理与恢复、废弃物的处理与资源化利用过程中发挥着日益重要的作用。环境生物技术的主要目标是保护环境中的水体、土壤和大气，最大限度地消除生态风险与隐患，促进自然资源的可持续利用，达到经济、社会与环境的协调发展，以及人与自然的和谐相处。21世纪以来，环境生物技术相关产业也正迅速成为全球经济的新增长点，我国在环境生物技术相关领域中均取得了快速的发展。截至2022年4月，在Web of Sciences数据库中以关键词“environmental biotechnology”进行检索发现：近5年来，我国环境生物技术论文发表数量显著增加，说明在此期间，国内涉及环境生物技术相关领域的科学研究和技术研发均呈现飞速发展的趋势（图3-2）。

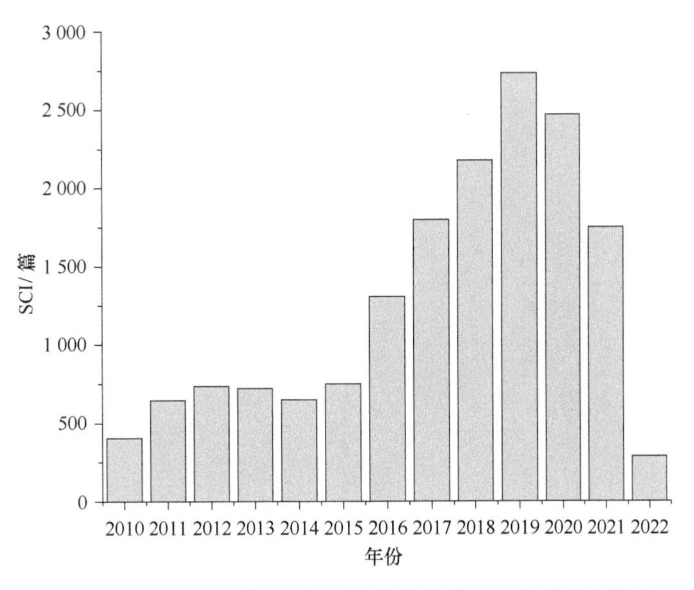

图 3-2 2010～2022（4 月）环境生物技术 SCI 文章发表统计

（一）环境监测技术

环境监测可以分为水质监测、土壤监测、空气监测、固体废物检测、生物监测和生态监测等。生物技术在环境监测中的应用主要是以酶联免疫技术、PCR 技术、电子显微技术、基因差异显示技术、生物传感器、基因探针、生物芯片等现代生物技术对环境进行监测与评价。

2019 年 12 月，一种新型冠状病毒（SARS-CoV-2）在武汉暴发，并迅速在全国多个地区快速传播，已对全球公共卫生安全构成了巨大威胁。新冠肺炎疫情持续蔓延，给环境监测行业整体发展带来深远影响，也带来新的发展机遇。中国科学院生态环境研究中心基于铝盐混凝沉淀法，结合定量 PCR 检测技术，建立了一种可靠、经济、便捷的病毒富集及检测方法，并被纳入《污水中新型冠状病毒富集浓缩和核酸检测方法标准》（WS/T 799—2022），在此基础上，与北京华科仪通过开展深入合作研发出了 HK-8680 水中病毒检测系统（图 3-3），可通过高通量自动化富集水样，实现对水中病毒的监测和预警功能，为疾病预防控制中心、污水处理厂、环境监测站、第三方检测机构等开展病毒检测提供了有力支撑，从而助力完善我国传染病监测预警体系。

贾第鞭毛虫属（*Giardia*）和隐孢子虫属（*Cryptosporidium*）（以下简称“两

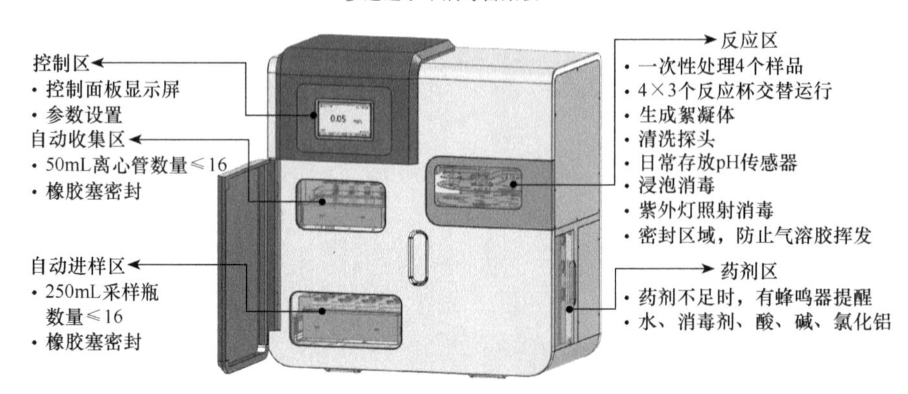

图 3-3 HK-8680 水中病毒检测系统

虫”）是两种严重危害水质安全的、寄生于人和动物体内的致病性单细胞原生动物，主要通过水介传播。“两虫”的孢囊或卵囊具有个体微小、致病剂量低、抵抗环境选择性压力强等特点，因此常规的沉淀、过滤和氯化消毒方法不易将其去除。针对“两虫”的孢囊或卵囊在受生活污水污染的地表水和处理不良的自来水中均可检出的高风险问题，中国科学院生态环境研究中心多年来持续对饮用水中“两虫”检测技术进行研发，完成了全国行业验证评估，开发出“两虫”检测新方法——“滤膜浓缩 / 密度梯度分离荧光抗体法”，并纳入我国《生活饮用水标准检验方法》（GB/T 5750—2022）。在此基础上，与北京华科仪科技股份有限公司开展产业化合作，以降低设备和耗材成本为目标，围绕“两虫”检测方法、仪器研制、自动识别等开展系统研究，成功开发出 HK-8610“两虫”检测自动识别系统（图 3-4）。该成果拥有自主知识产权十余项，

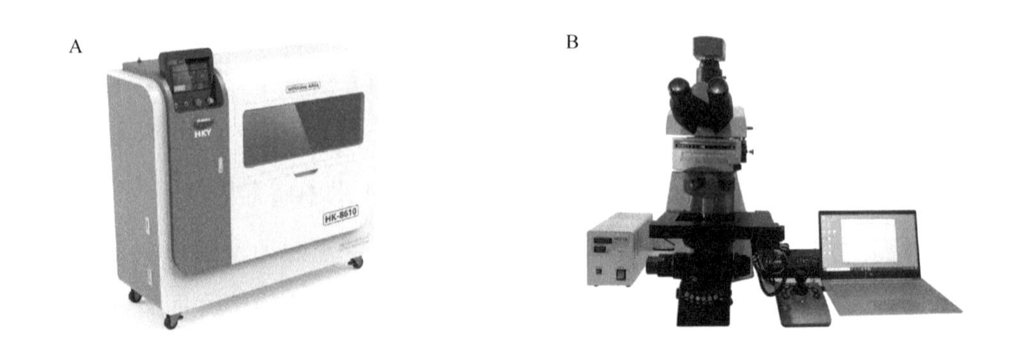

图 3-4 HK-8610“两虫”检测自动识别系统

A．样品富集前处理装置；B．自动识别系统

填补国内技术空白，为我国从“源头”到“龙头”供水安全保障中“两虫”防控提供支持，解决了我国饮用水“两虫”检测过程中检测成本高、人工识别存在主观性、设备及耗材依赖进口等诸多问题。HK-8610“两虫”检测自动识别系统在卫生疾控、供水系统、第三方检测、环境监测等领域具有广阔应用前景。

针对南水北调中线浮游藻类增殖问题及高密度监测预警需求，长江流域水环境监测中心经分析我国水生态自动监测技术与设备现状，厘清核心技术发展滞后要素，研发了浮游藻类智能在线监测技术及设备，其采用深度神经网络特征和专家知识辅助特征检测方法，以代表性藻种为基础，利用卷积神经网络模型及模型参数初始化算法，构建藻类识别模型进行藻类智能识别，并集成自动进样和自动显微拍摄技术，形成浮游藻类自动进样、聚焦、拍摄、筛选、识别等技术一体化的浮游藻类在线监测技术，与国内外同类设备相比，由于采用400倍多景深拍摄与自动合成技术，拍摄清晰度与识别度显著提高。浮游藻类在线监测设备目前已经在长江流域、洱海、南水北调中线总干渠等区域得到推广应用，产生了显著的生态效益、经济效益与社会效益，相关成果在2021年受到新华网、科学网等知名媒体的报道。

2021年以来，太湖水文、气象条件总体有利于蓝藻生长，给太湖安全度夏带来较大压力。这对蓝藻水华监测预警工作提出了更高的要求。为解决常规蓝藻手工监测时间长，不能完全满足太湖蓝藻监测预警工作的现状，江苏省无锡环境监测中心联合东南大学和江苏宏众百德生物科技有限公司，组建“产学研用”的多元化和多学科交叉团队，成功研发了“藻类人工智能快速分析系统”。该系统将AI技术融入藻类分类数据库，并应用于藻类自动鉴定和计数，与人工显微镜镜检法的结果比对具有较好的一致性，同时可以实现样本信息化和存档，技术具有开创性和先进性。2021年以来，该系统已完成太湖“引江济太”“饮用水源地预警”和“夏季蓝藻预警”等项目共计234个样本，检出8门，常见属种53个。该系统提供了“真、准、全、快”的藻类群落数据，较好地完成了“饮用水源地藻类快速监测预警”和“蓝藻水华监测预警”工作，为确保太湖安全度夏提供了有力技术支撑。

2021年，清华大学在水中藻毒素和内分泌干扰物（EDC）污染监测领域取

得了进展。通过复合免疫原策略研制出针对微囊藻毒素和节球藻毒素的广谱特异性单克隆抗体，基于该抗体建立的间接竞争酶联免疫吸附测定方法可以实现对至少 12 种微囊藻毒素变异体和 1 种节球藻毒素变异体的高灵敏检测，对变异体的交叉反应率是目前报道最高水平，且在骆马湖水体藻毒素快速筛查中得到应用，为大面积蓝藻水华的快速、高通量、低成本筛查提供了可行的技术手段。针对水体中 EDC 污染监测问题，开发了一种基于核受体的便携式倏逝波光纤生物传感器，用于环境水样中各种 EDC 的快速效应导向分析。该生物传感器对各种 EDC 均具有较高的灵敏度，通过采用不同的核受体，该生物传感器可实现对不同种类 EDC 的筛查，为环境水体中广泛存在的 EDC 检测提供工具，该技术在我国黄河流域村镇地表水的雌激素活性筛查中得到应用。

2021 年 4 月，辽宁省丹东生态环境监测中心分别对例行监测点位进行了枯水期水生生物监测工作，主要完成了浮游植物、着生藻类、底栖动物、粪大肠菌群、叶绿素 a 的采样和鉴定分析及鱼类、生境等类别的调查工作。此次监测首次在于丰水库出水口点位采集到钩虾、小蜉，在铁甲水库采集到网石蝇清洁种类，体现了点位的生物多样性水平。为保证汛期饮用水源安全，该监测中心对水源地进行了为期一个月的加密监测。监测数据显示，微生物指标全部优于地表水环境质量Ⅲ类水质标准，符合饮用水水源地水质要求。《2021 年辽宁省生态环境监测方案》增加了水库型水源叶绿素 a 的监测，市级水源监测频次为每月一次，县区水源为每季度一次，为尽早发现水库富营养化问题和饮用水源的安全保驾护航。

在气候变化和人类活动的长期共同影响下，海洋生物多样性已经或者正在发生一定的变化。2021 年 10 月 25 日，《中国环境报》以“加强海洋生物多样性监测研究为生态环境高水平保护提供技术支撑”为题报道了青岛市生态环境监测中心在青岛市近岸海域海洋生物多样性环境保护方面的工作，其在青岛全市主要海域及 4 处重要潮间带区域布设了监测点位，每年定期开展海洋浮游生物、底栖生物、潮间带生物专项监测。在组织开展以胶州湾生物质量及海洋沉积物为基础的专项调查中，选取青岛海域的蛤蜊等 3 种贝类开展污染物残留状况调查，并通过 11 项监测指标解读沉积物环境质量状况，采用环境 DNA 宏条形码技术对胶州湾浮游植物群落多样性进行研究，利用扫描电镜技术对部分热

带北迁浮游物种开展亚细胞结构分析及鉴定，科学分析海洋指示物种响应气候变化的规律，为海洋生态多样性保护提供技术支撑。

2021 年 12 月，中国环境监测总站水生态监测评估中心在北京市清河开展了水生生物 DNA 试点监测，共设置 5 个点位，覆盖了清河的上、中、下游，监测内容包括浮游植物 DNA 监测、鱼类环境 DNA 监测和底栖生物样品条形码测定。DNA 监测技术作为一种新兴的水生态监测分析方法，通过获取生物体或环境 DNA 信息，并与条形码数据库进行比对分析，能够反映物种或群落结构，具备快速便捷、高灵敏度等特点，是传统形态学监测的有力补充。目前，该技术受到水生生物条形码库建设、监测数据定量分析应用等方面的限制，在水生态监测评价中具有一定的局限性。总站开展 DNA 试点监测，为探讨 DNA 技术在水生态监测业务化方面的应用和发展积累了工作经验。

（二）污染控制技术

2021 年，是“十四五”规划的开局之年，在《“十四五”规划和 2035 年远景目标纲要》中，48 次提出“绿色”，绿色成为高质量发展的核心。2020 年，中国承诺将用最短的时间实现从“碳达峰”到“碳中和”，并将其写入 2021 年《政府工作报告》，随后在《中共中央 国务院关于完整准确全面贯彻新发展理念做好碳达峰碳中和工作的意见》《国务院关于印发 2030 年前碳达峰行动方案的通知》《关于推进国家生态工业示范园区碳达峰碳中和相关工作的通知》《关于推进中央企业高质量发展做好碳达峰碳中和工作的指导意见》《关于做好“十四五”园区循环化改造工作有关事项的通知》等一系列政策性文件中对工作重点领域和相关行业的实施做出具体安排。同年 7 月，全国碳排放交易市场在上海开市。《中共中央国务院关于深入打好污染防治攻坚战的意见》要求加快推动绿色低碳发展，保卫蓝天、碧水、净土。

2021 年，国家发展和改革委员会、生态环境部等十部门联合印发的《关于推进污水资源化利用的指导意见》中指出，到 2025 年，全国地级及以上缺水城市再生水利用率达到 25% 以上，京津冀地区达到 35% 以上；到 2035 年，形成系统、安全、环保、经济的污水资源化利用格局。在此背景下，“绿色低碳”

已经成为全国水务行业发展的必然选择。北控水务对存量资产通过技术创新实现降能减排，并通过在污水处理池上方加装分布式光伏装置来利用光能源为污水处理厂提供部分电力，进一步实现节能减排。北京首创生态环保集团股份有限公司推出好氧颗粒污泥技术、3Rwater 未来污水处理两项重要低碳技术来实现节能减排的目标。北京城市排水集团有限责任公司发布了《北京排水集团碳中和规划》（2021 年—2050 年）和《北京排水集团碳中和实施方案》，计划到 2025 年，碳排放量和碳排放强度较 2020 年下降 20% 以上。

固定生物膜 - 活性污泥（IFAS）工艺起源于不设置污泥回流的接触氧化法，该法主要通过生物膜上的微生物处理污水，曾被广泛应用。由于 IFAS 工艺具有诸多优势，如占地面积小、污泥产量小、抗冲击负荷能力强，不仅能高效脱氮除碳，还可以调和生物脱氮除磷的泥龄矛盾等。因此，非常适用于活性污泥工艺的升级改造，在我国新建水厂和改、扩建水厂中的应用也有增多的趋势。例如，宁波市某污水处理厂将原曝气池末端改为好氧池，并投加 30% 的聚乙烯流化床填料，填料挂膜稳定后，其对氨氮的处理效率由 67.6% 升高至 86.7%，污泥减量近 30%。此外，部分公司已开始在技术领域布局，比如芽孢杆菌繁殖能力顽强且抗恶劣环境，部分芽孢杆菌在污水中具有好氧反硝化特性，芽孢杆菌具有在同化异化代谢时的除臭能力等，把芽孢杆菌属和其他菌种引入高浓度污水处理及有机固废处理的创新技术越来越成熟。针对污水中不可再生的磷，通过独特的造粒技术制得的吸附颗粒产品，对水中磷采用吸附的办法回收，再对吸附颗粒再生，最后生成磷酸钙资源。因不需要向处理水中添加任何药剂，利用这种方法可以避免处理水中磷浓度过高，也可以作为通用磷回收技术，丰富市场的技术选项。

工业废水处理是当前提升水环境质量的关键环节之一。例如，制药废水排放量大，具有高化学需氧量（COD）、高盐、难降解等特性，是公认的严重污染源。目前常规处理法虽有一定的处理效果，但随着国家制药工业水污染物排放系列标准、《排污许可证申请与核发技术规范 制药工业—原料药制造》（HJ 858.1—2017）、《中华人民共和国环境保护税法》等环保法律法规及标准的实施，以及国家流域水减排持续推进、环保督察常态化环保要求日益严格及人们

对环境的要求不断提高，这些传统处理工艺已无法满足排放及回用要求，因此构建和完善制药工业废水污染控制体系，建立实现抗生素制药废水深度处理与水、盐资源及盐回用集成技术迫在眉睫。中国科学院生态环境研究中心以工业废水中特征污染物的识别为基础，以特征污染物结构与形态的原位调控为技术主线，根据不同行业废水的污染物结构与形态特征建立相应的分类处理技术，构建废水达标与毒性减排相协调的工业废水综合解决方案。揭示抗生素制药废水中细菌耐药性的发生机制，基于抗生素药效官能团易水解的特性，开发了基于固体酸碱催化的强化水解技术和设备，并与常规生化工艺耦合，开创常规污染物和细菌耐药性协同控制的制药废水处理新工艺，保障制药废水的高效、低耗达标排放及细菌耐药性传播阻断，并在河北的两家土霉素生产企业废水处理的升级改造中进行了工程示范，成为世界卫生组织《水、卫生、耐药性导则》（WHO WASH-AMR,2020）制药废水耐药性控制的典范，为工业源抗生素和耐药性风险管控提供科学指导。与新疆伊犁川宁生物技术股份有限公司（以下简称“川宁生物”）开展深度合作，针对目前抗生素制药企业废水处理设施系统出水中，含有难降解的特征污染物和抗生素药物残留及其降解产物和混合盐分等深度消解难的问题，通过分析研究难降解的特征污染物和残留抗生素药物等结构特征，建立了针对制药行业高浓度抗生素有机废水预处理—生物处理—深度处理与水、盐资源及盐回用集成技术，解决了难降解抗生素制药废水深度处理稳定达标与生产循环回用难的问题，并进行了15 000m^3/天处理规模的工程示范及成果转化，有效控制了抗生素残留及特征污染物进入环境水体的潜在风险，保护水环境生态安全，大幅度节约一次水资源、削减废水排污总量、提高流域水环境质量，实现制药行业的绿色发展。

在“碳达峰”“碳中和”的大背景下，我国石油化工、煤化工、污（水）染物处理等产业发展将进入低碳、环保、高效的新阶段，因此，做好废气净化和转化意义重大。废气生物处理是通过微生物代谢作用将废气中的污染物转化为无害或低害类物质。该方法具有工艺简单、处理效果好、二次污染小、运行费用低等优势，已在国内外得到广泛应用。生物除臭技术与其他恶臭气体去除方法相比，具有投资少、操作简便、运行成本低、二次污染小等优点。据统计，

我国近 5 年，生物除臭专利的数量已占历年除臭专利总量的 75% 以上，其中生物洗涤法、生物滴滤塔、生物过滤塔等是污水厂恶臭气体生物净化的主流技术。洗涤－生物－吸附复合除臭技术，通过优化工艺设计，集成多种污染治理技术，提升了除臭系统的整体性能，主要工艺流程是臭气经收集后，先经化学洗涤塔洗涤，喷淋液在填料层中与臭气逆流接触吸收臭气中酸性或碱性组分；然后经生物滴滤塔处理，利用滴滤塔填料中微生物降解臭气中可降解组分，最后经吸附塔吸附处理后排放，该技术入选了 2021 年《国家先进污染防治技术目录》。北控水务集团有限公司以洗涤－生物－吸附复合除臭技术为主要工艺，实施了海口白沙门污水厂（二期）除臭工程，并于 2020 年投入运行，该水厂规模 20 万 m^3/d，除臭气量 15.6 万 m^3/h。应用该技术后各污染物的厂界浓度为：硫化氢≤$0.004mg/m^3$，氨气≤$0.03mg/m^3$，臭气浓度（无量纲）＜10；15m 排放筒臭气浓度（无量纲）＜300。项目总投资 3023 万元，运行费用约 2866.5 元 / 天，有效解决了臭气对周边居民的影响。

我国 40% 水源水库存在由丝状蓝藻生长产生 2- 甲基异莰醇（MIB）导致的水源嗅味问题，影响供水安全，引发用户投诉。中国科学院生态环境研究中心在长期监测调查的基础上，结合实验研究、模型构建等手段，研发了基于产嗅藻生态位特征的水源藻源嗅味的原位绿色控制技术，作为核心内容之一，获得 2021 年度中国科学院杰出科技成就奖（集体）。该技术利用丝状产嗅藻适宜在水体亚表层和底部生长及光在水中呈对数衰减的特点，基于产嗅藻的光阈值通过调节水库水位或消光系数（浊度）可以控制水下光照强度至不利于丝状产嗅藻生长的范围，从而大幅压缩适宜丝状产嗅藻生长的水体区域，达到原位控制水源嗅味的目的。具体来说，研究确定了浮丝藻、假鱼腥藻、拟浮丝藻等典型丝状产嗅藻的光阈值为 4～17μE/（$m^2 \cdot s$），进一步结合水体消光系数可确定水深或浊度阈值。例如，北京密云水库水深小于 7.4m 为高风险区，上海青草沙水库浊度低于约 16NTU 的水库北支区域为高风险区，浙江余姚梁辉水库浊度低于 10NTU 时存在有害藻爆发风险，据此可以通过提升水位或通过增加流量提升浊度达到抑制产嗅藻的目的（图 3-5）。该技术是在研究产嗅藻生长机制基础上形成的，利用水库特征提出针对性的控制技术，从源头阻断饮用水嗅味产生，节

省水厂活性炭应急处理费用，提升饮用水品质，具有重要的社会经济效益。国际专家评价这是“无副作用的嗅味控制方法”，避免了国外采用化学除藻带来的水生态危害。

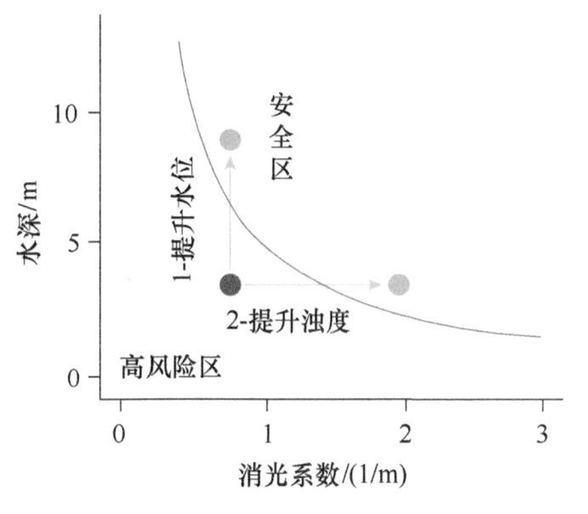

图 3-5 抑藻控嗅技术原理

（三）环境恢复技术

2021 年 11 月，《环境工程技术学报》发表了中国农业科学院农业环境与可持续发展研究所冯烁等基于 Innography 平台对全球生物修复技术相关专利数量、申请人分布、申请人所属国的竞争态势进行分析，结果表明，中国是生物修复技术专利申请数量最多的国家，尤其 2015 年以后我国申请的专利数量呈快速增加趋势，这与我国近年来对专利保护的重视及加大对环境污染修复的投入力度密不可分。全球生物修复技术专利的热点主题分布在污染修复、能耗、水处理等方向，中国专利的热点主题细化到生物修复、生物标记、医疗、废水、生物可用性和重金属等重要领域，且中国的生物修复专利申请人比较分散，说明国内相关行业和机构都开始注重技术创新能力的发展，其中相对于其他企业、高校，中国科学院拥有较强的综合实力（图 3-6）。

进入 21 世纪以来，水环境治理与修复一直是我国环保行业的发展热点，随着全面加大水污染治理力度，我国已全面开启重点流域治理和污水处理设施高速发展的进程。《水污染防治行动计划》（简称《水十条》）要求“到 2030 年，力争全国水环境质量总体改善，水生态系统功能初步恢复。到 21 世纪中叶，生态环境质量全面改善，生态系统实现良性循环”。近 5 年来，中国水污染治理行业市场规模从 2016 年的 5574.6 亿元增长到 2020 年的 10 691.3 亿元人民币，复合年均增长率达 17.7%；未来，预计中国水污染治理行业市场规模在 2025 年将达到 24 486.7 亿元人民币，复合年均增长率达 18.0%（资料来源：中研网《2022 水环境治理行业前景及现状分析报告》）。

白洋淀是华北平原上最大的淡水湖，白洋淀广阔的水面和沼泽湿地对维护华北地区生态系统平衡、调节河北平原乃至京津地区气候、补充地下水源、调

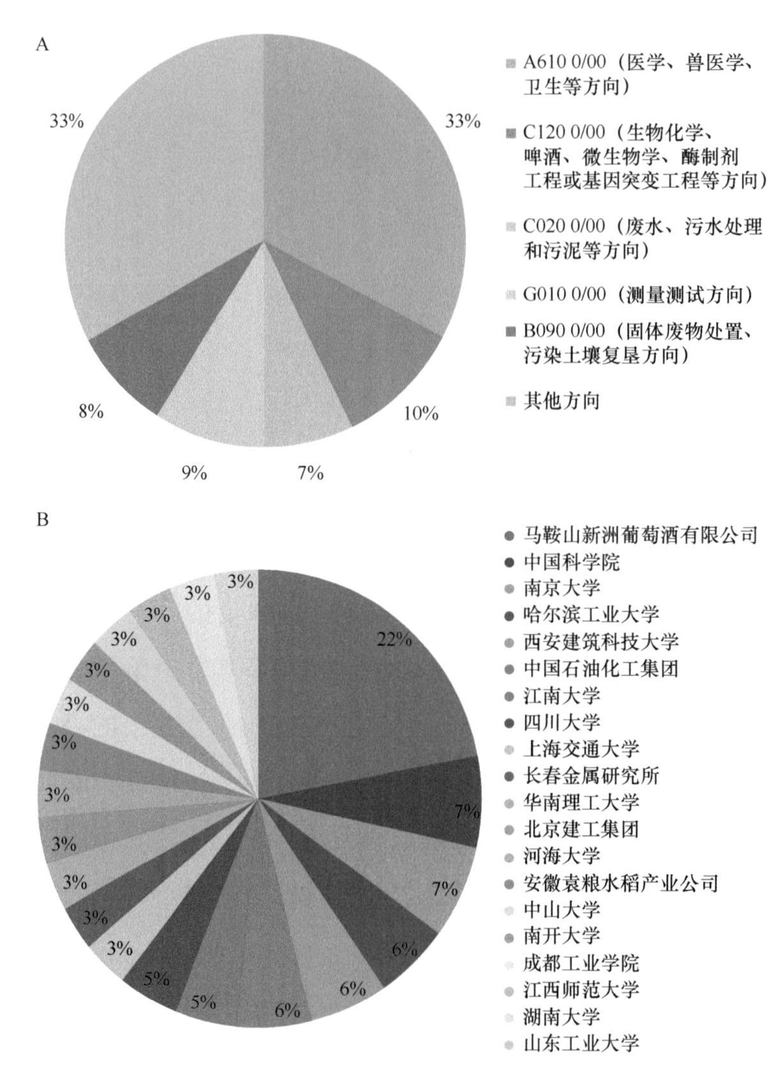

图 3-6　截至 2020 年年底全球生物修复专利技术主要领域分布（A）及中国专利中不同专利权人占比（B）

资料来源：中国农业科学院农业环境与可持续发展研究所　冯烁等

蓄洪水，以及保护生物多样性和珍稀物种资源等方面发挥着重要作用。但由于 20 世纪污水入淀、生活垃圾和污水处理不当、非法养殖等众多问题，淀区生态功能明显下降。截至 2021 年年底，在中国雄安集团有限公司的大力支持下，中国科学院生态环境研究中心联合国内多家科研团队，面向白洋淀生态修复的需求，以“内源污染负荷的存量核算与水质演化关系”的科学判断为重点，通过确定淀区 143 个淀泊的内源污染清单和污染物空间分布特征，对白洋淀底

栖生态环境健康状态进行了总体评价，形成了分区分质分阶段的科学清淤规划方案，为实现白洋淀不同类型水体中污染底泥的清淤及其无害化处理与资源化利用提供技术保障。针对清淤后透明度和水质下降、沉积物-水界面溶解氧浓度低等问题，建立了黏土快速净化-河蚌笼养稳定-食藻虫生态修复技术、底层绿色多功能释氧材料增氧技术、土著微生物修复多项协同技术，可实现水质净化，透明度、底栖溶解氧提高，为沉水植物和底栖动物恢复提供了有利的生境条件。针对清淤后的底栖环境修复，遵循自然规律，优选本土物种，分别建立了基于水下光场和植物特点的沉水植物修复方案，以及基于底栖动物习性和食物网技术的底栖动物修复优化方案。通过自主研发白洋淀本土微生物功能型菌剂，配合本土沉水植物和水生动物，构建一定污染负荷下的水生态自净化体系。原位治理后，水体水质明显改善，微生物群落结构得到优化，底栖生态呈现多样性，水质指标长期稳定达到地表Ⅲ～Ⅳ类标准。2021年白洋淀淀区整体水质从2017年劣Ⅴ类全面提升至Ⅲ类，为近10年来最高水平，更是1988年恢复蓄水有监测记录以来，首次实现全域Ⅲ类水，白洋淀步入全国良好湖泊行列。

水源保护是关系千家万户百姓生命健康的重大民生福祉，饮用水水源地修复与水质综合改善是从源头削减水厂污染负荷、控制水质风险和保障供水安全的重要手段，是饮用水净化“多级屏障”的核心基础。开发近自然修复的生态技术，构建“微生物-植物-生态”协同耦合的多梯次生态型水源地，对于复合污染水源水质改善具有重要意义。中国科学院生态环境研究中心突破了河网水源原位净化的生物-生态修复技术原理，发明了多级塘/沟-植物根孔床湿地的生态修复系统，重点攻克和解决了传统人工湿地介质填料易堵塞饱和、布水不稳定及缺乏生态可持续性等技术瓶颈，形成了一套系统解决湿地在冬季低温期对源水中氨氮和有机物强化去除的技术体系。创建了埋设芦苇根系、增加沟壕蜿蜒等一系列增强湿地交错带边界活性热区的新技术，并通过水位升降等手段提升微生物丰度和净化性能，显著提高氨氮去除效果和湿地综合净化功能。依托该技术体系已经在浙江嘉兴、海宁、桐乡等地建设了包含国内首个大规模水源修复系统（石臼漾湿地）在内的六大水源生态修复工程，形成浙北城

市饮用水源湿地群，总占地面积约 15 000 亩，日供水能力达 190 万吨，服务人口约 420 万，产生了显著的“技术引领工程”辐射效应。相关研究和工程应用成果首创了中国生态型城乡供水水源地治理的先进经验做法，创建了我国城乡饮用水源地生态治理与修复的先进模式，同时为缅甸等存在源水微污染的发展中国家解决城乡饮用水安全问题提供了技术支持。

黑臭水体是水体有机污染的一种极端现象，泛指呈黑色或泛黑色、异味严重的水体。黑臭水体的主要成因是城市社会经济欠发达、发展欠科学、环境治理能力建设长期滞后。生态环境部华南环境科学研究所按照“控源截污—水质净化—生态恢复—集成示范”总体思路，重点突破黑臭河道整治系统工程中入河污染控制、水质净化、内源污染控制和水生态修复等关键技术。应用“深层隧道排水系统＋高效原位截分反应器＋河道快储缓释海绵堤岸”技术治理重污染河道，全面提升城市水环境质量。针对排水管网收集或转输能力不足导致的黑臭水体问题，研发了高效节能节地型河涌水质净化旁侧处理技术，并实现运维监管决策智能化和大规模产业化工程应用。针对河涌水动力条件差、内源减控效果差等问题，开发了“铁碳微电解耦合水生植物泥水共治生态修复技术”，显著提高了水环境微生物丰度和多样性，逐步修复河道水生态。针对河网地带累积底泥污染严重、疏浚处置困难等问题，集成研发了黑臭河道底泥快速脱水及滤液处理成套技术，解决了预处理、场地限制、滤液处理等问题，底泥脱水效率高，实现了单元装备模块化工程应用。该技术荣获中国环境保护产业协会 2021 年度环境技术一等奖（HJJS-2021-1-01），相关技术应用于近百项城镇黑臭水体治理工程（如广州东濠涌深隧工程、广州消除劣Ⅴ类攻坚行动等），研发技术及装备的应用工程案例总投资超过 18 亿元，取得了显著的社会、经济和环境效益［资料来源：中国环境保护产业协会官网（http://www.caepi.org.cn/）］。

（四）废弃物处理与资源化技术

“十四五”时期，我国固废处置的减量化和循环利用将加速推进，固废处置产业规模也将进一步扩大。2021 年 12 月，生态环境部、国家发展和改革委员会、自然资源部、住房和城乡建设部、农业农村部等 18 个部门联合制定印发

了《“十四五”时期“无废城市”建设工作方案》，计划推动100个左右地级及以上城市开展“无废城市”建设，提出将生活垃圾、市政污泥、建筑垃圾、再生资源、工业固体废物、农业固体废物、危险废物、医疗废物等固体废物分类收集及无害化处置设施纳入环境基础设施和公共设施范围。

在双碳背景下，2021年，对于污水、污泥处理来说，既是“资源化利用年”，又是“低碳发展年”，国家出台了有关政策标准，以推动水处理行业发展。2021年1月即出台了《关于推进污水资源化利用的指导意见》，明确提出，到2025年，全国污水收集效能显著提升，污水资源化利用政策体系和市场机制建立。到2035年，形成系统、安全、环保、经济的污水资源化利用格局。2021年5月，农业农村部出台了《有机肥料》（NY/T 525—2021）新标准，替代NY/T 525—2012旧标准。该标准明确规定，禁止污泥、生活垃圾（经分类陈化后的厨余废弃物除外）等存在安全隐患的禁用类原料。2021年6月，两部委重磅发布《“十四五”城镇污水处理及资源化利用发展规划》，明确提出“十四五”期间，新增污泥（含水率80%的湿污泥）无害化处置设施规模必须大于2万吨/天，要求破解污泥处置难点，实现污泥无害化并推进资源化。

目前，随着国家对污泥处理处置问题的重视，我国逐步形成了4条主流处理处置技术路线：厌氧消化＋土地利用、好氧发酵＋土地利用、干化焚烧＋灰渣填埋或建材利用及深度脱水＋应急填埋。有资料显示，不同技术污泥处置过程中碳排放存在差异，一般而言，填埋属于高水平碳排放工艺，干化焚烧、热解和好氧堆肥属于中－低水平碳排放工艺，而厌氧消化和湿式空气氧化工艺属于低－负水平碳排放工艺。2021年，我国各地均加快推进了污泥无害化、资源化处置。例如，九江市城镇污泥和餐厨垃圾处理处置工程全面进入建设期，设计日处理城镇污泥和餐厨垃圾350万吨，采用厌氧消化处理后产生的沼渣经干化脱水后，用于土壤改良，沼气发电利用。2021年，重庆洛碛餐厨垃圾污泥协同厌氧项目二期正式投产，该项目位于重庆市渝北区洛碛镇洛碛国家资源循环利用基地产业园内，承担整个重庆市主城区和部分区县项目的餐厨垃圾与部分市政污泥处理的任务。其中，餐厨垃圾处理能力2 100吨/天，市政污泥处理能力为400吨/天。该项目采用普拉克ANAMET® 厌氧工艺，不仅适用于处

理单一介质物料，也可协同处理多种介质的物料，如城市固体废弃物（餐厨垃圾、市政污泥、厨余垃圾等）、农业废弃物（秸秆、果蔬、粪便等），以及高浓度工业废水及废渣（酵母废水、酒糟、醋糟等）。

2021 年以来，我国更加重视环卫立法监管，重点关注并大力推进农村生活垃圾的处理。2021 年 4 月，住房和城乡建设部发布了《农村生活垃圾收运和处理技术标准》（GB/T 51435—2021）、《生活垃圾处理处置工程项目规范》（GB 55012—2021）。2021 年 10 月，中共中央办公厅、国务院办公厅印发了《关于推动城乡建设绿色发展的意见》，强调持续推进垃圾分类和减量化、资源化。同期，国务院印发了《2030 年前碳达峰行动方案》，重点任务包括大力推进生活垃圾减量化资源化，到 2025 年，城市生活垃圾分类体系基本健全，生活垃圾资源化利用比例提升至 60% 左右。到 2030 年，城市生活垃圾分类实现全覆盖，生活垃圾资源化利用比例提升至 65%。在此背景下，我国各城市均加强了生活垃圾处理设施的建设。例如，2021 年 9 月，天津市东丽生活垃圾综合处理厂投入使用。该项目是天津市日处理能力最大的垃圾处理项目，占地面积 394 亩，集垃圾焚烧发电、资源化再利用、综合协同处理等功能于一体“一站式”解决各类废弃物处理，最终达到物料和能源充分循环转移利用，最大日处理垃圾能力可达到 3 200 吨。此外，我国环卫市场近一年也得到大力发展，根据《中国环卫在线网 2021 环卫市场发展研究年度报告》：2021 年，全国环卫市场共成交千万级以上垃圾分类服务运营类项目 117 个（不含设备采购及后端处理），中标总额达 47 亿元。2021 年，亿级环卫市场中标金额排名前五的企业分别为侨银城市管理股份有限公司、盈峰环境科技集团股份有限公司、河北人和环境科技有限公司、中环洁集团股份有限公司和福建东飞环境集团有限公司。在千万级垃圾分类市场上，江苏、浙江、广东、福建凭借绝对项目数量优势保持全国领先，其次是安徽、北京、河南、山东等地（来源：中国环卫在线网）。

农业废弃物主要来源是作物秸秆和畜禽粪污，农业废弃物一方面如果处理和利用不当会成为污染源，但是通过合理循环利用它们又可以转化为资源为人类服务。据统计，我国 2021 年作物秸秆产量超过 8 亿吨，秸秆综合利用率在 87% 左右。畜禽粪便产量超过 30 亿吨，畜禽粪污的资源化率在 76% 左

右。2021年全国农业绿色发展项目中，新疆生产建设兵团第四师七十七团印发了《第四师七十七团2021年秸秆综合利用工作建设实施方案》，通过加强技术指导、实行限价收购、加大奖补力度等方式，全团收储秸秆8.49万吨，秸秆综合利用率达到99.8%，提供秸秆饲草3.4万吨，有效解决了饲草短缺问题。截至目前，我国在秸秆和畜禽粪污的厌氧发酵生产沼气与生物天然气技术工艺接近（部分超过）发达国家的水平，是农业废弃物能源化的主流技术。华润集团德润公司下属分公司计划在黑龙江省新建秸秆沼气工程3个，到目前为止，已经在黑龙江省建设5个大型秸秆沼气工程，年处理秸秆能力15万～20万吨，年产沼气5000万立方米以上，我国干黄秸秆沼气已经积累了丰富的工程技术经验。诸城市通过农业废弃物整市推进试点工程，2021年完成种养循环农业示范面积10万亩，全市畜禽粪污资源化利用率达到93%，建成沼气工程136处、生态循环种养基地262个，630家规模场粪污处理设施配建率达到100%。中国农业大学开发的鸡粪高固体甲烷发酵技术通过添加无机营养盐克服了氨氮抑制的瓶颈，生产性试验产气率提高了19%，山东民和生物科技股份公司日产10万立方米沼气的特大型纯鸡粪厌氧发酵项目在2021年被国际能源署推荐为成功工程案例。2021年，纤维素乙醇技术在我国还没有规模化企业投产。

工业废弃物的安全处理和资源化是保障低碳和环境健康的重要环节。我国是全球最大的抗生素原料药生产与出口国，每年生产超过70种发酵类抗生素，全球75%的青霉素工业盐、80%的头孢菌素、90%的链霉素及红霉素均来自中国。然而，发酵类抗生素生产过程中会产生大量的菌渣，近年来严重制约着制药行业的发展。据统计，我国每年产生的抗生素菌渣近千万吨，菌渣的主要成分是抗生素发酵产生的菌丝体、未被利用完的培养基、发酵过程中产生的代谢物、培养基的降解物及少量的药物活性成分。从2008年开始，我国将抗生素菌渣列入《国家危险废物名录》，菌渣的传统处置途径主要是填埋和焚烧，处理成本高、大量资源被浪费，同时也存在一定的环境问题，抗生素菌渣的安全处置已成为严重制约制药行业健康发展的瓶颈问题。2021年1月，国家环境保护抗生素菌渣无害化处理与资源化利用工程技术中心（以下简称“工程技术中心”）通过生态环境部验收（环科财函〔2021〕3号），其依托单位为四川

科伦药业股份有限公司的全资子公司——伊犁川宁生物技术股份有限公司（以下简称“川宁生物”）。工程技术中心联合中国科学院生态环境研究中心、哈尔滨工业大学/同济大学、中国环境科学研究院、清华大学等共同研究，以青霉素、头孢菌素、红霉素等典型大宗抗生素菌渣无害肥料化研究为突破点，构建了抗生素菌渣药物残留分析检测方法，建立抗生素菌渣无害资源化协同处置全过程环境风险评估指标体系和产品无害化认证标准指标体系，开发了包括高温高压水解、喷雾干燥等抗生素菌渣无害化处理关键集成技术及高效装备，建立了万吨级青霉素、头孢菌素、红霉素等大宗典型抗生素菌渣无害化利用过程污染物与风险控制集成工艺系统，菌渣无害化有机肥过程环境风险与产品安全性评估认证示范工程和抗生素菌渣无害化有机肥万亩定向种植绿色循环经济示范田。2021 年 9 月，中国化学制药工业协会组织专家对工程技术中心“抗生素菌渣多路径无害化处置与资源化利用技术及应用示范”项目进行了科技成果鉴定，认为该项目形成了抗生素菌渣无害资源化系统解决方案，解决了制约抗生素行业发展的菌渣合理、安全无害资源化处置利用问题，项目整体处于国际领先水平。依托该项目建立的《抗生素菌渣及有机肥基料、作物、土壤、水体、大气等环境介质中残留红霉素的检测方法》等三项中国化学制药协会的团体标准，填补了行业无统一的菌渣及有机肥基料、作物、土壤、水体、大气等环境介质中抗生素残留检测方法标准空白。仅川宁生物万吨抗生素中间体项目每年即可生产有机肥基料 8 万吨，将其制成高品质有机肥，可实现直接经济效益约 1.2 亿元，间接经济效益超过 6 亿元。随着集成技术在行业内的广泛推广应用，预计每年可节约抗生素菌渣焚烧处理费超过 350 亿元。

综上，随着我国分子生物学、生态学及环境工程等方面研究的不断深入，大大增强了人们利用特定生物（过程）改造环境的能力，环境生物技术在环境监测、饮用水、污废水、受污染场地修复、流域保护、生物风险分析、固废处置和清洁生产等领域均发挥重要的作用。国家应在环境污染诊断和监测、污染控制与修复、废弃物无害化处理与资源化等方面的环境生物技术的研制、开发和应用方面加大经费支持力度，以实现经济与环境的全面协调和可持续发展。

五、生物安全

（一）病原微生物研究

1. 新冠病毒研究取得重大突破

2021年，新冠肺炎疫情继续全球大流行，并且病毒持续发生变异，先后出现德尔塔和奥密克戎两种传染性更强的变异毒株，使全球疫情防控起伏反复。这一年，我国科研人员继续聚焦疫苗、药物、检测技术等方向，开展应急攻关，取得了一系列突破性成果，为我国常态化疫情防控及社会经济发展提供了有力保障。

在病原机制和流行病学方面，我国在新型冠状病毒从宿主天然免疫和抗病毒药物中逃逸的机制及冠状病毒的跨物种识别和分子机制研究等方面取得了突破性进展。2021年1月，清华大学饶子和院士和娄智勇教授带领的团队在*Cell*上发表研究论文，他们发现并重构了病毒“加帽中间态复合体”“mRNA加帽复合体”和“错配校正复合体”，并阐明其工作机制，这是全球首次发现并重建新冠病毒转录复制机器的完整组成，为广谱抗病毒药物研发提供了新靶点。2021年5月，中国科学院微生物研究所高福院士带领的团队在*Cell*上发表研究论文，他们构建了一种评估冠状病毒跨物种识别能力的有效方法，利用该方法发现蝙蝠和穿山甲源性冠状病毒都存在潜在跨种传播的风险，表明持续监测动物源性冠状病毒是非常有必要的。此外，我国在病毒分离、病毒结构和分子病理研究等方面也取得了显著进展。2021年2月，华中科技大学、西湖大学等机构的研究人员在*Cell*上发表研究论文，报告了对19名新冠肺炎患者7个器官的144份尸检样本的蛋白质组学分析结果，进一步加深了对新冠肺炎病理学的生物学基础的理解。2021年11月，香港大学成为亚洲首个从临床样本中分离出奥密克戎毒株的研究团队，为奥密克戎毒株特异性

疫苗的开发和生产奠定了基础。2021 年 12 月，上海交通大学在 *Research* 上发表研究论文，利用深度学习算法 AlphaFold2 获得了奥密克戎毒株关键蛋白（刺突蛋白、膜蛋白和核衣壳蛋白）的高精度结构，为揭示该毒株的潜在免疫逃逸机制及研发潜在药物提供了基础。

在疫苗研发方面，2021 年，我国进入三期临床试验的新冠病毒疫苗有 14 种，获批的新冠病毒疫苗有 7 种，2 种疫苗被纳入全球紧急使用清单。2021 年 2 月，河北省疾病预防控制中心、北京科兴中维生物技术有限公司等机构的研究人员在《柳叶刀 · 传染病》上发表研究论文，显示北京科兴中维生物技术有限公司研发的新冠灭活疫苗克尔来福（CoronaVac）对 60 岁及以上健康人群安全有效。2021 年 2 月，中国人民解放军军事医学科学院陈薇院士团队研发的新冠腺病毒载体疫苗获国家药品监督管理局附条件批准上市，这是我国获批的首个新冠腺病毒载体疫苗。2021 年 3 月，《柳叶刀 · 传染病》上发表的一项研究显示，中国科学院微生物研究所高福院士团队与安徽智飞龙科马生物制药有限公司联合研发的新冠重组蛋白亚单位疫苗 ZF2001 安全有效。2021 年 5 月，中国医药集团北京生物制品研究所研发的新冠灭活疫苗被列入世界卫生组织紧急使用清单，同年 6 月，北京科兴中维生物技术有限公司研发的新冠灭活疫苗克尔来福也被列入世界卫生组织紧急使用清单。

在药物研发方面，多款抗病毒药物获批开展临床研究，一款新冠病毒中和抗体联合治疗药物获批上市。中国科学院上海药物研究所与前沿生物药物（南京）股份有限公司合作研发的新冠候选药物 FB2001 获批在美国开展临床研究；上海君实生物医药科技股份有限公司与中国科学院上海药物研究所、旺山旺水生物医药有限公司等合作研发的口服核苷类新冠抗病毒药物 VV116 获批在中国开展临床试验。2021 年 12 月，由清华大学、深圳市第三人民医院和腾盛华创医药技术（北京）有限公司合作研发的新冠病毒中和抗体联合治疗药物成为我国首款获批具有自主知识产权的该类型药物，联合的是安巴韦单抗注射液（BRII-196）及罗米司韦单抗注射液（BRII-198）。此外，在新药研发方面也取得了一些进展。例如，中国香港大学与美国机构合作研究发现抗麻风药物氯法齐明（clofazimine）具有强大的抗新冠病毒活性，可防止重症新冠患者的过度

炎症反应。

在新冠病毒检测方面，我国新冠病毒核酸检测技术取得了重大进展。例如，北京博奥晶典生物技术有限公司与清华大学合作研发了可现场对新冠病毒进行更安全、快速、精准检测的全集成微流控芯片。

2. 其他病原体研究取得重要进展

除新冠病毒以外，中国科学家还在禽流感病毒、委内瑞拉马脑炎病毒、黄病毒、人乳头瘤病毒、呼吸道合胞体病毒（RSV）等病原微生物的结构机制、疫苗研发、药物研发和病原体检测技术开发等方面取得了重要进展。

在结构机制方面，解析了禽流感病毒跨种传播的相关机制，揭示了委内瑞拉马脑炎病毒及其受体的结构。2021 年 8 月，中山大学、中国疾病预防控制中心与德国相关研究机构合作在 *Science* 上发表研究论文，发现 *MX1* 等位基因突变增加人类对 H7N9 的易感性，该研究为基于 MX1 的抗病毒防御策略在控制人畜共患禽流感病毒感染中的关键作用提供了遗传证据。2021 年 10 月，清华大学与中国科学院合作在 *Nature* 上发表研究论文，揭示委内瑞拉马脑炎病毒及其受体 LDLRAD3 的冷冻电镜结构，该结构提供了对阿尔法病毒组装和受体与阿尔法病毒结合的见解，有助于指导针对阿尔法病毒治疗对策的开发。

在疫苗研发方面，我国首款宫颈癌疫苗产品获世界卫生组织预认证，首款四价脑膜炎结合疫苗获批上市。2021 年 10 月，世界卫生组织正式通过了对厦门万泰沧海生物技术有限公司生产的双价人乳头瘤病毒疫苗馨可宁®（Cecolin®）的预认证，该疫苗可供联合国系统采购。2021 年 12 月，国家药品监督管理局批准康希诺生物股份公司研发的 ACYW135 群脑膜炎球菌多糖结合疫苗（CRM197 载体）上市，这是我国上市的首款覆盖 4 种血清群（A、C、Y 和 W135）的脑膜炎结合疫苗。

在药物研发方面，黄病毒广谱性抗体研发和 RSV 药物研发方面取得了一定进展。2021 年 5 月，中国科学院、广州医科大学附属第一医院与澳大利亚相关研究机构合作在 *Science* 上发表研究论文，发现了一种针对黄病毒 NS1 蛋白的广泛保护性抗体，包括登革病毒、寨卡病毒和西尼罗河病毒，有助于开发针对

黄病毒的广谱性抗体疗法。2021 年 7 月，中国香港大学、山东大学与法国相关研究机构合作在 *Nature* 上发表研究论文，发现凝聚物硬化小分子药物可阻断小鼠体内 RSV 的复制。

在病原体检测技术开发方面，国家药品监督管理局批准我国首款由上海芯超生物科技有限公司研发的幽门螺杆菌 23S rRNA 基因突变检测试剂盒（PCR-荧光探针法）上市。

（二）两用生物技术

1. 合成生物学研究取得重要进展

合成生物学是近年来发展迅猛的新兴前沿交叉学科。2021 年，中国在合成生物学领域取得了里程碑式的突破，首次实现了淀粉的从头合成。2021 年 9 月，中国科学院天津工业生物所、中国科学院大连化学物理研究所的研究人员在 *Science* 上发表论文，报告了一种在无细胞系统中用二氧化碳和氢气合成淀粉的化学 - 生物化学混合途径，这是全球首次实现二氧化碳人工合成淀粉，将变革性地影响未来生物制造和农业生产。

在药物生物合成方面，我国成功利用合成生物学技术合成肝癌候选药物，采用合成生物技术研制的新一代化疗药物获批上市。2021 年 3 月，中国科学院分子植物科学卓越创新中心、中国科学院华南植物园的研究人员在《科学通报》上发表研究论文，报告其工程微生物菌株从葡萄糖中生物合成晚期肝癌候选药物淫羊藿素的情况，研究人员设计出淫羊藿素的人工生物合成途径，这些成果将促进淫羊藿素和其他异戊二烯类黄酮的工业化规模生产。2021 年 3 月，成都华昊中天药业有限公司利用合成生物技术研发的埃博霉素类抗肿瘤药物 1 类创新药优替德隆注射液（商品名：优替帝）获国家药品监督管理局批准上市，成为国内首个获批的埃博霉素类抗肿瘤药物。

2. 新型基因编辑工具开发方面取得重要进展

基因编辑技术越来越多地被应用于各个领域，但由于编辑效率、脱靶效应

等方面存在的不足也在一定程度上限制了其应用范围，因此研究人员在发现基因编辑工具后就一直不断地在改进这些工具的功能和效率，同时研发新型的基因编辑工具。2021 年，中国在基因编辑技术评价、工具优化和开发等方面取得了一系列成果。2021 年 4 月，中国科学院遗传与发育生物学研究所的科学家在 *Nature Biotechnology* 上发表研究论文，系统评价了引导编辑系统在植物细胞及个体两个水平上的脱靶效应，表明引导编辑系统在全基因组范围具有较高的特异性。2021 年 8 月，中国香港大学的研究人员在 *Nucleic Acids Research* 上发表研究论文，表示开发出一种可转移的整合的基于Ⅰ型 CRISPR 的平台，可有效进行铜绿假单胞菌基因组编辑。2021 年 9 月，中国科学院分子植物科学卓越创新中心的科学家在 *Nucleic Acids Research* 上发表研究论文，表示发现一种高活性新型 CRISPR 相关转座酶（CAST），为细菌基因编辑提供了新的工具。2021 年 11 月，中国科学院脑科学与智能技术卓越创新中心等机构的科学家在 *Protein & Cell* 上发表研究论文，表示优化了基因编辑工具 Retron 系统使其可用于哺乳动物细胞，这对于该系统在高等真核生物细胞中的进一步应用具有重要的意义。

3. 基因编辑在农业、医学等领域的应用范围进一步扩大

随着科学家不断挖掘和发现基因编辑技术的新功能，其应用范围也不断扩大，甚至已被用于人类胚胎和人体基因的编辑。2021 年，我国科学家不断扩大基因编辑技术在农业、医学等领域的应用研究，并取得一系列重要进展。

在农业领域，2021 年 4 月，中国农业科学院作物科学研究所的科学家在 *Molecular Plant* 上发表研究论文，利用 CRISPR/Cas9 介导的多基因编辑技术创制出聚合多个优异基因的小麦新种质，为开展多倍体农作物多基因聚合育种提供了有效的多基因编辑体系。2021 年 5 月，中国农业科学院油料作物研究所的科学家在 *Plant Biotechnology Journal* 上发表研究论文，表示开发出了针对油菜和甘蓝的不依赖遗传转化的新型基因编辑技术，为基因编辑技术在作物新品种培育中的应用提供了技术储备。2021 年 6 月，上海交通大学的研究人员在 *Plant Biotechnology Journal* 上发表研究论文，表示利用 CRISPR-Cas9 技术成

功提高了水稻对条斑病的抗性。2021 年 12 月，北京市农林科学院的科学家在 *Nature Plants* 上发表研究论文，发现植物引导编辑技术增效新策略协同效应，平均可将玉米和水稻引导编辑效率提高 3 倍。

在医学领域，2021 年 1 月，上海交通大学、复旦大学附属眼耳鼻喉科医院的科学家在 *Nature Biotechnology* 上发表研究论文，表示其采用新型基因编辑递送技术“类病毒体 -mRNA 递送平台”，靶向单纯疱疹病毒在小鼠体内进行基因编辑，从而治愈小鼠疱疹性基质性角膜炎。2021 年 3 月，复旦大学附属眼耳鼻喉科医院的科学家在 *Genome Biology* 上发表研究论文，报告了通过小鼠体内 *Htra2* 基因编辑成功预防获得性感音神经性聋，这是国际上首个基于 CRISPR-Cas9 的基因编辑技术成功防治获得性感音神经性聋的研究。2021 年 7 月，中国香港科技大学等机构的科学家在 *Nature Biomedical Engineering* 上发表研究论文指出，基于 CRISPR-Cas9 的全脑基因组编辑技术可改善小鼠模型的阿尔茨海默病病理学表现。此外，基因编辑在医学治疗实际中的应用又向前迈进了一大步。2021 年 1 月，博雅辑因（北京）生物科技有限公司宣布其针对输血依赖型 β 地中海贫血的 CRISPR-Cas9 基因编辑疗法产品 ET-01 的临床试验申请获国家药品监督管理局批准，这是我国首款获批开展临床试验的基因编辑疗法。

（三）生物安全实验室和装备

1. 生物安全实验室建设进一步推进

随着生物安全问题的日益突出和生物安全形势的日益严峻，我国高度注重生物安全实验室（特别是高等级生物安全实验室）的建设，将其作为国家安全的重要组成部分。2021 年，我国继续推进生物安全实验室的建设。2021 年 4 月，山西省疾病预防控制中心 P3 实验室建设项目正式破土动工，这是该省首个高等级生物安全实验室。2021 年 6 月，青岛易邦生物工程有限公司获科技部批准并启动建设 P3 实验室。2021 年 10 月，苏州市疾病预防控制中心 P3 实验室实现封顶。

在生物安全实验室的设施设备方面，高等级生物安全实验室是支撑高致病病毒研究的核心基础设施，我国高等级生物安全实验室关键设施设备仍然主要依赖进口。2021 年 10 月，我国举办首届高级别生物安全设施研讨会，就我国高等级生物安全设施的建设进行研讨，包括设计、建造、调试、检测、认可及运维管理等多个方面。会上指出，我国目前非人灵长类动物实验室、动物核医学实验室、植物 P3 实验室、节肢动物 P3 实验室、冷冻电镜等特殊实验仪器用高等级生物安全实验室建设不足，并且实验室生物安全关键防护设备还需进一步加快国产化的步伐。

2. 生物安全实验室管理进一步强化

在生物安全问题的日益突出和新冠肺炎疫情持续大流行的背景下，我国高度关注生物安全实验室的安全问题，加强了大规模新冠病毒核酸检测实验室的安全监管，正式施行了《中华人民共和国生物安全法》，发布了加强动物病原微生物实验室生物安全管理的相关要求，并组建国家病原微生物实验室生物安全专家委员会以强化生物安全实验室的管理。

在实验室生物安全监管方面，2021 年 2 月，国务院应对新型冠状病毒肺炎疫情联防联控机制综合组发布了《大规模新冠病毒核酸检测实验室管理办法》，该办法旨在指导各地规范开展大规模新冠病毒核酸检测工作，保障检测效率和质量，有效控制新冠肺炎疫情。2021 年 4 月，《中华人民共和国生物安全法》正式施行，这是我国国家安全治理体系和治理能力现代化进程的一件大事，标志着我国生物安全工作进入了新的阶段、迈上了新的台阶。通过《中华人民共和国生物安全法》的施行，我国正式建立健全了 11 项基本制度，包括生物安全风险监测预警制度、风险调查评估制度、信息共享制度、信息发布制度、名单和清单制度、标准制度、生物安全审查制度、应急制度、调查溯源制度、国家准入制度、境外重大生物安全事件应对制度，涉及生物安全风险防控的全链条，为我国筑牢了生物安全防控制度体系。2021 年 5 月，农业农村部办公厅发布了《关于进一步加强动物病原微生物实验室生物安全管理工作的通知》，就进一步做好动物病原微生物实验室生物安全管理工作提出如下要求：深化对动

物病原微生物实验室生物安全工作的认识，强化动物病原微生物实验室备案管理，进一步规范高致病性动物病原微生物行政审批，严格动物病原微生物菌（毒）种和样本保藏管理，加强动物病原微生物实验室及实验活动常态化监督检查，严格科研成果发表管理，切实做好值班和应急处置工作。2021 年 9 月，国家卫生健康委员会办公厅、农业农村部办公厅发布了《关于组建第四届国家病原微生物实验室生物安全专家委员会的通知》，专家委员会将承担高致病性病原微生物实验室设立与运行的生物安全评估和技术咨询、论证工作，并对全国病原微生物实验室生物安全管理提供咨询意见。

此外，科学界还积极开展生物安全实验室管理与技术培训会、研讨会等，探讨促进生物安全实验室建设、发展和管理的策略。2021 年 12 月，中国科学院武汉病毒研究所主办举行“2021 年生物安全实验室管理与技术国际培训班”，以线上线下结合的形式展开，培训内容包括生物安全实验室基本概述、管理体系、生物伦理、菌毒种保藏、风险评估、防护装备等，与各国学员分享我国高等级生物安全实验室管理经验，促进双边科研合作及全球生物安全实验室的管理。

（四）生物入侵

1. 国家发布生物入侵防控工作方案

2021 年 5 月，生态环境部发布的《2020 中国生态环境状况公报》显示，我国已发现 660 多种外来入侵物种，其中 219 种已入侵国家级自然保护区，比 2019 年多 4 种。

为了防范和应对外来入侵物种危害，保障农林牧渔业可持续发展，保护生物多样性，根据《中华人民共和国生物安全法》，农业农村部起草了《外来入侵物种管理办法（征求意见稿）》（以下简称《办法》），于 2022 年 2 月 11 日正式发布向社会公开征求意见。

《办法》提出，农业农村部会同有关部门建立外来入侵物种普查制度，每十年组织开展一次全国普查，掌握我国外来入侵物种的种类数量、分布范围、

危害程度等情况；建立外来入侵物种监测制度，构建全国外来入侵物种监测网络，按照职责分工布设监测站点，组织开展常态化监测。农业农村部、自然资源部、生态环境部、海关总署、国家林业和草原局按照职责分工，研究制订本领域外来入侵物种防控策略措施，指导地方开展防控。

2. 外来物种入侵机制研究

在入侵植物方面，我国开展了对加拿大一枝黄花、空心莲子草、鬼针草、南美蟛蜞、印加孔雀草、小蓬草等关于形态结构特征、根际微生物群落、在我国的适生区环境条件方面的研究，为预测和早期防控此类植物入侵提供了理论依据。在对外来入侵植物豚草挥发物化感作用研究中，从外来植物化感作用对入侵地生物因子影响的角度出发，研究其化学物质在入侵过程中所起到的助力作用，来解释外来植物入侵成功的原因，为入侵植物的新武器假说提供了新的证据。

在入侵动物研究方面，开展了气候变化情景下须鳗鰕虎鱼入侵其他水域的情况、福寿螺入侵机制、我国热带地区外来入侵昆虫的发生与分布状况、小叶榕传粉小蜂隐存种物种组成及扩散路线研究、在不同环境中入侵种克氏原螯虾与本土种日本沼虾的食性组成及差异、我国外来动物物种组成及跨境风险等方面的研究，为防控这些物种入侵提供参考，并为其他类似物种的入侵机制研究提供理论和技术支撑。

我国也开展了关于人类活动、环境等不同因素对生物入侵种影响的研究，包括青岛浮山道路对入侵植物分布格局的影响、船舶压载水所携带的外来物种入侵、资源脉冲对外来植物入侵的影响等。开展的外来植物入侵力、一类密度依赖的生物入侵模型的周期行波解、温带国家与热带国家外来入侵动物比较分析、核电厂循泵房海洋生物入侵的影响、中国西部地区归化植物时空分布特征等方面的研究、具道路扩散和非局部效应的种群动力学模型研究等，为指导相关部门的检查检疫防治生物入侵工作提供参考。

3. 外来物种入侵风险评估

在外来物种入侵风险评估方面，我国开展了数据挖掘在压载水生物入侵风

险评估中的应用，通过数据挖掘技术和 BP 神经网络模型的综合应用，可以解决港口水域浮游植物丰度变化及外来生物入侵风险评估的关键技术难题。通过开展环境 DNA 技术在水生外来动物入侵监测中的应用研究，促进了环境 DNA 技术在检测或监测水生外来入侵物种相关方面的发展。基于 GIS 的我国近海外来生物入侵时空演变数据库系统构建方案研究、全球外来入侵生物与植物有害生物数据库的比较评价等方面的研究，实现了入侵物种相关知识查询的功能，为我国相关数据库的建设发展提供了方向，也为相关科研工作提供了有力支撑，并为科学普及、公众参与和公众科学的发展创造了有利条件。我国研究人员基于外来水生生物风险筛选工具分析甲鲶科鱼类的入侵风险，为外来观赏物种入侵风险的早期预警和管理提供参考。

4. 外来物种入侵防治对策和建议

通过研究外来生物入侵数量变化与各种经济因素的关系，认为应基于区域可持续发展的理念与战略，提出防控外来物种的建议。我国开展了不同地区入侵生物的调查并提供了相关的防控策略，包括云南外来入侵植物现状和防控策略、贵阳市外来林业有害生物入侵现状及防控对策、小陇山林区主要外来有害生物入侵现状与防控措施、湿地公园如何预防外来物种入侵、中国西部地区归化植物时空分布特征研究等，这些研究结果丰富了当地入侵物种的基础资料，有助于摸清其入侵现状，并为其综合管控提供科学依据。

此外，多位学者也开展了我国防止生物入侵法治建设中存在的困境和对策等方面的分析，以推进我国生物防御法治体系的完善与发展，相关的对策建议包括：制定一部专门的完善的综合性法律来解决外来生物入侵问题，使散乱的地方性法规有法可依；调整防控外来生物入侵的管理体系，设立专家委员会组成的总机构行使独立职权，并负责协调指导各部门之间的工作；健全风险评估制度，将其作为外来物种入境的法定程序；建立公众参与制度，使公众具有知情权与参与权；完善检验检疫制度，在海关和口岸等地方加强人员协作，增加检疫人员力量；协调解决生物安全与有意引种之间的矛盾。

（五）生物安全技术的发展趋势

新冠肺炎大流行首次引发了全球科学界的积极反应，来自许多不同领域的科学家都参与了 SARS-CoV-2 的研究。互联网、开放科学的兴起及数字技术和生物技术的融合已经改变了研究领域，逐渐呈现出一些新动态和特点：跨领域和地域的全球联合研究网络促进知识快速共享；开放科学和数据共享促进学术研究快速发展；合成生物学正在改变研究范式；人工智能与生物技术正深入融合；多学科交融愈加广泛。未来生物安全技术将继续侧重于生物威胁监测预警、病原体诊断检测、新型病原体表征、医疗对策开发、两用生物技术风险评估和监管等方面。

1. 生物威胁监测预警

早期发现和评估值得关注的病原体是整个大流行病准备工作的一个主要因素。各国政府部门和研究人员通过监测分析医疗数据、人流货流数据、环境数据、地理信息数据、流行病学数据、基因组学数据、开源互联网数据等不同类型的数据，以期提供早期预警情报。新冠肺炎疫情以来，全球加快了生物威胁监测技术的研究，并积极构建监测预警系统。未来建设集成可报告疾病监测、哨点监测、综合征监测、基因组测序、人畜共患病溢出风险评估等的完善、灵敏的早期预警系统将成为各国研究的重点，以在疫情尚未发生前就发现早期端倪，尽早采取措施，防止或降低下一次全球大流行风险。

2. 病原体诊断检测

新兴分子技术的快速发展和不断下降的成本为增强病原体发现提供了新的手段，从对人类和动物进行病原体诊断鉴定，到对热点地区收集的样本中的病原体进行广泛筛查。新冠病毒造成的全球大流行为诊断检测带来了巨大的压力，开发高灵敏度、高特异性、高通量、快速即时及直面消费者的病原体检测技术将成为未来发展的趋势。科学家已经开始探索合成生物学、系统生物学和数据科学、微流控技术、片上组织等，为开发、测试和验证诊断工具提供新的能力。

3. 原型和优先病原体表征

除了已知的威胁，还必须考虑到新出现的未知传染病（X 疾病）威胁。新冠肺炎就是这样一种典型的 X 疾病。全面表征所有人类致病病原体是不可行的，未来从每个病毒家族中选择有代表性的病毒（原型病原体）进行深入研究，以确定原型和优先病原体的特征，包括了解病毒生物学和结构、宿主免疫反应、免疫规避机制、疾病发病机制，以及研究开发疾病的检测方法和动物模型等，以获得可能适用于某个特定病毒家族的部分或全部的知识将成为研究的重点。

4. 传染病建模与预测

传染病预测是一种新兴的分析能力，可以为实时疫情应对中的政策和疫情管理决策提供信息，已经成为公共卫生行动的基础，如预测资源需求、完善态势感知和监测控制工作。然而，对于传染病预测来说，数据的数量、质量和及时性仍然是重大挑战。在疫情应对期间，特别是在疫情早期，很少有流行病学数据得到一致报告、广泛共享并可供决策使用。未来，在公共卫生决策中，利用大数据和机器学习等技术，可靠、实时、安全并数字化来自临床和流行病毒的数据并进行分析将是一种持续的需求。

5. 数字公共卫生技术

新冠肺炎疫情造成的前所未有的人道主义和经济需求正在推动新的数字技术的快速和大规模采用和发函。数字技术在利用在线数据集支持流行病学情报，识别病例和感染群，快速追踪接触者，监测封锁期间的旅行模式，并实现大规模的公共卫生信息传递方面具有巨大的潜力。未来，数据分析（包括大数据）、模拟、成像和传感技术（包括地理信息系统）、物联网、云计算 / 基于云的网络、电子卫生、众包平台、可穿戴设备及区块链 / 分布式账簿技术等被更加广泛地应用于传染病监测和监控，而认知技术、纳米技术和微系统及先进的制造技术将在传染病筛查和诊断方面不断得到应用。

6. 通用和即插即用疫苗研发

新冠病毒一直在变异，存在免疫逃避、突破性感染及疫苗减效失效等风险，开发具有持久、广泛保护性的通用新冠病毒疫苗将成为下一步攻关重点。此外，深入了解并开发病毒家族中对流行病/大流行构成最高风险的原型病原体的即插即用疫苗平台是为未来疾病暴发做准备的有效策略。当任何一个病毒家族出现 X 病原体时，将能够做出快速反应。这种预见性的方法将成倍地增加准备和反应组合，并使候选疫苗迅速进入临床试验。

7. 特异和广谱药物研发

未来在小分子药物/抗病毒药物方面，利用结构生物学、生物化学和系统生物学、计算机等工具来筛选关键的病毒特异性功能蛋白作为靶标，建立可持续的靶向药物发现平台，开发可能对广泛的或某类别的病原体有用的小分子和抗病毒药物，以满足对安全和有效疗法的迫切需要。

8. 双重用途研究风险评估和监管

几十年来，从低成本的 DNA 测序到快速的基因合成，再到精确的基因组编辑，生物技术的风险一直为人们所担忧。世界卫生组织 2021 年发布报告称，在未来 5 年内可能发生的双重用途研究问题包括生物调节剂、云实验室、变种病毒的新合成、SARS-CoV-2 的研究、用于病毒重建的合成基因组学平台；在 5～10 年内可能发生的双重用途研究问题涉及用深度学习识别新的生物结构、极端高通量发现系统、功能增益实验、用于输送化合物的稳定的生物颗粒、靶向基因驱动应用；10 年以后可能发生的双重用途研究问题包括对神经生物学的敌意利用、纳米技术和纳米颗粒的毒性等。双重用途研究的管理已经被广泛讨论，包括在多边和国家机构已经提出了许多建议，从行为准则、提高认识和暂停措施到风险评估和管理战略，包括预防原则的应用。促进科学探究而又不过度监管取得平衡是双重用途研究监管的重点所在，有必要建立一个全球框架来协调双重用途研究问题的管理和使用设计安全协议的工作。

第四章　生 物 产 业

进入 21 世纪以来，生命科学领域持续取得重大技术突破，生物技术逐渐与信息技术并行成为支撑经济社会发展的底层共性技术，生物技术产品和服务加速以更加亲民的价格、更加贴近市场的形态走进千家万户，针对生物资源开发利用保护、生物技术创新及应用制度体系日趋完善，且随着新冠肺炎疫情在全球蔓延，公众对于生物技术产品和服务的认知度、接受度和需求量快速增长，生物经济时代由成长期向成熟期迈进的节奏将进一步加快，生物经济时代的序幕徐徐拉开。

经过 10 余年努力，“十三五”末期，我国生物医药、生物制造、生物育种、生物能源、生物环保等产值规模近 5 万亿元，生物及大健康产业主营业务收入规模超过 10 万亿元，成为全球名副其实的生物产业大国。2021 年是“十四五”规划的开局之年，在全球持续肆虐的新冠肺炎疫情加速了整个生物技术及产业的飞速发展与变革。“十四五”时期是我国开启全面建设社会主义现代化国家新征程、向第二个百年奋斗目标进军的第一个五年，也是生物技术加速演进、生命健康需求快速增长、生物产业迅猛发展的重要机遇期。我国是全球生物资源最丰富、生命健康消费市场最广阔的国家之一，一些生物技术产品和服务已处于第一梯队，新冠肺炎疫情防控取得重大战略成果，依托强大的国内市场、完备的产业体系、丰富的生物资源和显著的制度优势，生物经济发展前景广阔。

一、生物医药

生物医药产业作为战略性新兴产业重点领域，被誉为“永不衰落的朝阳产

业”。作为世界第二大经济体，我国近几年的生物医药产业保持高速发展态势。而 2021 年作为“十四五”规划的开局之年，全球范围的新冠肺炎疫情更是加速了中国生物医药行业的飞速发展。在 2021 年的第十三届全国人民代表大会第四次会议上发布的政府工作报告中，生物医药的发展不断被提及。中国生物药行业受到国家和各地方政府高度重视及产业政策的重点支持，陆续出台了多项政策，鼓励生物药行业发展与创新。下面本章节将从总体政策部署及发展规模、药品和医疗器械三个方面对我国 2021 年生物医药产业发展态势进行梳理阐述。

（一）总体

2021 年国家层面陆续印发了支持、规范生物医药行业的发展政策，内容涉及生物医药发展技术路线、生物医药研发生产规范、资金扶持等内容，出台重大项目产业化扶持政策，加快生物医药行业相关企业在当地形成集聚化效应。其中，具有代表性的国家级政策包括：《“十四五”生物经济发展规划》《中华人民共和国国民经济和社会发展第十四个五年规划和 2035 年远景目标纲要》《深化医药卫生体制改革 2021 年重点工作任务》《“十四五”国家药品安全及促进高质量发展规划》《国务院反垄断委员会关于原料药领域的反垄断指南》《国家医药储备管理办法（2021 年修订）》《关于“十四五”时期促进药品流通行业高质量发展的指导意见》等。另外，国家药品监督管理局药品审评中心（CDE）、国家药品监督管理局（NMPA）、国家药品监督管理局食品药品审核查验中心（CFDI）等多部门也发布多项生物医药产业管理及技术指导原则，有效弥补了国内产业管理及技术指导原则体系缺口，调动了生物药研发与创新的积极性，也达到了统一审评标准、提升审评能力、提高审评决策科学性的目的。

在疫情向全球经济带来巨大冲击的大环境下，中国生物医药行业凭借持续政策改革带来的机遇，在逆境中迸发出了创新活力。随着时间演进，我国生物医药产业包括制度体系、研发能力和产品管线在内的各个方面均更为成熟。在技术进步、产业结构调整和消费支付能力增加的驱动下，我国生物医药产业继

续受到跨国生物医药企业的青睐，跨国药企纷纷将中国设为全球重点战略市场。

根据德勤报告[365]数据，我国生物医药市场规模在 2021 年继续呈稳定上升态势。如图 4-1 所示，2016～2021 年，我国生物医药市场总体规模从 2.51 万亿元增加到 3.86 万亿元。根据中商产业研究院的预测，中国的生物医药行业市场规模将在 2022 年突破 4 万亿元，并在未来 3 年中将稳定保持 8%～9% 的增速，预计 2024 年生物医药市场规模将达到 4.92 万亿元。

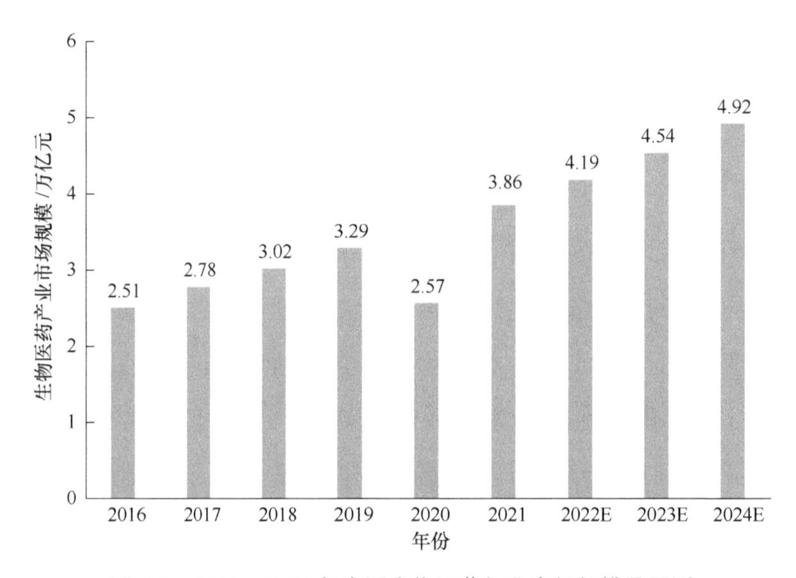

图 4-1　2016～2024 年中国生物医药行业市场规模及预测

资料来源：德勤和中商产业研究院

（二）药品

1. 国产自主研发新药占比构型显著改善

如图 4-2 所示，根据 CDE 数据，2021 年共接受 11 557 项药品申报项目，其中新药申请 1 932 件，进口药申请 1 215 件，仿制药申请 1 735 件，进口药再注册申请 377 件，补充申请 6 149 件，其他类型申请 149 件。国产药品项目

365 德勤. 中国生物医药创新趋势展望[R/OL]. https://www2.deloitte.com/cn/zh/pages/life-sciences-and-healthcare/articles/china-biopharma-innovation-trends.html[2021-05-01][2022-08-15]

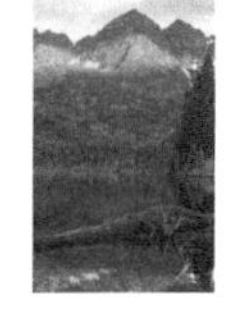

申报共 8 265 项，占比 71.5%；进口药品项目申报共 3 302 项，占比 28.5%。我国国产药物研发及申报较为活跃，仍占 CDE 受理项目主体。其中国产新药的申请项目数量已超过仿制药申请数量，说明我国的药物产品构型正在向新药的自主研发方向发展，属于积极信号。

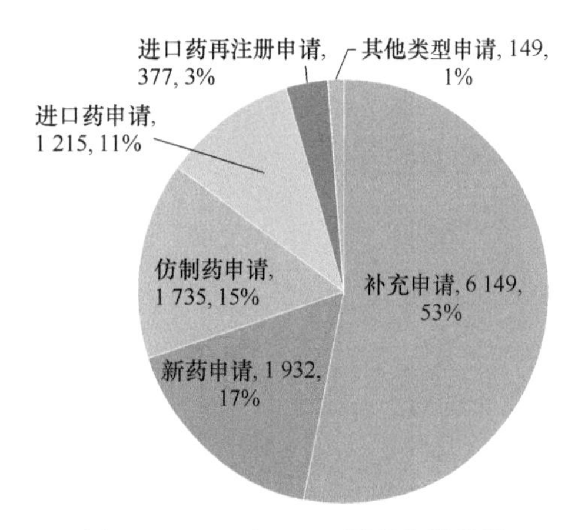

图 4-2 2021 年 CDE 受理各类药品申请项目类型

资料来源：Insight 数据库

2. 生物药研发正向前沿技术探索攻关

作为目前生物医药创新前沿的主战场，生物制品的申请规模一直标志着我国生物医药创新活跃程度。在 2021 年 CDE 所有受理的药品申请项目中，传统化药 7 864 项，占比 68.0%；生物制品 2 114 项，占比 18.3%，与 2020 年占比基本持平。可以看到我国 CDE 受理药品申请项目仍以传统化药为主，生物制品总体申请项目数量占比仍较少，说明我国生物制品总体研发规模仍有待加强。值得注意的是，溶瘤病毒类、PROTAC 等创新性药物申请数量从 2020 年的 0 项分别提升到了 10 项和 15 项，说明我国已在部分前沿技术领域打通并成功孵育了一批创新药物。

2021 年 CDE 受理和获批上市的生物制品情况如表 4-1 所示，主要分为疫苗产品、抗体产品、重组蛋白产品、血液制品及细胞和基因治疗产品 5 类。可以看到在所有生物制品中，抗体产品特别是抗肿瘤抗体药物的研发最为活跃。其他生物制品如疫苗、重组蛋白、血液制品等并列居后。细胞和基因治疗产品作为目前全球范围内最为前沿的生物疗法，我国的研发管线布局仍然有限，但这也同时意味着该条赛道上有极大的发展潜能。值得注意的是，2021 年中国迎来的两个首次获批上市的 CAR-T 细胞治疗产品分别来自上海复星凯特生物科技有限公司和上海药明巨诺生物科技有限公司，它们均坐落于上海，也说明了上海在全国细胞和基因治疗研发上的优势地位。

表 4-1　2021 年 CDE 受理和获批上市的生物制品情况

批准文号 / 批文件	CDE 受理			NMPA 批准
	总受理数量 / 个	临床试验申请 / 个	生产申请 / 个	上市 / 个
疫苗产品				
国内	109	31	7	6
进口	89	7	6	1
合计	198	38	13	7
抗体产品				
国内	603	452	52	12
进口	485	157	40	16
合计	1 088	609	92	28
重组蛋白产品				
国内	158	25	28	6
进口	64	22	2	/
合计	222	47	30	6
血液制品				
国内	100	2	8	/
进口	67	3	5	/
合计	167	5	13	/
细胞和基因治疗产品				
国内	50	46	2	2
进口	2	2	/	/
合计	52	48	2	2

资料来源：Insight 数据库

3. 生物医药创新研发力量不断增强

每年新批准上市药物在一定程度上也说明了我国生物医药产业药物研发的整体创新能力。如图 4-3 所示，根据 NMPA 数据，2021 年批准上市药品共 14 697 件，其中中药 4 125 件，化学药品 10 306 件，生物制品 266 件。其中新批准（非再注册）上市药品共 1 230 件，新中药 15 件，新化学药 1 133 件，新生物制品 82 件。2017～2021 年由 NMPA 新批准（非再注册）上市药品数量情况如图 4-3 所示，可以看到虽然受到新冠肺炎疫情的冲击，2019～2020 年我国新上市药品总量有所下滑，但 2021 年的新批准上市药物数量水平已经回到了疫情

前水平。从具体药品类型来看，中药的研发一直处于下降趋势，而生物制品和化学药的研发一直处于逐年上升的态势。特别值得注意的是，标志着我国前沿生物医药研发能力的生物制品新药研发数量一直处于较高水平，在2021年达到了历年新高，充分说明了我国生物医药创新研发力量处于不断增强的趋势。

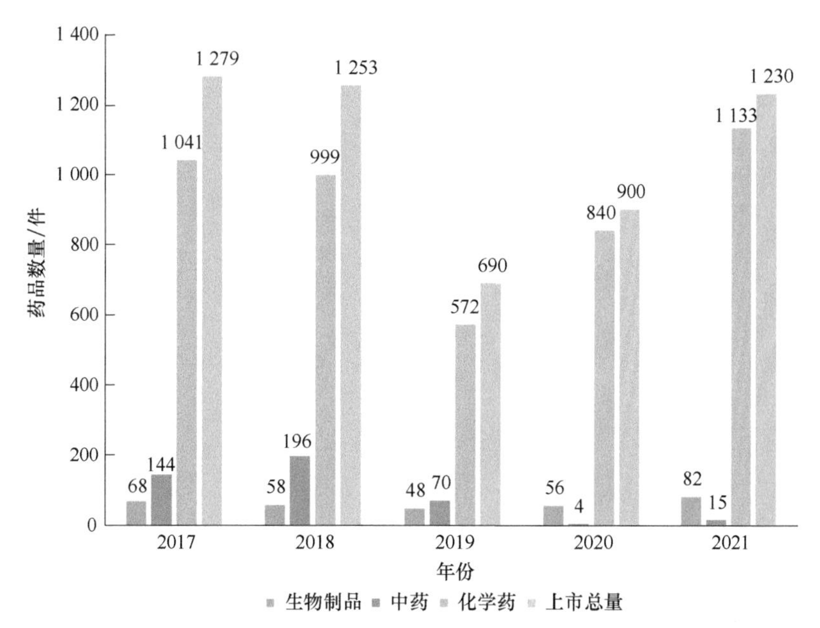

图 4-3　2017～2021 年由 NMPA 新批准（非再注册）上市各类型药品数量情况

资料来源：Insight 数据库

（三）医疗器械

1. 医疗器械及试剂新产品申请活跃度整体较高

如图 4-4 所示，根据 CDE 数据，2021 年共接受 1 819 项药品申报项目，其中新产品注册申请 1 340 件，延续注册 92 件，说明书更改备案 17 件，注册指定检验 37 件，许可事项变更 115 件，登记事项变更 152 件，其他事项 66 件。新产品注册申请数量占总受理项目的 74%，说明虽然 NMPA 总体受理器械和试剂申请项目不及药物申请数量，但总体的创新活跃程度仍较高，属于积极信号。

2. 国产医疗器械研发及申报最为活跃

2021 年 CDE 受理和获批上市的国内外器械及试剂情况如表 4-2 所示，国产器械及试剂申报共 1 470 项，占比 80.8%；进口器械及试剂申报共 243 项，占比 13.4%；其他申报事项 106 项。从器械和试剂种类占比来看，器械仍占 CDE 受理项目占比大头，说明其研发活跃度相对更强。从国产及进口占比来看，我国国产器械试剂的研发及申报非常活跃，占 CDE 受理项目主体。

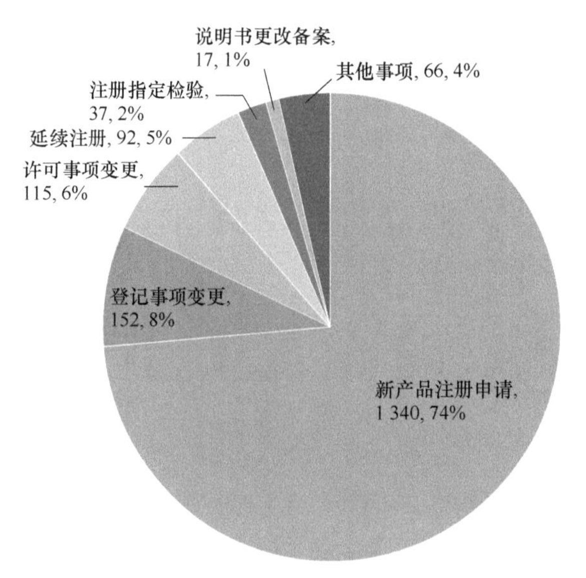

图 4-4　2021 年 CDE 受理各类医疗器械和试剂申请项目类型

资料来源：Insight 数据库

表 4-2　2021 年 CDE 受理和获批上市的国内外器械及试剂情况

批准文号 / 批文件	CDE 受理	NMPA 批准	
	总受理数量 / 个	批准生产 / 个	获批变更 / 个
国产器械及试剂			
器械	1 396	395	86
试剂	74	42	28
合计	1 470	437	114
进口器械及试剂			
器械	186	66	73
试剂	57	5	50
合计	243	71	123

资料来源：Insight 数据库

3. 国产自主研发医疗器械及试剂比例显著上升

每年新批准国产器械和试剂与进口产品的比例在一定程度上也说明了我国生物医药产业的器械和试剂自主研发能力。如图 4-5 所示，根据 NMPA 数据，2021 年批准国产器械和试剂共 437 件，进口器械和试剂共 71 件。2017～2021 年由 NMPA 批准上市的国产 / 进口器械和试剂数量情况如图 4-3 所示，可以看到因受到新冠肺炎疫情的冲击，2020 年起我国受理并批准上市的器械和试剂总量有所下滑，特别是 2021 年起的批准上市总量较往年显著下降，这可能与大范围推行带量采购政策有一定关联。另外值得注意的是，近 5 年来，我国自主研发并获准上市的器械及试剂数量较进口数量比显著上升，说明我国在医疗器械领域的对外依赖度越来越低。

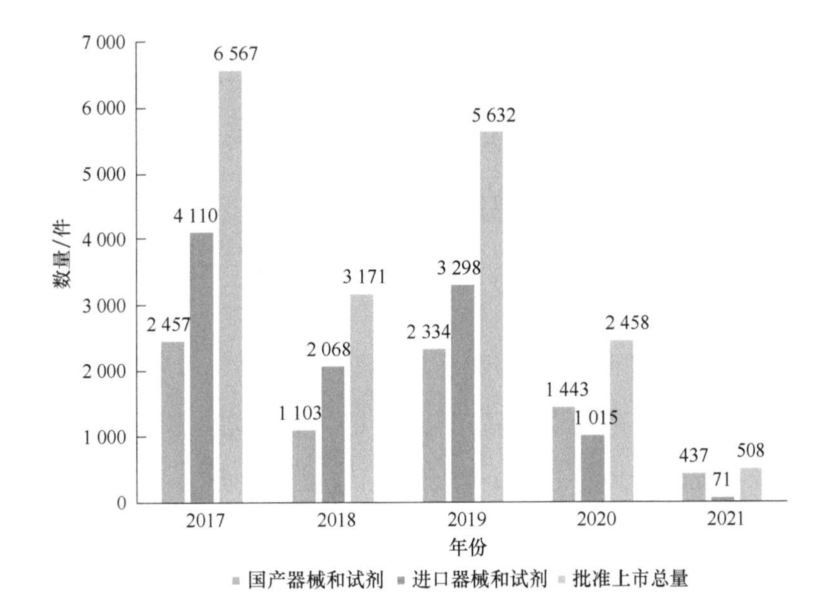

图 4-5 2017～2021 年由 NMPA 批准上市的国产 / 进口器械和试剂数量情况

资料来源：Insight 数据库

二、生物农业

生物农业是根据生物学原理建立的农业生产体系，靠各种生物学过程维持

土壤肥力，使作物营养得到满足，并建立起有效的生物防止杂草和病虫害的体系。生物农业包括生物育种、生物肥料、生物农药和兽用生物制品等几大领域。本章节将对这些领域的产业发展情况及发展特征进行梳理阐述。

（一）生物育种

生物育种是指培育优良生物的生物学技术，即利用遗传学、细胞生物学、现代生物工程技术等方法原理培育生物新品种的过程，涵盖了动物育种和种子育种两大方面。

2021 年我国经历了非洲猪瘟、河南水灾等多项严重影响食品安全事件，加之地缘政治不稳定性增加等因素，我国从战略及政策层面高度重视包括生物育种在内的生物农业安全问题。2021 年 2 月 21 日，中央一号文件《中共中央 国务院关于全面推进乡村振兴加快农业农村现代化的意见》发布，要求加快推进农业现代化，提升粮食和重要农产品供给保障能力。中央经济工作会议也将种子作为重点任务提出，提出“打赢种业翻身仗”。这些政策都大幅提高了生物育种相关技术的推进并加快了生物育种产业发展。

1. 种业市场迎来拐点后稳步增长

2016～2022 年中国种业市场规模及预测趋势如图 4-6 所示。在 2016 年以前，我国种子行业整体市场规模以 3% 左右的复合年均增长率缓慢增长。2016 年以后，我国主粮种子库存过剩，国家提出了以“调面积、减价格和减库存”为主的供给侧结构性改革，种子行业市场开始承压。目前，我国主要农作物自主选育品种种植面积（我国种子自主率）占比达到 95%，其中，小麦、水稻都是自主选育品种；蔬菜品种中，进口种子的份额已经从 5 年前的 20% 下降到现在的 13%。2016～2017 年，我国种子市场整体规模停滞在 1 200 亿元左右。2018 年，我国种业市场规模为 1 174 亿元，其中 7 种重要农作物种子（玉米、水稻、小麦、大豆、马铃薯、棉花、油菜）市值合计为 836.85 亿元。2019 年行业整体市场规模迎来拐点，结束 2017 年、2018 年的下滑，同比略微增长，达到 1 192 亿元。在国家政策支持及玉米种子需求扩大的背景下，2020 年我国种

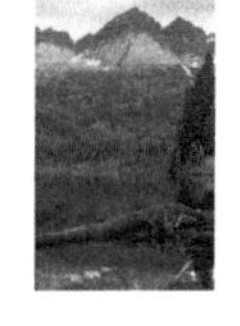

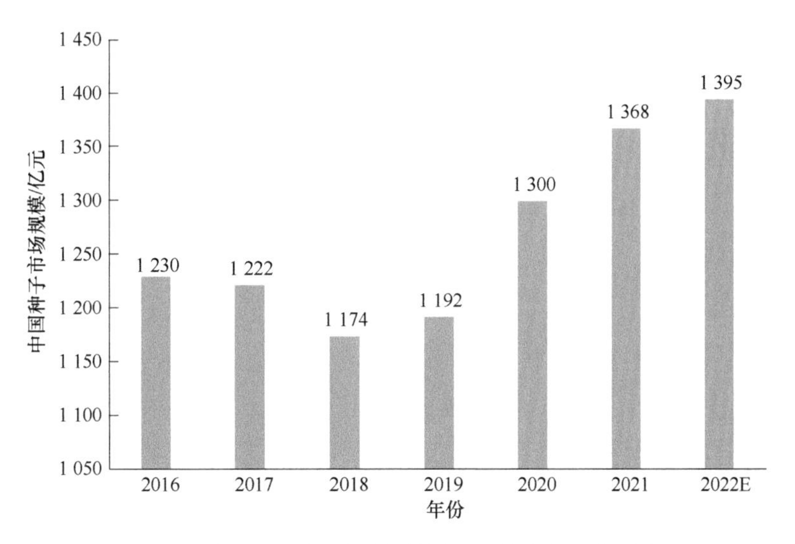

图 4-6　2016～2022 年中国种业市场规模及预测趋势

资料来源：天风证券

业市场规模保持缓慢增长，市场规模达 1 300 亿元。而 2021 年我国种业市场继续保持该稳步增长态势，市场规模达到 1 368 亿元，预计 2022 年全年可达近 1 400 亿元。

2. 市场需求刺激动物育种增速提升

关于中国动物育种行业市场规模情况（图 4-7），2021 年行业市场规模约为 1 686.5 亿元，其中畜牧业育种市场规模约为 1 528.1 亿元，渔业育种市场规模约为 158.4 亿元。2021 年畜牧业育种在动物育种市场营收规模中占比约为 90.6%，占据绝对主导地位。受非洲猪瘟、禽流感及其他动物疫病影响，2016～2021 年中国畜牧业存栏量波动较剧烈，对于上游种源需求波动较大。随着 2021 年中央一号文件的发布，国家未来将继续大力推进良种工程建设，加快动物育种基地建设，预计 2022～2025 年中国动物育种行业市场增速提升，复合年均增长率可达 8.8%。

（二）生物肥料

生物肥料是指主要来源于植物和动物，施于土壤以提供植物营养为其主要

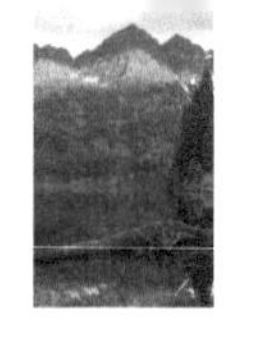

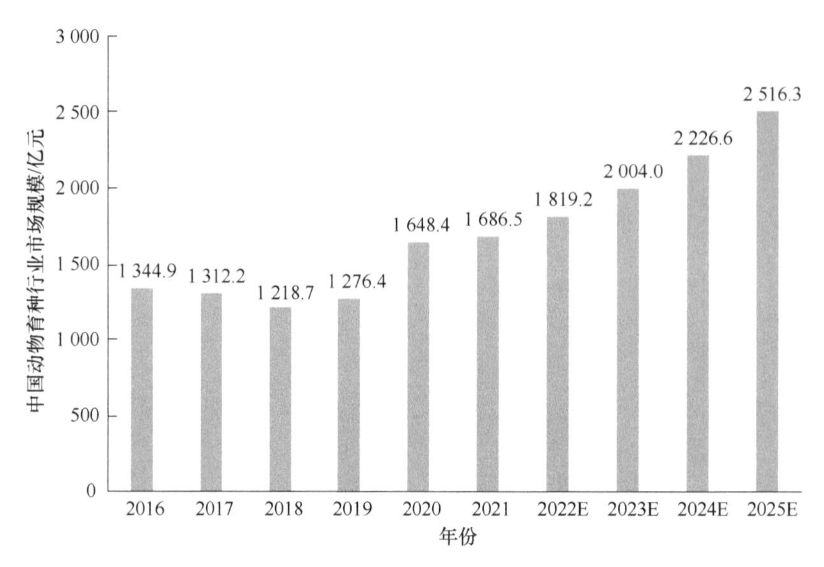

图 4-7　2016～2025 年中国动物育种行业市场规模及预测趋势

资料来源：头豹研究院

功能的含碳物料。经生物物质、动植物废弃物、植物残体加工而来，消除了其中的有毒有害物质，富含大量有益物质，包括多种有机酸、肽类及氮、磷、钾在内的丰富的营养元素等。由于生物肥料富含多种功能性微生物和丰富的微量元素，可以改良土壤结构，改善土壤板结，间接地起到杀害蛔虫卵、根线虫的效果，对作物生长起到营养、调理和保健作用，让土地吸收有机质以发挥更大的效用。

1. 生物肥料行业继续呈平缓增长态势

图 4-8 的数据显示，2017～2021 年我国有机肥供需总体平衡，近年来我国生物肥料的产能及需求也一直保持平缓增长态势。2021 年，我国有机肥产量达 1 618 万吨，需求量达 1 565 万吨。预计 2022 年全年，我国有机肥产量可达 1 705 万吨，需求量达 1 648 万吨。据预计，未来微生物肥料将被应用在全国超 4 亿亩农业生产土地上。

2. 政策支持是生物肥料发展主要驱动力

我国生物肥料行业发展大体经历了 4 个阶段：20 世纪 40 年代起，我国开

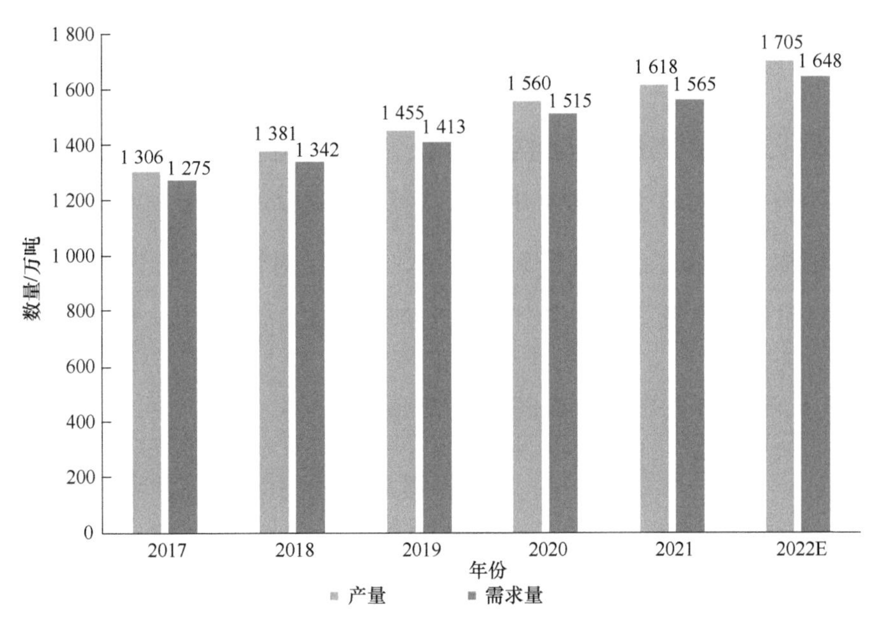

图 4-8　2017～2022 年中国生物肥料供需增长趋势图

资料来源：中商产业研究院

启了对生物肥料的研究；20 世纪 80 年代至 20 世纪 90 年代初期，行业标准尚未出台；1996 年，农业部将生物肥料纳入生产资料；2000 年，《肥料登记管理办法》进一步规范了肥料登记管理，随着行业规范有序地发展，生物肥料应用效果逐步得到认可；2006 年至今，行业进入创新发展阶段，研究中心为开发具有“营养、调理、植保”三效合一的“肥药兼效型”复合微生物肥料。

随着 2020 年我国农业农村部推出的一系列政策如《2020 年化肥使用量继续负增长行动方案》《2020 年农药使用量负增长行动方案》《2020 年扩大有机肥替代化肥应用面积由果菜茶向粮油作物扩展》等的实施，截至 2021 年年底，我国生物肥料研发进程、登记量、推广率进一步提升。

然而，目前我国生物肥料行业发展也遇到了一些制约因素，问题包括：我国肥料企业社会化服务尚未成熟、配套服务薄弱；有机肥施用机械化普及程度和科技化水平不高；生物肥料的生产工艺相对落后；我国部分有机肥料产品存在质量不达标造成重金属、抗生素超标等环境污染问题。这些问题有待产业发展更为成熟及监管措施推进而逐步解决。

（三）生物农药

生物农药来源于天然产物或活生物体，是具有预防和控制农业病虫害和杂草及调节作物生长等特定功能的化合物、提取物或活生物体。与传统的化学农药不同，生物农药具有自然界降解速度快、应用针对性强、毒性小等特点，具有靶标生物耐药概率低、使用安全、无残留等优点。

1. 微生物农药主导生物农药行业产品

根据 2020 年中华人民共和国农业农村部制定发布的《我国生物农药登记有效成分清单（2020 版）》，我国将生物农药分为生化农药、微生物农药和植物源农药。但由于转基因生物可能存在的伦理及生态风险，其不再作为单独的一类生物农药，而是通过基因修饰的微生物类别管理。

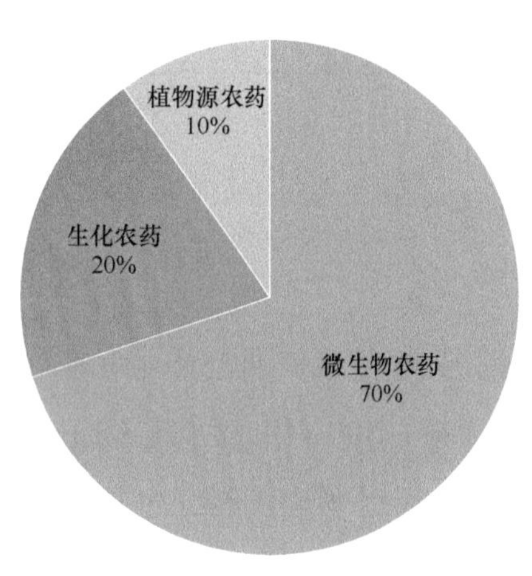

图 4-9　2021 年我国各类别生物农药占比情况

资料来源：国家统计局

2021 年国家统计局公布的数据（图 4-9）显示，目前国内微生物农药仍占主导地位，约占 70%；其次是生化农药，约占 20%；植物源农药仅占 10%。但近年来，植物源农药的推广比例逐年增高。

2. 生化及植物源农药研发总量迅速增长

微生物农药可分为昆虫病原微生物及其制成的杀虫剂与以拮抗菌筛选为基础开发的微生物杀菌剂，目前我国最主要的微生物杀虫剂登记类型为细菌类杀虫剂。根据农药信息网登记数据，截至 2021 年年底，我国登记的昆虫病原微生物及其制成的杀虫剂产品中，登记量较多的产品为苏云金杆菌、球孢白僵菌、棉铃虫核型多角体病毒、金龟子绿僵菌等，分别达 181 个、25 个、21 个、13 个，其中，苏云金杆菌为细菌类杀虫剂，球孢白僵菌、金龟子绿僵菌为真菌

类杀虫剂。

关于生化农药，目前我国最主要的登记类型为植物生长调节剂。截至2021年年底，我国登记的生化农药产品中，登记量较多的产品为赤霉酸、氨基寡糖素、萘乙酸、香菇多糖等，分别达168个、66个、62个、42个。

关于植物源农药，目前我国最主要的登记类型为植物源杀虫剂或杀菌剂。截至2021年年底，我国登记的植物源农药产品中，登记量较多的产品为苦参碱、印楝素、鱼藤酮、蛇床子素等，分别达115个、27个、23个、17个。可见虽然占比相对较小，但生化农药和植物源农药近年来开发登记明显处于迅速增长的态势。

目前生物农药市场总体份额尚较小，发展过程仍存在一些困难，制约因素包括：持续时间短，稳定性差；生物农药研发缺乏专业团队；产业转化率较低，生物农药研发资金不足；核心技术普遍面临较高的失败风险，研发周期通常为15～20年，因此需要专业人才和资金储备；与国外农药企业相比，国内农药企业在研发、薪酬、激励等方面都落后，无法避免人才流失的问题；生物农药研发较少，品种重复开发程度低、同质化严重；专利保护不力，由于我国生物农药品种容易出现抄袭现象，企业研发积极性不足等。围绕相关痛点问题进行政策及流程优化，可更有利于生物农药产业未来的发展。

（四）兽用生物制品

1. 兽用生物制品市场规模明显增速

随着化学、免疫学、生物技术等相关领域新技术、新方法的飞速发展及其推广应用，我国兽用生物制品市场不断发展。而随着近年来我国对于兽用生物制品行业政策法规的陆续出台，加强了对技术创新研发的支持及整个行业的监管力度。2021年1月及2月，农业农村部分别发布了《2021年国家动物疫病强制免疫计划》《2021年兽药质量监督抽检和风险监测计划》《2021年动物及动物产品兽药残留监控计划》，强调做好畜禽及其产品兽药残留监控和动物源细菌耐药性监测工作，进一步加强畜禽养殖用药的指导和监督，有效保障养殖

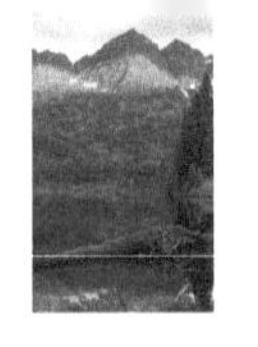

业生产安全和动物产品质量安全。这些政策预计将进一步促进行业规范经营及产业升级，刺激需求并促进我国兽用生物制品产业的有序发展。

中国兽药协会提供的数据显示（图 4-10），2021 年全行业实现兽用生物制品销售额 167.32 亿元，其中禽用疫苗销售额为 72.78 亿元，占兽用生物制品总销售额的 43.50%；猪用疫苗销售额为 69.23 亿元，占兽用生物制品总销售额的 41.38%。预测 2022 年全年我国全行业可实现兽用生物制品销售额 182.04 亿元。

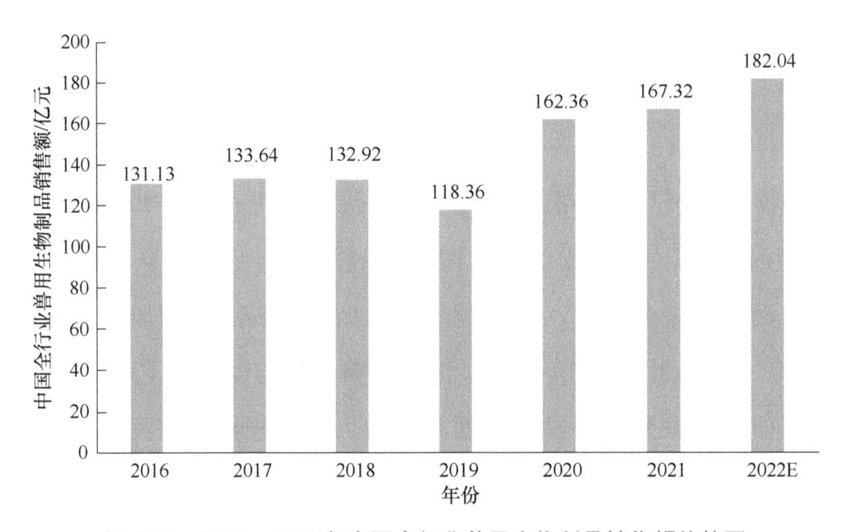

图 4-10　2016～2022 年中国全行业兽用生物制品销售额趋势图

资料来源：中国兽药协会和中商产业研究院

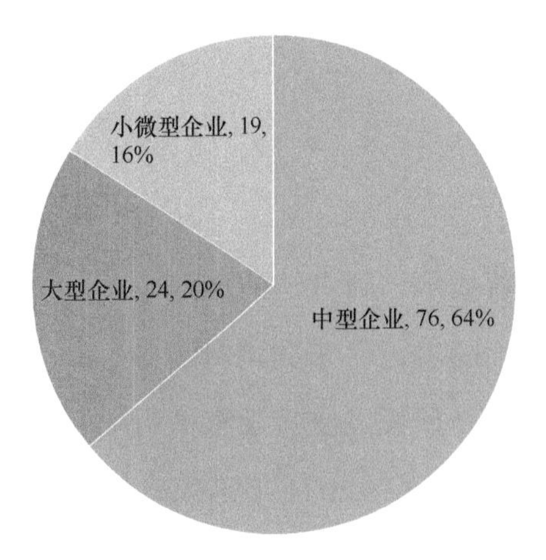

图 4-11　2021 年中国兽用生物制品行业企业数量占比情况

资料来源：中国兽药协会

2. 中型企业主导的产业分布格局形成

近年来，我国兽用生物制品生产企业数量不断增加，其中中型企业占比居多。根据国家统计局等部门出台的大中小微企业划分标准（图 4-11），截至 2021 年年底，兽用生物制品行业大型企业有 24 家，占生药企业总数的 20%，其实现的营业收入为 120.16 亿元，占所有兽用生物制品生产企业的 74.01%；中型企业有 76 家，占生药企业总数的 64%，其实现的营业收入为 42.02 亿

元，占所有兽用生物制品生产企业的25.88%；小微型企业有19家，占生药企业总数的16%，其实现的营业收入为0.18亿元，占所有兽用生物制品生产企业的0.11%。

三、生物制造业

生物制造是以工业生物技术为核心手段，通过改造现有制造过程或利用生物质、二氧化碳等可再生原料生产能源、材料与化学品，实现原料、过程及产品绿色化的新模式。作为生物技术产业的重要组成部分，生物制造是生物基产品实现产业化的基础平台，也是合成生物学等基础科学创新在具体过程中的应用。我国是世界第一制造大国，生物制造将从原料源头上降低碳排放，是传统产业转型升级的“绿色动力”，也是“绿色发展”的重要突破口，还是促进我国实现“碳中和”发展目标的重要途径。我国更是政策采购、补贴、税收优惠、专项基金多管齐下，据“十三五”生物产业发展规划，力求在2030年实现现代生物制造产业产值超1万亿元。2021年12月3日，工业和信息化部印发了《“十四五”工业绿色发展规划》（以下简称《规划》）：①在工业碳达峰推进工程方面，《规划》已将多种生物基材料（聚乳酸、聚丁二酸丁二醇酯、聚羟基烷酸、聚有机酸复合材料、椰油酰氨基酸）纳入原材料重点任务；②在加快能源消费低碳化转型方面，《规划》提出鼓励氢能、生物燃料、垃圾衍生燃料等替代能源在化工等行业的应用。展望未来，生物基产业将逐渐取代部分传统高能耗、高排放石化行业，促进和实现新旧动能转换。

（一）生物基化学品

生物基化学品主要的产能来自发酵产品，如乙醇、赖氨酸、柠檬酸、山梨醇、甘油及脂肪酸。此外，具有新功能的化学品如乳酸、琥珀酸、呋喃二甲酸，其性能与石油化学品相当，并且对环境的影响较小，因此也具有可观的市场前景，也是生物企业布局的重要产品类型。目前全球主要的大宗生物基化学品包

括乙烯、乙二醇、丙二醇、甘油、丁二醇、乳酸、癸二酸等，生物合成技术已经产业化。其中糖基化合物乙烯、乙二醇、丙二醇、乳酸、丁二醇、琥珀酸、戊二胺等是下游生物基 PE、PLA、PET、PBS、PTT 及 PBAT 等的关键原料，油基化合物甘油、长链脂肪酸及脂肪酸则用于生物基 PHA、PA 及环氧树脂等材料的制备。

当前全球生物基化学品产能约 1.8 亿吨，产量在 9 000 万吨左右，每年创造收益约 100 亿美元。Nova Institute 统计数据显示，2020 年全球生物基聚合物产能 460 万吨，预计 2025 年产能将增加到 670 万吨，复合年均增长率约为 8%。2020 年全球生物基聚合物产量 420 万吨，占化石基聚合物总产量的 1%，复合年均增长率首次达到 8%，显著高于聚合物的整体增长速度（3%～4%）。

1. 生物基乙二醇

生物基乙二醇（MEG）是以糖或其他非粮资源的生物基产品为原料转化而来的，相比于石油基乙二醇，生物基乙二醇具有工艺流程短、环保性高、原料选择灵活度高等优势。全球生物基乙二醇产能主要集中在北美洲、欧洲等地区，相关生产企业有 Braskem 公司、Avantium 公司、UPM 芬欧汇川公司等。从植物性工业糖中生产乙二醇是 Avantium 公司的主要业务和技术之一，2021 年，Avantium 公司和科胜甜菜公司成立合资企业，目标为建成世界一流的生物基乙二醇生产商，计划于 2025 年运营。我国生物基乙二醇行业起步较晚，但近年来，在政府扶持下，生物基乙二醇行业也取得了一定成就，同时 2021 年，生物基材料、生物降解材料纳入“十四五”国家重点研发计划，将进一步推动生物基乙二醇产业发展，国内从事研究生物基乙二醇的企业有长春美禾科技发展有限公司、中国科学院大连化学物理研究所等。

2. 生物基 1,4- 丁二醇

1,4- 丁二醇（BDO）作为一种重要的原料，被广泛应用于氨纶、可降解塑料、聚氨酯、鞋材、新能源电池等众多领域。BDO 生产方法包括炔醛法、顺酐加氢法、丁二烯法、环氧丙烷法及生物法等，其中生物法制备 BDO 环保优势

突出，受到了欧美等国家的广泛关注。但由于技术壁垒高，全球范围内生物基BDO生产企业数量极少，主要包括意大利Novamont公司、美国Genomatica公司、帝斯曼、巴斯夫公司、三菱化学公司等，根据Mordor Intelligence咨询报道，2021年全球生物基1,4-丁二醇市场价值为2.711万吨，预计2022～2027年的复合年均增长率约为25.69%。对比国外比较成熟的生物基BDO的技术研究及产业情况，我国相关产业还比较落后，但2021年山东元利科技有限公司正式投入生产的新产品——生物基1,4-丁二醇成功研发并正式批量出口欧盟市场，这标志着该公司生物基二元醇产品得到了国际主流客户的认可，实现了国内乃至亚洲在该产品上零的突破。

3. 生物基L-丙氨酸

丙氨酸是构成蛋白质的基本单位，是组成人体蛋白质的21种氨基酸之一，广泛应用在日化、医药及保健品、食品添加剂和饲料等众多领域。国内丙氨酸生产企业主要包括烟台恒源生物股份有限公司、安徽丰原生物化学股份有限公司、安徽华恒生物科技股份有限公司等，国外丙氨酸生产企业主要为武藏野公司。其中，烟台恒源生物股份有限公司通过酶法生产L-丙氨酸，安徽丰原生物化学股份有限公司采用微生物发酵法生产L-丙氨酸，安徽华恒生物科技股份有限公司拥有发酵法和酶法两种生产路线，而武藏野公司通过化学合成法生产DL-丙氨酸（表4-3）。

表4-3 全球丙氨酸主要生产企业及其生产方法

公司	主要产品	生产方法
安徽华恒生物科技股份有限公司	丙氨酸系列产品、α-熊果苷、D-泛酸钙等	发酵法和酶法生产丙氨酸系列产品
烟台恒源生物股份有限公司	富马酸、L-天冬氨酸、L-丙氨酸	酶法生产L-丙氨酸
安徽丰原生物化学股份有限公司	新材料聚乳胶、氨基酸、有机酸系列产品	微生物发酵法生产L-丙氨酸
武藏野公司	纯天然乳酸及盐、酯系列产品，DL-丙氨酸	化学合成法生产DL-丙氨酸

资料来源：公开信息整理

4. 生物基 1,3- 丙二醇

1,3- 丙二醇是一种重要的化工原料，最主要的用途是作为聚合物单体合成性能优异的高分子材料 PTT 等，也可作为有机溶剂应用于油墨、印染、涂料、润滑剂、抗冻剂等行业，还可用作药物合成中间体。全球 1,3- 丙二醇的主要生产企业包括 Shell 公司、Degussa 公司、DuPont 公司等，其中 DuPont 公司与 Genencor 公司合作致力于以微生物发酵法生产 1,3- 丙二醇。该方法具有工艺选择性高、操作条件温和、原料可再生等优点。根据 1,3- 丙二醇不同工艺生产成本的估算，微生物发酵法生产成本约 1 222 美元 /t，较丙烯醛法降低约 38%，相较于环氧乙烷法降低约 30%，优势显著。总的来看，生物发酵法已渐渐成为生产 1,3- 丙二醇的重要方法，在生产成本、安全性、环境友好度等方面具有竞争优势。

5. 生物基长链二元酸

长链二元酸（DCA）作为一种精细化学品，广泛应用于高性能长链聚酰胺、高档润滑油、高档热熔胶、粉末涂料、高等香料、耐寒增塑剂、农药和医药等诸多下游应用市场。长链二元酸的制备工艺分为植物油裂解法、化学合成法和生物发酵法 3 种，目前国内市场上基本采用生物发酵法，在产产能 9.7 万吨 / 年（表 4-4）；国际市场上仍存在传统化学合成法约 2 万吨 / 年在产产能；而植物油裂解法受限于产品产量，不适用于大规模工业化生产。

表 4-4　国内生物发酵法生产长链二元酸的企业及其产能

企业	产品类型	产能 /（万吨 / 年）	待投情况
上海凯赛生物技术股份有限公司	DC10-18	7.5	
	DC10	4	2022 年上半年建成投产
宁夏中科生物科技股份有限公司	DC12	5	2021 年 10 月桂二酸项目正式投产，已开启二分之一产能
山东瀚霖生物技术有限公司	DC11-13	2	
淄博广通化工有限责任公司	DC12-18	0.2	

资料来源：公开信息整理

（二）生物基材料

生物基材料是利用谷物、豆科、秸秆、竹木粉等可再生生物质为原料制造的新型材料和化学品，主要包括生物基化工原料、生物基塑料、生物基纤维、生物基橡胶等。生物基材料由于其绿色生产、环境友好、资源节约等特点，已成为快速成长的新兴产业。我国是化纤生产和消费大国，化纤行业碳排放量与增速不容小视。减少石化资源依赖、发展生物基材料成为我国化纤行业发展的重要途径之一。2020 年，我国生物基材料产量和市场规模分别为 153.6 万吨和 171.54 亿元（图 4-12）。

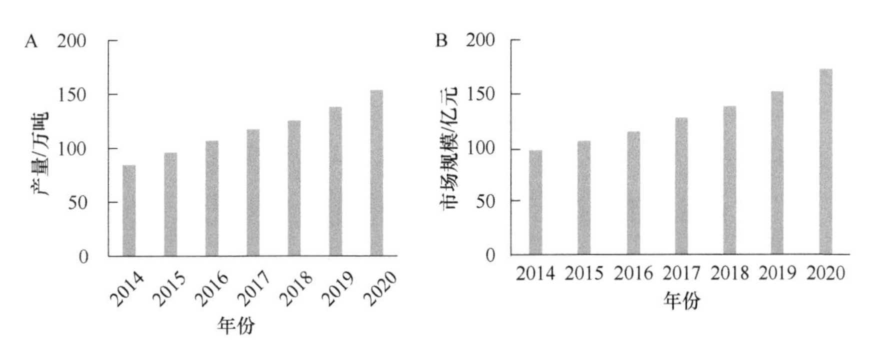

图 4-12　2014～2020 年我国生物基材料产能（A）和市场规模（B）变化趋势

资料来源：深圳中为智研咨询有限公司

根据能否生物降解，生物基材料被分为可生物降解［聚乳酸（PLA）、聚羟基脂肪酸酯（PHA）等］和不可生物降解材料（生物基 PE/PP 等）两类。可降解材料经历了半个多世纪的发展，近 20 年研发热点集中在生物降解材料。聚如如资讯统计显示，截至 2021 年年底，全球生物降解材料产能合计约 142 万吨 / 年（不含淀粉基塑料），装置平均规模 2.63 万吨 / 年，PLA 与聚丁二酸丁二醇酯（PBS）系列产品产能合计占比 89%。全球产能主要分布于中国、西欧和北美洲。中国起步晚，但发展速度快，产能合计达 86 万吨 / 年，较 2020 年年末大幅增长了 48.3%，占全球产能的 60.6%（表 4-5）。当前中国在建及拟建生物降解材料产能超千万吨 / 年，将继续引领全球产能增长。

表 4-5　生物基可降解塑料特性及主要生产厂家

种类	优势	劣势	应用领域	生产厂家
PLA	耐热性好、硬度大、拉伸强度和拉伸模量较高	硬度高、共混性差、韧性较差	生物医学、涂料、工业材料及包装等	Corbion-Pur 公司、NatureWorks 公司、安徽丰原生物化学股份有限公司、浙江海正药业股份有限公司
PBS	生物相容性和耐热性好、拉伸强度较高、冷却成型速度快	成本较高、韧性较差	食品包装、涂料、工业材料及包装等	巴斯夫公司、伊士曼公司、营口康辉新材料科技有限公司、山东汇盈新材料科技有限公司等
PHA	生物可降解性和生物相容性好	热稳定性差、结晶速度慢、韧性一般	一次性塑料、卫生用品等	Danimer Scientific 公司、天津国韵生物科技有限公司、深圳意可曼生物科技有限公司等

资料来源：公开信息整理

1. PLA

聚乳酸（PLA）是一种新型生物基材料，其原料来源于玉米、小麦等可再生植物资源。废弃后的聚乳酸可完全分解为二氧化碳和水，有优越的生物可降解性和生物相容性，在生物医药高分子、包装和农用地膜中都有广阔的应用前景。PLA 的合成方法主要分为两种，分别为直接聚合法和丙交酯开环聚合两步法。世界上生产高品质大分子量聚乳酸均采用丙交酯开环聚合两步法。目前美国 Natureworks 公司是全球聚乳酸生产规模最大的公司，该公司采用丙交酯开环聚合两步法生产工艺，拥有每年 22 万吨的 L- 乳酸生产能力，15 万吨的产能。国内企业通过与高校或科研机构合作，优化了 PLA 的生产技术。例如，河南金丹乳酸科技股份有限公司和南京大学合作研究核心中间体丙交酯的生产工艺，浙江海正药业股份有限公司 PLA 生产技术是同中国科学院长春应用化学研究所共同研制的。全球 PLA 产能约 61.55 万吨。西欧和北美洲是 PLA 主要消费市场，全球 PLA 产能最大的企业是美国 Natureworks 公司，年产能达 16 万吨，远超国内聚乳酸生产企业。国内现有 PLA 产能估计在 31.5 万吨左右。其中，生产规模较大的是安徽丰原生物化学股份有限公司（10 万吨 / 年）、河南龙都天仁生物材料有限公司（5 万吨 / 年）和江苏允友成生物环保材料有限公司（5 万吨 / 年）。

2. PHA

聚羟基脂肪酸酯（PHA）是一种高分子生物材料，存在于细菌等微生物细胞中（类似细菌脂肪）。PHA 既是细菌在生长条件不平衡时的产物，也是微生物体内的碳源和能量的储存物质。PHA 具有自发的生物可降解性，无须堆肥即可在自然环境下降解，且降解时间可控。PHA 甚至在土壤、海水、湖水、生物体内都可以被降解，主要是微生物种群通过 PHA 水解酶将 PHA 降解为自己需要的营养物质。PHA 相比其他可降解塑料具有可自然降解、生物相容、气体阻隔性的优势。PHA 相关研究起源于 20 世纪 20 年代，如今已经逐步开始产业化。中国已走在 PHA 产业化前列，规划产能超过 10 万吨 / 年。天津国韵生物科技有限公司现有年产 1 万吨的 PHA 生产线，并计划在吉林建设年产 10 万吨规模的生产线；宁波天安生物材料有限公司拥有年产 2 000 吨的 PHA 生产线；绿塑科技股份有限公司也已建成年产万吨级 PHA 生产基地。北京蓝晶微生物科技有限公司新一轮融资开始建设 PHA 量产基地，总产能规划为年产 10 万吨，分三期建成，其中 5 000 吨的一期生产线将在 2022 年内建成投产。北京微构工场生物技术有限公司也于 2021 年 6 月完成 200 吨的 PHA 装置投产，并且在 7 月利用得到的 PHA 成功制成纤维纺，在生物合成塑料道路上又迈出了重要的一步。

3. PBS

聚丁二酸丁二醇酯（PBS）是由丁二酸和 1,4- 丁二醇经酯化聚合而得到的脂肪族聚酯。丁二酸既可以由石油原料制取，也可由生物发酵法制取。PBS 应用广泛，可制得一次性购物袋、生物医用高分子材料、包装瓶等，具有生物可降解性，其制品废弃物在泥土或者水中很快就能降解，对环境友好。PBS 系列产品是二酸类和二醇类产品进行缩聚反应得到的生物降解塑料系列产品，包括 PBS、PBSA、PBST、PBAT 等。PBS 被广泛应用在食品包装、瓶子、超市袋、卫生用品、地膜和堆肥袋、药物缓释载体、组织工程支架等生物材料领域。目前，国外 PBS 系列技术提供方主要有德国巴斯夫、日本三菱、昭和等公司。国内 PBS 研究始于 21 世纪初期，主要研究单位有中国科学院理化技术研究所工

程塑料国家工程研究中心、清华大学、四川大学等。近年来，国内中国科学院理化技术研究所、清华大学、金发科技股份有限公司、中国石化集团公司、恒力石化股份有限公司等相继开发出了 PBS 类聚酯的新技术并实现了产业化。随着环保监管日益严格，可降解塑料 PBS 产能将持续增加，预计到 2026 年，我国可降解塑料 PBS 新增产能将达到 486.8 万吨 / 年。

（三）生物质能源

生物质是指通过光合作用直接或间接形成的各种有机体，包括植物、动物和微生物等。生物质能是指由太阳能以化学能的形式在生物质中贮存的能量，是一种清洁环保的可再生能源。生物质能是可再生能源中唯一具备多元化利用的能源品类，可转化为固体燃料（直接燃烧）、液体燃料（生物乙醇、生物柴油和生物航煤等）和气体燃料（沼气、生物天然气、一氧化碳和氢气等），通常主要用于发电、供热（冷）、作交通燃料和工业原料等。“十三五”期间，我国生物质能新增装机规模增长了近两倍，生物质天然气年产量达到 1.5 亿立方米，生物质成型燃料年利用量达到 2 000 万吨。2020 年全国生物质发电年发电量达到 1 326 亿千瓦时，同比增长约 19.4%，可为约 1.8 亿城乡居民提供一年的绿色生活电力。全国生物质能年利用量折合约 5 000 万吨标准煤以上。

1. 生物质发电

生物质发电是指利用生物质具有的生物质能进行发电。生物质发电分为农林生物质发电、垃圾焚烧发电和沼气发电。农林生物质发电从发电技术上又可分为直接燃烧发电和混合燃烧发电。从装机规模来看，据统计，2021 年我国可再生能源新增装机 1.34 亿千瓦，占全国新增发电装机的 76.1%，发电装机达到 10.63 亿千瓦，占总发电装机容量的 44.8%。其中，生物质发电新增 808 万千瓦，占全国新增装机的 4.6%；生物质发电装机 3 798 万千瓦，占全国总发电装机容量的 1.6%（图 4-13）。随着生物质发电快速发展，生物质发电装机容量在我国可再生能源发电装机容量中的比例呈逐年稳步上升态势。据统计，截至 2021 年年底，我国生物质发电累计装机容量占可再生能源发电装机容量的 3.6%。

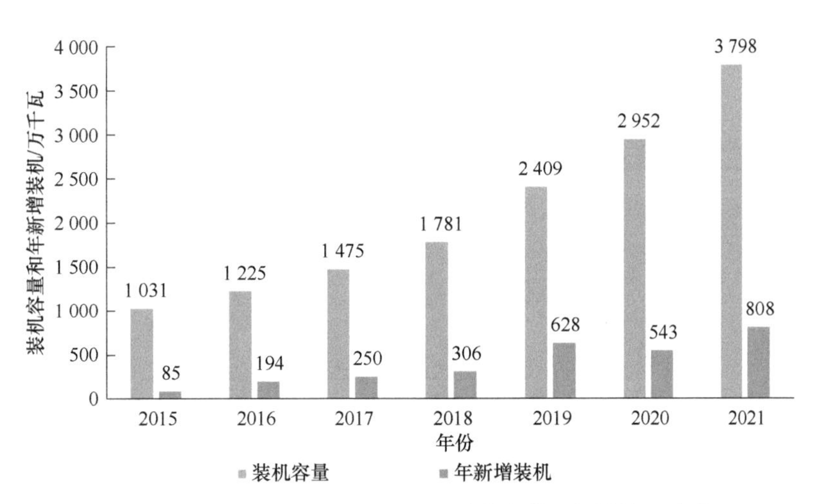

图 4-13　2015～2021 年中国生物质发电装机规模情况统计

资料来源：国家能源局

近年来，我国生物质能发电量保持稳步增长态势。据统计，2021 年全国可再生能源发电量达 2.48 万亿千瓦时，占全社会用电量的 29.8%。其中，我国生物质发电量为 1 637 亿千瓦时（图 4-14），同比上涨 23.6%，占全社会用电量的 2%。

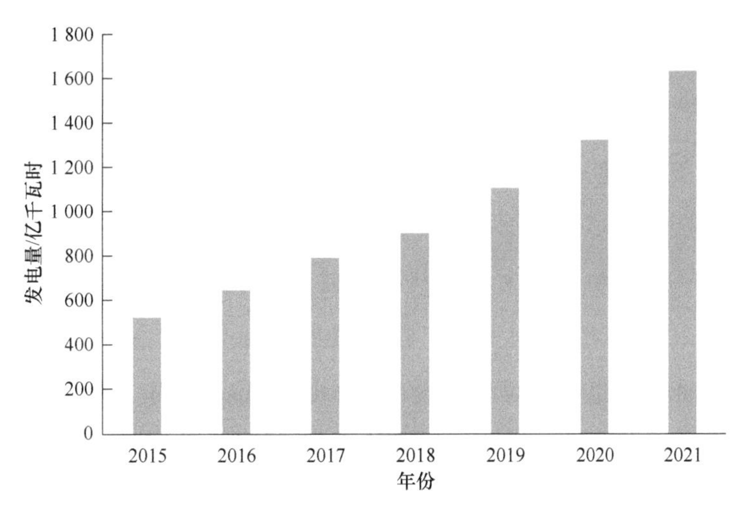

图 4-14　2015～2021 年中国生物质发电量情况

资料来源：国家能源局

年发电量排名前 6 位的省份是广东、山东、浙江、江苏、安徽和黑龙江，分别为 206.6 亿千瓦时、180.2 亿千瓦时、143.8 亿千瓦时、133.9 亿千瓦时、117.4 亿千瓦时和 79.7 亿千瓦时（图 4-15）。

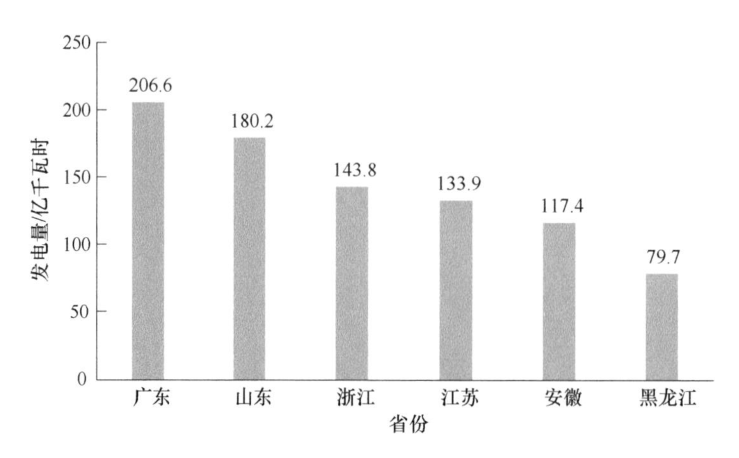

图 4-15　2021 年中国生物质发电量前 6 位省份情况

资料来源：国家能源局

2. 生物燃料

生物燃料以燃料乙醇、生物柴油（含可再生柴油）为主。其中燃料乙醇当前主要原料仍以粮食为主，非粮类原料（如纤维素乙醇等）工业化仍在推进，因此不同国家在生产能力上差别较大，生产端限制因素较多，导致总产量大幅增长的可能性较低；而生物柴油的原料来源多样，同时得益于近 10 年来技术的进步和政策的推动，其原料结构和产品性能都在不断优化，尤其是在非粮原料等原本被视为人类社会废弃物的原料方面的开发，这使生物柴油供给量得以不断增加，同时随全球对实现减碳目标的推进，有望大幅提升总需求量。我国生物柴油主要采用废油脂作为原材料，得益于政策的持续利好，中国生物柴油行业在 2014～2021 年整体上实现了快速发展，行业产能持续走高，预计 2021 年中国生物柴油产量约 150 万吨，表观需求量为 38.2 万吨（图 4-16）。

促进生物柴油产业发展对推进能源替代，减轻环境压力，控制城市大气污染效果显著，受到了世界许多国家的重视和推广，2021 年我国生物柴油进口数量为 17.6 万吨，出口数量为 129.4 万吨（图 4-17）。中国主要从印度尼西亚、马来西亚等东南亚国家及地区进口生物柴油。其中 2021 年从印度尼西亚进口 78 382.4 吨生物柴油，占进口总数的 44.5%；从马来西亚进口 65 345.6 吨生物柴油，占进口总数的 37.1%。伴随全球对于能源及环境气候问题的重视，欧洲生物柴油需求量近年来不断增长。欧盟也推出了相应政策，提出了生物柴油强

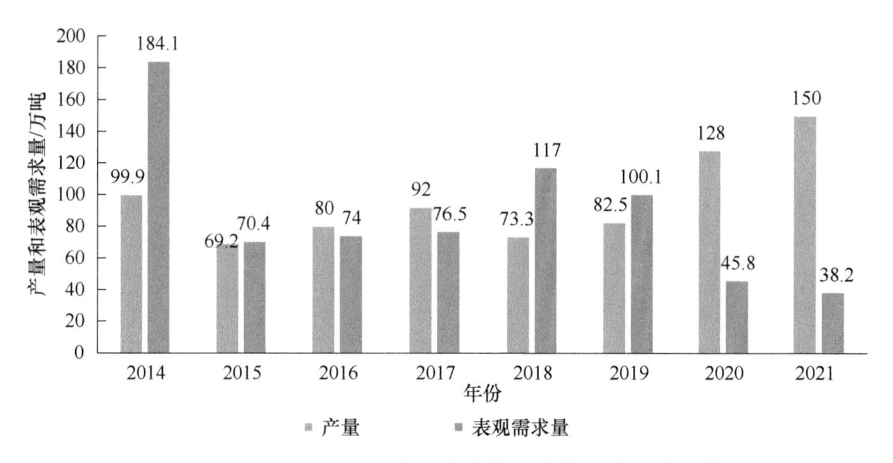

图 4-16　2014～2021 中国生物柴油产量及表观需求量

资料来源：公开信息整理

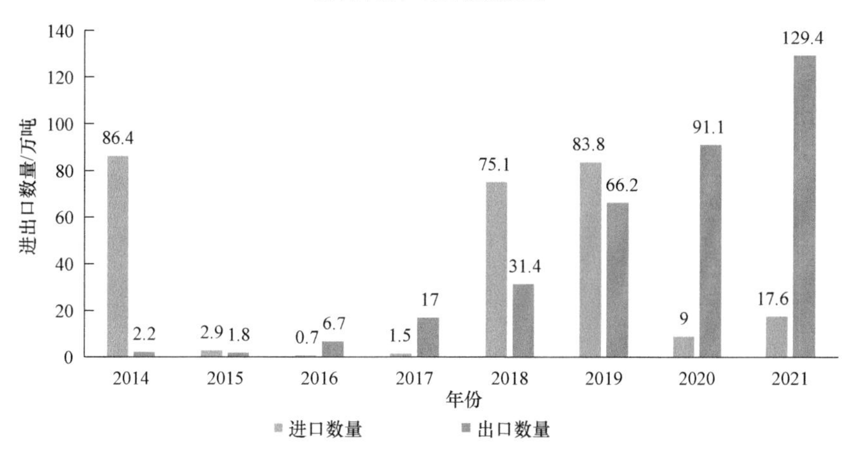

图 4-17　2014～2021 中国生物柴油进出口数量

资料来源：中国海关

制掺混比例要求，从而带动了我国生物柴油出口的持续提升。2021 年，我国生物柴油主要出口目的地集中在欧洲地区，其中向荷兰出口约 91 万吨生物柴油，占我国总出口量的 70% 以上。

四、生物服务产业

医药外包服务行业（CXO）是依附于药物研发、生产的外包产业链，经过 40 余年的发展，形成了合同研究组织（Contract Research Organization，CRO）、

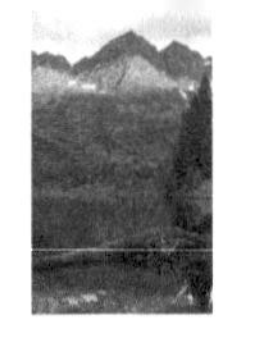

合同生产组织（Contract Manufacture Organization，CMO）、合同定制生产组织（Contract Development and Manufacturing Organization，CDMO）、合同销售组织（Contract Sales Organization，CSO）等多个细分子行业，其中，CRO 公司和 CDMO/CMO 公司分别在研发管线、生产管线上贯穿药品生命周期。

（一）合同研发外包

合同研究组织是通过合同形式为医药企业和医药科研机构在研发过程中提供专业外包服务的组织或机构。新药的开发日益呈现多学科性，理论和结构生物学、计算机和信息科学越来越多地参与到新药的研究阶段，CRO 公司可以提供专业化、高效率的服务，降低研发活动的复杂性，缩短研发周期，从而提高研发成功率。因此随着药物开发的成本不断提升和生物科技公司的崛起，CRO 渗透率在不断提升。

根据 Frost & Sullivan 数据，2015～2019 年全球 CRO 规模由 443 亿美元增长至 626 亿美元，复合年均增长率为 0.09%，预计 2024 年将达到 961 亿美元，5 年复合年均增长率为 8.95%。在政策支持新药发展、国内人才红利等多因素的推动下，我国 CRO 行业发展速度较快，规模从 2015 年的 26 亿美元增长到 2019 年的 69 亿美元，复合年均增长率为 27.63%，预计 2024 年将达到 221 亿美元，5 年复合年均增长率为 26.21%（图 4-18）。

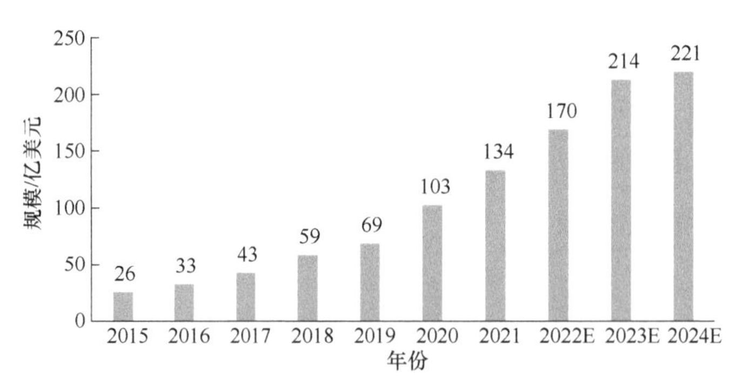

图 4-18　2015～2024 年中国 CRO 市场规模

资料来源：Frost & Sullivan

国内 CRO 主要分两类，即全面综合型与细分专业型。国内 CRO 公司数量较多，仅少数全面综合型及细分专业型 CRO 公司规模较大，并远大于其他

CRO 公司。①全面综合型 CRO 公司主要包括上海药明康德新药开发有限公司、康龙化成（北京）新药技术股份有限公司，主要侧重在创新药领域，兼顾仿制药，能够为客户提供创新药综合化服务。其成立时间较早，业务综合性较强，实验室分布较广，并与国际接轨。②细分专业型 CRO 公司以杭州泰格医药科技股份有限公司和上海美迪西生物医药股份有限公司为代表，主要侧重在创新药领域，兼顾仿制药。其专注于药物研发的某一环节，并成为该细分领域的龙头企业。比如，杭州泰格医药科技股份有限公司专注于临床试验环节，上海美迪西生物医药股份有限公司专注于临床前研究环节，杭州百诚医药科技股份有限公司为细分专业型 CRO，仿制药创新药双线布局，杭州百诚医药科技股份有限公司以仿制药为主，创新药为辅，业务集中在临床前药学研究和临床 CRO，聚焦中国本土药企创新研发需求（表 4-6）。

表 4-6　国内 CRO 主要企业竞争

CRO 企业类型	公司	研发服务领域	药物发现	药物研究	临产前研究	临床研究	受托生产
全面综合型	上海药明康德新药开发有限公司	创新药为主，兼顾仿制药	√	√	√	√	√
	康龙化成（北京）新药技术股份有限公司	创新药为主，兼顾仿制药	√	√	√	√	√
细分专业型	杭州泰格医药科技股份有限公司	创新药为主，兼顾仿制药				√	
	上海美迪西生物医药股份有限公司	创新药为主，兼顾仿制药	√	√	√		
“药学＋临床”综合型	杭州百诚医药科技股份有限公司	仿制药为主，创新药为辅		√		√	
	博济医药科技股份有限公司	仿制药为主，创新药为辅		√	√	√	
	南京华威医药科技集团有限公司	仿制药为主，创新药为辅		√		√	
	北京新领先医药科技发展有限公司	仿制药为主，创新药为辅		√		√	

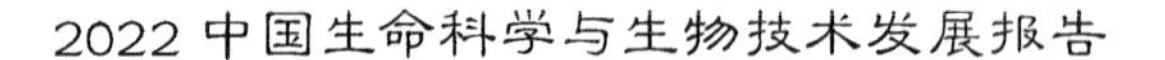

续表

CRO 企业类型	公司	研发服务领域	药物发现	药物研究	临产前研究	临床研究	受托生产
“药学＋临床”综合型	天津市汉康医药生物技术有限公司	仿制药为主，创新药为辅		√		√	
	北京阳光诺和药物研究股份有限公司	仿制药为主，创新药为辅		√		√	
	山东百诺医药股份有限公司	仿制药为主，创新药为辅		√		√	

资料来源：公开信息整理

虽然新冠肺炎疫情给人们的工作生活带来了巨大冲击，但是生物医药行业正在发挥着巨大作用，也带动着 CRO 行业的蓬勃发展。其中综合型 CRO 方面，以上海药明康德新药开发有限公司、上海药明生物技术有限公司、康龙化成（北京）新药技术股份有限公司等为代表，上海药明康德新药开发有限公司的营业收入在 2021 年跨过 200 亿元大关，而上海药明生物技术有限公司也成功挑战 10 亿元大关。目前看来，上海药明康德新药开发有限公司和上海药明生物技术有限公司仍然保持良好发展势头。康龙化成（北京）新药技术股份有限公司行业第二的地位十分稳固，营收和净利润都迅速增长，人均利润也有了显著提升（图 4-19）。

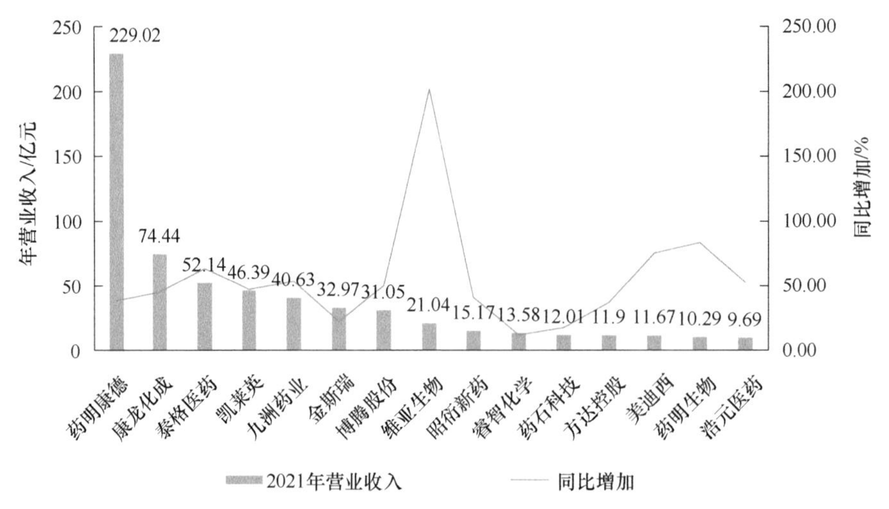

图 4-19　2021 年我国 CRO 营业收入前 15 位企业及同比增加情况（企业均为简称）

资料来源：公司年报

（二）合同生产外包

近年来受益于政策红利和全球产业链转移，我国CDMO市场得到较快发展，国际市场份额不断提升。数据显示，2020年我国CMO/CDMO行业市场规模由2016年的105亿元增加到317亿元。预计到2023年市场规模将增长到634亿元（图4-20）。

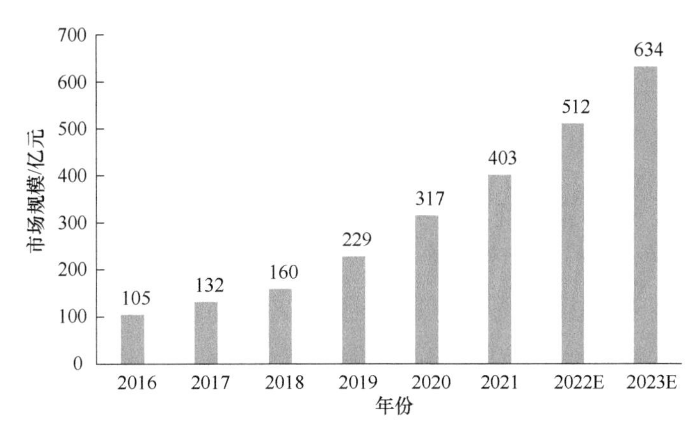

图4-20 2016～2023年我国CMO/CDMO市场规模现状及预测

资料来源：Frost & Sullivan

其中，化学药CDMO市场规模从2016年的80亿元增加至2020年的226亿元，复合年均增长率为29.64%；生物药CDMO市场规模从2016年的25亿元增加至2020年的91亿元，复合年均增长率为38.13%。预计2022年我国化学药及生物药CDMO市场规模将分别达390亿元、189亿元（图4-21）。

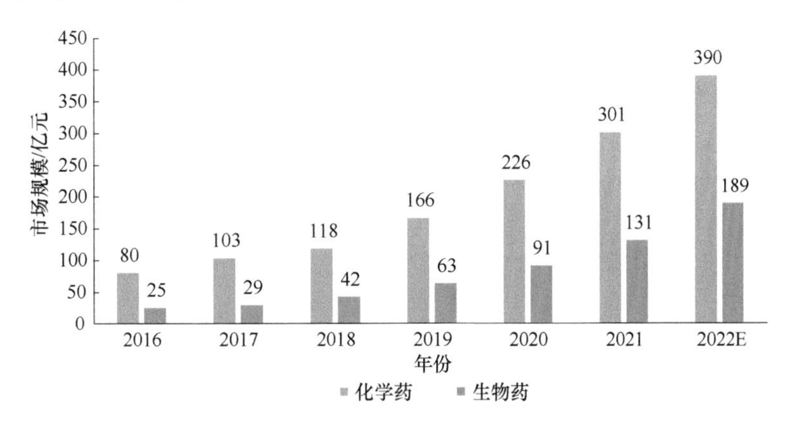

图4-21 2016～2023年我国化学药和生物药CMO/CDMO市场规模现状及预测

资料来源：Frost & Sullivan

五、产业前瞻

（一）免疫细胞产业

细胞治疗一般是指采用生物工程的方法获取具有特定功能的细胞，通过体外扩增、特殊培养等处理后，使这些细胞具有增强免疫、杀死病原体和肿瘤细胞等功能，从而达到治疗某种疾病的目的。目前主要的细胞治疗方式分为免疫细胞治疗和干细胞治疗两种，其作用机制和主要用途各不相同。所谓免疫细胞治疗，是指在体外对某些类型的免疫细胞如 T 细胞、NK 细胞、B 细胞、DC 细胞等进行针对性处理后再回输入人体内，使其表现出杀伤肿瘤细胞、清除病毒等功能。肿瘤作为现代医学还未攻克的难题，免疫细胞治疗的出现为肿瘤提供了新的潜在治疗途径，具有理想的发展前景。

1. 全球免疫细胞产业处于爆发增长阶段

根据 InsightAce Analytic 公司公布的最新市场调查数据[366]，2021 年全球免疫细胞治疗市场规模约 72 亿美元，预计到 2030 年将达到 346.9 亿美元，复合年均增长率有望达到惊人的 20.4%（图 4-22）。多年来，免疫细胞治疗研发经历了

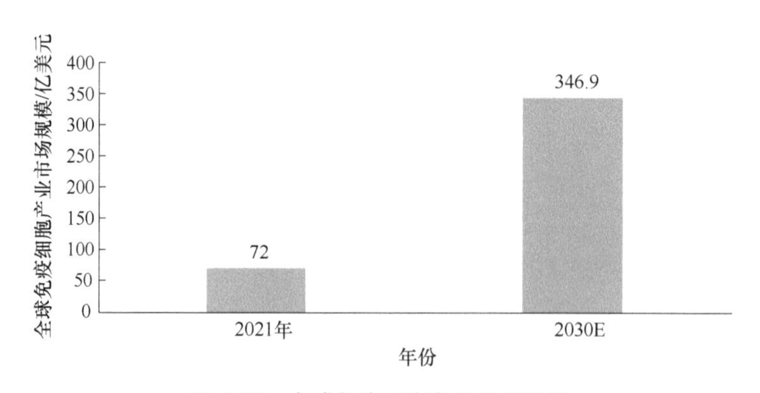

图 4-22　全球免疫细胞产业市场规模

资料来源：InsightAce Analytic

366 InsightAce Analytic.Global Immuno-Oncology Cell Therapy Market Report 2022[R/OL].https://www.insightaceanalytic.com/report/global-immuno-oncology-cell-therapy-market/1083[2022-08-16][2022-09-08].

概念验证阶段、临床应用阶段，已逐步进入规模商业化阶段。目前该行业在全球范围内处于井喷式爆发发展阶段，美国生物医药企业巨头将是我国未来面临的最主要竞争对手。

2. 我国免疫细胞研发能力优秀，仅次于美国

根据 Cortellis 数据库数据，截至 2022 年 5 月 1 日，全球各国处于研发及上市阶段的全部免疫细胞项目共 1 975 项，前 10 位国家排名如图 4-23 所示。可以看到全球免疫细胞治疗产业处于迅速发展期，各国纷纷争夺该生物医药赛道的战略高地。目前美国处于明显优势地位，我国紧随其后居于全球第二位，领先于其他国家。

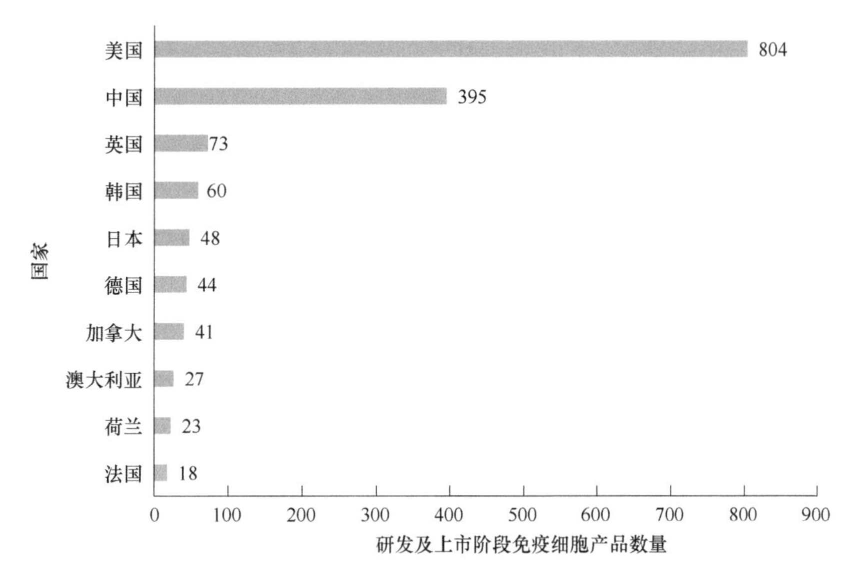

图 4-23　各国处于研发及上市阶段的全部免疫细胞项目数量前 10 位国家排名（截至 2022-05-01）

资料来源：Cortellis 数据库

将美国及中国免疫细胞各研发阶段项目数量分布情况进一步分析后发现（图 4-24），美国处于基础开发及临床前研究阶段的免疫细胞项目数量明显高于我国，而我国处于临床阶段产品占比则高于美国。这说明我国在免疫细胞治疗研发的前沿进度上与美国处于并跑状态，研发能力处于世界前列水平；但基础开发及临床前产品数量缺少，说明我国从事前期研发的总体成果（瓶颈可能在

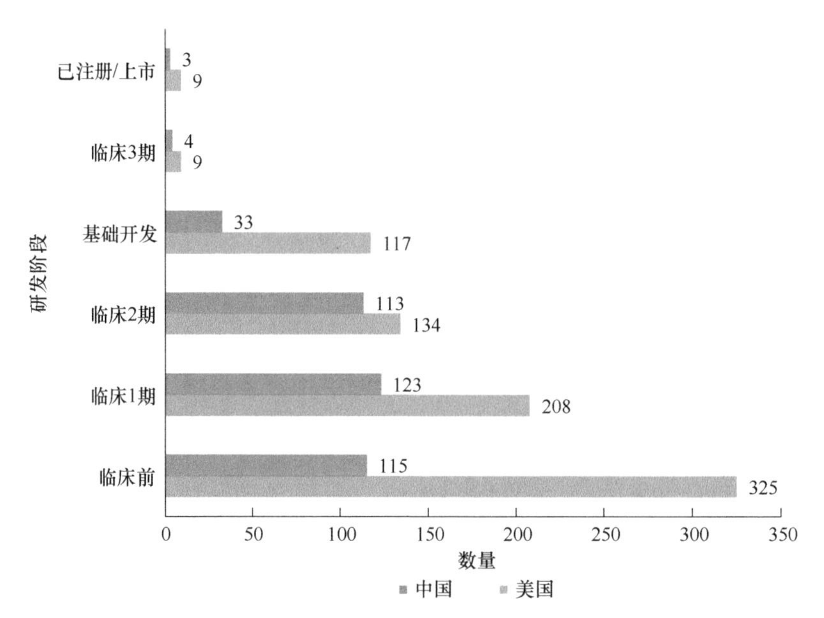

图 4-24　美国及中国免疫细胞各研发阶段项目数量分布情况（截至 2022-05-01）

资料来源：Cortellis 数据库

靶点探索、人才及资金投入等方面）较美国还存在差距，未来免疫细胞产品开发的后劲可能存在不足。

3. 血液瘤为我国免疫细胞产品主要适应证，已积极向实体瘤攻关

从全球及中国免疫细胞治疗产品管线靶点分布情况（图 4-25）可以看到，我国免疫细胞治疗产品的靶点分布情况与全球研发产品分布基本类似，说明我国的免疫细胞研发水平处于全球并跑状态。

从免疫细胞研发针对的适应证而言，总体来说目前针对血液瘤的免疫细胞治疗技术及产品已日渐成熟。排名靠前的靶点如 B 淋巴细胞抗原 CD19、CD20 等均主要针对各类血液瘤适应证，包括多发性骨髓瘤、弥漫大 B 细胞淋巴瘤、急性淋巴白血病、滤泡性淋巴瘤、套细胞淋巴瘤等。

实体瘤发病率占所有癌症类型的 85% 左右，但由于其肿瘤微环境的复杂性等原因，免疫细胞治疗在该领域的疗效一直差强人意。但近年来随着 APRIL 受体、Claudin 18 等靶点免疫细胞治疗药物的开发，细胞治疗用于实体瘤治疗也初现曙光，并将继续成为免疫细胞产业主要攻关的适应证方向。表 4-7 为目前

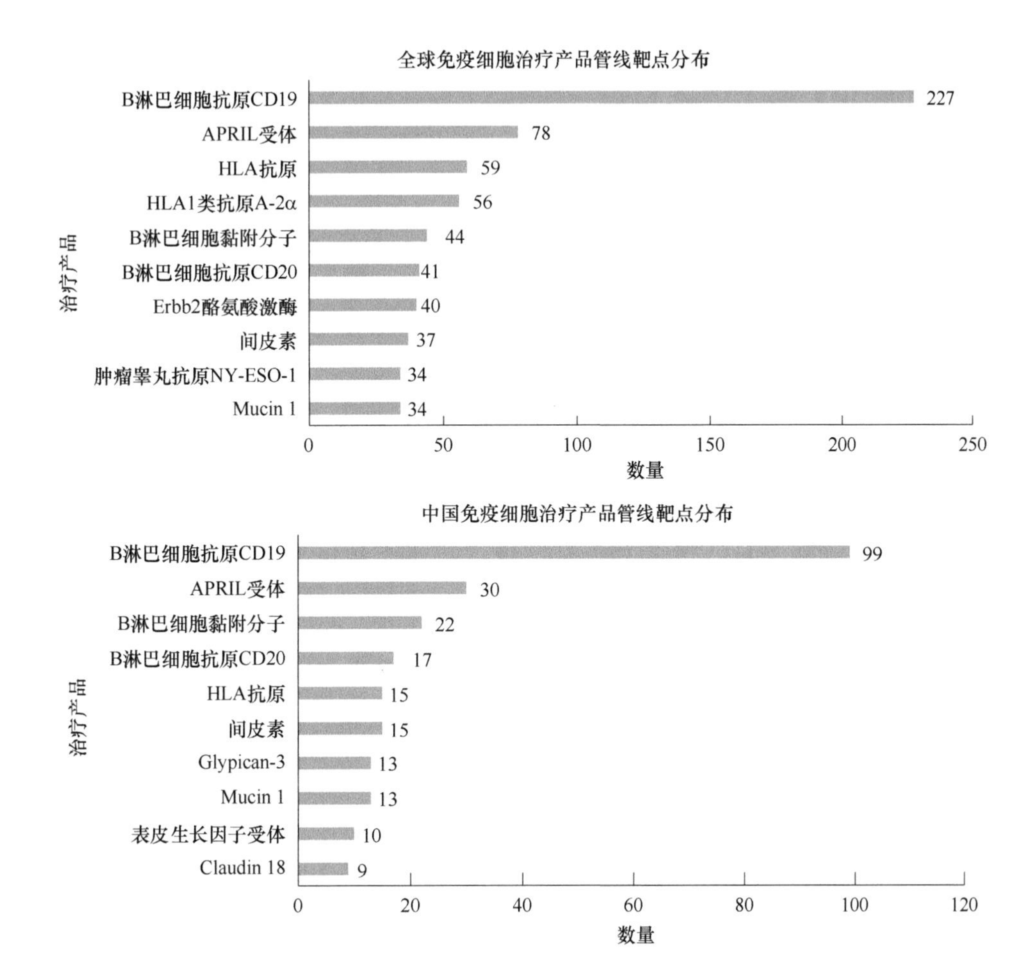

图 4-25 全球及中国免疫细胞治疗产品管线靶点分布情况（截至 2022-05-01）

资料来源：Cortellis 数据库

我国已进入免疫细胞治疗产品开发的部分实体瘤靶点。

表 4-7 目前我国已进入免疫细胞治疗产品开发的部分实体瘤靶点

癌种	抗原 / 靶点
结直肠癌	NKG2D、EPCAM、HER2、GUCY2C、TAG-72、CD46
肝癌	CEA、GPC3、AFP
胃癌	Mesothelin、ANTXR1、MUC3A、Trop2、Claudin 18、NKG2D、HER2、FRα
胰腺癌	MUC1、Mesothelin、αvβ6、CEA、PSCA、FAP、CD47、HER2、NKG2D
肾癌	CAIX
黑色素瘤	GD2、GSPG4、GPC3、HER2
宫颈癌	αvβ6、L1-CAM
神经胶质瘤	GD2、CD56、GPC2、CD171

续表

癌种	抗原/靶点
恶性胶质瘤	EGFRvⅢ、HER2、B7-H3、NKG2D、CAIX、αvβ3、IL13Rα2
卵巢癌	Mesothelin、αvβ6、B7-H3、NKG2D、CD47
前列腺癌	PSA、PAP、PSCA、PSMA、EpCAM
肺癌	MAGE-A1、CD32A、ROR、EGFRvⅢ
头颈癌	HER2

（二）类脑智能产业

类脑智能是“脑启发”的智能科学与技术，是脑感知认知神经网络研究与计算科学和信息技术相互借鉴及启发，从而对智能芯片、智能计算机和智能机器人的设计理念及智能云服务计算系统架构进行的一系列颠覆性创新。类脑智能作为人工智能由“弱”向“强”跨越式发展的重要突破口，已成为全球科技和产业创新的前沿阵地。目前，国外类脑智能发展热点主要聚焦于脑机接口、类脑芯片、类脑智能机器人等方面。

1. 类脑智能产业具有广泛的应用前景

大数据建模计算和深度学习技术的发展带来了机器学习的新浪潮，推动“大数据＋深度模型”时代的来临，以及人工智能和人机交互大踏步前进，推动图像识别、语音识别、自然语言处理等“视、听、说”前沿技术的突破。这些新技术将快速推广到互联网、金融投资与调控、医疗诊断、新药开发、公共安全等一系列关系到国计民生的重要领域，或将引发新一轮产业革命。

在这样的各领域高通量数据、深度学习及应用的发展大趋势下，将人工 AI 与脑神经科学结合，使深度学习“自主化”，将会是实现真正具有通用认知能力和自主学习能力的类脑智能所有潜力的重要环节。类脑智能相关的研究应运而生。

由于技术特性，类脑智能技术的产业应用领域将比传统人工智能的应用领域更为广泛。类脑智能未来的应用重点应是人类比计算机更具优势的信息处理任务，如多模态感知信息（视觉、听觉、触觉等）处理、语言理解、知识推

理、类人机器人与人机协同等。即使在大数据（如互联网大数据）应用中，大部分数据也是图像视频、语音、自然语言（文本）等非结构化数据，需要类脑智能的理论与技术来提升机器的数据分析与理解能力。具体而言，类脑智能不仅可用于机器的环境感知、交互、自主决策、控制等，也可用于基于数据理解和人机交互的教育、医疗、智能家居、养老助残，可穿戴设备，还可用于基于大数据的情报分析、国家和公共安全监控与预警、知识搜索与问答等基于知识的服务领域。从承载类脑智能的设备角度看，类脑智能系统将与数据中心、各种掌上设备等智能终端、汽车、飞行器、机器人等深度融合。

综上，如类脑智能技术闭环一旦形成，利用其超出人类极限的运算能力和自我更新、深度学习、认知迭代的特性，其通用人工智能技术的潜能将迅速推动相关产业的发展，并快速渗透到制造业、医疗卫生、教育、媒体、零售业、农业、油气等各行各业，实现产业升级并促进智能化社会形态的形成。

2. 我国政策前瞻性布局类脑智能产业

类脑智能产业成为我国综合科技规划和人工智能规划的重点方向。我国政策前瞻部署人工智能领域，长期以来强调模拟人类大脑，实现拟人思考过程。国务院于 2017 年 7 月印发了《新一代人工智能发展规划》。该规划明确提出了“三步走”战略：第一步，我国人工智能产业到 2020 年前与世界先进水平同步，重点发展领域为大数据智能、跨媒体智能、群体智能、混合增强智能、自主智能系统等，AI 核心产业 1 500 亿元，拉动 1 万亿元；第二步，到 2025 年部分技术与应用达到世界领先水平，重点领域为智能制造、智能医疗、智慧城市、智能农业、国防建设等，AI 核心产业 4 000 亿元，拉动 5 万亿元；第三步，到 2030 年达到世界先进水平，重点领域为类脑智能、自主智能、混合智能和群体智能等，AI 核心产业 1 万亿元，拉动 10 万亿元。在 2030 年“形成较为成熟的新一代人工智能理论与技术体系。在类脑智能、自主智能、混合智能和群体智能等领域取得重大突破，在国际人工智能研究领域具有重要影响，占据人工智能科技制高点”；并在“基础理论体系”“关键共性技术体系”中均提出具体目标：“基础理论体系”要求“类脑智能计算理论重点突破类脑的信息编码、处

理、记忆、学习与推理理论，形成类脑复杂系统及类脑控制等理论与方法，建立大规模类脑智能计算的新模型和脑启发的认知计算模型”；“关键共性技术体系”要求“重点突破高能效、可重构类脑计算芯片和具有计算成像功能的类脑视觉传感器技术，研发具有自主学习能力的高效能类脑神经网络架构和硬件系统，实现具有多媒体感知信息理解和智能增长、常识推理能力的类脑智能系统”。

为了落实《新一代人工智能发展规划》，进一步提升我国脑科学与类脑研究领域的研究水平，科技部于 2021 年 1 月发布了《科技创新 2030—“脑科学与类脑研究”重大项目 2020 年度项目申报指南（征求意见稿）》，重点围绕脑认知原理解析、认知障碍相关重大脑疾病发病机制与干预技术研究、类脑计算与脑机智能技术及应用、儿童青少年脑智发育研究、技术平台建设 5 个方面做出重大研究项目部署。其中，类脑计算与脑机智能技术及应用领域拟支持 10 个研究方向：新型无创脑机接口技术；柔性脑机接口；基于新型纳米器件的神经形态芯片；支持在线学习的类脑芯片架构；基于神经可塑性的脉冲网络模型与算法；面向类脑芯片的深度增强学习方法；仿生智能无人系统；高可信类脑听觉前端模型与系统研究；面向癫痫诊疗的反应性神经调控脑机交互技术；面向运动和意识障碍康复的双向－闭环脑机接口。这说明了我国政策上大力支持类脑智能产业的决心。

3. 我国类脑智能产业尚处初期，未来发展空间巨大

随着人工智能技术的成熟，赋能产业后的应用落地也不断增加，在政策红利及技术迭代更新的利好驱动下，人工智能产业规模迎来了快速增长。根据德勤数据统计（图 4-26），2020 年中国实际人工智能市场规模已达 1 280 亿元，同比增长 26.8%，增速较 2019 年有所提升，预计 2022 年增速将进一步提升至 28%，到 2025 年产业规模将突破 5 000 亿元。

虽然我国人工智能产业市场规模近年来迅速增长，但在类脑智能产业层面尚未形成规模。由于消费端市场仍不成熟，总市场规模在整个人工智能产业占比较小。近几年已有部分类脑智能企业逐步成立，鉴于类脑智能产品的应用领域广泛，该产业的未来发展潜力巨大。表 4-8 为目前我国从事类脑芯片、类脑智能机器人、脑机接口等子领域具有代表性的企业成立情况及其研发方向信息。

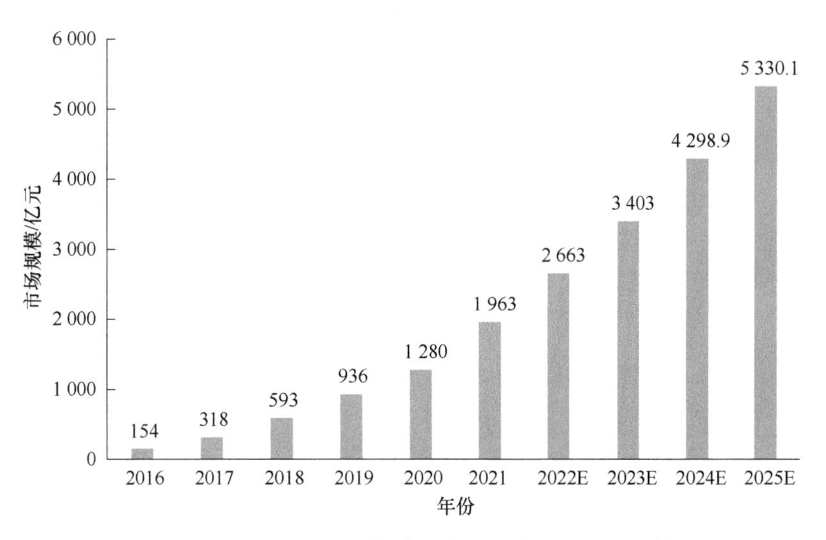

图 4-26 2016～2025 年我国人工智能产业市场规模

资料来源：Statista[367]，德勤数据

表 4-8 我国类脑智能代表性企业

主要领域	代表性企业 / 高校	研究方向
类脑芯片	上海芯仑光电科技有限公司	该公司是一家类脑计算系统解决方案提供商，基于自主研发的智能图像传感器芯片，为用户提供机器视觉图像和图像处理解决方案等
	上海西井信息科技有限公司	该公司是一家脑神经类脑计算及芯片研发商，具备全栈式开发能力，致力于制造模拟人脑神经元工作原理的芯片，具备人脑的学习能力和特定运算能力，可模仿人类大脑在短时间内处理海量感官信息的功能
	中科寒武纪科技股份有限公司	该公司是我国 AI 芯片龙头企业，聚焦端云一体、端云融合的智能新生态，致力打造各类智能云服务器、智能终端及智能机器人的核心处理器芯片。该公司于 2016 年推出的寒武纪 1A 处理器是世界首款商用深度学习专用处理器
	北京灵汐科技有限公司	该公司的定位是为全球提供高效的类脑芯片和计算系统，产品包括类脑计算芯片、基于类脑计算芯片的加速板卡和服务器、软件工具链和系统软件等
	北京地平线机器人技术研发有限公司	该公司目前转型进行芯片开发，并基于创新的人工智能专用计算架构 BPU（brain processing unit），地平线为自研 AI 芯片规划了完备的研发路线图。另外，也有机器人处于开发阶段

367 Slotta D. Size of the AI market in China 2016-2021[EB/OL].https://www.statista.com/statistics/1262377/china-ai-market-size/[2022-07-25][2022-08-15].

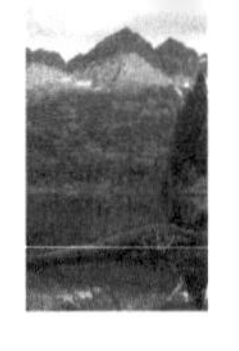

续表

主要领域	代表性企业 / 高校	研究方向
类脑智能机器人	香港汉森机器人技术有限公司	该公司由大卫汉森博士创立，在人工智能研发、机器人工程、体验设计、讲故事和材料科学方面进行创新，以开发具有亲和力的机器人产品
	西安臻泰智能科技有限公司	该公司致力于脑控主被动协同康复机器人及各类脑机接口相关系统应用的研发。主要产品为脑控下肢康复机器人，将脑机接口、虚拟现实、机器人控制等技术相结合，激活患者神经主动运动意念，进行主被动协同康复训练
脑机接口	上海念通智能科技有限公司	该公司孵化于上海交通大学，面向人体肢体功能康复与重建，致力于肢体康复器械的研发、生产和销售
	常州博睿康科技股份有限公司	该公司以自主创新的“脑机接口”技术为核心，从事脑机接口系统相关设备的研发、生产、销售及技术服务。该公司主要为神经科学创新研究与临床神经疾病诊断、治疗提供服务
	北京宁矩科技有限公司	该公司是一家前沿脑机接口技术研发商，采用的是侵入式技术，定位于新一代脑机接口平台，开发规划版图涵盖脑机接口芯片、系统化设备、软硬一体化平台
	华南脑控智能科技有限公司	该公司专注脑机 AI 技术产品研发与应用的人工智能前沿高科技。在精准的脑信号分析与脑信息解码算法群、脑机 AI 云计算平台、高效多模态脑机交互系列技术及系统等领域开发产品
	北京品驰医疗设备有限公司	该公司基于 BCI 技术专业从事脑起搏器、迷走神经刺激器、脊髓刺激器、骶神经刺激器等系列化神经调控产品研发

4. 行业发展的人才需求量极大

目前我国类脑智能产业发展尚处初期，行业发展仍面临诸多问题挑战。其中，类脑智能相关专业人才的缺口成为制约产业发展的突出问题。

我国类脑智能领域人才基数小，尚未形成系统的培养体系。中国软件行业协会教育与培训委员会发布的《人工智能企业技术岗位设置情况研究报告》显示，我国 2020 年在职人工智能技术人员约 7 万人，包括算法研发类、算法开发类、芯片设计类等多种技术岗位；目前人才市场中求职的人工智能技术人员约 3 万人，企业需求数量约 5 万人，人工智能技术人才供不应求。在类脑智能领域面临同样的问题，而且未来类脑智能领域的发展急需大量基础研究、软件开发、硬件研发、产品开发、产业创新等各方面的人才。目前我国仅有 2 000 多位类脑智能领域的通讯作者，与未来的发展需求相比，存在巨大的缺口。

在人才培养方面，就脑科学/神经科学领域而言，目前我国仅有浙江大学、北京师范大学、上海纽约大学和昆山杜克大学等少数大学招收神经科学本科生。人工智能领域，我国有30多所高校开设人工智能本科专业。但是在类脑智能领域，我国新成立的脑科学与类脑智能研究中心等机构还处于摸索状态，尚未形成专业、系统的培养体系。

第五章　投　融　资

一、全球投融资发展态势

（一）2021 年全球医疗健康投融资额创历史新高

由于新冠肺炎疫情持续影响全球，生命科学与生物技术领域的资本涌入仍处于活跃状态。2021 年，全球医疗健康领域共有 3 591 起投融资事件，投融资总额达 8 194 亿元，创新历史新高（图 5-1），投融资金额同比增长 70%，其中仅 2021 年第一季度就创造了 2 173 亿美元的投融资新高。

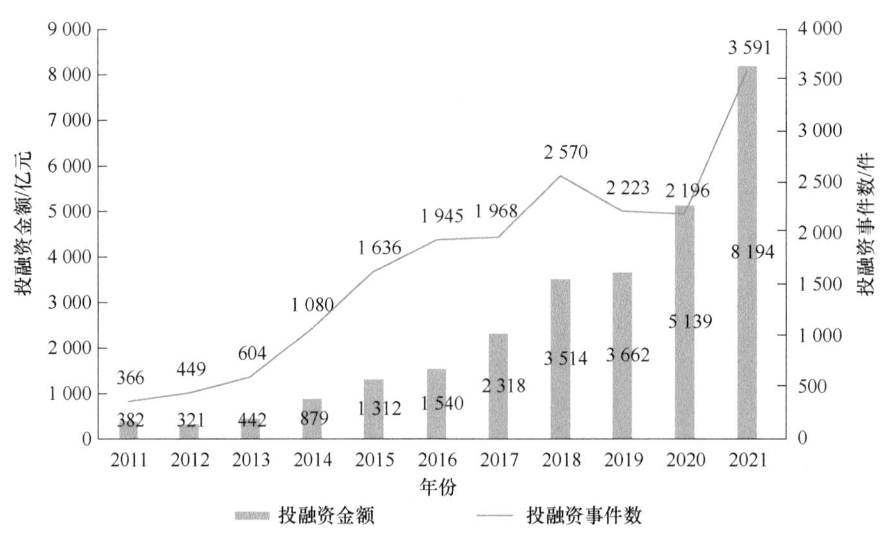

图 5-1　2011～2021 年全球医疗健康产业投融资变化趋势

资料来源：动脉网，2022，《2021 年全球医疗健康产业资本报告》

2021 年，单笔投融资超过 1 亿美元事件达到前所未有的 360 起，同比增长超过 75%，占 2021 年投融资事件的 10%，超过 2020 年 205 起（图 5-2）。据统计，这 360 家公司投融资总额高达 649 亿美元，表明全球投入医疗健康产业约一半的资金被不到 10% 的企业所占据。

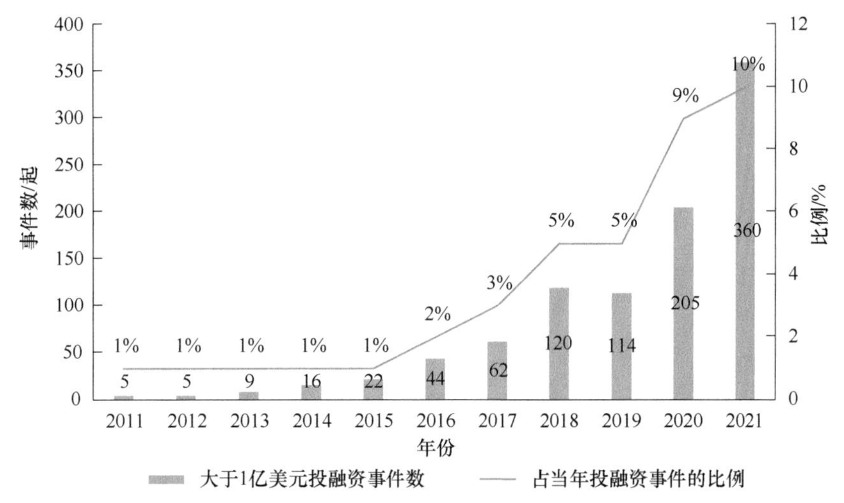

图 5-2　2011～2021 年全球医疗健康领域投融资额大于 1 亿美元投融资事件数

资料来源：动脉网，2022，《2021 年全球医疗健康产业资本报告》

（二）生物医药依旧是医疗健康领域的投融资热点

2021 年，全球生物医药行业投融资事件超过 1 300 起，累计投融资金额达 3 690.07 亿元人民币，依旧是生命健康领域获投融资金额最多的领域；数字健康行业以近 2 520 亿元人民币紧随生物医药，器械与耗材则排名第三（图 5-3）。在 2021 年全球产生的 360 起过亿美元级投融资中，生物医药和数字健康两大领域就有近 280 件，占比近 78%，两大行业的大额投融资事件拉高了全球医疗健康整体的投融资规模。

就生物医药具体细分领域来说，全球 mRNA 市场备受关注，其投融资热度进一步提升，2021 年该领域共发生 34 起投融资事件、超 100 亿元人民币的投融资金额（图 5-4），同比增长近 44%。究其原因，新冠肺炎疫情凸显了全球对预防性疫苗的迫切需求，mRNA 疫苗是继减毒疫苗、灭活疫苗、亚单位疫苗之

后发展起来的第三代疫苗，凭借其安全、有效、研发周期短等独特优势，获得了制药公司的青睐和众多资本的投入，成为此次新冠病毒疫苗研发的主要技术路线之一。在新冠肺炎疫情常态化及疫苗加强针陆续获批的背景下，2021 年全球生物医药行业的大热话题之一仍属于 mRNA 疫苗，同时，考虑到 mRNA 疫苗产品在应用场景上的多样性和大量新企业的出现，预计 2022 年 mRNA 赛道的热度也将持续。

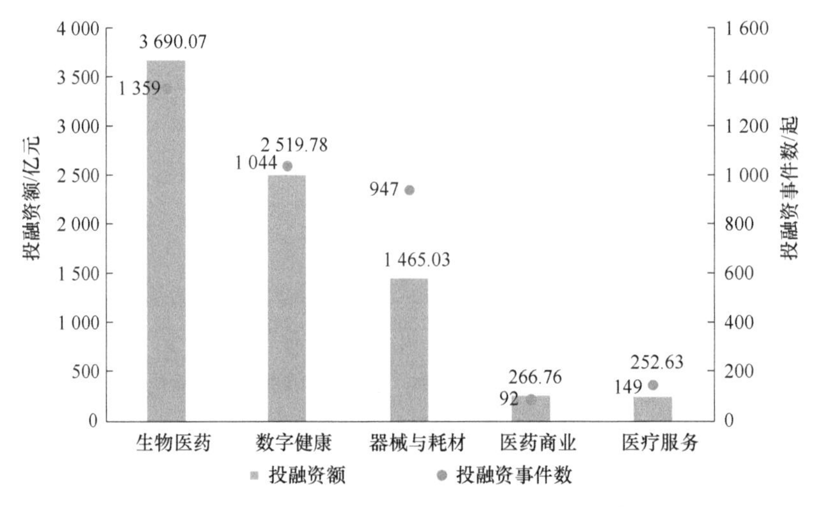

图 5-3　2021 年全球各医疗细分领域投融资情况

资料来源：动脉网，2022，《2021 年全球医疗健康产业资本报告》

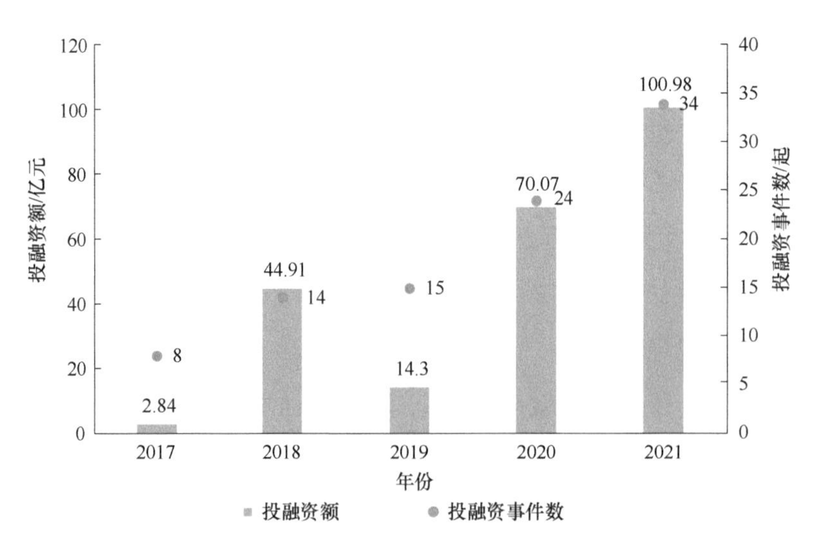

图 5-4　全球 mRNA 疗法 2017～2021 年投融资变化趋势

资料来源：动脉网，2022，《2021 年全球医疗健康产业资本报告》

就具体企业来说，Moderna公司因首度开发mRNA疫苗，近两年其市值暴涨，市值一度突破1 000亿美元；同时，拥有国内首张mRNA疫苗临床试验批文的艾博生物医药（杭州）有限公司，在2021年凭借超7亿美元C轮融资刷新了中国生物医药领域投融资记录，也是近5年来mRNA领域的最大单笔投融资。

除了生物医药领域，在美国、加拿大、英国和印度等多个海外国家，2021年数字健康也表现出较强业绩，全年共发生115起投融资事件、累计投融资金额超过34亿美元（图5-5）。数字健康的快速发展，与新冠肺炎疫情的暴发同样联系紧密，在工作方式变化、就医方式变化等不稳定因素影响下，健康服务需求量激增，同时随着近年来医疗数字化基础设施建设的加快，一定程度上刺激了数字健康市场发展。

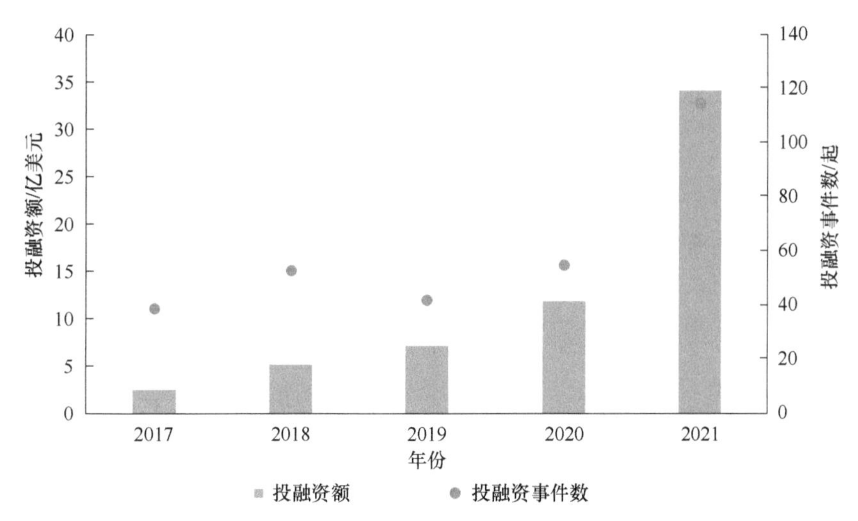

图5-5 数字健康2017～2021年投融资事件和金额变化趋势

资料来源：动脉网，2022，《2021年全球医疗健康产业资本报告》

（三）红杉资本是2021年最活跃的投资机构

2021年，全球医疗健康最为活跃的投资机构是红杉资本，全年累计投资92次，打破了红杉资本既往投资纪录，也打破了全球医疗健康领域的投资纪录，其投资标的以生物医药公司为主。2021年初，红杉资本就已在医疗健康领域频频布局，先是与太平洋保险公司达成健康产业战略合作，不久又宣布与全球基因测序龙头企业因美纳公司合作，表明红杉资本在医疗健康领域的关注度之高。RA 资本以全年投资 76 次排名第二，同比增长 100%。排名第三的则是 OrbiMed，虽然排名相比于 2020 年有所下降，但 OrbiMed 的投资事件同比增加了 13 件。

对比往昔年份，2021 年头部机构的投资次数普遍大幅上扬，即使排名第十位的经纬中国，其 46 次投资在 2020 年也可以排名在第三位。此外，2021 年新上榜的 Alexandria Venture Investments 和元生创投均在 2021 年集中发力，其中，Alexandria Venture Investments 在 2021 年专注于生物医药领域，重点关注基因、免疫肿瘤学等（表 5-1）。

表 5-1　2017～2021 年全球十大活跃投资机构

排名	2017 年		2018 年		2019 年		2020 年		2021 年	
	机构名称	投资次数	机构名称	投资次数	机构名称	投资次数	机构名称	投资次数	机构名称	投资次数
1	谷歌风投	24	红杉资本	29	Perceptive ADBISORS	24	OrbiMed	50	红杉资本	92
2	启明创投	24	OrbiMed	25	谷歌风投	23	高瓴资本	48	RA 资本	76
3	OrbiMed	22	君联资本	24	OrbiMed	23	红杉资本	41	OrbiMed	63
4	YC 公司	19	礼来亚洲基金	23	Alexandria Venture Investments	22	Cormorant Asset Management	39	高瓴资本	62
5	经纬中国	19	Alexandria Venture Investments	22	DEEFRIELD	20	RA 资本	38	礼来亚洲基金	54
6	F-Prime 资本	17	ARCH Venture Partners	22	F-Prime 资本	20	谷歌风投	33	Casdin 公司	53
7	红杉资本	17	通和资本	22	启明创投	20	Casdin 公司	32	Alexandria Venture Investments	52
8	君联资本	15	高瓴资本	21	礼来亚洲基金	20	礼来亚洲基金	32	谷歌风投	49
9	恩颐投资	14	F-Prime 资本	19	ARCH Venture Partners	19	Perceptive Advisors	31	元生创投	47
10	恩颐投资	13	经纬中国	19	红杉资本	19	启明创投	26	经纬中国	46

资料来源：动脉网，2022，《2021 年全球医疗健康产业资本报告》

（四）IPO 项目主要集中在生物医药领域

根据动脉网数据，2021 年，在 A 股、美股及港股迎来首次公开发行（IPO）的上市企业共 373 家，募集总额高达 4 303 亿元人民币，同比上升 31%，数量和金额再创历史新高。其中生物医药领域就有 217 家企业上市（图 5-6），与 2020 年相比事件数翻倍，同时募集金额环比上涨 12%，占据 IPO 项目的大头。

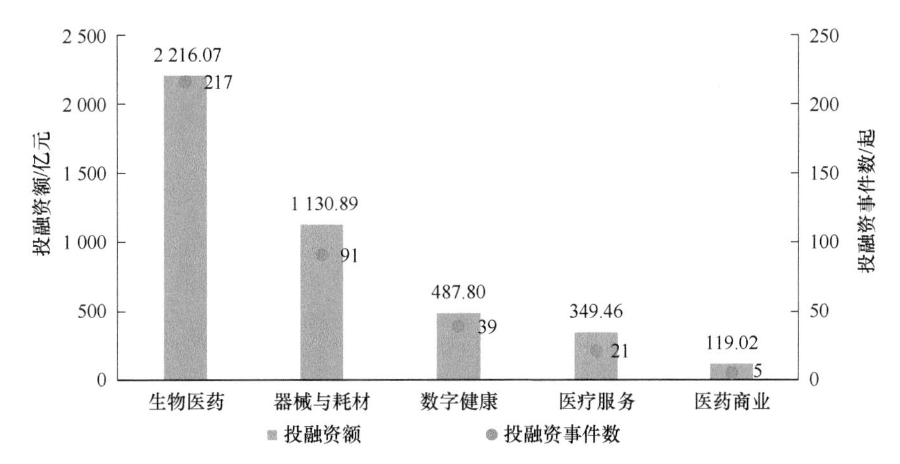

图 5-6　2021 年 A 股、美股及港股 IPO 募集金额及事件数

资料来源：动脉网，2022，《2021 年全球医疗健康产业资本报告》

在美国上市的企业有 272 家，数量占 7 成以上，募集总额为 2 770 亿元人民币，同比上涨 62%，超过在 A 股和港股上市之和（图 5-7）。

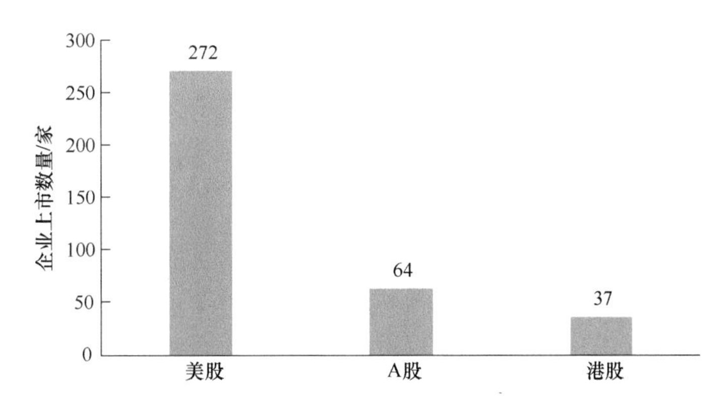

图 5-7　2021 年 A 股、美股及港股医疗健康企业上市数量

资料来源：动脉网，2022，《2021 年全球医疗健康产业资本报告》

（五）全球融资 3 次及以上企业主要来自中国

2021 年，全球有 27 家企业融资 3 次及以上，同比增长了 42.1%，而 2019 年仅为 6 家，其中来自中国的博安生物和诺莘科技 2021 年融资 4 次，是 2021 年融资次数最多的企业。27 家企业中有 16 家中国企业，可见国内融资氛围相对活跃（表 5-2）。

表 5-2 全球 2021 年融资次数≥3 的公司

融资公司	地区	2021 年融资次数	最近一次融资时间	最近一次融资轮次	最近一次融资金额
博安生物	中国	4	2021-09-14	未公开	1.209 亿元人民币
诺莘科技	中国	4	2021-08-18	B 轮	未披露
PharmEasy	印度	3	2021-10-18	PreIPO	35 000 万美元
艾博生物	中国	3	2021-11-30	C＋轮	3 亿元人民币
Exscientia	英国	3	2021-10-05	PE	16 000 万美元
Sword Health	美国	3	2021-11-22	D 轮	1.63 亿美元
mFine	印度	3	2021-09-27	C 轮	3 590 万美元
ixlayer	美国	3	2021-09-14	未公开	未披露
参半 NYSCPS	中国	3	2021-07-19	B 轮	4 亿元人民币
Shasqi	美国	3	2021-12-08	未公开	190 万美元
Sanity Group	德国	3	2021-11-03	A 轮	350 万美元
Strand Therapeutics	美国	3	2021-11-09	未公开	40 万美元
MANA Therapeutics	美国	3	2021-11-30	债权融资	750 万美元
微岩医学	中国	3	2021-11-29	A＋轮	1 亿元人民币
深至科技	中国	3	2021-12-02	C 轮	1 亿元人民币
嘉越医药	中国	3	2021-07-28	B 轮	3 亿元人民币
欢创科技	中国	3	2021-08-12	B＋轮	1 亿元人民币
拓创生物	中国	3	2021-11-19	B 轮	2 亿元人民币
Flywheel	美国	3	2021-11-10	C 轮	未披露
Molecular Assemblies	美国	3	2021-11-04	未公开	1 000 万美元
西湖生物医药科技	中国	3	2021-07-15	未公开	1 亿元人民币
良医汇	中国	3	2021-10-18	C＋轮	1 亿元人民币

续表

融资公司	地区	2021 年融资次数	最近一次融资时间	最近一次融资轮次	最近一次融资金额
高光制药	中国	3	2021-11-16	B 轮	1 亿元人民币
标新生物	中国	3	2021-11-11	PreA 轮	1 亿元人民币
彩科生物	中国	3	2021-12-20	B 轮	1.5 亿元人民币
柏奥特克	中国	3	2021-12-27	A＋轮	未披露
柳叶刀机器人	中国	3	2021-12-03	PreA 轮	1 000 万元人民币

资料来源：公开资料整理

（六）美国是全球医疗健康投融资热点区域

2021 年，全球医疗健康投融资事件发生最多的 5 个国家分别是美国、中国、英国、印度和加拿大，美国以 1 570 起投融资事件、4 575 亿元投融资金额领跑全球，依旧是投资的热点区域。中国则紧随其后，中美两国投融资总额和投融资事件占所有国家的比例超 80%（图 5-8）。

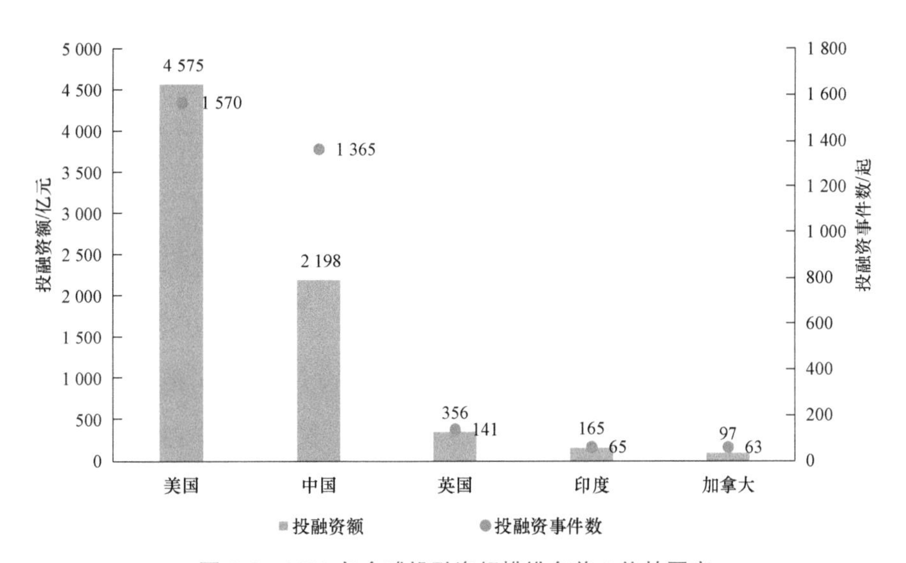

图 5-8　2021 年全球投融资规模排名前 5 位的国家

资料来源：动脉网，2022，《2021 年全球医疗健康产业资本报告》

在投融资领域方面，美国投融资热点主要是数字健康和生物医药，而我国则侧重于生物医药和医疗器械领域，这与我国近年来颁布多个相关发展政策相

关。随着智能手机和互联网在印度的普及，让印度的互联网＋医疗的创新风起云涌，数字健康也成为印度的投融资热点。加拿大、英国也与美国相似，数字健康和生物医药是投融资热点。

（七）Devoted Health 获全球最多融资额

2021 年 10 月，专注于老年医疗市场的健康险初创公司 Devoted Health 完成了由 Uprising 和 SoftBank Vision Fund 领投的 11.5 亿美元 D 轮融资，成为 2021 年全球医疗健康产业获融资额最多的企业。此轮融资中，昔日投资者包括 GIC、Andreessen Horowitz、Premji Invest、Maverick、Frist Cressey Ventures 和 NextView Ventures，新加入的有 ICONIQ Growth、General Catalyst、the Base10 Advancement Initiative 和 Emerson Collective，这也是 2021 年全球融资额最高的一笔交易。从服务类目看，Devoted Health 的服务种类繁多，既包含住院治疗、放射诊断、医疗器械租赁等，也包含日常的牙科、针灸、听力服务、康复护理、开取药品、验光配眼镜等，且每个领域有几个到数十个服务商可供选择。从辐射地域看，Devoted Health 目前在美国亚利桑那州、佛罗里达州、伊利诺伊州、俄亥俄州、得克萨斯州有许多服务点。截至 2021 年年底，公司会员人数已增至 4 万余人。

此外，2021 年全球医疗健康产业融资额前 10 位企业中，有两家中国企业上榜，分别是艾博生物和第四范式。艾博生物专注于核酸药物开发，得益于 mRNA 疫苗开发，艾博生物于 2021 年 8 月和 2021 年 11 月分别获得 7.2 亿美元 C 轮融资和 3 亿美元的 C＋轮融资；第四范式则专注于医疗领域人工智能解决方案，于 2021 年 1 月完成 7 亿美元的 D 轮融资（表 5-3）。

表 5-3　2021 年全球医疗健康产业融资额前 10 位企业

排名	公司	国家	轮次	融资额	公司类型
1	Devoted Health	美国	D 轮	11.5 亿美元	医疗保健服务提供商
2	Caris Life Sciences	美国	股权融资	8.3 亿美元	精密医学服务提供商
3	ThoughtWorks	美国	未公开	7.2 亿美元	数字产品开发服务商
4	艾博生物	中国	C 轮	7.2 亿美元	核酸药物研发商
5	第四范式	中国	D 轮	7 亿美元	人工智能解决方案提供商

续表

排名	公司	国家	轮次	融资额	公司类型
6	wefox	德国	C 轮	6.5 亿美元	数字保险服务提供商
7	CMR Surgical	英国	D 轮	6 亿美元	手术机器人研发商
8	Noom	美国	F 轮	5.4 亿美元	健康服务提供商
9	LEO Pharma	丹麦	未公开	4.5 亿欧元	跨国制药公司
10	ElevateBio	美国	C 轮	5.25 亿美元	细胞 / 基因治疗新药研发商

资料来源：公开资料整理

二、中国投融资发展态势

（一）中国医疗健康投融资总额创历史新高

2021 年，中国医疗健康产业投融资总额达到创下历史新高的 2 192 亿元人民币，同比增长 32.84%；同时投融资交易数量达到 1 362 起，同比增长 77.57%（图 5-9）。2021 年上半年，我国医疗健康产业资本市场延续了 2020 年下半年的资本盛况，而下半年的资金势头不减反增，尤其第四季度出现的大量高

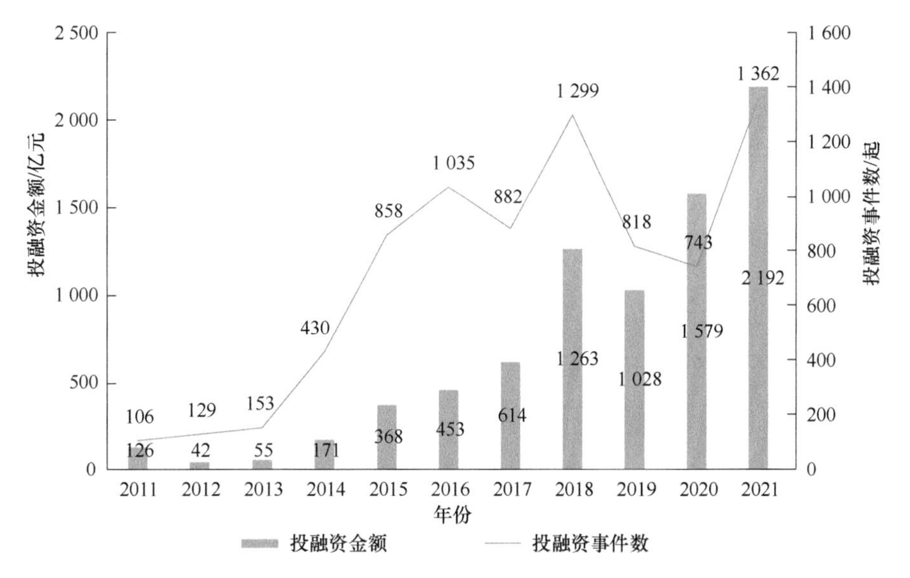

图 5-9　2011～2021 年中国医疗健康产业投融资变化趋势

资料来源：动脉网，2022，《2021 年全球医疗健康产业资本报告》

额投融资，使得该季度的投融资总额接近 600 亿元人民币。

（二）生物医药是最被关注的投融资领域

国内生物医药领域的投融资受疫情的催动，在 2020 年发生了大幅增长，2021 年的投融资总额依旧保持进一步增长。2021 年投融资事件数达到 522 起，同比增长 53.1%；投融资总额达到 1 113.58 亿元，同比增长 26.0%，投融资总额更是占据了国内医疗健康领域的半壁江山（图 5-10）。

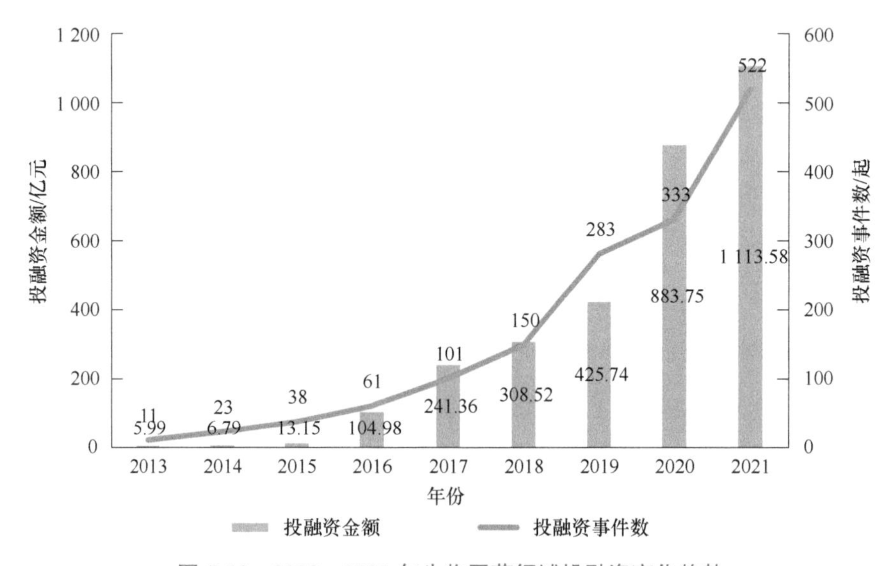

图 5-10　2013～2021 年生物医药领域投融资变化趋势

资料来源：动脉橙，中商产业研究院

就生物医药细分领域来说，国内长期以制药领域为核心，新的趋势表明，医药研发外包（CRO）和合同研发生产服务（CDMO）的投融资热度自 2019 年开始出现明显增长，其中 2021 年投融资金额为 120.54 亿元（图 5-11），较 2020 年增长了 99.17%，这主要受到下游产业释放的积极信号影响，新冠肺炎疫情中海外供应链受阻叠加带量采购、创新生物技术涌现等多重因素影响下，有越来越多的大分子生物医药企业步入后期临床阶段，释放出大量的工艺研发和生产外包需求，进一步催化了 CRO/CDMO 的投融资热度。

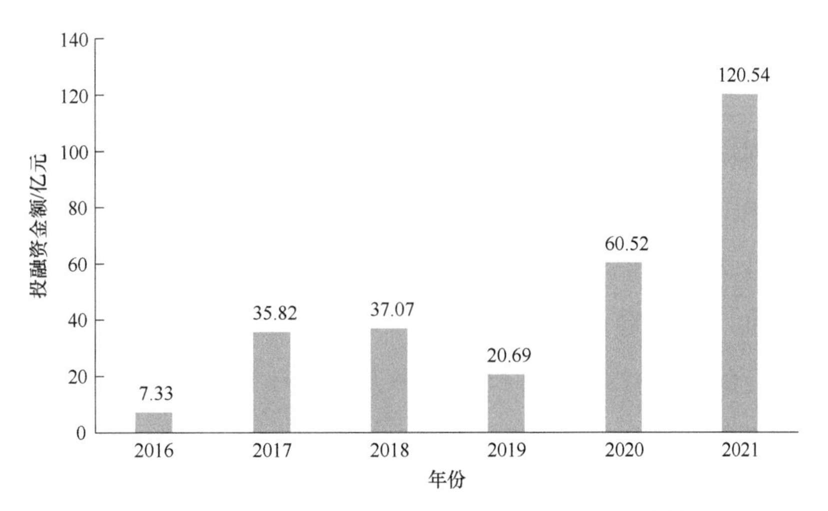

图 5-11 2016～2021 年中国 CRO/CDMO 行业投融资情况

资料来源：动脉橙、中商产业研究院

（三）A 股是 IPO 的主要登陆地

2021 年，在国内疫情处于此起彼伏的情况下，国内医疗健康的资本市场依旧保持创纪录的 IPO 融资金额和事件数，2021 年，国内有 111 家企业上市，IPO 募集总额为 1 620 亿元人民币，相比 2020 年新增 35 起事件。在上市的医疗健康企业里，A 股表现突出，有 64 家企业上市，首发募集总额有 933 亿元人民币。港股和美股分别有 36 家和 11 家企业上市，其中，2021 年香港联合交易所两项最大生物医药企业 IPO 都来自医药外包行业，已在 A 股上市的凯莱英和昭衍生物再赴联合交易所 IPO，分别募资 71.5 亿港元及 65.5 亿港元；2021 年，最大赴美 IPO 融资企业为联拓生物，该公司成立于 2020 年 8 月，是一家专注于为中国和亚洲其他主要市场的患者带来创新性药物的生物科技公司，IPO 金额为 3.25 亿美元。2021 年，国内 IPO 事件增加但募集金额环比下降，尤其是港股环比下降 40%。2021 年，国内登陆二级市场的企业，新股破发成常态、跌幅不断，主要来自未盈利的创新药或高值耗材企业。生物科技产业链上游企业表现突出：如作为国内纳米微球第一股的纳微科技，首日上涨超 10 倍；专注于提供品类丰富重组蛋白的义翘神州，收盘上涨 81.27%。

（四）科创板是企业争相上市的板块

由于科创板定位于科创企业的上市，在退市、股权激励、持续督导、经营性信息披露和风险提示等方面，均结合科创公司的实际情况作出了差异化安排，科创企业选择在科创板上市，具有诸多优势，因此国内生物医药企业争相在科创板上市。2021 年全年，全国共计 34 家生物医药企业通过科创板上市，IPO 累计融资金额约 577 亿元。2021 年 6 月为单月 IPO 数量之最，包括百克生物、皓元医药等 8 家企业登陆科创板。2021 年 12 月，企业上市募集资金累计 242.6 亿元，创单月上市募资之最（图 5-12），当月上市企业百济神州上市融资达 221.6 亿元，为 2021 年登陆科创板生物医药企业最大 IPO（表 5-4）。2016 年 2 月，百济神州首次在美国纳斯达克上市，股票代码 BGNE，成为首家在纳斯达克上市的中国生物科技公司。时隔两年，2018 年 8 月，百济神州正式登陆香港联合交易所主板市场（股票代码 06160.HK），并于 2021 年 12 月正式登陆上海证券交易所科创板（股票代码 688235.SH），正式成为首个“美股＋H 股＋A 股”三地上市的中国生物医药企业。

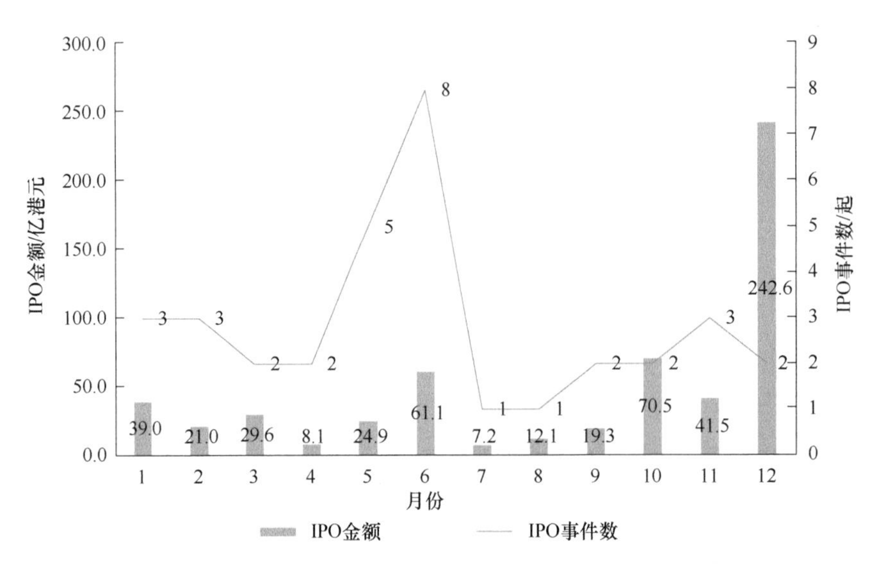

图 5-12　2021 年度中国生物医药企业在科创板上市融资情况

资料来源：中国医药企业管理协会 ,2022,《2021 年度中国生物医药投融资蓝皮书》

表 5-4 2021 年度中国生物医药企业科创板上市募资信息

序号	名称	代码	IPOS 金额 / 亿元	上市日期
1	百济神州	688235.SH	221.6	2021-12-15
2	迪哲医药	688192.SH	21.03	2021-12-10
3	安旭生物	688075.SH	12	2021-11-18
4	诺唯赞	688105.SH	22.01	2021-11-15
5	澳华内镜	688212.SH	7.5	2021-11-15
6	成大生物	688739.SH	45.82	2021-10-28
7	汇宇制药	688553.SH	24.72	2021-10-26
8	上海谊众	688091.SH	10.08	2021-9-9
9	博拓生物	688767.SH	9.21	2021-9-8
10	金迪克	688670.SH	12.14	2021-8-2
11	华纳药厂	688799.SH	7.24	2021-7-13
12	威高骨科	688161.SH	15	2021-6-30
13	百克生物	688276.SH	15.01	2021-6-25
14	纳微科技	688690.SH	3.55	2021-6-23
15	阳光诺和	688621.SH	5.38	2021-6-21
16	爱威科技	688067.SH	2.5	2021-6-16
17	皓元医药	688131.SH	12.09	2021-6-8
18	欧林生物	688319.SH	4	2021-6-8
19	圣诺生物	688117.SH	3.58	2021-6-3
20	奥精医疗	688613.SH	5.48	2021-5-21
21	诺泰生物	688076.SH	8.3	2021-5-20
22	康拓医疗	688314.SH	2.52	2021-5-18
23	睿昂基因	688217.SH	2.56	2021-5-17
24	亚辉龙	688575.SH	6.07	2021-5-17
25	诺禾致源	688315.SH	5.13	2021-4-13
26	科美诊断	688468.SH	2.93	2021-4-9
27	翔宇医疗	688626.SH	11.53	2021-3-31
28	奥泰生物	688606.SH	18.05	2021-3-25
29	海泰新光	688677.SH	7.79	2021-2-26
30	凯因科技	688687.SH	8.06	2021-2-8
31	康众医疗	688607.SH	5.11	2021-2-1
32	之江生物	688317.SH	21.04	2021-1-18
33	浩欧博	688656.SH	5.56	2021-1-13
34	惠泰医疗	688617.SH	12.41	2021-1-7

资料来源：上海证券交易所科创板官网

（五）上海是国内投融资最活跃的地区

2021 年，中国医疗健康投融资事件发生最为密集的 5 个区域依次是上海、广东、北京、江苏和浙江。上海累计发生 306 起投融资事件，筹集资金高达 517 亿元人民币，领先排名第二的北京为近 66 亿元人民币（图 5-13）。

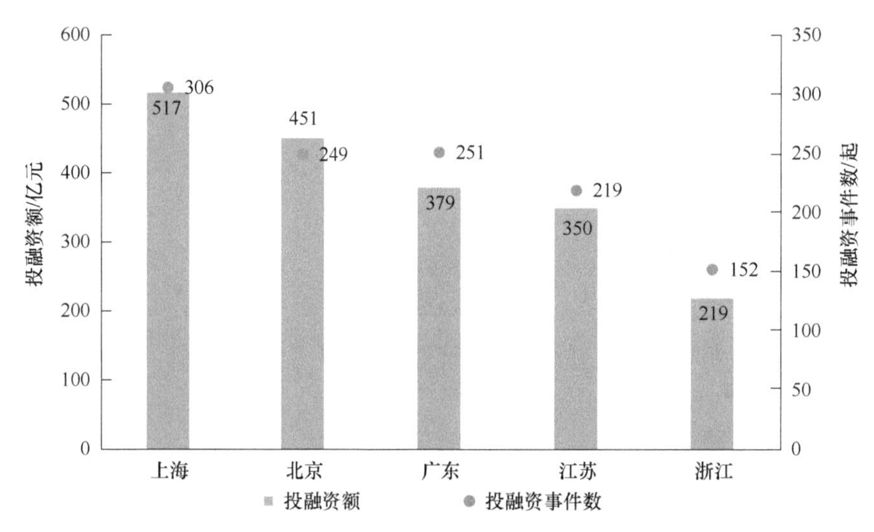

图 5-13　2021 年中国投融资规模排名前 5 位地区

资料来源：蛋壳研究院，2022，《2021 年全球生物医药领域投融资报告》

纵观近十年医疗健康产业投融资的地域分布趋势，北京长期占据着中国主要医疗健康创新区域的主导地位。2017 年后上海追赶势头较猛，逐渐缩小与北京的差距，并于 2020 年首次超越北京成为该年中国医疗健康投融资交易最为活跃的地区。整体来看，2021 年医疗健康投融资交易的空间格局无太大变化，仍集中发生在医疗健康产业基础夯实、创新要素资源集聚的北上广地区，以上地区包揽全国投融资事件的 59%。同时，江苏和浙江地区凭借 371 起投融资事件紧随其后，投融资热度不断上升，其在医疗健康产业的影响力日益扩大，未来有望成为中国投融资规模最大的医疗健康产业集群。

（六）艾博生物获中国最多融资额

2021 年国内融资额前 10 位的企业中，有 3 个来自北京，分别是圆心医疗、商汤

科技、卡路里科技；3个来自广东，分别是第四范式、晶泰科技、药师帮（表5-5）。

表 5-5 2021年中国医疗健康产业融资额前10位企业

排名	公司	地区	轮次	融资额	公司类型
1	艾博生物	江苏	C轮	7.2亿美元	核酸药物研发商
2	第四范式	广东	D轮	7亿美元	人工智能解决方案提供商
3	医联	四川	E轮	5.14亿美元	慢病管理平台提供商
4	圆心医疗	北京	E轮	30亿元人民币	互联网医疗服务提供商
5	商汤科技	北京	基石投资轮	4.5亿美元	人工智能软件开发商
6	晶泰科技	广东	D轮	4亿美元	计算驱动创新的药物研发商
7	微医	浙江	PreIPO	4亿美元	移动医疗服务供应商
8	卡路里科技	北京	F轮	3.6亿美元	移动健身平台
9	镁信健康	上海	C轮	20亿元人民币	医疗支出管理服务提供商
10	药师帮	广东	未公开	2.7亿美元	B2B医药营销平台提供商

资料来源：动脉网，2022，《2021年全球医疗健康产业资本报告》

得益于mRNA疫苗的开发，作为专注于核酸药物开发的艾博生物，于2021年8月和2021年11月分别获得7.2亿美元C轮融资和3亿美元的C+轮融资，成为2021年国内获最多投资的“一枝独秀”。艾博生物由曾效力Moderna公司的归国博士英博于2019年初创立，至今已完成4轮融资（表5-6）。得益于多轮融资，艾博生物新型冠状病毒mRNA疫苗ARCoV全球3期临床入组已结束，已获得足够病例并已开始数据统计分析，预期上市进程有望提速。

表 5-6 艾博生物历次融资信息

序号	日期	轮次	融资金额	投资机构
1	2021-11-29	C+轮	3亿美元	领投机构：软银集团，五源资本；跟投机构：新风天域，金镒资本，IMO Ventures，Chimera Abu Dhabi，韩国未来资产集团，东方富海
2	2021-08-19	C轮	7.2亿美元	领投机构：云锋基金，高瓴创投，博裕资本，正心谷创新资本，淡马锡，礼来亚洲基金，Invesco Developing Markets Fund；跟投机构：优山资本，雅惠精准医疗基金，高榕资本，Kaiser Permanente Ventures，盈科资本，五源资本，弘晖资本，君联资本，瓴健资本，启明创投
3	2021-04-07	B轮	6亿元人民币	国投创业，云锋基金，济峰资本，高瓴资本，泰福资本，人保资本，聚明创投，弘晖资本机构
4	2020-11-05	A轮	1.5亿元人民币	国投创业，成都康华生物，高瓴资本

资料来源：公开资料整理

第六章　文献专利

一、论文情况

（一）年度趋势

2012～2021 年，全球和中国生命科学论文数量均呈现平稳增长的态势。2021 年，全球共发表生命科学论文 1 008 930 篇，相比 2020 年增长了 0.90%，10 年复合年均增长率为 4.66%[368]。

中国生命科学论文数量在 2012～2021 年的增速高于全球增速。2021 年中国发表论文 195 499 篇，比 2020 年增长了 6.68%，10 年的复合年均增长率达到 14.13%，显著高于国际水平。同时，中国生命科学论文数量占全球的比例也从 2012 年的 8.89% 提高到 2021 年的 19.38%（图 6-1）。

（二）国际比较

1. 国家排名

近 10 年（2012～2021 年）、近 5 年（2017～2021 年）及 2021 年，美国、中国、英国、德国、日本、意大利、印度、加拿大、澳大利亚和法国在

368 数据源为 ISI 科学引文数据库扩展版（ISI Science Citation Expanded），检索论文类型限定为研究型论文（article）和综述（review）。由于数据库收录期刊范围调整，以及数据库更新滞后等原因，可能会造成不同检索时间获得的数据结果存在细微差异。

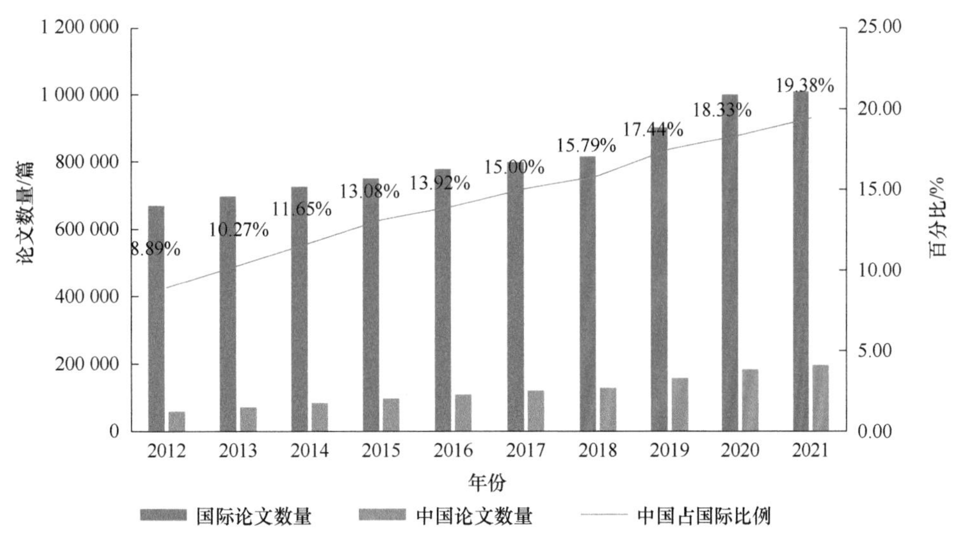

图 6-1 2012～2021 年全球和中国生命科学论文数量

全球发表生命科学类论文数量位居全球前 10 位。其中，美国始终以显著优势位居全球首位。中国在 2012～2021 年 10 年中，始终保持全球第二位。中国在 2012～2021 年共发表生命科学类论文 1 207 098 篇，其中 2017～2021 年和 2021 年分别发表 784 648 篇和 195 499 篇，分别占 10 年总论文量的 65.00% 和 16.20%，表明近年来我国生命科学研究发展明显加速（表 6-1，图 6-2）。

表 6-1 2012～2021 年、2017～2021 年及 2021 年生命科学论文数量前 10 位国家

排名	2012～2021 年		2017～2021 年		2021 年	
	国家	论文数量 / 篇	国家	论文数量 / 篇	国家	论文数量 / 篇
1	美国	2 397 321	美国	1 284 413	美国	268 122
2	中国	1 207 098	中国	784 648	中国	195 499
3	英国	640 708	英国	351 638	英国	76 864
4	德国	572 455	德国	308 765	德国	67 609
5	日本	458 805	日本	248 812	日本	54 398
6	意大利	411 245	意大利	233 140	意大利	53 803
7	加拿大	380 333	加拿大	208 983	印度	47 337
8	法国	360 548	印度	194 793	加拿大	44 646
9	印度	339 489	法国	193 374	澳大利亚	40 833
10	澳大利亚	334 513	澳大利亚	188 995	法国	40 566

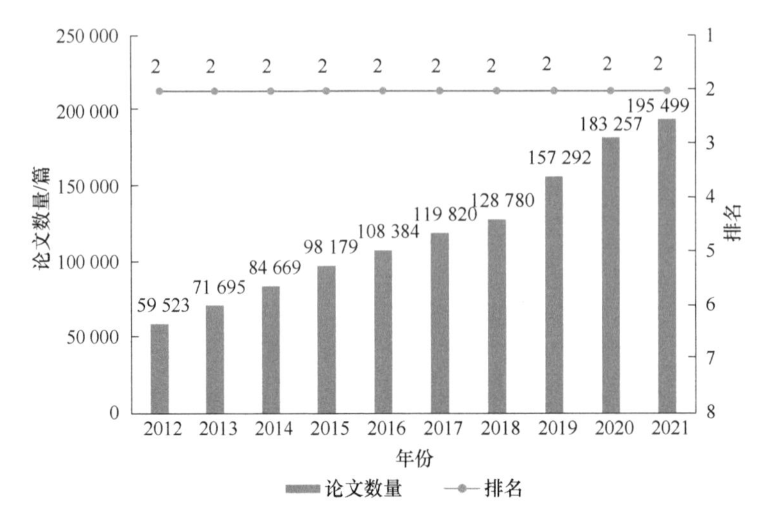

图 6-2　2012～2021 年中国生命科学论文数量的国际排名

2. 国家论文增速

2012～2021 年，我国生命科学论文的复合年均增长率[369]为 14.13%，显著高于其他国家，位居第二位的澳大利亚复合年均增长率仅为 8.06%，其他国家的复合年均增长率大多处于 2%～6%。2017～2021 年，中国的复合年均增长率为 13.02%，也显著高于其他国家，显示中国生命科学领域在近年来保持了较快的发展速度（图 6-3）。

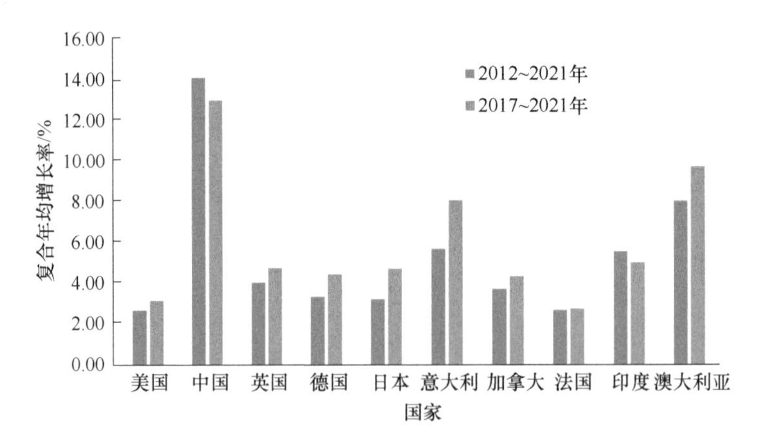

图 6-3　2012～2021 年及 2017～2021 年生命科学论文数量前 10 位国家论文增速

369　n 年的复合年均增长率＝$[(C_n/C_1)^{1/(n-1)}-1]\times 100\%$，其中，$C_n$ 是第 n 年的论文数量，C_1 是第一年的论文数量。

3. 论文引用

对生命科学论文数量前10位国家的论文引用率[370]进行排名，可以看到，2012～2021年加拿大的论文引用率达到88.79%，位居首位，2017～2021年澳大利亚的论文引用率达到82.24%，位居首位。我国在2012～2021年及2017～2021年的论文引用率分别位居第九位和第八位，两个时间段的论文引用率分别为83.67%和76.79%（表6-2）。

表6-2　2012～2021年及2017～2021年生命科学论文数量前10位国家的论文引用率

2012～2021年			2017～2021年		
排名	国家	论文引用率/%	排名	国家	论文引用率/%
1	加拿大	88.79	1	澳大利亚	82.24
2	澳大利亚	88.70	2	加拿大	82.06
3	英国	88.22	3	意大利	82.04
4	意大利	88.05	4	英国	82.00
5	美国	87.56	5	法国	81.07
6	法国	87.16	6	德国	80.44
7	德国	86.79	7	美国	80.38
8	日本	84.99	8	中国	76.79
9	中国	83.67	9	日本	75.88
10	印度	73.27	10	印度	64.77

（三）学科布局

利用Incites数据库ESI学科分类对2012～2021年生物与生物化学、临床医学、环境与生态学、免疫学、微生物学、分子生物学与遗传学、神经科学与行为学、药理与毒理学、植物与动物学9个学科领域中论文数量排名前10位的国家进行了分析，比较了论文数量、篇均被引频次和论文引用率3个指标，以了解各学科领域内各国的表现（表6-3）。

370 论文引用率＝被引论文数量/论文总量×100%。

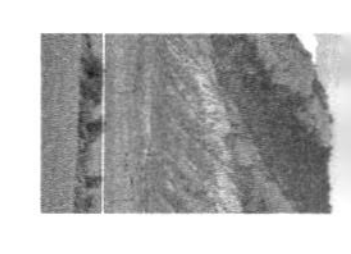

表 6-3　2012～2021 年 9 个学科领域排名前 10 位国家的论文数量

生物与生物化学		临床医学		环境与生态学		免疫学		微生物学		分子生物学与遗传学		神经科学与行为学		药理与毒理学		植物与动物学	
国家	论文数量 / 篇	国家	论文数量 / 篇	国家	论文数量 / 篇	国家	论文数量 / 篇	国家	论文数量 / 篇	国家	论文数量 / 篇	国家	论文数量 / 篇	国家	论文数量 / 篇	国家	论文数量 / 篇
美国	217 131	美国	960 185	美国	160 463	美国	101 847	美国	65 838	美国	177 415	美国	207 203	**中国**	**102 012**	美国	182 910
中国	**163 774**	**中国**	**423 406**	**中国**	**157 639**	**中国**	**35 851**	**中国**	**40 126**	**中国**	**131 067**	**中国**	**64 269**	美国	99 476	**中国**	**117 329**
德国	59 401	英国	260 176	英国	50 451	英国	29 190	德国	18 659	英国	43 760	德国	55 229	日本	26 843	巴西	62 629
英国	55 836	德国	217 205	德国	42 179	德国	20 917	英国	18 063	德国	43 538	英国	51 836	印度	26 838	英国	53 043
日本	51 918	日本	191 379	澳大利亚	40 516	法国	18 515	法国	14 750	日本	299 300	加拿大	38 438	英国	26 390	德国	51 147
印度	41 654	意大利	174 749	加拿大	39 028	意大利	14 760	日本	12 150	法国	26 310	意大利	34 012	意大利	25 083	澳大利亚	41 854
法国	34 262	加拿大	154 909	西班牙	38 006	日本	13 399	巴西	11 439	加拿大	24 325	日本	31 376	德国	23 120	日本	40 130
意大利	34 145	澳大利亚	139 880	法国	30 517	澳大利亚	13 062	印度	9 962	意大利	22 543	法国	28 432	韩国	17 584	加拿大	39 723
加拿大	32 288	法国	136 047	意大利	29 307	加拿大	12 803	加拿大	9 408	澳大利亚	17 860	澳大利亚	25 504	法国	16 139	西班牙	37 532
韩国	29 085	韩国	118 784	巴西	27 289	荷兰	12 368	韩国	9 408	西班牙	16 795	荷兰	23 461	巴西	15 580	法国	35 636

分析显示，在 9 个学科领域中，除药理与毒理学领域，美国的论文数量均显著高于其他国家，在篇均被引频次和论文引用率方面，也均处于领先地位。中国在药理与毒理学领域的论文数量上升为首位，其他 8 个学科领域的论文数量均位居第二位。然而，在论文影响力方面，中国则相对落后：论文引用率仅在环境与生态学和植物与动物学两个学科略优于巴西；而篇均被引频次仅在生物与生物化学领域优于印度，在环境与生态学领域略优于巴西，在微生物学领域略优于韩国、巴西及印度，在药理与毒理学、植物与动物学领域略优于日本和巴西（图 6-4）。

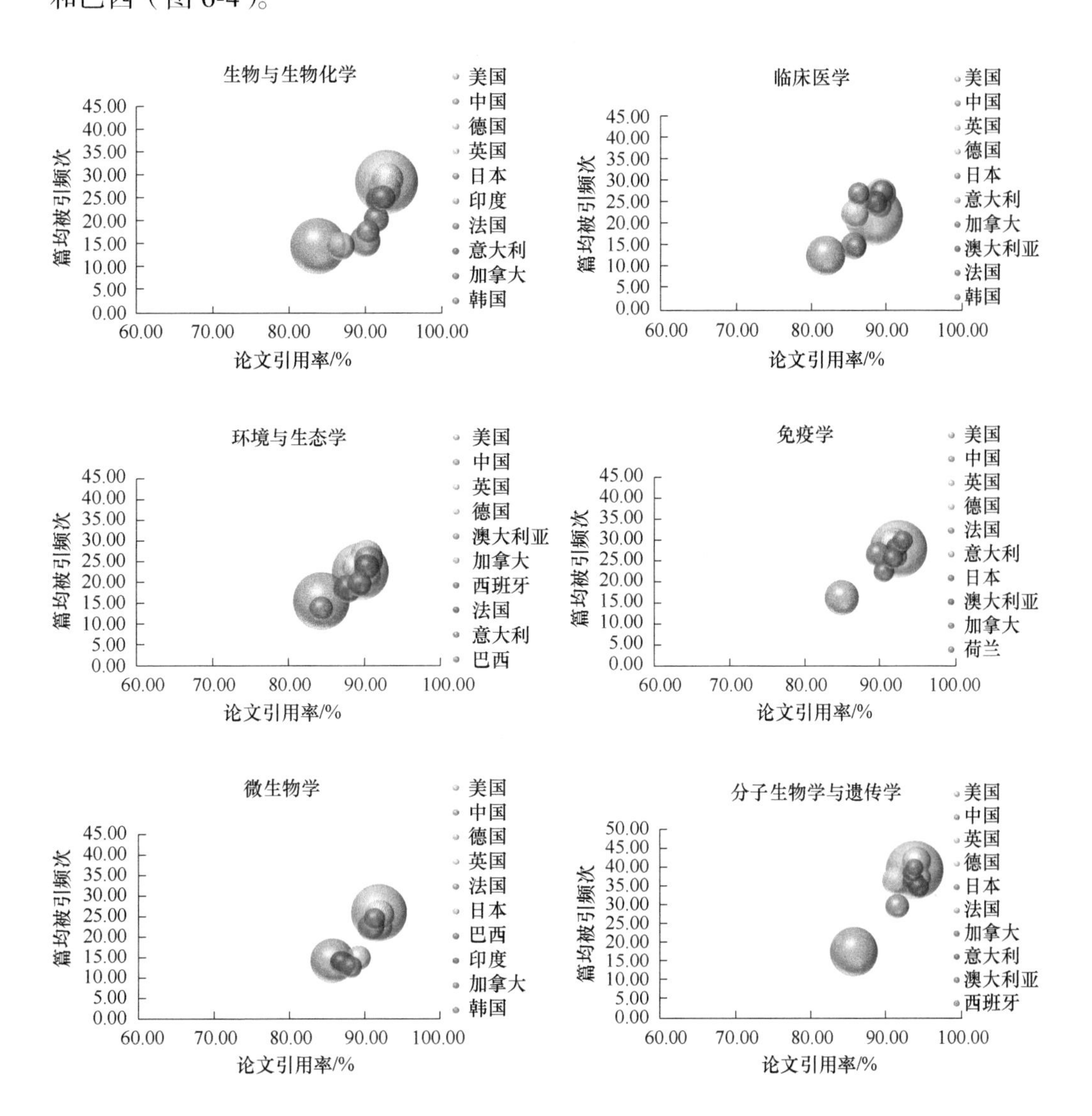

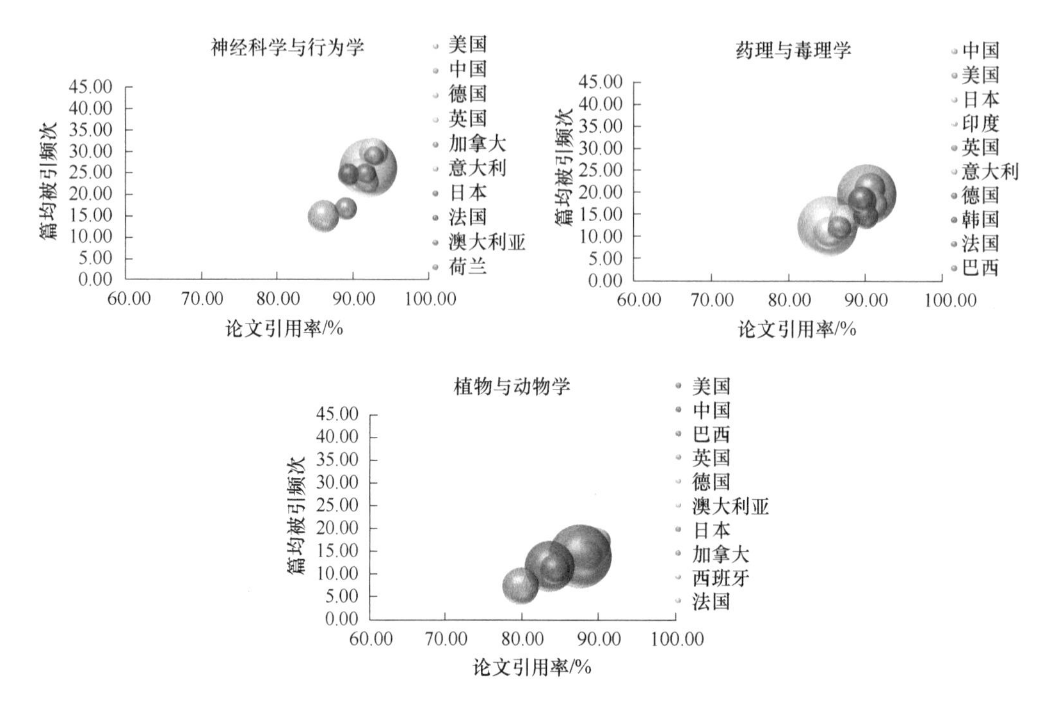

图 6-4　2012～2021 年 9 个学科领域论文数量前 10 位国家的综合表现

（四）机构分析

1. 机构排名

2021 年，全球发表生命科学论文数量排名前 10 位的机构中，有 4 个美国机构和 2 个法国机构。2012～2021 年、2017～2021 年及 2021 年的国际机构排名中，美国哈佛大学的论文数量均以显著的优势位居首位。中国科学院在 10 年期间生命科学领域论文数量始终位列前 10 位，三个时间段分别发表论文 103 486 篇、61 560 篇和 14 840 篇，其全球排名在近 10 年来显著提升，2012 年位居第六位，2014 年跃升至第四位，并维持至 2019 年，2020 年上升至第三位，2021 年进一步提升至第二位（图 6-5）。2021 年，中国上海交通大学首次跻身成为生命科学领域发文全球前 10 位机构，2021 年共发表相关论文 8 667 篇（表 6-4）。

在中国机构排名中，除中国科学院和上海交通大学外，复旦大学、浙江大学、中山大学、中国医学科学院 / 北京协和医学院和北京大学也发表了较多论文，2012～2021 年始终位居前列（表 6-5）。

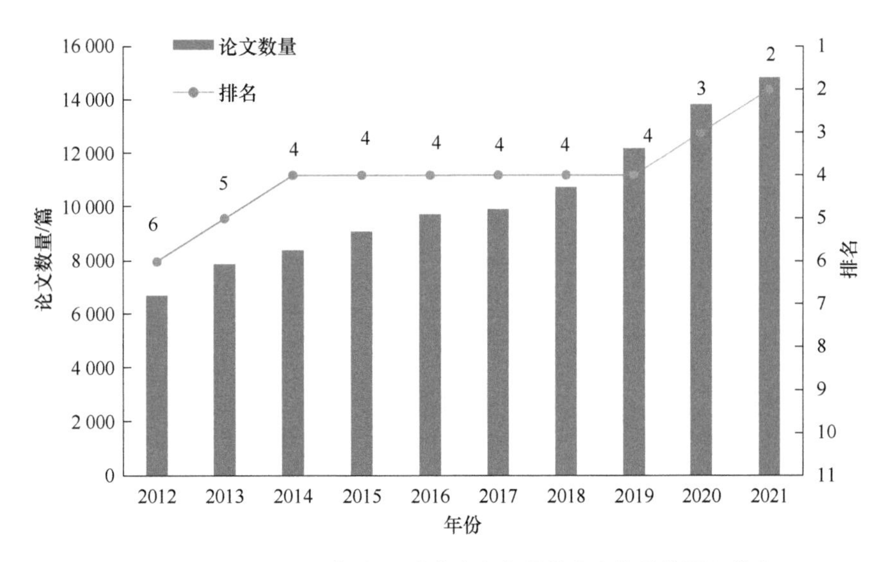

图 6-5 2012～2021 年中国科学院生命科学论文数量的国际排名

表 6-4 2012～2021 年、2017～2021 年及 2021 年国际生命科学论文数量前 10 位机构

排名	2012～2021 年		2012～2021 年		2021 年	
	国际机构	论文数量/篇	国际机构	论文数量/篇	国际机构	论文数量/篇
1	美国哈佛大学	191 533	美国哈佛大学	106 457	美国哈佛大学	23 203
2	法国国家科学研究中心	118 563	法国国家科学研究中心	65 382	中国科学院	14 840
3	法国国家健康与医学研究院	115 789	法国国家健康与医学研究院	64 560	法国国家健康与医学研究院	13 924
4	中国科学院	103 486	中国科学院	61 560	法国国家科学研究中心	13 670
5	加拿大多伦多大学	92 242	加拿大多伦多大学	51 645	加拿大多伦多大学	11 325
6	美国国立卫生研究院	82 101	美国约翰·霍普金斯大学	45 569	美国约翰·霍普金斯大学	9 804
7	美国约翰·霍普金斯大学	81 915	英国伦敦大学学院	42 448	英国伦敦大学学院	9 504
8	英国伦敦大学学院	75 354	美国国立卫生研究院	40 806	中国上海交通大学	8 667
9	美国宾夕法尼亚大学	67 813	美国宾夕法尼亚大学	38 678	美国宾夕法尼亚大学	8 467
10	美国北卡罗纳大学	64 226	美国圣保罗大学	36 035	美国梅奥诊所	8 074

表 6-5　2012～2021 年、2017～2021 年及 2021 年中国生命科学论文数量前 10 位机构

排名	2012～2021 年		2017～2021 年		2021 年	
	中国机构	论文数量 / 篇	中国机构	论文数量 / 篇	中国机构	论文数量 / 篇
1	中国科学院	103 486	中国科学院	61 560	中国科学院	14 840
2	上海交通大学	55 122	上海交通大学	34 263	上海交通大学	8 667
3	复旦大学	44 361	浙江大学	28 587	浙江大学	7 675
4	浙江大学	43 950	中山大学	28 555	中山大学	7 289
5	中山大学	43 896	复旦大学	28 201	中国医学科学院 / 北京协和医学院	7 105
6	北京大学	38 996	中国医学科学院 / 北京协和医学院	24 793	复旦大学	7 033
7	中国医学科学院 / 北京协和医学院	36 480	北京大学	24 318	首都医科大学	6 395
8	首都医科大学	35 535	首都医科大学	24 256	四川大学	5 919
9	四川大学	33 522	四川大学	22 051	北京大学	5 820
10	南京医科大学	29 969	南京医科大学	20 196	南京医科大学	5 059

2. 机构论文增速

从 2021 年国际生命科学论文数量位居前 10 位机构的论文增速来看，上海交通大学为增长速度最快的机构，2012～2021 年及 2017～2021 年，论文的复合年均增长率分别达到 12.44% 和 12.09%，中国科学院在 2012～2021 年及 2017～2021 年论文复合年均增长率分别为 9.18% 和 10.57%，增速位列第二位（图 6-6）。

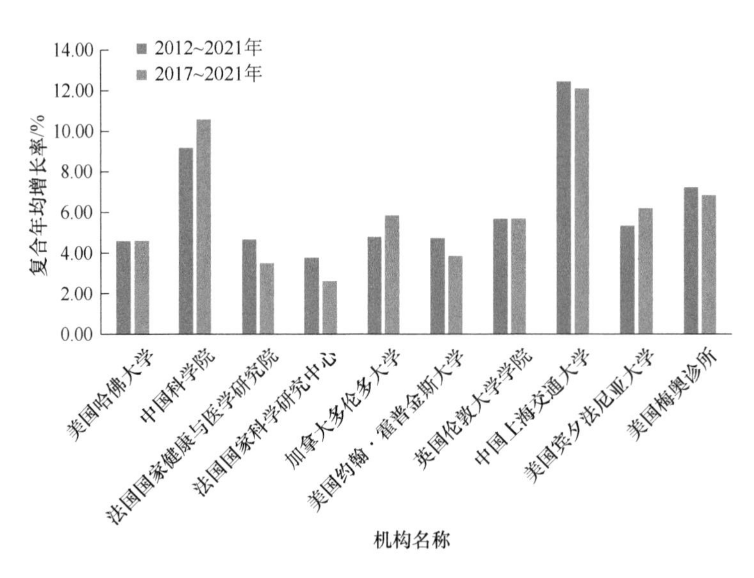

图 6-6　2021 年国际论文数量前 10 位机构在 2012～2021 年及 2017～2021 年的论文复合年均增长率

我国2021年论文数量前10位的机构中，2012～2021年，首都医科大学的增长速度最快（复合年均增长率为17.46%），其次是中国医学科学院/北京协和医学院（16.76%）和南京医科大学（15.94%）；而2017～2021年，中国医学科学院/北京协和医学院的增长速度最快（复合年均增长率为21.73%），其次为首都医科大学（17.00%）和四川大学（16.43%）（图6-7）。

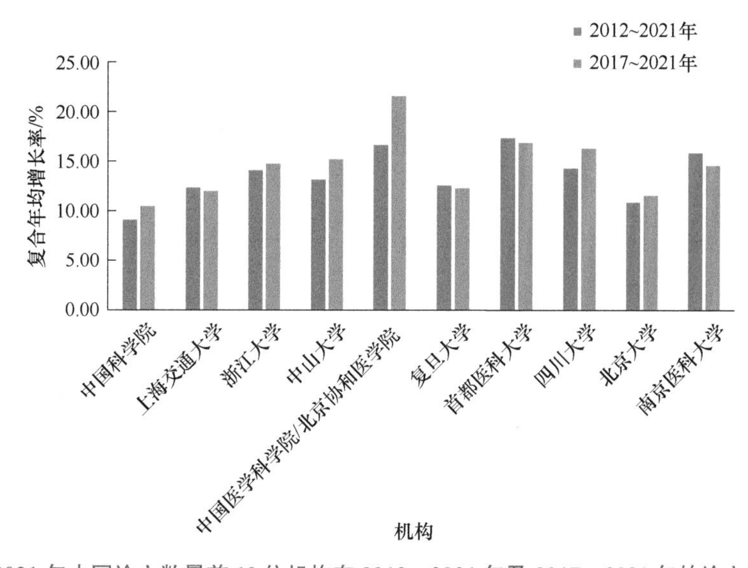

图6-7　2021年中国论文数量前10位机构在2012～2021年及2017～2021年的论文复合年均增长率

3. 机构论文引用

对2021年国际论文数量前10位机构的论文引用率进行排名，可以看到法国国家科学研究中心在2012～2021年的论文引用率位居首位，而美国哈佛大学在2017～2021年的论文引用率位居首位，论文引用率分别为90.27%和84.45%。中国科学院在两个时段的论文引用率分别为87.74%和80.94%，均居第九位（表6-6）。

表6-6　2021年国际论文数量前10位机构在2012～2021年及2017～2021年的论文引用率

排名	2012～2021年		2017～2021年	
	国际机构	论文引用率/%	国际机构	论文引用率/%
1	法国国家科学研究中心	90.27	美国哈佛大学	84.45
2	美国哈佛大学	90.12	法国国家科学研究中心	84.26

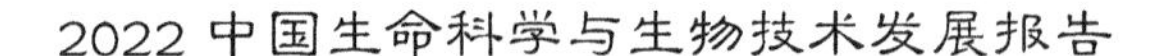

续表

排名	2012～2021 年		2017～2021 年	
	国际机构	论文引用率 /%	国际机构	论文引用率 /%
3	美国约翰·霍普金斯大学	89.77	英国伦敦大学学院	84.07
4	法国国家健康与医学研究院	89.64	法国国家健康与医学研究院	83.93
5	英国伦敦大学学院	89.53	美国约翰·霍普金斯大学	83.67
6	美国宾夕法尼亚大学	89.28	美国宾夕法尼亚大学	83.39
7	加拿大多伦多大学	89.27	加拿大多伦多大学	82.94
8	美国梅奥诊所	88.00	美国梅奥诊所	81.78
9	中国科学院	87.74	中国科学院	80.94
10	中国上海交通大学	85.97	中国上海交通大学	79.00

我国前 10 位的机构在 2012～2021 年的论文引用率差异较小，大都为 81%～88%，2017～2021 年则大都为 74%～81%。中国科学院、北京大学、上海交通大学 2012～2021 年论文引用率居前三位，中国科学院、北京大学、复旦大学 2017～2021 年论文引用率居前三位（表 6-7）。

表 6-7　2021 年中国论文数量前 10 位机构在 2012～2021 年及 2017～2021 年的论文引用率

排名	2012～2021 年		2017～2021 年	
	中国机构	论文引用率 /%	中国机构	论文引用率 /%
1	中国科学院	87.74	中国科学院	80.94
2	北京大学	86.26	北京大学	79.35
3	上海交通大学	85.97	复旦大学	79.17
4	复旦大学	85.85	上海交通大学	79.00
5	中山大学	85.30	中山大学	78.59
6	浙江大学	84.48	南京医科大学	77.94
7	南京医科大学	84.14	浙江大学	77.69
8	四川大学	83.14	四川大学	76.16
9	中国医学科学院 / 北京协和医学院	82.84	中国医学科学院 / 北京协和医学院	75.79
10	首都医科大学	81.44	首都医科大学	74.43

二、专利情况

（一）年度趋势[371]

2021 年，全球生命科学和生物技术领域专利申请数量与授权数量分别为 130 569 件和 80 518 件，申请数量比上年增加了 5.86%，授权数量比上年度增长 15.32%。2021 年，中国专利申请数量和授权数量分别为 43 169 件和 36 508 件，申请数量比上年度增长 17.28%，授权数量比上年度增长 40.64%，占全球数量比值分别为 33.06% 和 45.34%。2012 年以来，我国专利申请数量和授权数量整体呈明显上升趋势（图 6-8）。

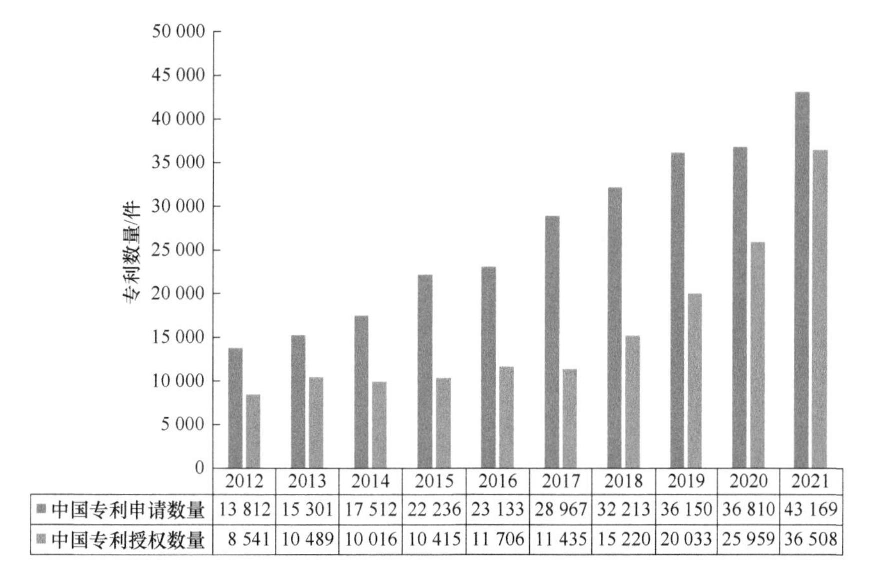

	2012	2013	2014	2015	2016	2017	2018	2019	2020	2021
■中国专利申请数量	13 812	15 301	17 512	22 236	23 133	28 967	32 213	36 150	36 810	43 169
■中国专利授权数量	8 541	10 489	10 016	10 415	11 706	11 435	15 220	20 033	25 959	36 508

图 6-8 2012～2021 年中国生物技术领域专利申请与授权情况

在 PCT 专利申请方面，自 2012 年以来，中国申请数量持续增长，2016～

371 专利数据以 Innography 数据库中收录的发明专利（以下简称“专利”）为数据源，以世界经济合作组织（OECD）定义生物技术所属的国际专利分类号（international patent classification，IPC）为检索依据，基本专利年（Innography 数据库首次收录专利的公开年）为年度划分依据，检索日期：2022 年 3 月 2 日（由于专利申请审批周期及专利数据库录入迟滞等原因，2020～2021 年数据可能尚未完全收录或数据变更，仅供参考）。

2021 年迅速攀升。2021 年中国 PCT 专利申请数量达到 2 404 件，较 2020 年增长了 44.30%（图 6-9）。

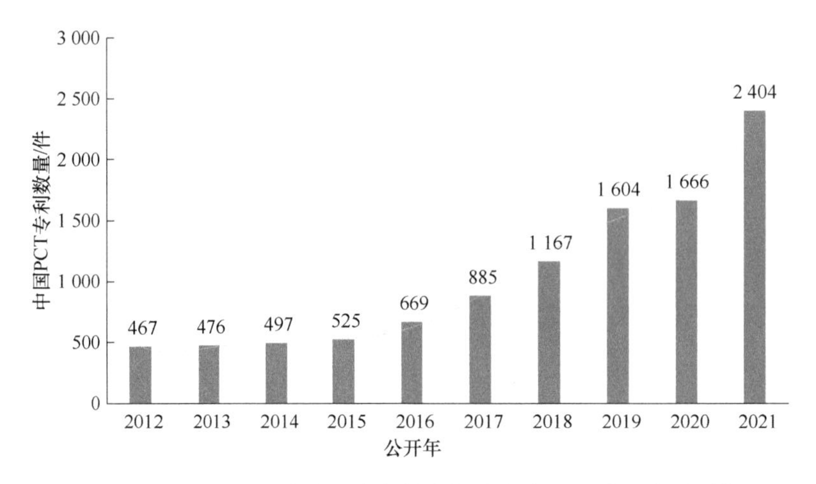

图 6-9　2012～2021 年中国生物技术领域申请 PCT 专利年度趋势

从我国申请 / 授权专利数量全球占比情况的年度趋势（图 6-10，图 6-11）可以看出，我国在生物技术领域对全球的贡献和影响越来越大。我国的申请 / 授权专利数量全球占比分别从 2012 年的 17.32% 和 19.07% 增长至 2021 年的 33.06% 和 45.34%。其中，申请专利全球占比整体上稳步增长；授权专利全球占比 2012～2017 年呈现轻微浮动的平稳状态，2017～2021 年迅速增长。

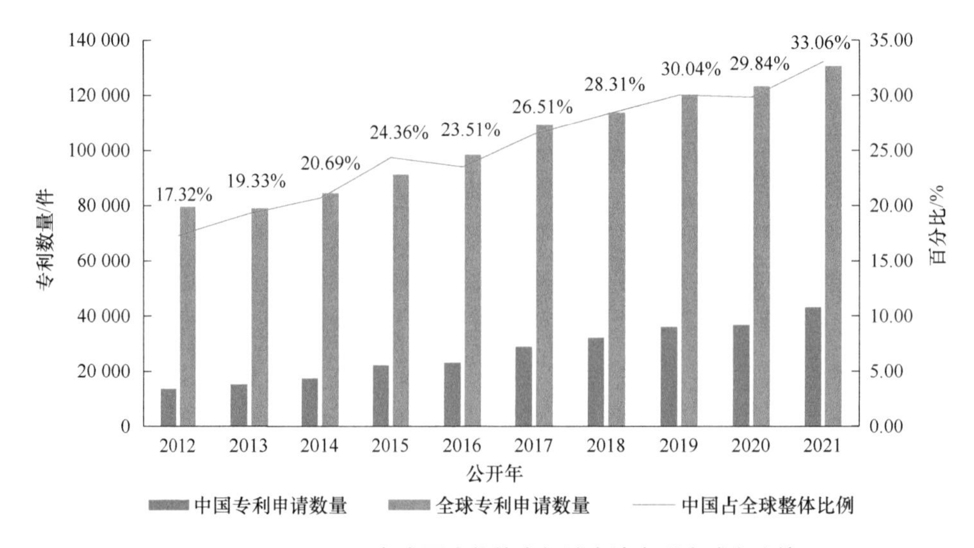

图 6-10　2012～2021 年中国生物技术领域申请专利全球占比情况

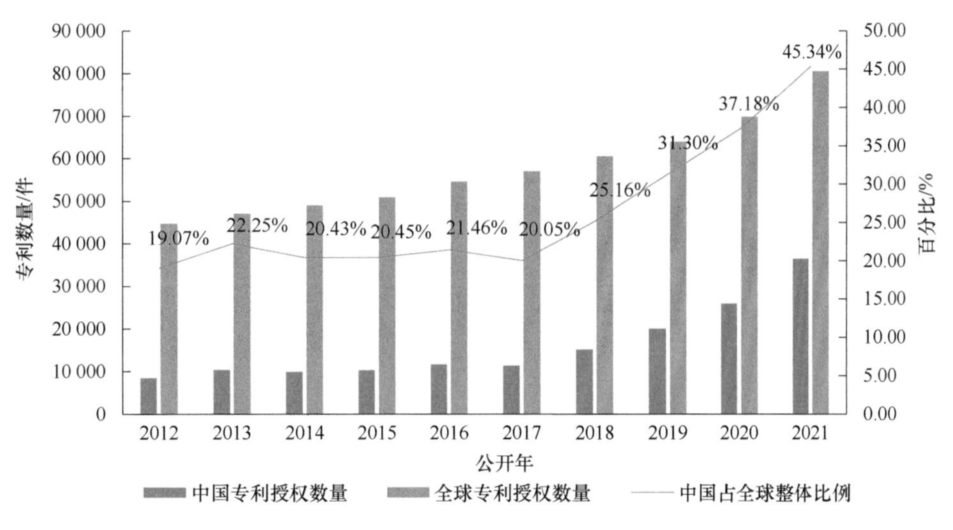

图 6-11　2012～2021 年中国生物技术领域授权专利全球占比情况

（二）国际比较

2021 年，全球生物技术专利申请数量位居前 5 名的国家分别是美国、中国、日本、韩国和英国；而专利授权数量位居前 5 名的国家为中国、美国、韩国、日本和德国。2012 年～2021 年与 2017 年～2021 年国家专利申请 / 授权数量前 5 位的国家均为美国、中国、日本、韩国和德国（表 6-8）。2012～2021 年，我国专利申请数量维持在全球第二位，2021 年我国专利授权数量居全球第一位。

2021 年，从数量来看，PCT 专利数量排名前 5 位的国家分别为美国、中国、日本、韩国和德国。2012～2021 年，美国、日本、中国、韩国和德国居 PCT 专利申请数量的前 5 位（表 6-9）。通过近 5 年与 2021 年的数据对比发现，中国的专利质量有所上升。

（三）专利布局

2021 年，全球生物技术申请专利 IPC 分类号主要集中在 C12Q01（包含酶或微生物的测定或检验方法）和 C12N15（突变或遗传工程；遗传工程涉及的 DNA 或 RNA，载体），这是生物技术领域中的两个核心技术（图 6-12）。此外，C07K16（免疫球蛋白，如单克隆或多克隆抗体）和 A61K39（含有抗原或抗体的医药配制品）也是全球生物技术专利申请的一个重要领域，均为具有高附加

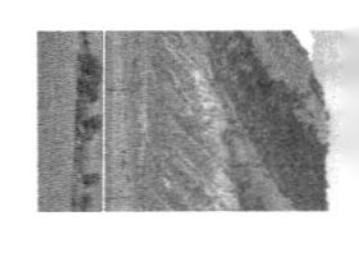

表 6-8　专利申请 / 授权数量排名前 10 位国家

排名	2012～2021 年专利申请情况		2012～2021 年专利授权情况		2017～2021 年专利申请情况		2017～2021 年专利授权情况		2021 年专利申请情况		2021 年专利授权情况	
	国家	数量 / 件	国家	数量 / 件	国家	数量 / 件	国家	数量 / 件	国家	数量 / 件	国家	数量 / 件
1	美国	373 576	美国	187 764	美国	213 472	**中国**	**109 155**	美国	46 741	**中国**	**36 508**
2	**中国**	**269 303**	**中国**	**160 322**	**中国**	**177 309**	美国	102 305	**中国**	**43 169**	美国	20 707
3	日本	75 858	日本	44 591	日本	41 103	日本	20 433	日本	8 616	韩国	4 247
4	韩国	47 254	韩国	33 907	韩国	27 131	韩国	20 127	韩国	6 065	日本	4 181
5	德国	36 089	德国	21 436	德国	18 773	德国	11 144	英国	3 608	德国	1 935
6	英国	29 143	英国	15 045	英国	16 903	英国	8 118	德国	3 423	英国	1 627
7	法国	24 144	法国	14 528	法国	11 924	法国	7 407	法国	2 174	法国	1 285
8	澳大利亚	12 580	俄罗斯	7 694	加拿大	6 000	俄罗斯	4 041	瑞士	1 075	澳大利亚	961
9	加拿大	12 143	澳大利亚	7 622	荷兰	5 888	荷兰	3 622	荷兰	1 055	俄罗斯	750
10	荷兰	10 941	加拿大	6 479	瑞士	5 681	澳大利亚	3 491	加拿大	1 037	荷兰	645

表 6-9 PCT 专利申请数量全球排名前 10 位国家

2012～2021 年		2017～2021 年		2021 年	
国家	PCT 专利申请数量 / 件	国家	PCT 专利申请数量 / 件	国家	PCT 专利申请数量 / 件
美国	47 658	美国	27 688	美国	6 336
日本	12 501	中国	7 726	中国	2 404
中国	10 360	日本	7 032	日本	1 478
韩国	6 418	韩国	4 007	韩国	999
德国	5 631	德国	2 885	德国	617
法国	4 397	英国	2 366	英国	542
英国	4 251	法国	2 183	法国	453
加拿大	2 344	加拿大	1 192	瑞士	243
荷兰	1 918	瑞士	1 020	加拿大	242
瑞士	1 709	荷兰	994	荷兰	229

值的医药产品。从中国专利申请 IPC 分布情况（图 6-12）来看，前两个 IPC 类别与国际一致，为 C12Q01 和 C12N15。但另两个主要的 IPC 布局与国际有所差异，为 C12N01（微生物本身，如原生动物；及其组合物）和 C12M01（酶学或微生物学装置）（表 6-10）。

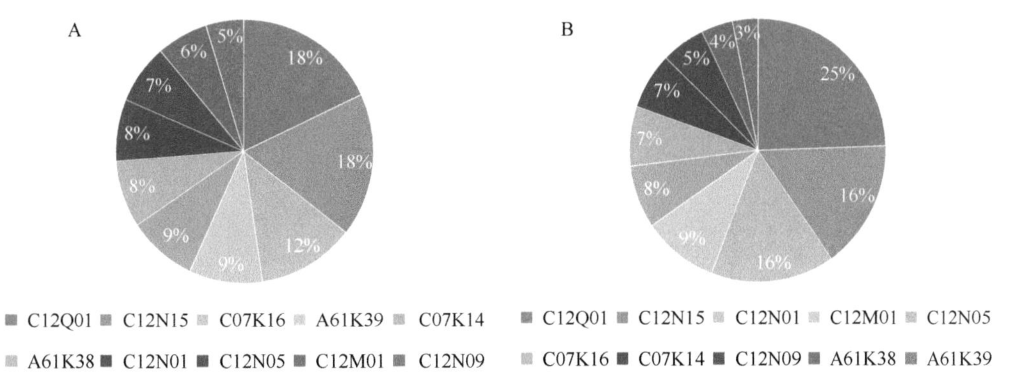

图 6-12 全球（A）与中国（B）生物技术专利申请布局情况

表 6-10 本书出现的 IPC 分类号及其对应含义

IPC 分类号	含义
A01H04	通过组织培养技术的植物再生
A61K31	含有机有效成分的医药配制品
A61K35	含有未定成分的物质或其反应产物的药物制剂
A61K38	含肽的医药配制品
A61K39	含有抗原或抗体的医药配制品

续表

IPC 分类号	含　义
C07K14	具有多于 20 个氨基酸的肽；促胃液素；生长激素释放抑制因子；促黑激素；其衍生物
C07K16	免疫球蛋白，如单克隆或多克隆抗体
C12M01	酶学或微生物学装置
C12N01	微生物本身，如原生动物；及其组合物
C12N05	未分化的人类、动物或植物细胞，如细胞系；组织；它们的培养或维持；其培养基
C12N09	酶，如连接酶
C12N15	突变或遗传工程；遗传工程涉及的 DNA 或 RNA，载体
C12Q01	包含酶或微生物的测定或检验方法
G01N33	利用不包括在 G01N 1/00～G01N 31/00 组中的特殊方法来研究或分析材料

对近 10 年（2012～2021 年）的专利 IPC 分类号进行统计分析，中国在包含酶或微生物的测定或检验方法（C12Q01）领域分类下的专利申请数量最多。排名前 5 位中其他的 IPC 分类号分别是 C12N15、C12N01、C12M01 和 C12N05。申请和授权专利数量前 5 位的国家，即美国、中国、日本、韩国和德国，其排名前 10 位的 IPC 分类号大体相同，顺序与占比有所差异，说明各国在生物技术领域的专利布局上主体结构类似，而又各有侧重（图 6-13）。

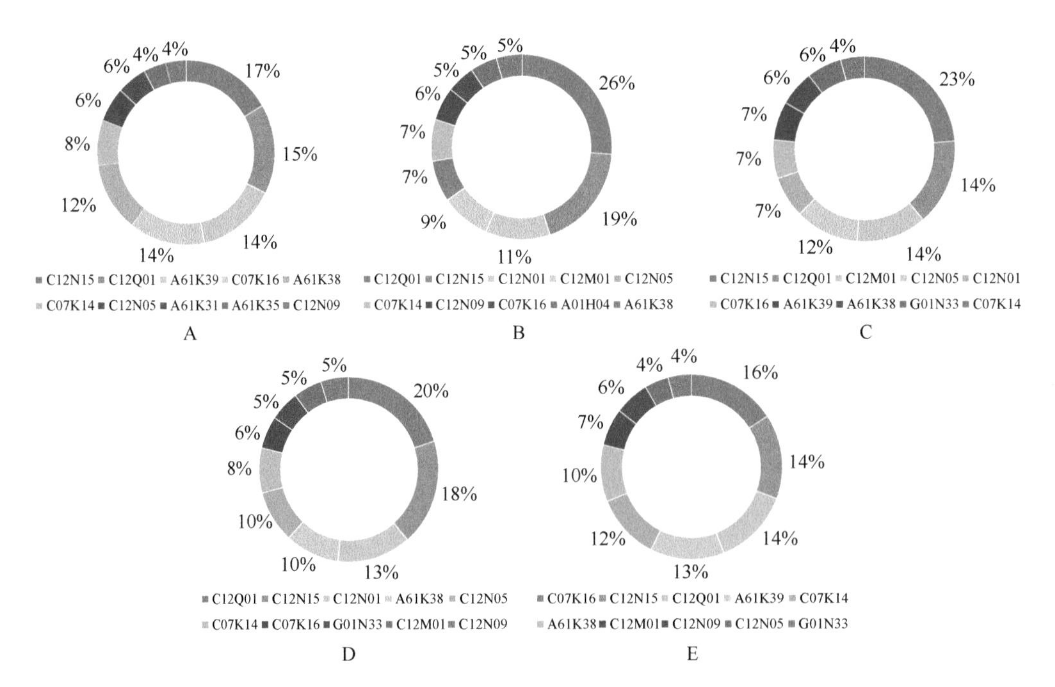

图 6-13　2012～2021 年中国专利申请布局情况及与其他国家的比较

A. 美国；B. 中国；C. 日本；D. 韩国；E. 德国

通过近 10 年数据（图 6-13）与近 5 年数据（图 6-14）的对比发现，中国、日本、韩国在 C12N15（突变或遗传工程；遗传工程涉及的 DNA 或 RNA，载体）领域的专利申请比例略有降低，而该类别在美国和德国的申请比例保持较稳定状态；同时，韩国与德国增加了在 C12Q01（包含酶或微生物的测定或检验方法）领域的申请，该类别在美国占比略有下降。

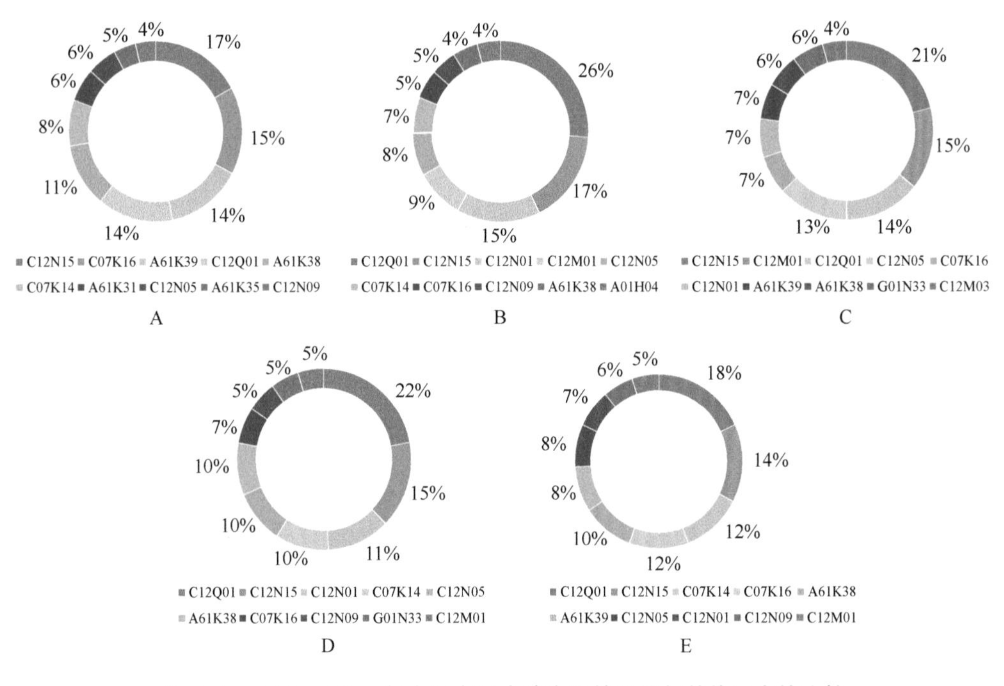

图 6-14　2017～2021 年中国专利申请布局情况及与其他国家的比较

A．美国；B．中国；C．日本；D．韩国；E．德国

（四）竞争格局

1．中国专利布局情况

由我国生物技术专利申请 / 获授权的国家 / 地区 / 组织分布情况（表 6-11）可见，我国申请及获授权的专利主要集中在中国。此外，我国同时向世界知识产权组织（WIPO）、美国、欧洲专利局、英国和德国等提交了生物技术专利申请，但整体获得境外国家 / 组织 / 地区授权的专利数量非常少，说明我国还需要进一步加强专利国际化申请和授权的布局。

表 6-11　2012～2021 年中国生物技术专利申请 / 获授权的国家 / 地区 / 组织分布情况

排名	国家 / 地区 / 组织	中国申请数量 / 件	排名	国家 / 地区 / 组织	中国获授权数量 / 件
1	中国	243 838	1	中国	153 333
2	世界知识产权组织	10 360	2	美国	2 516
3	美国	4 753	3	欧洲专利局	986
4	欧洲专利局	2 576	4	日本	867
5	英国	2 491	5	德国	812
6	德国	2 486	6	英国	800
7	法国	2 456	7	法国	778
8	北马其顿	2 300	8	澳大利亚	639
9	匈牙利	2 226	9	北马其顿	561
10	土耳其	2 192	10	西班牙	543

2. 在华专利竞争格局

从近 10 年来我国受理 / 授权的生物技术所属国家 / 地区 / 组织分布情况（表 6-12）可以看出，我国生物技术专利的受理对象仍以本国申请为主，美国、欧洲专利局、日本、韩国和英国等紧随其后；而我国生物技术专利的授权对象集中于中国，美国、日本、欧洲专利局和韩国分别居第二至第五位，说明上述国家 / 地区 / 组织对我国市场十分重视，因此在我国开展专利技术布局。

表 6-12　2012～2021 年中国生物技术专利受理 / 授权的国家 / 地区 / 组织分布情况

排名	国家 / 地区 / 组织	中国受理数量 / 件	排名	国家 / 地区 / 组织	中国授权数量 / 件
1	中国	243 838	1	中国	153 333
2	美国	28 374	2	美国	11 072
3	欧洲专利局	6 862	3	日本	3 086
4	日本	5 746	4	欧洲专利局	2 867
5	韩国	2 486	5	韩国	1 104
6	英国	2 136	6	英国	899
7	法国	698	7	法国	462
8	德国	551	8	德国	345
9	澳大利亚	548	9	丹麦	263
10	印度	323	10	澳大利亚	248

三、知识产权案例分析——基因治疗技术相关专利分析

（一）基因治疗技术专利态势分析

按照美国食品药品监督管理局（FDA）1993 年的定义，基因治疗是指“基于修饰活细胞遗传物质而进行的医学干预。细胞可以体外修饰，随后注入患者体内，或者将基因治疗产品直接注入患者体内，使细胞内发生遗传学改变，这种遗传学操纵能够起到预防、治疗、治愈、诊断或缓解人类疾病的作用”。虽然基因治疗的理念早在 20 世纪 60 年代就已经提出，但直到 20 世纪末随着基因工程技术及载体技术的迅速发展，基因治疗的理念才得以实施及临床应用。目前，基因治疗已用于多个疾病治疗领域，包括遗传病、恶性肿瘤、感染性疾病等，并在 2009 年被美国《科学》（*Science*）列为 2009 年度“十大科学突破”。2017 年，基因治疗 2.0 被《麻省理工科技评论》（*MIT Technology Review*）列为 2017 年度“十大突破性技术”。随着基因编辑技术、新型载体技术等相关领域的发展，基因治疗产品的安全性和有效性逐渐提升，尤其是 2015 年后，基因修饰的免疫细胞治疗在癌症治疗领域显露头角，基因治疗领域的技术发展与产品研发正式进入快车道。

美国食品药品监督管理局（FDA）、欧洲药品管理局（EMA）、我国国家药品监督管理局（NMPA）批准数据显示，截至 2022 年 4 月，全球已有 20 多个基因治疗产品上市，产品类型涉及寡核苷酸、溶瘤病毒、嵌合抗原受体 -T 细胞（CAR-T 细胞）疗法、干细胞疗法等多个领域（表 6-13）。2003 年 10 月，原中国食品药品监督管理总局（CFDA）批准 Gendicine（今又生）用于头颈部鳞癌的治疗，成为全球首个正式获批的基因治疗产品。2017 年 8 月，FDA 批准 Kymriah 用于 25 岁以下晚期 B 系前体细胞急性淋巴细胞性白血病（B-ALL）的治疗。Kymriah 的上市具有里程碑式的意义，标志着 CAR-T 细胞治疗的疗效、安全性和商业化流程获得了药品监督管理部门的正式认可。

表 6-13　全球已上市基因治疗产品举例

药物名称	所属企业	上市时间	批准机构
Gendicine（今又生）	赛百诺基因技术有限公司	2003 年	CFDA（现 NMPA）
Glybera	uniQure 公司	2012 年	EMA
Kynamro	Ionis 公司	2013 年	FDA
Imlygic	BioVex 公司	2015 年	FDA、EMA
Strimvelis	葛兰素史克公司	2016 年	EMA
Kymriah	诺华公司	2017 年	FDA
Yescarta	Kite Pharma 公司	2017 年	FDA
Luxturna	Spark 公司	2017 年	FDA
Onpattro	Alnylam 公司	2018 年	FDA、EMA
Zynteglo	Bluebird Bio 公司	2019 年	EMA
Zolgensma	AveXis 公司	2019 年	FDA
Tecartus	Kite Pharma 公司	2020 年	FDA

资料来源：FDA、EMA、NMPA

基因治疗产业属于技术驱动、资金密集和风险密集型的生物制药产业，专利保护是维持产业创新活动的重要保证。基因治疗公司在临床前研究阶段就开始布局专利，因此，研究基因治疗相关专利的情况对于基因治疗技术的研究和产业的发展均有重要参考价值。由于多数国家和地区将疾病治疗方法列入不授予专利权的主题，基因治疗技术专利的主要保护对象为基因治疗中使用的药物、载体、靶点等。本书的知识产权案例部分从全球视角分析了基因治疗技术的年度趋势、地域分布、申请人情况及专利技术布局，对已上市主要基因治疗产品的核心专利进行了解读，并对基因治疗领域涉及的若干知识产权问题进行讨论，希望能够为基因治疗的研发与专利布局提供数据参考与决策支撑。

1. 全球基因治疗技术发展潜力巨大

虽然全球首个正式获批的基因治疗产品诞生于 2003 年，但基因治疗的发展由来已久。利用 incoPat 专利数据库对全球基因治疗技术相关专利申请进行检索，检索日期为 2022 年 4 月 20 日。截至 2021 年 12 月 31 日，全球在基因治疗

技术领域共申请专利 28 096 件。从基因治疗技术的专利申请趋势来看，基因治疗的专利申请起步于 20 世纪 80 年代，并在 1990 年后进入高速增长期，其中有两个重大事件促进了基因治疗技术专利申请的快速增长。一是 1990 年 9 月，美国国立卫生研究院的 French Anderson 博士开始了世界上第一个真正意义上的基因治疗临床试验，治疗了一位腺苷酸脱氨酶（ADA）基因缺陷导致严重免疫缺损（SCID）的 4 岁女孩，并获得了初步成功，促使世界各国都掀起了基因治疗的研究热潮，这是全球基因治疗产业化发展的里程碑。二是 20 世纪 90 年代初开始实施人类基因组计划（HGP），人类基因组测序工作揭示了大量疾病和遗传信息间的关系，为创新基因疗法的建立奠定了扎实的基础。然而从 2002 年开始，基因治疗技术领域的专利申请热度迅速回落，主要源于早期基因治疗技术不成熟所引发的一系列医疗事故。1999 年，一名 18 岁鸟氨酸氨甲酰基转移酶缺乏症患者 Jess Gelsinger 在费城接受以腺病毒为载体的基因治疗后发生严重免疫反应，4 天后因多器官功能衰竭死亡，成为第一例与基因治疗直接相关的死亡案例。2000 年，17 例重症联合免疫缺陷病（SCID）患儿在法国接受逆转录病毒载体的基因治疗，其中 2 例患儿继发急性白血病。此后，基因治疗的临床开发跌入低谷，但也迫使人们重新关注科学和技术发展，逐渐走向理性。2012 年后，基因编辑技术、细胞治疗技术等新兴生物技术极大地促进了基因治疗技术的发展，相关的产品也陆续上市，因此，可以看到 2012 年后，全球基因治疗技术的专利申请持续上升，呈现出巨大的发展潜力（图 6-15）。（考虑到专利申请到专利公开的 18 个月及专利数据录入的延迟，2020 年与 2021 年的数据参考意义不大。）

我国在基因治疗领域开展研究的起步时间相对较晚（最早始于 1994 年，1994 年前均为国外企业或研究机构在中国申请的同族专利），随着国内企业与研究机构知识产权保护意识的增强与基因治疗相关研发投入的不断提升，其保持着持续稳定的增长态势（图 6-15）。截至 2021 年 12 月 31 日，我国在基因治疗技术领域共申请专利 23 015 件，占全球基因治疗技术专利总量的 8.1%。此外，我国在全球基因治疗技术创新研发中的科技贡献也不断提升，从 1994 年至 2021 年，我国基因治疗技术专利申请量的全球占比从 2.1% 提升至 19.1%。可见，基因治疗技术已成为我国生物医药发展的热点领域。

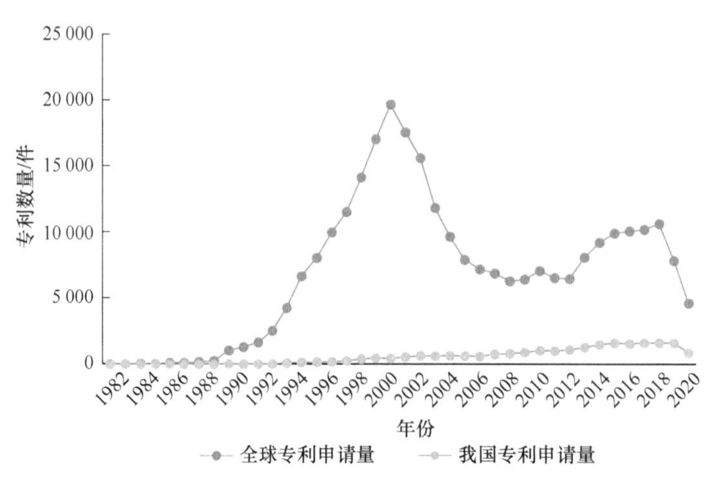

图 6-15　全球与我国基因治疗技术专利申请年度分布

资料来源：incoPat 专利数据库

2. 美国和中国内地是基因治疗技术专利最主要的布局国家 / 地区

对 2012～2021 年近 10 年的专利申请国家 / 地区进行分析，美国、中国内地和日本是基因治疗技术相关专利最主要的布局国家 / 地区，专利的申请量与国家 / 地区药物的研发水平、产业化水平及市场潜力紧密相关，美国、中国内地和日本在基因治疗技术领域分别公开专利 14 207 件、13 776 件和 13 494 件，占全球该领域专利总量的 16.8%、16.3% 和 16.0%。除了这 3 个国家 / 地区外，欧洲、韩国、澳大利亚、加拿大、巴西、中国香港等也是基因治疗技术相关专利重要的布局国家 / 地区（表 6-14）。

表 6-14　2012～2021 年全球前 10 位基因治疗技术专利申请国家 / 地区 / 组织分布

排名	申请国家 / 地区 / 组织	专利数量 / 件	占比 /%
1	美国	14 207	16.8
2	中国内地	13 776	16.3
3	日本	13 494	16.0
4	世界知识产权组织	9 841	11.7
5	欧洲专利局（EPO）	7 920	9.4
6	韩国	4 463	5.3
7	澳大利亚	4 200	5.0
8	加拿大	2 857	3.4
9	巴西	1 637	1.9
10	中国香港	1 390	1.6

资料来源：incoPat 专利数据库

专利优先权国家/组织一般为该领域的技术来源国家/组织，对2012～2021年近10年的专利优先权国家/组织进行分析，美国以46 697件专利在基因治疗技术相关专利的申请中仍具备绝对优势，全球超过一半的专利来源于美国的专利申请人，可见美国在该领域研发创新中的绝对领先地位。美国企业或机构在本国申请专利的同时，又通过PCT申请等国际专利申请途径在全球主要国家进行了广泛布局，对其创新成果进行了有效的保护。我国在基因治疗技术专利优先权国家/组织中排在第五位，申请专利数量为2 558件，占全球基因治疗技术领域专利申请量的3.0%，作为技术来源国申请的专利数量与美国相比仍有一定差距（表6-15）。

表6-15 2012～2021年全球前10位基因治疗技术专利优先权国家/组织分布

排名	优先权国家/组织	专利数量/件	占比/%
1	美国	46 697	55.4
2	欧洲专利局（EPO）	5 185	6.1
3	日本	3 980	4.7
4	英国	3 086	3.7
5	中国	2 558	3.0
6	韩国	2 394	2.8
7	世界知识产权组织	2 051	2.4
8	丹麦	558	0.7
9	澳大利亚	460	0.5
10	德国	350	0.4

资料来源：incoPat专利数据库

3. 企业与机构在基因治疗技术专利申请中平分秋色

对2012～2021年全球基因治疗技术专利申请人的分布情况进行分析，企业与机构在基因治疗技术的专利申请中平分秋色，前10位专利申请人中有5位申请人来自企业，5位申请人来自高校与研究机构。从专利申请人的排名来看，专利申请量排名前5位的机构或企业分别为宾夕法尼亚大学（2 234件）、加利福尼亚大学（1 160件）、Alnylam制药公司（1 021件）、诺华公司（875

件）和 Juno Therapeutics（519 件）。从前 10 位申请人所属的国家来看，前 10 位专利申请人除了诺华公司，均来自美国，这也与美国在基因治疗领域技术创新与产品研发的绝对优势相吻合。在高校与研究机构中，排名第一位的宾夕法尼亚大学是基因治疗领域的先行者，其人类基因治疗研究所从 20 世纪 90 年代开始主导了多项基因疗法，其中包括 1999 年闻名于世的第一例基因治疗死亡事件，但这仍不能影响宾夕法尼亚大学在基因治疗领域的领先地位。在企业中，Alnylam 制药公司是 RNA 干扰（RNAi）疗法开发领域的领军企业，该公司产品 Onpattro 于 2018 年获美国和欧盟批准，是全球首款小干扰 RNA（siRNA）药物及首个非病毒给药系统的基因治疗药物。全球医药巨头诺华公司将基因治疗作为近几年布局的重点，不仅推出全球首款 CAR-T 细胞治疗产品 Kymriah，更是于 2018 年通过收购 AveXis 公司获得基因治疗产品 Zolgensma，该产品于 2019 年由 FDA 批准上市，用于治疗 2 岁以下脊髓性肌萎缩症患儿。Juno Therapeutics 公司和 Cellectis 公司均为全球免疫细胞治疗领域的领军企业，Juno Therapeutics 公司是全球最早开展 CAR-T 细胞治疗产品研发的企业之一，拥有大量该领域的核心专利；Cellectis 公司将研发重点放在通用型细胞治疗产品的研发上，并在相关领域开展了大量的专利布局（表 6-16）。

表 6-16　2012～2021 年全球前 10 位基因治疗技术专利申请人情况

排名	机构名称	所属国家	专利数量 / 件	全球占比 /%
1	宾夕法尼亚大学	美国	2 234	2.6
2	加利福尼亚大学	美国	1 160	1.4
3	Alnylam 制药公司	美国	1 021	1.2
4	诺华公司	瑞士	875	1.0
5	Juno Therapeutics 公司	美国	519	0.6
6	Cellectis 公司	美国	509	0.6
7	斯隆 - 凯特琳癌症中心	美国	487	0.6
8	美国马萨诸塞州大学	美国	448	0.5
9	Arrowhead Pharmaceuticals	美国	444	0.5
10	Ionis Pharmaceuticals	美国	442	0.5

资料来源：incoPat 专利数据库

4. 高校与研究机构是我国基因治疗技术领域最主要的专利申请人

对2012～2021年我国基因治疗技术的专利申请人进行分析，国内的高校或研究机构是我国基因治疗技术相关专利的申请主体，前10位专利申请人全部来自高校或研究机构，包括武汉大学（207件）、浙江大学（164件）、中国人民解放军第二军医大学（134件）、中山大学（132件）等（表6-17）。排名第一位的武汉大学近年来在基因编辑工具、基因治疗载体、基因治疗药物的研发中获得多项重要突破，并于2020年牵头国家卫生和计划生育委员会艾滋病防治科技重大专项"基于自体造血干/祖细胞遗传改造的艾滋病基因治疗"。排名第二位的浙江大学在RNA干扰药物领域布局了大量专利，并于2022年正式成立了RNA医学研究中心，建立RNA医学领域的重大关键共性技术体系。中国人民解放军第二军医大学在病毒载体、药物靶点、RNA干扰药物等领域开展了多点布局，早在1996年，中国人民解放军第二军医大学附属上海东方肝胆医院即成立了肿瘤免疫与基因治疗实验室，主要开展肝胆肿瘤的生物治疗基础研究，并取得了丰硕成果。

表6-17 2012～2021年我国前10位基因治疗技术专利申请人情况

排名	机构名称	专利数量/件	中国占比/%
1	武汉大学	207	1.5
2	浙江大学	164	1.2
3	中国人民解放军第二军医大学	134	1.0
4	中山大学	132	1.0
5	四川大学	107	0.8
6	复旦大学	106	0.8
7	苏州大学	98	0.7
8	中国科学院上海生命科学研究院	86	0.6
9	北京大学	86	0.6
10	中国药科大学	82	0.6

资料来源：incoPat专利数据库

5. 上海领跑我国基因治疗技术专利申请

基因治疗与细胞治疗已成为我国"十四五"生物医药科技发展的重点领域，

也是各省（直辖市）布局的新“蓝海”。对 2012～2021 年我国基因治疗技术的专利申请地区进行分析，上海市、北京市、广东省、江苏省在该领域具有较大优势，分别申请专利 1 788 件、1 727 件、1 653 件和 1 387 件，占我国基因治疗技术专利申请总数的 13.0%、12.5%、12.0% 与 10.1%（表 6-18）。其中，排名第一的上海在基因治疗与细胞治疗领域具有先发优势，我国首款 CAR-T 细胞治疗药物诞生于上海，复旦大学、上海交通大学、中国科学院上海生命科学研究院、中国人民解放军第二军医大学等大院大所及上海恒润达生生物科技股份有限公司、上海吉凯基因医学科技股份有限公司、上海优卡迪生物医药科技有限公司等我国领跑的基因治疗与细胞治疗企业对于地区的技术发展具有重要的推动作用。

表 6-18　2012～2021 年我国人冠状病毒疫苗专利申请地区分布

排名	申请地区	专利数量 / 件	中国占比 /%
1	上海	1 788	13.0
2	北京	1 727	12.5
3	广东	1 653	12.0
4	江苏	1 387	10.1
5	湖北	515	3.7
6	浙江	511	3.7
7	山东	438	3.2
8	四川	265	1.9
9	天津	238	1.7
10	重庆	227	1.6

资料来源：incoPat 专利数据库

（二）重点基因治疗产品专利布局情况

1. Gendicine

Gendicine（今又生）由深圳市赛百诺基因技术有限公司研发，于 2003 年在中国获批上市用于头颈部鳞癌的治疗，是全球首个正式获批的基因治疗产品。Gendicine 由 5 型腺病毒作为载体，将 *p53* 抑癌基因通过瘤内注射，转入肿瘤细胞内发挥抗肿瘤活性。支持 Gendicine 注册的是在中国国内开展的一系列临床 Ⅱ

期研究，但由于 Gendicine 在获批前仅纳入 135 例患者且均以中文发表临床数据，缺乏Ⅲ期研究且研究设计存在瑕疵，国际上对首个基因产品的疗效和安全性充满质疑。2018 年，总结 Gendicine 上市 12 年的临床数据，据报道已有超过 30 000 例患者（来自 50 个国家 / 地区）接受过 Gendicine 治疗，大多为超适应证使用。

Thomson Reuters Cortellis 数据库显示，Gendicine 药物的重点专利有 4 件（表 6-19）。专利 CN200510002779.1 用于保护重组 *p53* 腺病毒在肿瘤患者身体机能改善中的用途。专利 CN98123346.5 保护了一种工业化生产重组腺病毒的方法。专利 CN02115228.4 提供了一种将腺病毒载体与人 *p53* 基因在原核细胞中同源重组的方法，可制备成临床级基因治疗制品用于恶性肿瘤的治疗和预防。专利 WOCN04000457 公开了一种 HEK293 亚克隆细胞株用于生产重组腺病毒的制备。值得注意的是，这 4 件专利中，CN200510002779.1、CN98123346.5、CN02115228.4 均发生了专利诉讼，Gendicine 的发明者彭朝晖和深圳市赛百诺基因技术有限公司就专利是否为职务发明展开了近 10 年的专利诉讼，目前，这三件专利的专利权人均为深圳市赛百诺基因技术有限公司。

表 6-19 Gendicine 重点专利布局

申请号	申请日	专利名称	相关内容
CN200510002779.1	2005 年 1 月 26 日	重组腺病毒 *p53* 制品在肿瘤治疗中的新用途	该专利阐述了应用重组 *p53* 腺病毒能拮抗包括但不限于抗肿瘤化学疗法和放射疗法相关的毒副作用，单用重组 *p53* 腺病毒能增进肿瘤患者的身体机能
CN98123346.5	1998 年 12 月 14 日	一种生产重组腺病毒的方法	该专利提供了一种生产重组腺病毒的方法，包括细胞种植，病毒感染，介质更新，细胞收集、冻融和纯化，充分保证了产品的生物活性，具有较高的生产效率，以实现重组腺病毒从实验室到工业化生产的飞跃
CN02115228.4	2002 年 5 月 8 日	病毒载体与人肿瘤抑制基因的重组体及其应用	该专利将腺病毒载体与人 *p53* 基因在原核细胞中同源重组，获得腺病毒载体与人 *p53* 基因表达盒构建的重组 *p53* 腺病毒体。该重组 *p53* 腺病毒体可制备成临床级基因治疗制品，用于治疗和预防人类各种恶性肿瘤
WOCN04000457	2004 年 5 月 9 日	人胚胎肾 HEK293 亚克隆细胞株	该专利公开了一种 HEK293 亚克隆细胞株用于生产重组腺病毒，该细胞株的制备流程可提升细胞株生长和黏附能力

资料来源：Thomson Reuters Cortellis 数据库

2. Imlygic

Imlygic［活性成分：塔利拉维（talimogene laherparepvec，T-VEC）］最初由BioVex公司开发，2011年，安进公司以10亿美元的价格收购了BioVex公司。2015年，FDA批准Imlygic用于治疗皮肤及淋巴结黑色素瘤病变，是全球获得批准的首个溶瘤病毒疗法。Imlygic是一种基因改良的单纯疱疹病毒，可通过双重机制介导抗肿瘤活性。一方面，Imlygic通过在肿瘤细胞中复制，导致肿瘤细胞裂解，并释放肿瘤相关抗原，从而促进抗肿瘤免疫应答；另一方面，Imlygic释放的粒细胞巨噬细胞集落刺激因子（GM-CSF）可以招募树突细胞和巨噬细胞来杀伤肿瘤细胞。此外，安进公司还开展了Imlygic与PD-1拮抗剂Keytruda联用治疗中晚期转移性黑色素瘤的临床试验，有越来越多的临床证据表明Imlygic可以激活免疫检查点抑制剂在癌症中的治疗潜力。

伦敦大学的Robert Coffin等首先设计了Imlygic的活性成分——溶瘤病毒T-VEC，T-VEC是一种经过基因修饰的1型单纯疱疹病毒（HSV-1），并在2000年创立了BioVex公司。2001年1月22日，BioVex公司在同一天递交了两个分别涉及疱疹病毒本身（WOGB01000225）和经修饰的病毒毒株用于癌症治疗用途（WOGB01000229）的PCT专利申请，并要求相同的优先权，并以此衍生出了保护T-VEC的一个大的专利家族。Thomson Reuters Cortellis数据库显示，Gendicine药物的重点专利有19件。在BioVex公司专利基础上，安进公司还申请了保护T-VEC的其他专利，包括改进的溶瘤病毒专利、联合用药专利等，如WOGB04003217对疱疹病毒的序列进行了进一步的优化，US14424424涉及使用免疫检查点抑制剂和单纯疱疹病毒治疗黑色素瘤的联合疗法，这些专利可将T-VEC的保护期进一步延长（表6-20）。

表6-20 Imlygic重点专利布局例举

申请号	申请日	专利名称	相关内容
WOGB01000225	2001年1月22日	病毒毒株	该专利提供涉及一种具有改良的溶瘤能力和（或）基因传递能力的病毒毒株
WOGB01000229	2001年1月22日	用于癌症溶瘤病毒治疗的病毒毒株	该专利提供了有能力溶瘤性破坏肿瘤细胞，并能将抗肿瘤免疫效应最大化的病毒

续表

申请号	申请日	专利名称	相关内容
WOUS02009512	2002 年 3 月 27 日	病毒载体和其在治疗上的用途	该专利提供一种单纯疱疹病毒，其 *Bam*H Ⅰ X 片段内的 *Bst*E Ⅱ-*Eco*N Ⅰ 片段发生突变。该病毒可用于治疗癌症
WOGB04003217	2004 年 7 月 26 日	病毒载体	该专利提供一种疱疹病毒，所述病毒缺少功能性 ICP34.5 编码基因但包括以下两个或更多个基因：①编码前体药物转化酶的基因；②编码能够导致细胞与细胞融合的蛋白的基因；以及③编码免疫调节蛋白的基因
US14424424	2013 年 8 月 30 日	使用单纯疱疹病毒和免疫检查点抑制剂治疗黑色素瘤的方法	该专利涉及使用单纯疱疹病毒结合免疫检查点抑制剂治疗黑色素瘤的方法
WOUS18029915	2018 年 4 月 27 日	用于癌症治疗的生物标志物	该专利提供了可用于鉴定多种癌症的生物标志物，所述癌症对使用派姆单抗、派姆单抗变体或其抗原结合片段与塔利拉维（talimogene laherparepvec）的组合治疗进行的治疗有响应
WOUS20020793	2020 年 3 月 3 日	溶瘤病毒用于治疗癌症的用途	该专利涉及一种编码异源树突细胞生长因子核酸序列和第一异源细胞因子核酸序列的溶瘤病毒用于治疗各种类型癌症

资料来源：Thomson Reuters Cortellis 数据库

3. Onpattro

Onpattro 是 Alnylam 公司开发的一种靶向转甲状腺素蛋白（TTR）的 RNAi 疗法。Onpattro 将 siRNA 包裹在脂质纳米颗粒中，通过静脉输注将药物直接递送至肝脏，通过与编码转甲状腺素蛋白的 mRNA 相结合，阻止 TTR 的产生。2018 年 8 月，该药获得美国 FDA 批准，用于治疗由遗传性转甲状腺素蛋白（hATTR）介导的淀粉样变性引起神经疾病的成人患者，成为全球首款获得批准的 RNAi 疗法。Onpattro 的获批，是基于Ⅲ期临床研究 APOLLO 的数据。该研究是一项随机、双盲、安慰剂对照、全球性研究，在具有 hATTR 淀粉样变性特征的多发性神经病患者中开展，结果显示 Onpattro 取得了极佳的治疗效果，达到了研究的主要终点和所有次要终点。截至 2021 年 12 月 31 日，全球已有超过 2 050 名患者接受了 Onpattro 的治疗，2021 年，Onpattro 的销售额达到 4.75

亿美元，比 2020 年增长了 55%。

Thomson Reuters Cortellis 数据库显示，Onpattro 药物的重点专利有 22 件（表 6-21）。Alnylam 公司对于 Onpattro 药物的布局可以分成两个层面。首先，Onpattro 药物的一大突破在于开发出了一种安全有效的脂质纳米颗粒（lipid nanoparticle，LNP）给药系统，能够对 RNAi 药物进行靶向递送。在该领域，Alnylam 公司自 2007 年即通过 PCT 专利 WOUS07080331 保护了一种可用于核酸治疗的脂质体；2010 年，Alnylam 公司还要求保护一种阳离子脂质体，并公开了包含此类靶向脂质的特定脂质制剂，该专利为 Onpattro 药物所采用的脂质纳米颗粒的核心专利，该专利最后进入美国、欧洲、日本、中国等多个国家或地区，预计在 2030 年后到期。为了保持该技术专利到期后的竞争优势，Alnylam 公司将 siRNA 缀合至 *N*-乙酰半乳糖胺（*N*-acetylgalactosamine，GalNAc）形成 GalNAc-siRNA 缀合物，其中 GalNAc 配体可以结合肝细胞表达的去唾液酸糖蛋白受体（asialoglycoprotein receptor，ASGPR）并将 siRNA 靶向递送至肝细胞。因此，GalNAc-siRNA 可用于开发多种肝靶向递送核酸药物，并在此基础上申请了 US12328528 等一系列专利。在对核心 siRNA 对 ATTR 介导的淀粉样变性疾病的保护上，Alnylam 公司也开展了一系列专利布局，包括 WOUS05018931、WOUS12065601 等对 RNA 序列的保护，以及 WOUS09061381、WOUS11030392 等对 RNA 治疗转甲状腺素蛋白相关眼淀粉样变性用途的保护等，并申请了大量外围专利加强对产品的保护。

表 6-21　Onpattro 主要专利布局例举

申请号	申请日	专利名称	相关内容
WOUS07080331	2007 年 10 月 3 日	含脂质的制品	该专利描述了一种用于核酸治疗的组合物和方法，包括脂质体和脂质复合物（lipoplex）
WOUS10038224	2010 年 6 月 10 日	改进的脂质制剂	该专利提供了一种阳离子脂质体，还公开了靶向脂质和包含此类靶向脂质的特定脂质制剂
US12328528	2008 年 12 月 4 日	糖偶联物作为递送试剂的寡核苷酸	该专利提供了一种新的碳水化合物缀合物和包含这些缀合物的 RNAi 试剂，其有利于这些 RNAi 试剂的体内递送，以及适用于体内治疗用途的 RNAi 组合物
WOUS05018931	2005 年 5 月 27 日	核酸酶抗性的双链核糖核酸	该专利涉及在细胞中具有更好稳定性的 dsRNA，以抑制相关功能的靶基因

续表

申请号	申请日	专利名称	相关内容
WOUS12065601	2012 年 11 月 16 日	修饰的 RNAi 试剂	该专利涉及抑制一种靶基因表达的双链 RNAi（dsRNA）试剂。该 dsRNA 双链体在一条或两条链中包括一个或多个在三个连续核苷酸上具有三个相同修饰的基序
WOUS09061381	2009 年 10 月 20 日	抑制转甲状腺素蛋白表达的组合物和方法	该专利涉及靶向转甲状腺素蛋白（TTR）基因的双链核糖核酸（dsRNA），以及用所述 dsRNA 抑制 TTR 表达的方法
WOUS11030392	2011 年 3 月 29 日	用于治疗转甲状腺素蛋白相关眼淀粉样变性的 siRNA 制品	该专利提供一种通过降低转甲状腺素蛋白治疗淀粉样变性的方法，即在转甲状腺素蛋白靶基因上采用双链核糖核酸（dsRNA）

资料来源：Thomson Reuters Cortellis 数据库

4. Kymriah

Kymriah 由诺华公司和美国宾夕法尼亚大学联合研发。2017 年 8 月，Kymriah 得到美国 FDA 批准用于治疗罹患 B 细胞前体急性淋巴性白血病（ALL），且病情难治，或出现二次及以上复发的 25 岁以下患者，成为全球首个获批的靶向 CD19 抗原的 CAR-T 细胞疗法。与常规的小分子或生物疗法不同，CAR-T 细胞疗法是利用基因工程修饰 T 淋巴细胞，使其表达嵌合抗原受体，以杀伤肿瘤细胞。目前，Kymriah 已相继在美国、日本、欧盟和加拿大获批上市，还在日本纳入了医保。

Thomson Reuters Cortellis 数据库显示，Kymriah 药物的重点专利有 40 件，主要集中于三个层面（表 6-22）。一是对 CAR-T 细胞的建立和进一步优化。例如，专利 WOUS11064191 作为 Kymriah 的核心专利，建立了包含抗原结合结构域、跨膜结构域、共刺激信号转导区和 CD3ζ 信号转导结构域的细胞特征；专利 WOUS16048638 和 WOUS16052260 通过结构优化进一步提升了细胞的治疗效果。二是 CAR-T 细胞的制备方法。例如，专利 WOUS16043255 提供了制备可以被工程化以表达嵌合抗原受体的免疫细胞的方法。三是 CAR-T 细胞疗法风险的监测与应对方法。例如，专利 WOUS13050267 和专利 WOUS16050112 均提供了针对细胞毒性和细胞因子释放综合征的检测方法，从而更好地保障患者安全。

表 6-22 Kymriah 主要专利布局例举

申请号	申请日	专利名称	相关内容
WOUS11064191	2011 年 12 月 9 日	嵌合抗原受体 - 修饰的 T 细胞治疗癌症的用途	该专利提供了治疗人癌症的组合物和方法，包括涉及施用基因修饰的 T 细胞，以表达 CAR，其中 CAR 包括抗原结合结构域、跨膜结构域、共刺激信号转导区和 CD3ζ 信号转导结构域
WOUS13050267	2013 年 7 月 12 日	对 CARS 的抗肿瘤活性的毒性管理	该专利涉及转导的表达嵌合抗原受体的 T 细胞的过继细胞转移与毒性管理组合的策略。其中包括在给予该第一线治疗后，监测该患者细胞因子水平，以确定给予该患者的第二线治疗的适当类型，并且给予对其有需要的该患者适当的第二线治疗
WOUS16043255	2016 年 7 月 21 日	用于改善免疫细胞功效和扩张的方法	该专利提供了制备可以被工程化以表达嵌合抗原受体的免疫细胞（如 T 细胞、NK 细胞）的方法
WOUS16048638	2017 年 3 月 9 日	表达嵌合细胞内信号转导分子的细胞的方法和组合物	该专利涉及通过在 T 细胞中表达细胞内信号转导分子，增强 T 细胞代谢和活性从而提供更高效的过继性 T 细胞疗法的组合物和方法
WOUS16050112	2016 年 9 月 2 日	预测细胞因子释放综合征的生物标志物	该专利提供了与细胞因子释放综合征临床相关的生物标志物的鉴定和用途
WOUS16052260	2016 年 9 月 16 日	功效增强的 CAR -T 细胞治疗	该专利提供改善 CAR-T 细胞治疗的组合物和方法，通过 Tet2 抑制剂及其与 CAR-T 细胞结合减少细胞中 Tet1、Tet2 和（或）Tet3 的表达

资料来源：Thomson Reuters Cortellis 数据库

5. Yescarta

Yescarta 由吉利德旗下的 Kite Pharma 公司与美国国家癌症研究所（NCI）共同研发。该药物是一款 CD19 CAR-T 细胞疗法，在 2017 年 10 月获得美国 FDA 批准，是全球首个治疗复发或难治性大 B 细胞淋巴瘤（R/R LBLC）成人患者的 CAR-T 细胞疗法。2018 年 8 月 27 日，Yescarta 在欧洲获批准上市，用于治疗复发或难治性弥漫性大 B 细胞淋巴瘤和原发性纵隔 B 细胞淋巴瘤。2018 年 9 月，上海复星凯特生物科技有限公司从 Kite Pharma 公司引进该产品用于复发难治性成人大 B 细胞淋巴瘤治疗，获得国家药品监督管理局（NMPA）批准，通用名为阿基仑赛注射液，成为我国首个获批上市的 CAR-T 细胞治疗产品。

Thomson Reuters Cortellis 数据库显示，Yescarta 药物的重点专利有 18 件，其中 CAR 结构的设计是 Kite Pharma 公司布局的绝对重点（表 6-23）。例如，专利

WOUS14028961采用Fc间隔物防止免疫排斥和细胞清除，专利WOUS18029107提供了非常具体的针对CD19的人源化抗原结合结构域。此外，产品在疾病治疗中的用途也是申请的重点。例如，专利WOUS18056467指出该CAR-T疗法可用于复发或难治性大B细胞淋巴瘤，专利WOUS19027332结合患者本身肿瘤微环境确定产品的有效剂量。和诺华公司类似，Kite Pharma公司也在细胞治疗产品的风险预防上开展了布局。例如，WOUS19027210提供了用于预防和治疗细胞因子释放综合征和与免疫耗竭相关的神经毒性的去纤苷。

表6-23 Yescarta主要专利布局例举

申请号	申请日	专利名称	相关内容
WOUS14028961	2014年3月14日	在Fc间隔物区中具有突变的嵌合抗原受体（CAR）及其使用方法	该专利涉及通过间隔物和（或）跨膜序列与胞内信号转导域连接的胞外配体结合域进行CAR的分子设计，帮助防止免疫排斥和细胞清除
WOUS15014520	2015年2月4日	用于治疗B细胞恶性肿瘤和其他癌症的自体T细胞的生产方法及其组合物	该专利提供了制造T细胞的方法，该细胞表面受体识别靶细胞表面上的特定抗原部分，可用于治疗B细胞恶性肿瘤和其他癌症
WO2018064205A1	2017年9月27日	抗原结合分子及其使用方法	该专利主要保护可特异性结合CD19的scFv的抗原结合分子的相关序列
WOUS18029107	2018年4月24日	针对CD19的人源化抗原结合结构域及其使用方法	该专利提供了人源化抗CD19抗体或其抗原结合片段，其包含轻链可变（VL）区和重链可变（VH）区，其中人源化VL和VL区衍生自小鼠抗CD19克隆FMC63抗体；人源化VL和（或）人源化VH区在框架区中包含一个或多个氨基酸取代
WOUS18056467	2018年10月18日	施用嵌合抗原受体免疫疗法的方法	该专利提供了包含CD19导向的嵌合抗原受体（CAR）遗传修饰的自体T细胞免疫疗法的细胞，用于治疗如在两线或更多线的系统疗法后复发或难治性大B细胞淋巴瘤
WOUS19027210	2019年4月12日	用于预防和治疗细胞因子释放综合征和与免疫耗竭相关的神经毒性的去纤苷	该专利提供了预防细胞因子释放综合征或相关病症和（或）与免疫疗法相关的神经毒性，减轻细胞因子释放综合征或相关病症和（或）与免疫疗法相关的神经毒性的影响，或治疗细胞因子释放综合征或相关病症和（或）与免疫疗法相关的神经毒性的方法，所述方法包括施用去纤苷
WOUS19027332	2019年4月12日	使用肿瘤微环境特征的嵌合受体T细胞治疗	该专利包含表征输注前肿瘤微环境和确定T细胞免疫疗法的有效剂量的方法

资料来源：Thomson Reuters Cortellis数据库

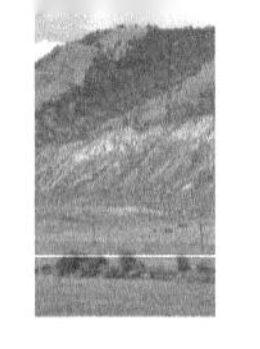

（三）我国基因治疗产业发展的建议

从我国基因治疗专利的申请现状可见，我国在全球基因治疗的专利申请中相当活跃，我国在该领域专利申请的增速已超过美、欧、日等发达国家或地区，每年专利申请量在全球占比持续提升。然而，从该领域优先权国家的分布可知，我国以技术来源国申请的专利数量与发达国家相比存在较大差距。高校或研究机构在我国基因治疗技术相关专利的申请中占绝对优势地位，我国在基因治疗的专利申请中以基础研究的相关成果为主，但因为这些专利产业主体参与度较低，我国在基因治疗领域的专利存在对外输出低、基础专利少、成果转化不足等缺陷。同时，从全球重点基因治疗产品的专利布局可知，发达国家已就基因治疗领域的核心技术工具开展了大量的专利布局，如 CRISPR-Cas9 等基因编辑工具、CAR-T 细胞疗法、病毒载体技术等，并针对一些关键靶点设置了专利壁垒，这些基础专利保护网络的建立大大增加了我国技术引进与产品开发的难度，也从一定程度上造成了我国 CAR-T 细胞治疗等部分基因治疗领域产品同质化严重、竞争激烈等问题。

因此，本章节依据我国基因治疗技术与专利申请的发展现状，提出如下建议。

A. 采取“大科学”思路，通过协作创新寻求技术突破。基因治疗药物存在研发周期长、耗资巨大、失败风险高等特点，我国在基因治疗领域技术基础相对薄弱，在短时间难以实现突破性发展，应当从我国具有技术潜力的领域，围绕肝癌、肺癌等国内具有研究储备的疾病寻求突破。基因治疗属于生物医药的前沿领域，国外的创新产品也来源于高校与研究院所的基础专利。例如，Kymriah 由诺华公司和美国宾夕法尼亚大学联合研发，Yescarta 由吉利德旗下的 Kite Pharma 公司与美国国家癌症研究所共同研发。区别是目前我国研究机构与企业尚处于“单打独斗”的阶段，往往国内的一家企业需要顾及单个产品的全部核心技术，大大增加了产品的研发难度，因此创新协作、提升基础研究领域的专利转化力度对该领域的发展非常重要。

B. 尽早展开国内专利布局，构建有效专利群。目前，跨国企业已经开始在我国展开专利布局，但因为基因治疗的快速发展主要发生于 2010 年后，相

比于单抗研发等传统领域，在很多具体领域尚未形成严密的专利网。在此背景下，我国企业和研发机构应尽早将科研成果申请专利，围绕基因治疗的核心要素构建有效的专利保护群。通过检索和分析国外核心专利，借鉴国外在载体、表达系统、治疗方法等共性技术领域的布局方法，对自身的核心专利积极展开布局，对于条件成熟的，还需要进行海外专利布局。

C. 适当通过专利许可与专利转让推动产品尽快上市。针对需要攻克的基因治疗领域，我国企业可开启相关领域的专利导航，挖掘国外申请人已经在中国申请的核心专利，并从序列修饰、疾病用途、载体和基因传递系统的工艺改进等多方面进行外围专利布局，减少核心专利对后续基因治疗技术研发的影响。此外，对于无法绕开但短期内难以研发出新的替代技术的专利，可通过专利转让、许可等方法与相关技术领域的领先企业开展技术合作，以 AveXis 公司的基因治疗药物 Zolgensma 为例，该药物的技术突破包含了 Regenxbio、Genethon、AskBio 等多个专利持有方的许可。由此可见，技术的流动与共享对于基因治疗产业的发展具有重要的推动作用。

附　录

2021年度国家重点研发计划生物和医药相关重点专项立项项目清单[372]

附表1 “干细胞研究与器官修复”重点专项2021年度拟立项项目公示清单

序号	项目编号	项目名称	项目牵头承担单位	项目实施周期/年
1	2021YFA1100100	细胞命运和功能的精准调控新技术	北京大学	5
2	2021YFA1100200	干细胞命运决定过程中胞核内无膜颗粒结构的调控功能和分子机制	北京大学	5
3	2021YFA1100300	表观修饰和染色质高级结构在细胞全能性建立中的关联调控及机制研究	中国科学院广州生物医药与健康研究院	5
4	2021YFA1100400	细胞周期和DNA甲基化在多能性建立、维持和退出过程中的功能和机制研究	同济大学	5
5	2021YFA1100500	中内胚层来源组织器官间互作对干细胞命运的转录调控	浙江大学	5
6	2021YFA1100600	牙颌组织发育与再生中颅颌干细胞谱系分化及其微环境调控	中山大学	5
7	2021YFA1100700	人干细胞向调节型和效应型免疫细胞的分化与功能优化研究	吉林大学	5
8	2021YFA1100800	iPS来源CD19 CAR-NK治疗B细胞恶性肿瘤的基础及临床应用研究	同济大学	5
9	2021YFA1100900	骨髓内造血干细胞发育和再生的调控机制及干预策略	中国医学科学院血液病医院（中国医学科学院血液学研究所）	5
10	2021YFA1101000	皮肤干细胞异质性和命运调控的分子机制及临床转化研究	浙江大学	5
11	2021YFA1101100	物理性因素调控组织干细胞促进创伤后组织原位再生修复的机制与新策略	中国人民解放军第三军医大学	5
12	2021YFA1101200	内源性干细胞原位激活及其微环境调控对视神经视网膜再生修复的作用与机制研究	温州医科大学附属眼视光医院	5

372 资料来源：国家科技管理信息系统公共服务平台，搜集了2021年2月19日至2022年5月18日的项目公示。

续表

序号	项目编号	项目名称	项目牵头承担单位	项目实施周期/年
13	2021YFA1101300	毛细胞和听觉神经元再生恢复听觉功能的研究	东南大学	5
14	2021YFA1101400	神经退行性疾病免疫微环境对神经再生的影响机制与干预研究	中国科学院动物研究所	5
15	2021YFA1101500	脐带间充质干细胞及其外泌体促进骨髓组织损伤修复及功能重建的临床研究	华中科技大学	5
16	2021YFA1101600	干细胞及相关治疗产品质量控制和非临床评价关键技术与规范研究	中国食品药品检定研究院	5
17	2021YFA1101700	神经前体细胞移植治疗缺血性脑卒中促进神经环路重建研究	浙江大学	5
18	2021YFA1101800	基于人源性干细胞移植的重大脑疾病神经环路重建研究	南京医科大学	5
19	2021YFA1101900	基于 iPS 心脏瓣膜钙化模型建立及应用	华中科技大学	5
20	2021YFA1102000	灵长类多能干细胞基因组稳态调控网络及增强策略	中国科学院昆明动物研究所	5
21	2021YFA1102100	血管神经网络调控组织干细胞在皮肤功能再生中的研究	中国人民解放军第三军医大学	5
22	2021YFA1102200	全能性细胞的表观遗传调控机制研究	复旦大学	5
23	2021YFA1102300	分子伴侣介导的自噬与造血干细胞衰老	上海交通大学	5
24	2021YFA1102400	造血干细胞发育与再生的翻译调控研究	中国医学科学院基础医学研究所	5
25	2021YFA1102500	mRNA 可变剪切调控重编程心肌异质性的分子机制及应用研究	武汉大学	5
26	2021YFA1102600	Gli1+ 干细胞参与运动系统创伤修复的命运决定机制及靶向精准调控	华中科技大学	5
27	2021YFA1102700	人类全能性细胞发育的表观调控机制研究	南方医科大学	5
28	2021YFA1102800	单细胞多组学研究解析造血干细胞异质性及功能	中国医学科学院血液病医院（中国医学科学院血液学研究所）	5
29	2021YFA1102900	细胞全能性获得的表观调控机制及基于干细胞的类胚胎构建	同济大学	5
30	2021YFA1103000	诱导性多能干细胞（iPSC）源性嵌合抗原受体巨噬细胞（CAR-M）的制备及其在恶性肿瘤免疫治疗中的应用	中国人民解放军第三军医大学	5

附表 2 “诊疗装备与生物医用材料”重点专项 2021 年度拟立项项目公示清单

序号	项目编号	项目名称	项目牵头承担单位	项目实施周期 / 年
1	2021YFC2400100	先进结构与功能内镜成像技术研究及样机研制	中国科学院苏州生物医学工程技术研究所	3
2	2021YFC2400200	有源植入式器械的磁共振兼容技术研究及样机研制	清华大学	3
3	2021YFC2400300	术中放疗机器人技术研究和原理验证机研制	中国医学科学院肿瘤医院	3
4	2021YFC2400400	仿生骨电学活性牙槽骨 / 牙周再生材料研制	华中科技大学	3
5	2021YFC2400500	基于微环境定向调控可抑制骨与皮肤肿瘤复发的生物活性材料研制	中国科学院深圳先进技术研究院	3
6	2021YFC2400600	可抑制骨与皮肤肿瘤术后复发的生物材料研制	上海交通大学	3
7	2021YFC2400700	生物适配型可降解镁合金硬组织植入器械产品研发	天津正天医疗器械有限公司	5
8	2021YFC2400800	仿生周围神经移植物产品的研发及应用	天新福（北京）医疗器材股份有限公司	5
9	2021YFC2400900	新型流水线式高通量核酸分析系统研制及应用	西安天隆科技有限公司	5
10	2021YFC2401000	现场快速全自动封闭式核酸扩增分析系统	北京中科生仪科技有限公司	5
11	2021YFC2401100	医用高效液相色谱三重四极杆质谱联用仪研发及产业化	天津国科医工科技发展有限公司	5
12	2021YFC2401200	基于国产迷走神经刺激器的临床应用解决方案研究	首都医科大学附属北京天坛医院	3
13	2021YFC2401300	国产半个性化高强度高韧性全膝关节置换用人工关节的层级化临床路径方案研究	中国人民解放军第三军医大学	3
14	2021YFC2401400	医用光学诊疗器械仿生模体研制与标准化技术研究	中国计量科学研究院	3

附表 3 “生物与信息融合”重点专项 2021 年度拟立项项目公示清单

序号	项目编号	项目名称	项目牵头承担单位	项目实施周期 / 年
1	2021YFF1200100	基于 DNA 原理的高密度安全存储系统研发与生物大数据应用示范	深圳华大生命科学研究院	3
2	2021YFF1200200	基于多类型生物分子的新一代超高密度信息存储技术研发	华中科技大学	3
3	2021YFF1200300	基于大规模可寻址可控催化原理的 DNA 合成新技术研发	上海交通大学	3

续表

序号	项目编号	项目名称	项目牵头承担单位	项目实施周期 / 年
4	2021YFF1200400	蛋白质结构预测算法研究及蛋白质设计应用	复旦大学	3
5	2021YFF1200500	自动化细胞设计流水线开发及应用	北京大学	3
6	2021YFF1200600	非侵入神经电生理信号高精度采集与计算芯片关键技术研究及应用	中电云脑（天津）科技有限公司	3
7	2021YFF1200700	新一代高相容性生物植入电极设计与应用	天津大学	3
8	2021YFF1200800	组织工程类脑智能复合体设计与开发	天津大学	3
9	2021YFF1200900	数字化细胞参照系研究、建设与示范应用	清华大学	3
10	2021YFF1201000	融合形态特征和组学信息的智慧病理辅助诊断技术体系	中国人民解放军第三军医大学	3
11	2021YFF1201100	大型队列间联合研究柔性化大数据云平台支撑系统研发	北京大学	3
12	2021YFF1201200	生物数据深度挖掘与知识融合的智能系统研发与示范应用	中南大学	3
13	2021YFF1201300	基于跨尺度多模态生物医学大数据的肿瘤智能诊疗共性关键技术研究	中国医学科学院肿瘤医院	3
14	2021YFF1201400	基于人工智能技术的药物分子结构的智能生成和优化	中南大学	3
15	2021YFF1201500	人脑发育过程单细胞表观多组学图谱的构建与研究	北京大学	3
16	2021YFF1201600	基于深度学习的端到端蛋白质结构折叠精准预测方法	清华大学	3
17	2021YFF1201700	基于多类型碱基直接编码的高密度 DNA 数据存储技术研究	中国科学院深圳先进技术研究院	3

附表 4　“常见多发病防治研究”重点专项 2021 年度拟立项项目清单

序号	项目编号	项目名称	项目牵头承担单位	项目实施周期 / 年
1	2021YFC2500100	血管性认知障碍的生物标志物谱系评价体系和智能诊疗研究	复旦大学	3
2	2021YFC2500200	慢性肾脏病发生、发展及预后的风险预测体系	南方医科大学南方医院	3
3	2021YFC2500300	急性髓系白血病难治复发预测预警与综合防治新策略的研究	中国医学科学院血液病医院（中国医学科学院血液学研究所）	3
4	2021YFC2500400	常见恶性肿瘤联合筛查智能技术的研发及应用评价	天津医科大学肿瘤医院	3
5	2021YFC2500500	泛血管疾病综合防控体系的研究及推广	复旦大学附属中山医院	3

续表

序号	项目编号	项目名称	项目牵头承担单位	项目实施周期 / 年
6	2021YFC2500600	中国高胆固醇血症的筛查与干预新靶点研究	北京大学	3
7	2021YFC2500700	纤维化间质性肺疾病的早期识别与治疗策略	中日友好医院	3
8	2021YFC2500800	脓毒症多器官功能障碍早期识别和动态风险预警体系研究	中国医学科学院北京协和医院	3
9	2021YFC2500900	肺癌手术联合新辅助免疫治疗的评价体系和优选模式研究	中国医学科学院肿瘤医院	3
10	2021YFC2501000	食管癌变动态演进机制及个体化精准诊疗体系构建研究	中国医学科学院肿瘤医院	3
11	2021YFC2501100	脑心共患病的临床诊疗体系建立及关键技术应用研究	首都医科大学附属北京天坛医院	3
12	2021YFC2501200	帕金森相关疾病队列建设和诊治关键技术研究	首都医科大学宣武医院	3
13	2021YFC2501300	系统性红斑狼疮重要脏器损害诊治体系研究	中国医学科学院北京协和医院	3
14	2021YFC2501400	睡眠 - 觉醒障碍预警和诊疗体系研究	首都医科大学宣武医院	3
15	2021YFC2501500	基于神经信息学的失眠障碍精准评估与个体化防治体系研究与应用	南方医科大学南方医院	3
16	2021YFC2501600	创建原发性醛固酮增多症精准分型与疗效评估新体系	上海交通大学医学院附属瑞金医院	3
17	2021YFC2501700	骨质疏松性骨折综合防治体系及关键技术研究	中国医学科学院北京协和医院	3
18	2021YFC2501800	基于多模态数据的 ARDS 分型及精准化救治体系建立	复旦大学	3
19	2021YFC2501900	食管癌变动态演进机制及个体化精准诊疗体系构建	中国医学科学院肿瘤医院	3
20	2021YFC2502000	食管癌变全景描绘及精准早筛方案构建研究	华中科技大学	3
21	2021YFC2502100	基于多组学的帕金森病分型研究	中南大学湘雅医院	3
22	2021YFC2502200	失眠 - 情绪失调共病的机制研究与诊疗策略优化	复旦大学	3
23	2021YFC2502300	TCR-T 治疗急性髓系白血病新方法的研发	上海交通大学	3

附表 5　国家重点研发计划“重大病虫害防控综合技术研发与示范”重点专项 2021 年度拟立项揭榜挂帅项目公示清单

序号	项目编号	项目名称	项目牵头承担单位	项目实施周期 / 年
1	2021YFD1400700	草地贪夜蛾灾变机制与可持续防控技术研究	中国农业科学院植物保护研究所	3
2	2021YFD1400800	柑橘黄龙病灾变机制与可持续防控技术研究	西南大学	3
3	2021YFD1400900	松材线虫病灾变机制与可持续防控技术研究	中国林业科学研究院林业新技术研究所	3
4	2021YFD1401000	小麦条锈病灾变机制与可持续防控技术研究	西北农林科技大学	3

附表 6　国家重点研发计划“重大病虫害防控综合技术研发与示范”重点专项 2021 年度拟立项部省联动项目公示清单

序号	项目编号	项目名称	项目牵头承担单位	项目实施周期 / 年
1	2021YFD1401100	稻飞虱灾变机制与可持续防控技术研究	湖南农业大学	5

附表 7　“生育健康及妇女儿童健康保障”重点专项 2021 年度拟立项项目公示清单

序号	项目编号	项目名称	项目牵头承担单位	项目实施周期 / 年
1	2021YFC2700100	卵母细胞发育的质量控制	复旦大学	3
2	2021YFC2700200	生精微环境的构筑与调控机理	南京医科大学	3
3	2021YFC2700300	人类胚胎着床过程中的细胞分化机制研究	北京大学第三医院	3
4	2021YFC2700400	女性重大生殖内分泌代谢性疾病的精细化诊治	山东大学	3
5	2021YFC2700500	辅助生殖医疗产品的自主研发与生产	山东大学	3
6	2021YFC2700600	辅助生殖子代遗传问题的临床队列与干预研究	南京医科大学	3
7	2021YFC2700700	母体内分泌代谢对子代生命早期健康的影响及关键机制研究	北京大学第一医院	3
8	2021YFC2700800	致命出生缺陷的基因治疗产品研发和临床研究	复旦大学附属儿科医院	3
9	2021YFC2700900	线粒体功能障碍导致出生缺陷的基因治疗临床前研究和产品研发	浙江大学	3
10	2021YFC2701000	儿童结构性出生缺陷防控和救助体系的构建及示范应用	复旦大学附属儿科医院	3
11	2021YFC2701100	重大出生缺陷中基因突变致病性的系统识别及其非经典致病机制解析	复旦大学	3

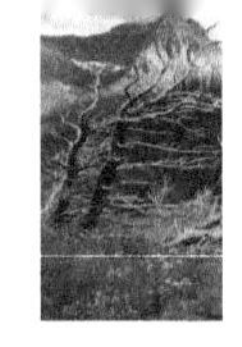

续表

序号	项目编号	项目名称	项目牵头承担单位	项目实施周期 / 年
12	2021YFC2701200	宫颈病变的精准筛查和防治研究	浙江大学	3
13	2021YFC2701300	中国盆底手术移植物并发症登记及盆底康复预防平台体系建立	中国医学科学院北京协和医院	3
14	2021YFC2701400	女性生殖道结构异常发病机制、诊断体系探索与整复技术研发	复旦大学	3
15	2021YFC2701500	优化严重产后出血诊治策略的研究	北京大学第三医院	3
16	2021YFC2701600	早发型子痫前期发病机制及整体化防控策略的研究	复旦大学	4
17	2021YFC2701700	新生儿 / 儿童危重症体外生命支持应用评价和质量改善研究	中国人民解放军总医院	3
18	2021YFC2701800	儿童重症感染性疾病精准诊疗和应用	复旦大学附属儿科医院	3
19	2021YFC2701900	儿童肥胖代谢性疾病发生机制与精准防治示范研究	浙江大学	4
20	2021YFC2702000	儿童免疫性疾病精准诊疗体系的建立及应用	中国医学科学院北京协和医院	3
21	2021YFC2702100	儿童近视精准防控技术与示范应用研究	上海交通大学附属第一人民医院	3

附表 8 国家重点研发计划“生物大分子与微生物组”重点专项 2021 年度拟立项项目公示清单

序号	项目编号	项目名称	项目牵头承担单位	项目实施周期 / 年
1	2021YFA1300100	真核生物基因转录调控的结构与功能研究	复旦大学	5
2	2021YFA1300200	泛素化修饰蛋白质机器调控消化系统肿瘤发生发展的功能和机制研究	中国人民解放军军事科学院军事医学研究院	5
3	2021YFA1300300	细胞内膜系统完整性的稳态调控机制	中国科学院生物物理研究所	5
4	2021YFA1300400	重要经济农作物蛋白质组全谱解析及逆境应答关键蛋白功能研究	中国科学院分子植物科学卓越创新中心	5
5	2021YFA1300500	环形 RNA 生成代谢的调控与功能	中国科学院分子细胞科学卓越创新中心	5
6	2021YFA1300600	恶性肿瘤发生发展可塑性调控的生物大分子网络、机制及其在诊疗中的应用	杭州师范大学	5
7	2021YFA1300700	植物抗病大分子作用机制和应用	中国科学院遗传与发育生物学研究所	5

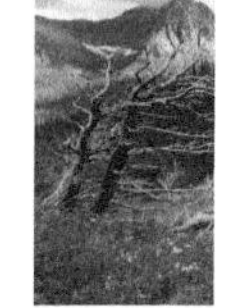

续表

序号	项目编号	项目名称	项目牵头承担单位	项目实施周期 / 年
8	2021YFA1300800	新型冠状病毒重塑宿主细胞关键细胞器的机制	中国科学院生物物理研究所	5
9	2021YFA1300900	结核分枝杆菌致病与耐药相关蛋白质机器研究	中国科学院广州生物医药与健康研究院	5
10	2021YFA1301000	中国健康人微生物组库和特征解析	中国科学院微生物研究所	5
11	2021YFA1301100	肠道微生物组稳态失衡在重大慢性疾病发生中的机制及干预研究	上海交通大学医学院附属瑞金医院	5
12	2021YFA1301200	肠道微生物组与药物交互作用影响疗效及安全性的分子机制	西安交通大学	5
13	2021YFA1301300	代谢调控导向的微生物组－宿主－药物互作网络与信号传递机理	中国药科大学	5
14	2021YFA1301400	呼吸道病毒感染免疫应答的全景研究	上海交通大学	5
15	2021YFA1301500	超大蛋白质机器结构分析前沿技术	中国科学院生物物理研究所	5
16	2021YFA1301600	高发肿瘤大队列临床蛋白质组关键技术研究	北京蛋白质组研究中心	5
17	2021YFA1301700	真核生物基因转录机器在转录早期命运决定的机制研究	复旦大学附属肿瘤医院	5
18	2021YFA1301800	植物双层免疫受体的作用机制与交叉互作网络解析	中国科学院分子植物科学卓越创新中心	5
19	2021YFA1301900	维持细菌内外膜稳定性的机制研究	四川大学华西医院	5
20	2021YFA1302000	炎症蛋白相关环形 RNA 调控抗肿瘤免疫的机制研究	中山大学	5
21	2021YFA1302100	lncRNA 及其甲基化修饰介导的新型蛋白质泛素化机器调控胃胰肿瘤发生发展的功能机制	中山大学	5
22	2021YFA1302200	基于小分子调控的泛素化修饰在坏死性炎症中的作用和干预策略研究	中国人民解放军海军军医大学	5
23	2021YFA1302300	线粒体膜稳态变化影响神经系统肿瘤发生发展的功能机制	北京大学	5
24	2021YFA1302400	病毒感染过程中的免疫与代谢交互调控机制	中国科学院武汉病毒研究所	5

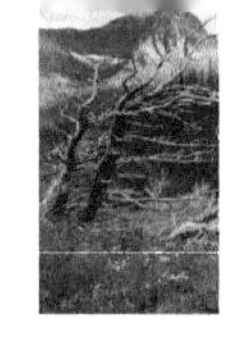

附表 9　国家重点研发计划“农业生物重要性状形成与环境适应性基础研究”重点专项 2021 年度常规项目和青年科学家项目拟立项项目公示清单

序号	项目编号	项目名称	项目牵头承担单位	项目实施周期 / 年
1	2021YFF1000100	主要经济作物优异种质资源形成与演化机制	中国农业科学院棉花研究所	5
2	2021YFF1000200	水稻、小麦营养品质形成的分子调控网络	河南农业大学	5
3	2021YFF1000300	玉米高产优质性状形成的分子调控网络及其协同改良机制	华南农业大学	5
4	2021YFF1000400	水稻、小麦养分高效利用性状形成的分子调控网络	南京农业大学	5
5	2021YFF1000500	玉米、大豆等作物养分高效利用性状形成的分子调控网络	中国农业大学	5
6	2021YFF1000600	生猪高产优质高效性状形成的分子调控网络	中国农业科学院农业基因组研究所	5
7	2021YFF1000700	奶牛、羊高产优质高效性状形成的分子调控网络	中国农业大学	5
8	2021YFF1000800	基于新型染色体重排技术的小麦种质资源多样性与演化规律研究	中国农业大学	5
9	2021YFF1000900	多倍体作物转录调控网络演化与性状形成	华中农业大学	5
10	2021YFF1001000	反刍家畜基因编辑育种靶点挖掘	西北农林科技大学	5
11	2021YFF1001100	基于染色体片段代换系挖掘大豆密植高产基因及机制解析	广州大学	5

附表 10　国家重点研发计划“农业生物种质资源挖掘与创新利用”重点专项 2021 年度常规项目和青年科学家项目拟立项项目公示清单

序号	项目编号	项目名称	项目牵头承担单位	项目实施周期 / 年
1	2021YFD1200100	主要粮油作物珍稀濒危种质资源的抢救性保护	中国农业科学院作物科学研究所	5
2	2021YFD1200200	蔬菜等经济作物珍稀濒危种质资源的抢救性保护	中国农业科学院蔬菜花卉研究所	5
3	2021YFD1200300	主要农业单胃动物和水产生物珍稀濒危种质资源的抢救性保护	中国农业科学院北京畜牧兽医研究所	5
4	2021YFD1200400	主要农业反刍动物珍稀濒危种质资源的抢救性保护	吉林农业大学	5
5	2021YFD1200500	水稻优异种质资源精准鉴定	中国农业科学院作物科学研究所	5
6	2021YFD1200600	小麦优异种质资源精准鉴定	中国农业科学院作物科学研究所	5

续表

序号	项目编号	项目名称	项目牵头承担单位	项目实施周期 / 年
7	2021YFD1200700	玉米优异种质资源精准鉴定	中国农业科学院作物科学研究所	5
8	2021YFD1200800	主要单胃农业动物和水产生物优异种质资源精准鉴定	江西农业大学	5
9	2021YFD1200900	主要农业反刍动物优异种质资源精准鉴定	中国农业大学	5
10	2021YFD1201000	东华北春玉米区早熟高产抗逆宜机收新种质创制与应用	黑龙江省农业科学院	5
11	2021YFD1201100	北方大豆高产优质耐密新种质创制与应用	东北农业大学	5
12	2021YFD1201200	水稻资源节约型性状优异基因挖掘及其分子设计	上海师范大学	5
13	2021YFD1201300	水稻和玉米氮高效新种质精准创制与应用	中国科学院分子植物科学卓越创新中心	5
14	2021YFD1201400	长日照适应性二倍体马铃薯种质资源创新与利用	中国农业科学院农业基因组研究所	5
15	2021YFD1201500	麦类作物水肥高效优异根型种质资源的精准鉴定与创新应用	中国科学院遗传与发育生物学研究所	5

附表 11 国家重点研发计划“动物疫病综合防控关键技术研发与应用”重点专项 2021 年度揭榜挂帅项目拟立项项目公示清单

序号	项目编号	项目名称	项目牵头承担单位	项目实施周期 / 年
1	2021YFD1801100	畜禽冠状病毒的遗传变异、致病与免疫机制	华中农业大学	3
2	2021YFD1801200	非洲猪瘟基因缺失疫苗研发	中国农业科学院北京畜牧兽医研究所	3
3	2021YFD1801300	非洲猪瘟亚单位疫苗研发	中国农业科学院兰州兽医研究所	3
4	2021YFD1801400	非洲猪瘟活载体疫苗研发	中国人民解放军军事医学科学院军事兽医研究所	3

附表 12 国家重点研发计划“病原学与防疫技术体系研究”重点专项 2021 年度拟立项项目公示清单

序号	项目编号	项目名称	项目牵头承担单位	项目实施周期 / 年
1	SQ2021YFC2300158	新冠病毒等呼吸道病毒感染和传播特性研究	中山大学	3
2	SQ2021YFC2300057	虫媒病毒感染和传播机制及防治干预靶点的发现	清华大学	3

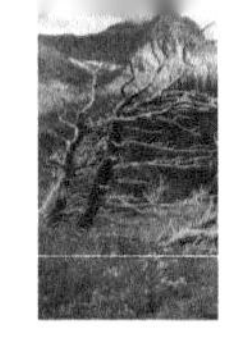

续表

序号	项目编号	项目名称	项目牵头承担单位	项目实施周期 / 年
3	SQ2021YFC2300046	重要病原细菌致病因子的系统发现	浙江大学	3
4	SQ2021YFC2300003	病原真菌感染机制及防控技术研究	复旦大学	3
5	SQ2021YFC2300059	长效免疫记忆的形成维持和功能的分子机制研究	清华大学	3
6	SQ2021YFC2300009	HBV 慢性感染与肝脏免疫耐受和耗竭机制	中国科学技术大学	3
7	SQ2021YFC2300163	新发突发病毒复制蛋白机器与广谱药物靶点研究	中国科学院微生物研究所	3
8	SQ2021YFC2300162	重要威胁人类寄生虫感染致病机制和防控干预技术研究	中国疾病预防控制中心寄生虫病预防控制所（国家热带病研究中心）	3
9	SQ2021YFC2300052	潜在威胁人类病原体发现与挖掘	中国科学院武汉病毒研究所	3
10	SQ2021YFC2300134	难培养和微量病原体靶向培养技术研究	中国科学院微生物研究所	3
11	SQ2021YFC2300165	病原多场景实时检测关键技术平台的建立和应用	中国疾病预防控制中心病毒病预防控制所	3
12	SQ2021YFC2300226	“口岸与物流”病原检测和防御技术示范研究	浙江大学	3
13	SQ2021YFC2300017	病原变异及其跨物种传播的回溯和演进方法体系构建	北京大学	3
14	SQ2021YFC2300056	针对重要病原的免疫原设计	中国科学院微生物研究所	3
15	SQ2021YFC2300024	重要病原体复杂和多变免疫原的设计和优化研究	复旦大学	3
16	SQ2021YFC2300116	新冠灭活疫苗应用与免疫策略	中国疾病预防控制中心	3
17	SQ2021YFC2300095	重要致病原及突变株的疫苗及药物有效性评价的动物模型体系建设和应用	中国食品药品检定研究院	3
18	SQ2021YFC2300039	感染相关细胞因子风暴综合征发生机制及诊治体系研究	浙江大学医学院附属第一医院	3
19	SQ2021YFC2300038	艾滋病病毒储存库标志物鉴定及清除策略研究	中国医科大学附属第一医院	3
20	SQ2021YFC2300012	“平急一体”数据标准化接口与体系建设	中国科学院微生物研究所	3
21	SQ2021YFC2300067	不同分子分型格特隐球菌毒力 / 耐药机制及诊疗新方法研究（青年科学家项目）	首都医科大学附属北京世纪坛医院	3

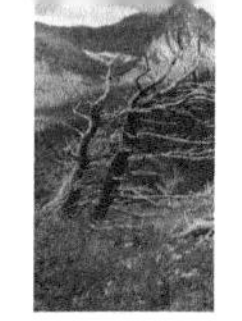

续表

序号	项目编号	项目名称	项目牵头承担单位	项目实施周期 / 年
22	SQ2021YFC2300137	新、突发重大传染病病原体发现、溯源及智能预警预测系统研发（青年科学家项目）	南方医科大学	3
23	SQ2021YFC2300197	呼吸道病毒作用靶点发现和致病机制研究（青年科学家项目）	中国人民解放军总医院	3

附表 13　“绿色生物制造”重点专项 2021 年度拟立项项目公示清单

序号	项目编号	项目名称	项目牵头承担单位	项目实施周期 / 年
1	2021YFC2100100	工业酶的智能设计与催化应用	湖北大学	3
2	2021YFC2100200	工业酶通用高效表达系统构建	中国农业科学院北京畜牧兽医研究所	3
3	2021YFC2100300	医药与食品工业酶创制与催化	华东理工大学	3
4	2021YFC2100400	轻工业核心酶的分子设计与酶制剂智造	天津科技大学	3
5	2021YFC2100500	高效微生物细胞工厂的设计原理与构建方法	山东大学	3
6	2021YFC2100600	微生物药物工业底盘构建与适配性优化	上海交通大学	3
7	2021YFC2100700	重要工业化学品生物制造菌种的新一代网络模型构建与应用	北京化工大学	3
8	2021YFC2100800	工业菌种基因组人工重排技术	天津大学	3
9	2021YFC2100900	重要氨基酸工业菌种系统改造与产业示范	江南大学	4
10	2021YFC2101000	原料药工业菌种改造关键技术及产业示范	浙江工业大学	4
11	2021YFC2101100	生物反应器与智能生物制造	华东理工大学	3
12	2021YFC2101200	面向生物乙醇制造的高效膜分离技术与成套装备	南京工业大学	3
13	2021YFC2101300	木质纤维素类生物质高效制糖及综合利用关键技术	上海交通大学	3
14	2021YFC2101400	人造肉高效生物制造技术	江南大学	3
15	2021YFC2101500	天然活性产物生物制造技术	西北大学	3
16	2021YFC2101600	纤维素乙醇生物炼制与产业示范	华南农业大学	4
17	2021YFC2101700	全生物合成生物聚合物的绿色制造与产业示范	南京工业大学	4
18	2021YFC2101800	生物基聚酰胺单体及材料的高效绿色生产与工业示范	中国科学院微生物研究所	4
19	2021YFC2101900	生物基聚氨酯多元醇新产品及其绿色制造技术的开发与产业化示范	南京工业大学	4
20	2021YFC2102000	手性化学品绿色生物制造与产业化示范	中国科学院天津工业生物技术研究所	4

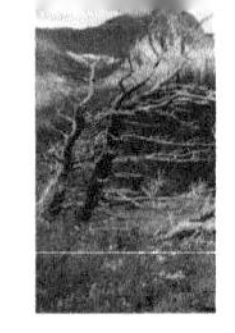

续表

序号	项目编号	项目名称	项目牵头承担单位	项目实施周期 / 年
21	2021YFC2102100	重大疾病防治原料药生物制造产业化示范	浙江工业大学	4
22	2021YFC2102200	高盐有机废水高效处理及资源化技术示范	江南大学	4
23	2021YFC2102300	医药与食品用功能糖工业酶创制与催化	天津大学	3
24	2021YFC2102400	轻工业用关键氧化还原酶的分子设计与高效生产	中国农业科学院北京畜牧兽医研究所	3
25	2021YFC2102500	工业微生物基因组大片段 DNA 的设计原理与操纵方法	天津大学	3
26	2021YFC2102600	丝状真菌工业底盘与重要药物生物合成途径的适配与优化	中国科学院青岛生物能源与过程研究所	3
27	2021YFC2102700	工业多酶催化体系构建与机制研究	江南大学	3
28	2021YFC2102800	可规模化应用的新型工业酶固定化技术	清华大学	3
29	2021YFC2102900	新型化学－酶偶联催化技术创建与应用	浙江工业大学	3
30	2021YFC2103000	新型饲料工业用酶创制	中国农业科学院北京畜牧兽医研究所	3
31	2021YFC2103100	医用多糖生物制造关键技术及产业化示范	山东大学	4
32	2021YFC2103200	重要医用多糖绿色生物制造关键技术及产业化示范	浙江大学	4
33	2021YFC2103300	工业菌种高通量选育技术与装备研发及应用	中国科学院天津工业生物技术研究所	3
34	2021YFC2103400	粒径均一、孔径可控的新型高性能生物分离介质的设计、制造和规模化应用	中国科学院过程工程研究所	3
35	2021YFC2103500	一碳化合物生物转化制备燃料与化学品技术	西安交通大学	3
36	2021YFC2103600	塑料高效生物解聚的关键技术	南京农业大学	3
37	2021YFC2103700	先进航空燃料生物制造技术	北京化工大学	3
38	2021YFC2103800	低廉生物质资源高值化炼制关键技术与产业示范	南京工业大学	4
39	2021YFC2103900	药用多肽绿色生物制造关键技术与产业示范	北京化工大学	4
40	2021YFC2104000	纺织关键酶制剂制备与应用技术及产业示范	江南大学	4
41	2021YFC2104100	面向手性药物合成的多酶体系构建与机制研究	北京化工大学	3
42	2021YFC2104200	离子酶－细胞耦合转化 CO_2 制备脂肪酸	中国科学院过程工程研究所	3
43	2021YFC2104300	工业丝状真菌的超高通量选育技术及装备	南京工业大学	3
44	2021YFC2104400	支链取代环烷烃类航空燃料生物合成路线创制	天津大学	3

附表 14　国家重点研发计划“发育编程及其代谢调节”重点专项 2021 年度拟立项项目公示清单

序号	项目编号	项目名称	项目牵头承担单位	项目实施周期 / 年
1	2021YFA0804700	表观遗传修饰对肠道免疫系统发育和稳态的调节	上海科技大学	5
2	2021YFA0804800	分泌蛋白对能量稳态的调控和机制	清华大学	5
3	2021YFA0804900	心脑跨器官代谢调控	中国科学技术大学	5
4	2021YFA0805000	心脑血管再生修复机制及其物种差异	西南大学	5
5	2021YFA0805100	糖脂等及其代谢中间物对关键组织器官发育和稳态的影响	中山大学	5
6	2021YFA0805200	遗传性共济失调相关运动障碍疾病的遗传基础与发病机制研究	中南大学湘雅医院	5
7	2021YFA0805300	亨廷顿基因敲入猪神经发育机制的研究	暨南大学	5
8	2021YFA0805400	RNA m6A 修饰对肠道发育编程的调节	南方医科大学	5
9	2021YFA0805500	肝脏分泌蛋白调控脂肪组织代谢和稳态的作用及机制研究	复旦大学附属中山医院	5
10	2021YFA0805600	肠道菌群的代谢重塑在组织稳态调控及肿瘤发生发展中的作用及机制研究	浙江大学	5

附表 15　国家重点研发计划“发育编程及其代谢调节”
重点专项 2021 年度拟立项定向项目公示清单

序号	项目编号	项目名称	项目牵头承担单位	项目实施周期 / 年
1	2021YFA0805700	灵长类原肠发育与器官形成的命运决定调控机制	昆明理工大学	5
2	2021YFA0805800	果蝇和线虫发育代谢资源库的系统构建与分析	广州医科大学	5
3	2021YFA0805900	猪发育及代谢突变品系的规模化创制	中国农业大学	5

附表 16　“数字诊疗装备研发”重点专项拟立项项目公示清单

序号	项目编号	项目名称	项目牵头承担单位	项目实施周期 / 年
1	2021YFC0122400	新型有创呼吸机及其核心部件研发	深圳市安保科技有限公司	3
2	2021YFC0122500	基于动态精准调控的医用高性能无创呼吸机研发	湖南明康中锦医疗科技发展有限公司	3
3	2021YFC0122600	巡诊查房智能化机器人研发	北京水木东方医用机器人技术创新中心有限公司	3
4	2021YFC0122700	重症护理智能机器人系统研发	沈阳新松机器人自动化股份有限公司	3

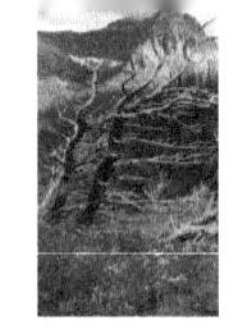

附表 17 “主动健康和老龄化科技”应对重点专项 2021 年度拟立项项目公示清单

序号	项目编号	项目名称	项目牵头承担单位	项目实施周期 / 年
1	2021YFC2009100	老年女性盆底功能障碍的评估与干预技术研究	四川大学华西医院	3
2	2021YFC2009200	运动促进健康精准监测关键技术和专用芯片的研发	中国体育用品业联合会	2
3	2021YFC2009300	老年前列腺增生的综合防控技术研究与精准风险评估和个体化防治措施应用示范	中国人民解放军总医院	2
4	2021YFC2009400	养老助残友好智慧健康宜居环境体系构建与应用示范	广东省第二人民医院	2

附表 18 “生物安全关键技术研究”重点专项 2021 年度拟立项项目公示清单

序号	项目编号	项目名称	项目牵头承担单位	项目实施周期 / 年
1	2021YFC2600100	重大外来入侵物种适应性演化与进化机制研究	中国科学院动物研究所	3
2	2021YFC2600200	人畜共患烈性传染病临床救治创新技术与防护规范研究	华中科技大学	3
3	2021YFC2600300	生物安全理化防护及复杂环境洗消技术与装备	哈尔滨工业大学	3
4	2021YFC2600400	重大外来入侵物种前瞻性风险预警和实时控制关键技术研究	中国农业科学院植物保护研究所	3
5	2021YFC2600500	重要公共场所生物恐怖防控技术研究	天津大学	3
6	2021YFC2600600	全球动植物种质资源引进中转示范基地建设	海口海关热带植物隔离检疫中心	3

附表 19 “中医药现代化研究”重点专项 2021 年度拟立项项目公示清单

序号	项目编号	项目名称	项目牵头承担单位	项目实施周期 / 年
1	2021YFC1712800	基于筋骨理论的腰椎间盘突出症中医药方案循证评价及机制研究	中国中医科学院望京医院	3
2	2021YFC1712900	中医药防治新冠肺炎关键技术及经典名方作用解析研究	天津中医药大学	3

附表 20 “合成生物学”重点专项 2021 年度拟立项项目公示清单

序号	项目编号	项目名称	项目牵头承担单位	项目实施周期 / 年
1	2021YFA0909300	真核生物人工染色体的设计建造与功能研究	北京大学	5
2	2021YFA0909400	非天然碱基和非天然细胞设计合成及功能研究	中国科学院肿瘤与基础医学研究所	5

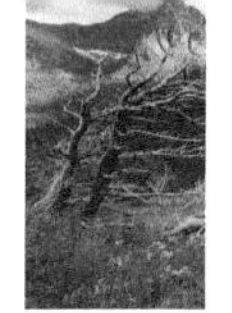

续表

序号	项目编号	项目名称	项目牵头承担单位	项目实施周期 / 年
3	2021YFA0909500	特殊环境微生物底盘细胞的设计与构建	上海交通大学	5
4	2021YFA0909600	微藻底盘细胞的理性设计与系统改造	河南大学	5
5	2021YFA0909700	微藻底盘细胞的理性设计与系统改造	中国科学院青岛生物能源与过程研究所	5
6	2021YFA0909900	纳米人工杂合生物系统的构建及肿瘤免疫诊疗应用	浙江大学	5
7	2021YFA0910000	面向胰腺癌早期诊断和治疗的纳米人工杂合生物系统	华东理工大学	5
8	2021YFA0910100	恶性肿瘤等重大疾病精准诊断与监护生物传感系统	浙江省肿瘤医院	5
9	2021YFA0910200	食品安全检测的合成生物传感系统研究	广东省科学院微生物研究所	5
10	2021YFA0910300	基于合成微生物组的垃圾渗滤液高效处理体系	广东省科学院微生物研究所	5
11	2021YFA0910400	高能糖电池设计与构建	中国科学院天津工业生物技术研究所	5
12	2021YFA0910500	组合生物合成构建新骨架人工产物	华中科技大学	5
13	2021YFA0910600	特殊酵母底盘细胞的染色体工程	复旦大学	5
14	2021YFA0910700	生物斑图形成基本原理与人工控制的合成生物学研究	中国科学院深圳先进技术研究院	5
15	2021YFA0910800	非天然光能自养生命的设计构建与应用	中国科学院深圳先进技术研究院	5
16	2021YFA0910900	病原示踪复合标记体系的设计与合成	中国科学院深圳先进技术研究院	5
17	2021YFA0911000	生物碳链延长与储能细胞的设计与构建	中国科学院深圳先进技术研究院	5
18	2021YFA0911100	非天然人工噬菌体的设计合成	中国科学院深圳先进技术研究院	5
19	2021YFA0911200	铜绿假单胞菌人工噬菌体高效制剂的合成与应用	中国人民解放军第三军医大学	5
20	2021YFA0911300	耐药真菌诊疗的基因回路设计合成	中国科学院深圳先进技术研究院	5
21	2021YFA0911400	含氮新分子生化反应设计与高效生物合成系统创建	复旦大学	5
22	2021YFA0911500	含氮类新分子的生化反应设计与合成生物系统创建	中国科学院天津工业生物技术研究所	5
23	2021YFA0911600	膀胱癌免疫微环境的 DNA 信息存储	深圳大学	5

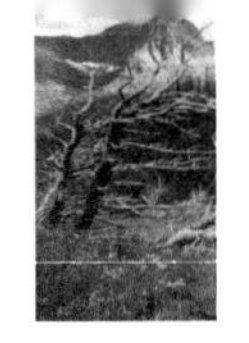

续表

序号	项目编号	项目名称	项目牵头承担单位	项目实施周期 / 年
24	2021YFA0911700	靶向辅助性 T 细胞的肿瘤环境免疫疗法设计及其作用机制研究	中国科学院深圳先进技术研究院	5
25	2021YFA0909800	溶瘤病毒 - 双特异性抗体“二次重编程肿瘤微环境”的新型组合免疫疗法研究	中山大学	5

附表 21　国家重点研发计划“生殖健康及重大出生缺陷防控研究”重点专项 2021 年度拟立项项目公示清单

序号	项目编码	项目名称	项目牵头承担单位	项目实施周期 / 年
1	SQ2021YFC100002	单基因病扩展性携带者筛查新技术研发临床应用评估及救助体系构建	中国人民解放军总医院	4

附表 22　国家重点研发计划“主要经济作物优质高产与产业提质增效科技创新”重点专项 2021 年度拟立项项目公示清单

序号	项目编码	项目名称	项目牵头承担单位	项目实施周期 / 年
1	2021YFD1000100	杂交构树产业关键技术集成研究与应用示范	中国科学院植物研究所	3
2	2021YFD1000200	林下中药材优质生产关键技术研究与集成示范	云南农业大学	3
3	2021YFD1000300	西藏青稞和饲草产业提质增效关键技术研究与示范	西藏自治区农牧科学院	3
4	2021YFD1000400	特色经济林产业链一体化示范	南京林业大学	3

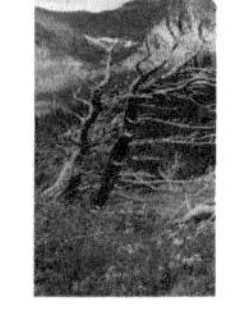

2021年中国新药药证批准情况

附表23　2021年国家药品监督管理局药品审评中心在重要治疗领域的药品审批情况

类型	名称	药品信息
新冠病毒疫苗和新冠肺炎治疗药物	新型冠状病毒灭活疫苗（Vero细胞）（北京科兴中维生物技术有限公司）	适用于预防新型冠状病毒感染所致的疾病（COVID-19）
	新型冠状病毒灭活疫苗（Vero细胞）（国药集团中国生物武汉生物制品研究所有限责任公司）	适用于预防新型冠状病毒感染所致的疾病（COVID-19）
	重组新型冠状病毒疫苗（5型腺病毒载体）	为首家获批的国产腺病毒载体新冠病毒疫苗，适用于预防由新型冠状病毒感染引起的疾病（COVID-19）
	清肺排毒颗粒、化湿败毒颗粒、宣肺败毒颗粒	即"三方"品种，为《新型冠状病毒肺炎诊疗方案（试行第九版）》推荐药物，清肺排毒颗粒用于感受寒湿疫毒所致的疫病，化湿败毒颗粒用于湿毒侵肺所致的疫病，宣肺败毒颗粒用于湿毒郁肺所致的疫病。"三方"品种均来源于古代经典名方，是新冠肺炎疫情暴发以来，在武汉抗疫临床一线众多院士专家筛选出有效方药清肺排毒汤、化湿败毒方、宣肺败毒方的成果转化，也是《国家药监局关于发布〈中药注册分类及申报资料要求〉的通告》（2020年第68号）后首次按照"中药注册分类3.2类 其他来源于古代经典名方的中药复方制剂"审评审批的品种。"三方"品种的获批上市为新冠肺炎治疗提供了更多选择，充分发挥了中医药在疫情防控中的作用
	安巴韦单抗注射液（BRII-196）、 罗米司韦单抗注射液（BRII-198）	为我国首家获批拥有自主知识产权新冠病毒中和抗体联合治疗药物，上述两个药品可治疗新型冠状病毒肺炎（COVID-19），联合用于治疗轻型和普通型且伴有进展为重型（包括住院或死亡）高风险因素的成人和青少年（12～17岁，体重≥40kg）新型冠状病毒感染（COVID-19）患者，其中，青少年（12～17岁，体重≥40kg）适应证人群为附条件批准，其获批上市为新冠肺炎治疗提供了更多选择
中药新药	益气通窍丸	具有益气固表、散风通窍的功效，适用于治疗对季节性过敏性鼻炎中医辨证属肺脾气虚证。本品为黄芪、防风等14种药味组成的原6类中药新药复方制剂，在中医临床经验方基础上进行研制，开展了随机、双盲、安慰剂平行对照、多中心临床试验，其获批上市为季节性过敏性鼻炎患者提供了一种新的治疗选择
	益肾养心安神片	功能主治为益肾、养心、安神，适用于治疗失眠症中医辨证属心血亏虚、肾精不足证，症见失眠、多梦、心悸、神疲乏力、健忘、头晕、腰膝酸软等，舌淡红苔薄白，脉沉细或细弱。本品为炒酸枣仁、制何首乌等10种药味组成的原6类中药新药复方制剂，在中医临床经验方基础上进行研制，开展了随机、双盲、安慰剂平行对照、多中心临床试验，其获批上市为失眠症患者提供了一种新的治疗选择

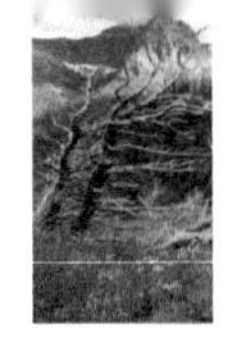

续表

类型	名称	药品信息
中药新药	银翘清热片	功能主治为辛凉解表、清热解毒，适用于治疗外感风热型普通感冒，症见发热、咽痛、恶风、鼻塞、流涕、头痛、全身酸痛、汗出、咳嗽、口干、舌红、脉数。本品为金银花、葛根等 9 种药味组成的 1.1 类中药创新药，在中医临床经验方基础上进行研制，开展了多中心、随机、双盲、安慰剂 / 阳性药平行对照临床试验，其获批上市为外感风热型普通感冒患者提供了一种新的治疗选择
	玄七健骨片	具有活血舒筋、通脉止痛、补肾健骨的功效，适用于治疗轻中度膝骨关节炎中医辨证属筋脉瘀滞证的症状改善。本品为延胡索、全蝎等 11 种药味组成的 1.1 类中药创新药，基于中医临床经验方基础上进行研制，通过开展随机、双盲、安慰剂平行对照、多中心临床试验，获得安全性、有效性证据，其获批上市将为患者提供一种新的治疗选择
	芪蛭益肾胶囊	具有益气养阴、化瘀通络的功效，适用于治疗早期糖尿病肾病气阴两虚证。本品为黄芪、地黄等 10 种药味组成的 1.1 类中药创新药，基于中医临床经验方基础上进行研制，通过开展随机、双盲、安慰剂平行对照、多中心临床试验，获得安全性、有效性证据，其获批上市将为患者提供新的治疗选择
	坤心宁颗粒	具有温阳养阴、益肾平肝的功效，适用于治疗女性更年期综合征中医辨证属肾阴阳两虚证。本品为地黄、石决明等 7 种药味组成的 1.1 类中药创新药，基于中医临床经验方基础上进行研制，通过开展随机、双盲、安慰剂平行对照、多中心临床试验，获得安全性、有效性证据，其获批上市将为患者提供新的治疗选择
	虎贞清风胶囊	具有清热利湿、化瘀利浊、滋补肝肾的功效，适用于治疗轻中度急性痛风性关节炎中医辨证属湿热蕴结证。本品为虎杖、车前草等 4 种药味组成的 1.1 类中药创新药，在中医临床经验方基础上进行研制，开展了随机、双盲、安慰剂平行对照、多中心临床试验，获得安全性、有效性证据，其获批上市将为患者提供新的治疗选择
	解郁除烦胶囊	具有解郁化痰、清热除烦的功效，适用于治疗轻中度抑郁症中医辨证属气郁痰阻、郁火内扰证。本品种为栀子、姜厚朴等 8 种药味组成的 1.1 类中药创新药，在中医临床经验方基础上进行研制，处方根据中医经典著作《金匮要略》记载的半夏厚朴汤和《伤寒论》记载的栀子厚朴汤化裁而来，开展了随机、双盲、阳性对照药（化学药品）、安慰剂平行对照、多中心临床试验，获得安全性、有效性证据，其获批上市将为患者提供新的治疗选择

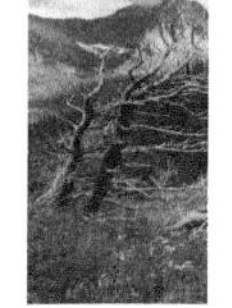

续表

类型	名称	药品信息
中药新药	七蕊胃舒胶囊	具有活血化瘀、燥湿止痛的功效，适用于治疗轻中度慢性非萎缩性胃炎伴糜烂湿热瘀阻证所致的胃脘疼痛。本品为三七、枯矾等4种药味组成的1.1类中药创新药，在医疗机构制剂基础上进行研制，开展了随机、双盲、阳性药平行对照、多中心临床试验，其获批上市为慢性胃炎患者提供了新的治疗选择
	淫羊藿素软胶囊	适用于治疗不适合或患者拒绝接受标准治疗，且既往未接受过全身系统性治疗的、不可切除的肝细胞癌，患者外周血复合标志物满足以下检测指标的至少两项：AFP≥400ng/mL；TNF-α＜2.5pg/mL；IFN-γ≥7.0pg/mL。本品为从中药材淫羊藿中提取制成的1.2类中药创新药，其获批上市为肝细胞癌患者提供了新的治疗选择
罕见病药物	布罗索尤单抗注射液	适用于治疗成人和1岁以上儿童患者的X连锁低磷血症（XLH）。X连锁低磷血症属罕见病，目前尚无有效治疗药物。本品种属临床急需境外新药名单品种，为以成纤维细胞生长因子23（FGF23）抗原为靶点的一种重组全人源IgG1单克隆抗体，可结合并抑制FGF23活性从而使血清磷水平增加，其获批上市为患者提供了新的治疗选择
	醋酸艾替班特注射液	适用于治疗成人、青少年和≥2岁儿童的遗传性血管性水肿急性发作。遗传性血管性水肿属罕见病，近半数患者会出现上呼吸道黏膜水肿，引发窒息进而危及生命，已被纳入国家卫生健康委员会等五部门联合公布的《第一批罕见病目录》。本品种属临床急需境外新药名单品种，为缓激肽B2受体的竞争性拮抗剂，其获批上市可为我国遗传性血管性水肿患者的预防发作提供安全有效的药物
	注射用艾诺凝血素α	适用于成人和儿童B型血友病（先天性Ⅸ因子缺乏）患者的以下治疗：按需治疗及控制出血事件；围手术期的出血管理；常规预防，以降低出血事件的发生频率。B型血友病属遗传性、出血性罕见病，目前国内尚无长效重组人凝血因子Ⅸ进口或上市。本品种属临床急需境外新药名单品种，为首个在国内申报进口的长效重组人凝血因子Ⅸ产品，其获批上市为患者提供了新的治疗选择
	注射用司妥昔单抗	适用于治疗人体免疫缺陷病毒（HIV）阴性和人疱疹病毒8型（HHV-8）阴性的多中心卡斯特曼病（MCD）成人患者。MCD是一种以淋巴组织生长为特征的罕见病，多数患者出现多器官损害且预后差，部分患者会转化为恶性淋巴瘤，已被纳入国家卫生健康委员会等五部门联合公布的《第一批罕见病目录》。本品种属临床急需境外新药名单品种，其获批上市为患者提供了治疗选择

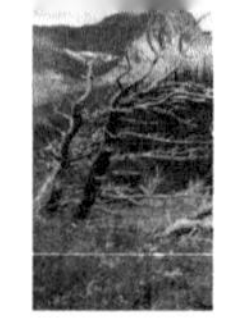

续表

类型	名称	药品信息
罕见病药物	奥法妥木单抗注射液	适用于治疗成人复发型多发性硬化（RMS），包括临床孤立综合征、复发缓解型多发性硬化和活动性继发进展型多发性硬化。多发性硬化（MS）是免疫介导的慢性中枢神经系统疾病，已被纳入国家卫生健康委员会等五部门联合公布的《第一批罕见病目录》。本品为抗人 CD20 的全人源免疫球蛋白 G1 单克隆抗体，其获批上市为患者提供了治疗选择
儿童用药	利司扑兰口服溶液用散	适用于治疗 2 月龄及以上患者的脊髓性肌萎缩（SMA）。SMA 是运动神经元存活基因 1（*SMN1*）突变导致 SMN 蛋白功能缺陷所致的遗传性神经肌肉病，是造成婴幼儿死亡的常染色体隐性遗传疾病之一，已被纳入国家卫生健康委员会等五部门联合公布的《第一批罕见病目录》。本品种为治疗儿童罕见病的 1 类创新药，可直接靶向疾病的潜在分子缺陷，增加中枢组织和外周组织的功能性 SMN 蛋白的产生，其获批上市可为 SMA 患者提供新的治疗选择
	达妥昔单抗 β 注射液	适用于治疗≥12 月龄的高危神经母细胞瘤和伴或不伴有残留病灶的复发性或难治性神经母细胞瘤的儿童患者。神经母细胞瘤为儿童常见的恶性肿瘤之一，尚无免疫治疗产品获批上市。本品种属临床急需境外新药名单品种，其获批上市可丰富儿童患者的治疗选择
	顺铂注射液	此前已批准适用于小细胞与非小细胞肺癌、非精原细胞性生殖细胞癌、晚期难治性卵巢癌、晚期难治性膀胱癌、难治性头颈鳞状细胞癌、胃癌、食管癌的姑息治疗，此次新增批准了儿童用法用量，其获批上市保障了儿童临床合理用药
	盐酸氨溴索喷雾剂	适用于治疗 2～6 岁儿童的痰液黏稠及排痰困难。本品种为适合儿童使用剂型的改良型新药，相对于口服制剂，可以避免遗撒和呕吐，对于年龄小且不配合服药的儿童而言，具有更好的顺应性，其获批上市可丰富儿童患者的治疗选择
	盐酸头孢卡品酯颗粒	适用于儿童对头孢卡品敏感的菌所致的下列感染：皮肤软组织感染、淋巴管和淋巴结炎、慢性脓皮病；咽炎、喉炎、扁桃体炎（包括扁桃体周炎，扁桃体周脓肿）、急性支气管炎、肺炎；膀胱炎、肾盂肾炎；中耳炎、鼻窦炎；猩红热。本品种为第三代口服头孢菌素类抗菌药物，剂型具有较高的用药依从性，适合儿童尤其是婴幼儿使用，其获批上市可为儿童患者提供一种有效的治疗选择
公共卫生用药	四价流感病毒裂解疫苗	适用于 3 岁及以上人群预防疫苗相关型别的流感病毒引起的流行性感冒。本品种为使用世界卫生组织推荐的甲型（H1N1 和 H3N2）和乙型（B/Victoria 和 B/Yamagata）流行性感冒病毒毒株制成的裂解疫苗，国内既往使用的流感疫苗以三价流感病毒裂解疫苗为主，本品种在此基础上增加了一种乙型流感抗原，以增加对乙型流感的抗体保护率和阳转率，其获批上市有助于进一步缓解四价流感疫苗供不应求的矛盾

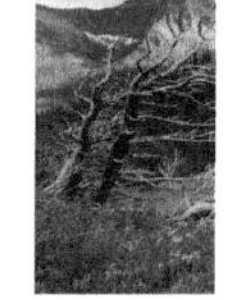

续表

类型	名称	药品信息
公共卫生用药	ACYW135 群脑膜炎球菌多糖结合疫苗（CRM197 载体）	适用于预防 A 群、C 群、Y 群和 W135 群脑膜炎奈瑟球菌引起的流行性脑脊髓膜炎。本品种为国内首个批准上市的四价脑膜炎多糖结合疫苗，其获批上市可填补国内 2 岁以下儿童无 Y 群、W135 群脑膜炎多糖结合疫苗可用的空白
	冻干人用狂犬病疫苗（Vero 细胞）	适用于预防狂犬病。目前国内仅两家企业疫苗获批四剂免疫程序，其余均为五剂免疫程序，本品种同时申报五剂免疫程序和 2-1-1 四剂免疫程序，其获批上市可进一步缓解狂犬病疫苗市场短缺现象
抗肿瘤药物	甲磺酸伏美替尼片	适用于既往经表皮生长因子受体（EGFR）酪氨酸激酶抑制剂治疗时或治疗后出现疾病进展，并且经检测确认存在 EGFR T790M 突变阳性的局部晚期或转移性非小细胞性肺癌（NSCLC）成人患者的治疗。本品种是我国自主研发并拥有自主知识产权的 1 类创新药，为第三代 EGFR 激酶抑制剂，其获批上市为患者提供了新的治疗选择
	普拉替尼胶囊	适用于既往接受过含铂化疗的转染重排（RET）基因融合阳性的局部晚期或转移性非小细胞性肺癌（NSCLC）成人患者的治疗。本品为受体酪氨酸激酶 RET（rearranged during transfection）抑制剂的 1 类创新药，可选择性抑制 RET 激酶活性，可剂量依赖性抑制 RET 及其下游分子磷酸化，有效抑制表达 RET（野生型和多种突变型）的细胞增殖，其获批上市为患者提供了新的治疗选择
	赛沃替尼片	适用于治疗含铂化疗后疾病进展或不耐受标准含铂化疗的、具有间质－上皮转化因子（MET）14 号外显子跳变的局部晚期或转移性非小细胞肺癌成人患者。本品种是我国拥有自主知识产权的 1 类创新药，为我国首个获批的特异性靶向 MET 激酶的小分子抑制剂，可选择性抑制 MET 激酶的磷酸化，对 MET 14 号外显子跳变的肿瘤细胞增殖有明显的抑制作用，其获批上市为患者提供了新的治疗选择
	舒格利单抗注射液	适用于联合培美曲塞和卡铂用于表皮生长因子受体（EGFR）基因突变阴性和间变性淋巴瘤激酶（ALK）阴性的转移性非鳞状非小细胞肺癌患者的一线治疗，以及联合紫杉醇和卡铂用于转移性鳞状非小细胞肺癌患者的一线治疗。本品为重组抗 PD-L1 全人源单克隆抗体，可阻断 PD-L1 与 T 细胞上 PD-1 和免疫细胞上 CD80 间的相互作用，通过消除 PD-L1 对细胞毒性 T 细胞的免疫抑制作用，发挥抗肿瘤作用，其获批上市为患者提供了新的治疗选择
	优替德隆注射液	适用于联合卡培他滨，治疗既往接受过至少一种化疗方案的复发或转移性乳腺癌患者。本品种是我国自主研发并拥有自主知识产权的 1 类创新药，为埃坡霉素类衍生物，可促进微管蛋白聚合并稳定微管结构，诱导细胞凋亡，其获批上市为患者提供了新的治疗选择

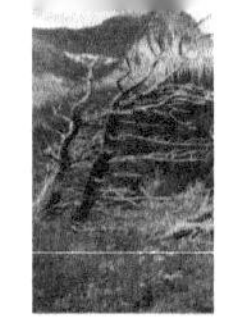

续表

类型	名称	药品信息
抗肿瘤药物	羟乙磺酸达尔西利片	适用于联合氟维司群，治疗既往接受内分泌治疗后出现疾病进展的激素受体阳性、人表皮生长因子受体 2 阴性的复发或转移性乳腺癌患者。本品种是一种周期蛋白依赖性激酶 4 和 6（CDK4 和 CDK6）抑制剂的 1 类创新药，可降低 CDK4 和 CDK6 信号通路下游的视网膜母细胞瘤蛋白磷酸化水平，并诱导细胞 G_1 期阻滞，从而抑制肿瘤细胞的增殖。其获批上市为患者提供了新的治疗选择
	帕米帕利胶囊	适用于既往经过二线及以上化疗的伴有胚系 *BRCA*（*gBRCA*）突变的复发性晚期卵巢癌、输卵管癌或原发性腹膜癌患者的治疗。本品种为 PARP-1 和 PARP-2 的强效、选择性抑制剂 1 类创新药，通过抑制肿瘤细胞 DNA 单链损伤的修复和同源重组修复缺陷，对肿瘤细胞起到合成致死的作用，尤其对携带 *BRCA* 基因突变的 DNA 修复缺陷型肿瘤细胞敏感度高。其获批上市为患者提供了新的治疗选择
	甲苯磺酸多纳非尼片	适用于既往未接受过全身系统性治疗的不可切除肝细胞癌患者。本品种是我国自主研发并拥有自主知识产权的 1 类创新药，为多激酶抑制剂类小分子抗肿瘤药物，其获批上市为患者提供了一种新的治疗选择
	注射用维迪西妥单抗	适用于至少接受过 2 种系统化疗的人表皮生长因子受体 -2 过表达局部晚期或转移性胃癌（包括胃食管结合部腺癌）患者的治疗。本品种为我国自主研发的创新抗体偶联药物（ADC），包含人表皮生长因子受体 -2（HER2）抗体部分、连接子和细胞毒药物单甲基澳瑞他汀 E（MMAE），其获批上市为患者提供了新的治疗选择
	阿基仑赛注射液	适用于治疗既往接受二线或以上系统性治疗后复发或难治性大 B 细胞淋巴瘤成人患者（包括弥漫性大 B 细胞淋巴瘤非特指型、原发纵膈大 B 细胞淋巴瘤、高级别 B 细胞淋巴瘤和滤泡淋巴瘤转化的弥漫性大 B 细胞淋巴瘤）。本品种为我国首个批准上市的细胞治疗类产品，是一种自体免疫细胞注射剂，由携带 CD19 *CAR* 基因的逆转录病毒载体进行基因修饰的自体靶向人 CD19 嵌合抗原受体 T 细胞（CAR-T）制备，其获批上市为患者提供了新的治疗选择
	瑞基奥仑赛注射液	适用于治疗经过二线或以上系统性治疗后成人患者的复发或难治性大 B 细胞淋巴瘤。本品种是我国首款自主研发的及中国第二款获批上市的细胞治疗类产品，为靶向 CD19 的自体 CAR-T 细胞免疫治疗产品，其获批上市为患者提供了新的治疗选择

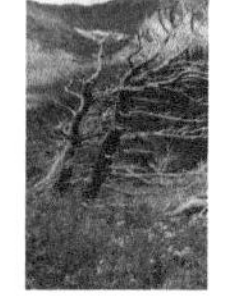

续表

类型	名称	药品信息
抗肿瘤药物	奥雷巴替尼片	适用于治疗任何酪氨酸激酶抑制剂耐药，并采用经充分验证的检测方法诊断为伴有 *T315I* 突变的慢性髓细胞白血病慢性期或加速期的成年患者。本品种为我国自主研发并拥有自主知识产权的1类创新药，是小分子蛋白酪氨酸激酶抑制剂，可有效抑制 Bcr-Abl 酪氨酸激酶野生型及多种突变型的活性，可抑制 Bcr-Abl 酪氨酸激酶及下游蛋白 STAT5 和 Crkl 的磷酸化，阻断下游通路活化，诱导 Bcr-Abl 阳性、Bcr-Abl *T315I* 突变型细胞株的细胞周期阻滞和凋亡，是国内首个获批伴有 *T315I* 突变的慢性髓细胞白血病适应证的药品，其获批上市为由 *T315I* 突变导致耐药的患者提供了有效的治疗手段
	恩沃利单抗注射液	适用于不可切除或转移性微卫星高度不稳定（MSI-H）或错配修复基因缺陷型（dMMR）的成人晚期实体瘤患者的治疗，包括既往经过氟尿嘧啶类、奥沙利铂和伊立替康治疗后出现疾病进展的晚期结直肠癌患者，以及既往治疗后出现疾病进展且无满意替代治疗方案的其他晚期实体瘤患者。本品种为我国自主研发的创新 PD-L1 抗体药物，为重组人源化 PD-L1 单域抗体 Fc 融合蛋白注射液，可结合人 PD-L1 蛋白，并阻断其与受体 PD-1 的相互作用，解除肿瘤通过 PD-1/PD-L1 途径对 T 细胞的抑制作用，调动免疫系统的抗肿瘤活性杀伤肿瘤，其获批上市为患者提供了新的治疗选择
抗感染药物	阿兹夫定片	与核苷逆转录酶抑制剂及非核苷逆转录酶抑制剂联用，适用于治疗高病毒载量的成年 HIV-1 感染患者。本品种是新型核苷类逆转录酶和辅助蛋白 Vif 抑制剂的1类创新药，也是首个上述双靶点抗 HIV-1 药物，能够选择性进入 HIV-1 靶细胞外周血单核细胞中的 CD4 细胞或 CD14 细胞，发挥抑制病毒复制功能。其获批上市为 HIV-1 感染患者提供了新的治疗选择
	艾诺韦林片	适用于与核苷类抗逆转录病毒药物联合使用，治疗成人 HIV-1 感染初治患者。本品种为 HIV-1 新型非核苷类逆转录酶抑制剂的1类创新药，通过非竞争性结合 HIV-1 逆转录酶抑制 HIV-1 的复制，其获批上市为 HIV-1 感染患者提供了新的治疗选择
	艾米替诺福韦片	适用于治疗慢性乙型肝炎成人患者。本品种是我国自主研发并拥有自主知识产权的1类创新药，为核苷类逆转录酶抑制剂，其获批上市为慢性乙型肝炎患者提供了新的治疗选择
	甲苯磺酸奥马环素片、注射用甲苯磺酸奥马环素	适用于治疗社区获得性细菌性肺炎（CABP）、急性细菌性皮肤和皮肤结构感染（ABSSSI）。甲苯磺酸奥马环素为新型四环素类抗菌药，具有广谱抗菌活性，以及口服和静脉输注两种剂型，其获批上市丰富了患者的治疗选择，提高了药品可及性

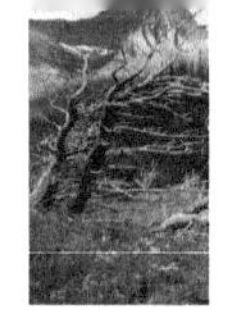

续表

类型	名称	药品信息
抗感染药物	康替唑胺片	适用于治疗对康替唑胺敏感的金黄色葡萄球菌（甲氧西林敏感和耐药的菌株）、化脓性链球菌或无乳链球菌引起的复杂性皮肤和软组织感染。本品种是我国自主研发并拥有自主知识产权的 1 类创新药，为全合成的新型噁唑烷酮类抗菌药，其获批上市为患者提供了新的治疗选择
	苹果酸奈诺沙星氯化钠注射液	适用于治疗对奈诺沙星敏感的肺炎链球菌、金黄色葡萄球菌、流感嗜血杆菌、副流感嗜血杆菌、卡他莫拉菌、肺炎克雷伯菌、铜绿假单胞菌及肺炎支原体、肺炎衣原体和嗜肺军团菌所致的成人（≥18 岁）社区获得性肺炎。本品种为无氟喹诺酮类抗菌药，与含氟喹诺酮类抗菌药具有不同的作用位点，其获批上市可为患者提供新的治疗选择
	注射用磷酸左奥硝唑酯二钠	适用于治疗肠道和肝脏严重的阿米巴病、奥硝唑敏感厌氧菌引起的手术后感染和预防外科手术导致的敏感厌氧菌感染。本品种属于最新一代硝基咪唑类抗感染药，其获批上市可为厌氧菌感染的治疗和预防提供新的治疗选择
	西格列他钠片	适用于配合饮食控制和运动，改善成人 2 型糖尿病患者的血糖控制。本品种是我国自主研发并拥有自主知识产权的 1 类创新药，为过氧化物酶体增殖物激活受体（PPAR）全激动剂，能同时激活 PPAR 三个亚型受体（α、γ 和 δ），并诱导下游与胰岛素敏感性、脂肪酸氧化、能量转化和脂质转运等功能相关的靶基因表达，抑制与胰岛素抵抗相关的 PPARγ 受体磷酸化，其获批上市为患者提供了新的治疗选择
	脯氨酸恒格列净片	适用于改善成人 2 型糖尿病患者的血糖控制。本品种是我国自主研发并拥有自主知识产权的 1 类创新药，为钠-葡萄糖协同转运蛋白 2（SGLT2）抑制剂，通过抑制 SGLT2，减少肾小管滤过的葡萄糖的重吸收，降低葡萄糖的肾阈值，从而增加尿糖排泄。其获批上市为患者提供了新的治疗选择
	海博麦布片	适用于作为饮食控制以外的辅助治疗，可单独或与 HMG-CoA 还原酶抑制剂（他汀类）联合用于治疗原发性（杂合子家族性或非家族性）高胆固醇血症，可降低总胆固醇、低密度脂蛋白胆固醇、载脂蛋白 B 水平。本品种为我国自主研发并拥有自主知识产权的 1 类创新药，可抑制甾醇载体 Niemann-Pick C1-like1（NPC1L1）依赖的胆固醇吸收，从而减少小肠中胆固醇向肝脏转运，降低血胆固醇水平，降低肝脏胆固醇贮量，其获批上市为原发性高胆固醇血症患者提供了新的治疗选择

续表

类型	名称	药品信息
抗感染药物	海曲泊帕乙醇胺片	适用于由血小板减少和临床条件导致出血风险增加的既往对糖皮质激素、免疫球蛋白等治疗反应不佳的慢性原发免疫性血小板减少症成人患者，以及对免疫抑制治疗疗效不佳的重型再生障碍性贫血（SAA）成人患者。本品种是我国自主研发并拥有自主知识产权的 1 类创新药，为小分子人血小板生成素受体激动剂，其获批上市为患者提供了新的治疗选择
	注射用泰它西普	适用于与常规治疗联合用于在常规治疗基础上仍具有高疾病活动性、自身抗体阳性的系统性红斑狼疮（SLE）成年患者。本品种为我国自主研发的创新治疗用生物制品，可将 B 淋巴细胞刺激因子（BLyS）受体跨膜蛋白活化物（TACI）胞外特定的可溶性部分，与人免疫球蛋白 G1（IgG1）的可结晶片段（Fc）构建成融合蛋白，由于 TACI 受体对 BLyS 和增殖诱导配体（APRIL）具有很高的亲和力，本品种可以阻止 BLyS 和 APRIL 与它们的细胞膜受体、B 细胞成熟抗原、B 细胞活化分子受体之间的相互作用，从而达到抑制 BLyS 和 APRIL 生物学活性的作用，其获批上市为患者提供了新的治疗选择
	阿普米司特片	适用于治疗符合接受光疗或系统治疗指征的中度至重度斑块状银屑病的成人患者。本品种属临床急需境外新药名单品种，是磷酸二酯酶 4（PDE4）小分子抑制剂，可以通过抑制 PDE4 促使细胞内环磷酸腺苷（cAMP）含量升高，从而增加抗炎细胞因子，并下调炎症反应，其获批上市可为患者提供一种给药便利的新型替代治疗选择

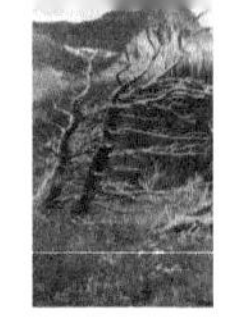

2021 年中国生物技术企业上市情况

附表 24　2021 年中国生物技术 / 医疗健康领域的上市公司[373]

上市时间	上市企业	募资金额	所属行业	交易所
2021 年 12 月 30 日	圣诺医药	5.0 亿港元	生物制药	香港证券交易所主板
2021 年 12 月 30 日	春立医疗	11.5 亿元人民币	医疗设备	上海证券交易所科创板
2021 年 12 月 28 日	优宁维	18.6 亿元人民币	医药	深圳证券交易所创业板
2021 年 12 月 28 日	南模生物	16.5 亿元人民币	生物工程	上海证券交易所科创板
2021 年 12 月 23 日	百心安	5.1 亿港元	医疗设备	香港证券交易所主板
2021 年 12 月 22 日	亨迪药业	15.5 亿元人民币	医药	深圳证券交易所创业板
2021 年 12 月 20 日	百诚医药	金额未透露	医药	深圳证券交易所创业板
2021 年 12 月 15 日	百济神州	金额未透露	医药	上海证券交易所科创板
2021 年 12 月 14 日	嘉和美康	13.6 亿元人民币	医疗设备	上海证券交易所科创板
2021 年 12 月 13 日	雍禾医疗	14.9 亿港元	医疗服务	香港证券交易所主板
2021 年 12 月 10 日	迪哲医药	21.0 亿元人民币	医药	上海证券交易所科创板
2021 年 12 月 10 日	北海康成	6.9 亿港元	医药	香港证券交易所主板
2021 年 12 月 10 日	固生堂	8.1 亿港元	医疗服务	香港证券交易所主板
2021 年 12 月 10 日	凯莱英	金额未透露	医药	香港证券交易所主板
2021 年 12 月 07 日	达嘉维康	6.4 亿元人民币	医疗服务	深圳证券交易所创业板
2021 年 12 月 07 日	粤万年青	4.2 亿元人民币	医药	深圳证券交易所创业板
2021 年 12 月 06 日	华强科技	金额未透露	医疗设备	上海证券交易所科创板
2021 年 11 月 26 日	百心安	金额未透露	医疗设备	香港证券交易所主板
2021 年 11 月 18 日	安旭生物	12.0 亿元人民币	医药	上海证券交易所科创板
2021 年 11 月 15 日	诺唯赞	金额未透露	生物工程	上海证券交易所科创板
2021 年 11 月 15 日	澳华内镜	7.5 亿元人民币	医疗设备	上海证券交易所科创板
2021 年 11 月 05 日	三叶草生物	20.1 亿港元	生物制药	香港证券交易所主板
2021 年 11 月 05 日	鹰瞳科技	16.7 亿港元	医疗服务	香港证券交易所主板
2021 年 11 月 02 日	微创机器人	15.6 亿港元	医疗设备	香港证券交易所主板
2021 年 10 月 28 日	成大生物	金额未透露	生物工程	上海证券交易所科创板
2021 年 10 月 27 日	拓新药业	6.0 亿元人民币	医药	深圳证券交易所创业板
2021 年 10 月 26 日	汇宇制药	金额未透露	医药	上海证券交易所科创板
2021 年 10 月 25 日	可孚医疗	金额未透露	医疗设备	深圳证券交易所创业板
2021 年 10 月 25 日	锦好医疗	金额未透露	医疗设备	北京证券交易所
2021 年 10 月 22 日	Xilio Therapeutics	1.2 亿美元	医疗服务	纳斯达克证券交易所

373 资料来源：清科数据。

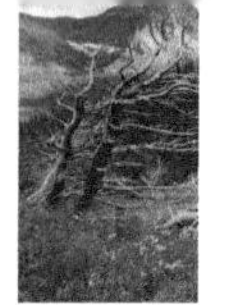

续表

上市时间	上市企业	募资金额	所属行业	交易所
2021 年 10 月 19 日	微泰医疗	19.4 亿港元	医疗设备	香港证券交易所主板
2021 年 10 月 18 日	百普赛斯	金额未透露	生物工程	深圳证券交易所创业板
2021 年 10 月 13 日	和誉	17.5 亿港元	医药	香港证券交易所主板
2021 年 09 月 29 日	创胜集团	6.5 亿港元	生物制药	香港证券交易所主板
2021 年 09 月 29 日	多瑞医药	5.5 亿元人民币	医药	深圳证券交易所创业板
2021 年 09 月 24 日	堃博医疗	16.7 亿港元	医疗设备	香港证券交易所主板
2021 年 09 月 14 日	本立科技	7.5 亿元人民币	医药	深圳证券交易所创业板
2021 年 09 月 13 日	兰卫医学	2.0 亿元人民币	医疗服务	深圳证券交易所创业板
2021 年 09 月 09 日	上海谊众	10.1 亿元人民币	医药	上海证券交易所科创板
2021 年 09 月 08 日	博拓生物	9.2 亿元人民币	医疗设备	上海证券交易所科创板
2021 年 08 月 24 日	先瑞达医疗	16.3 亿港元	其他生物技术 / 医疗健康	香港证券交易所主板
2021 年 08 月 20 日	心玮医疗	11.3 亿港元	医疗设备	香港证券交易所主板
2021 年 08 月 16 日	义翘神州	金额未透露	生物工程	深圳证券交易所创业板
2021 年 08 月 13 日	梓橦宫	金额未透露	化学药品原药制造业	北京证券交易所
2021 年 08 月 02 日	国邦医药	金额未透露	医药	上海证券交易所主板
2021 年 08 月 02 日	金迪克	12.1 亿元人民币	生物工程	上海证券交易所科创板
2021 年 07 月 26 日	迈普医学	2.5 亿元人民币	医疗设备	深圳证券交易所创业板
2021 年 07 月 23 日	CTKB	2.5 亿美元	医疗设备	纳斯达克证券交易所
2021 年 07 月 16 日	康圣环球	金额未透露	医疗服务	香港证券交易所主板
2021 年 07 月 13 日	腾盛博药	金额未透露	医药	香港证券交易所主板
2021 年 07 月 13 日	华纳药厂	7.2 亿元人民币	医药	上海证券交易所科创板
2021 年 07 月 08 日	康诺亚	金额未透露	医药	香港证券交易所主板
2021 年 07 月 07 日	朝聚眼科	14.6 亿港元	医疗服务	香港证券交易所主板
2021 年 07 月 05 日	漱玉平民	3.6 亿元人民币	其他医药	深圳证券交易所创业板
2021 年 07 月 05 日	归创通桥	金额未透露	医疗设备	香港证券交易所主板
2021 年 06 月 30 日	和黄医药	金额未透露	医药	香港证券交易所主板
2021 年 06 月 30 日	威高骨科	15.0 亿元人民币	医疗设备	上海证券交易所科创板
2021 年 06 月 25 日	百克生物	15.0 亿元人民币	生物制药	上海证券交易所科创板
2021 年 06 月 21 日	阳光诺和	5.4 亿元人民币	医药	上海证券交易所科创板
2021 年 06 月 18 日	科济医药	金额未透露	生物制药	香港证券交易所主板
2021 年 06 月 18 日	Ambrx Biopharma	1.3 亿美元	医药	纽约证券交易所
2021 年 06 月 16 日	爱威科技	2.5 亿元人民币	医疗设备	上海证券交易所科创板
2021 年 06 月 16 日	时代天使	金额未透露	医疗设备	香港证券交易所主板

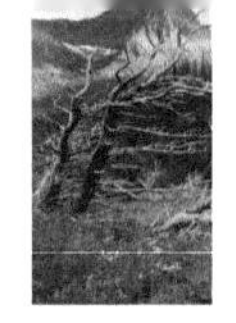

续表

上市时间	上市企业	募资金额	所属行业	交易所
2021 年 06 月 08 日	皓元医药	12.1 亿元人民币	医药	上海证券交易所科创板
2021 年 06 月 08 日	欧林生物	4.0 亿元人民币	生物工程	上海证券交易所科创板
2021 年 06 月 03 日	圣诺生物	3.6 亿元人民币	生物制药	上海证券交易所科创板
2021 年 05 月 21 日	奥精医疗	5.5 亿元人民币	医疗设备	上海证券交易所科创板
2021 年 05 月 20 日	诺泰生物	8.3 亿元人民币	医药	上海证券交易所科创板
2021 年 05 月 18 日	康拓医疗	2.5 亿元人民币	医疗设备	上海证券交易所科创板
2021 年 05 月 17 日	亚辉龙	6.1 亿元人民币	医疗设备	上海证券交易所科创板
2021 年 05 月 17 日	睿昂基因	2.6 亿元人民币	生物工程	上海证券交易所科创板
2021 年 04 月 29 日	兆科眼科	20.8 亿港元	医药	香港证券交易所主板
2021 年 04 月 22 日	华恒生物	6.3 亿元人民币	化学药品原药制造业	上海证券交易所科创板
2021 年 04 月 13 日	诺禾致源	5.1 亿元人民币	生物工程	上海证券交易所科创板
2021 年 04 月 09 日	科美诊断	2.9 亿元人民币	医疗设备	上海证券交易所科创板
2021 年 04 月 09 日	中金辐照	2.2 亿元人民币	医疗服务	深圳证券交易所创业板
2021 年 04 月 09 日	共同药业	2.4 亿元人民币	医药	深圳证券交易所创业板
2021 年 03 月 31 日	翔宇医疗	11.5 亿元人民币	医疗设备	上海证券交易所科创板
2021 年 03 月 29 日	艾隆科技	3.2 亿元人民币	医疗服务	上海证券交易所科创板
2021 年 03 月 25 日	奥泰生物	18.0 亿元人民币	生物工程	上海证券交易所科创板
2021 年 03 月 23 日	大自然药业	2 500.0 万美元	化学药品制剂制造业	纳斯达克证券交易所
2021 年 03 月 19 日	康乃德生物医药	1.9 亿美元	医药	纳斯达克证券交易所
2021 年 03 月 03 日	赛生药业	金额未透露	医药	香港证券交易所主板
2021 年 02 月 26 日	昭衍新药	金额未透露	医药	香港证券交易所主板
2021 年 02 月 26 日	海泰新光	7.8 亿元人民币	医疗设备	上海证券交易所科创板
2021 年 02 月 19 日	德源药业	金额未透露	化学药品原药制造业	北京证券交易所
2021 年 02 月 18 日	诺辉健康	20.4 亿港元	生物工程	香港证券交易所主板
2021 年 02 月 09 日	天演药业	1.4 亿美元	生物制药	纳斯达克证券交易所
2021 年 02 月 08 日	贝康医疗	18.2 亿港元	生物工程	香港证券交易所主板
2021 年 02 月 08 日	凯因科技	8.1 亿元人民币	医药	上海证券交易所科创板
2021 年 02 月 05 日	健倍苗苗	5 362.3 万港元	保健品	香港证券交易所主板
2021 年 02 月 04 日	心通医疗	金额未透露	医疗设备	香港证券交易所主板
2021 年 02 月 01 日	康众医疗	5.1 亿元人民币	医疗设备	上海证券交易所科创板
2021 年 01 月 19 日	麦迪卫康	1.5 亿港元	其他生物技术 / 医疗健康	香港证券交易所主板
2021 年 01 月 18 日	之江生物	21.0 亿元人民币	医药	上海证券交易所科创板

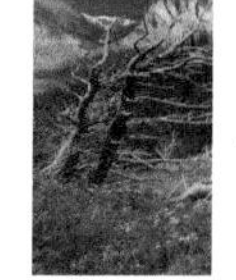

续表

上市时间	上市企业	募资金额	所属行业	交易所
2021 年 01 月 15 日	现代中药集团	1.8 亿港元	中药材及中成药加工业	香港证券交易所主板
2021 年 01 月 15 日	医渡科技	金额未透露	医疗服务	香港证券交易所主板
2021 年 01 月 13 日	浩欧博	5.6 亿元人民币	医药	上海证券交易所科创板
2021 年 01 月 12 日	祁连国际	2 500.0 万美元	化学药品原药制造业	纳斯达克证券交易所
2021 年 01 月 08 日	亘喜生物	2.1 亿美元	医疗服务	纳斯达克证券交易所
2021 年 01 月 08 日	三元基因	金额未透露	医药	北京证券交易所
2021 年 01 月 07 日	惠泰医疗	12.4 亿元人民币	医疗设备	上海证券交易所科创板